개정판

천체관측

개정판

천체관측

김희수 지음

천체관측, 개정판

발행일 | 2009년 9월 10일 초 판 1쇄 발행
2010년 6월 25일 초 판 2쇄 발행
2014년 5월 1일 개정판 1쇄 발행

저자 | 김희수
발행인 | 강학경
발행처 | (주) 시그마프레스
편집 | 이상화
교정 · 교열 | 류미숙

등록번호 | 제10-2642호
주소 | 서울특별시 영등포구 양평로 22길 21 선유도코오롱디지털타워 A401~403호
전자우편 | sigma@spress.co.kr
홈페이지 | http://www.sigmapress.co.kr
전화 | (02)323-4845, (02)2062-5184~8
팩스 | (02)323-4197

ISBN | 978-89-6866-171-6

* 책값은 뒤표지에 있습니다.
* 이 도서의 국립중앙도서관 출판시도서목록(CIP)은 서지정보유통지원시스템 홈페이지(http://seoji.nl.go.kr)와 국가자료공동목록시스템(http://www.nl.go.kr/kolisnet)에서 이용하실 수 있습니다.(CIP제어번호: CIP2014012528)

저자 서문

밤하늘의 별을 바라보노라면 그 아름다움과 경이로움에 매료되어 그야말로 자연 속의 완전한 자연인이 되는 느낌을 갖게 된다. 아날로그 시대에서 디지털 시대로 넘어오면서 우리들의 일상은 늘 쫓기면서 수많은 경쟁에 시달려 오고 있다. 이렇게 여유를 찾기 어려운 현실일지라도 일부러 시간을 내어 달, 행성, 성운, 성단 등 여러 천체를 관측하다 보면 모든 잡념과 스트레스가 사라지고 자연과 완전히 일체가 되는 무념무상의 세계로 빠져들게 된다. 저자는 별을 볼 때 정말 행복감을 느낀다. 새롭고 엄청난 것을 발견해 내는 것은 아니지만 관측 그 자체로 마음의 고요함과 평안함을 얻는다.

이에 저자가 경험한 얼마 안 되는 천체관측 노하우를 보다 많은 사람들과 나누어 그들이 우주의 신비로움과 아름다움을 만끽하기 바라는 마음으로 이 책을 집필하게 되었다. 특히 천체 사진관측 환경이 아날로그에서 디지털 중심으로 바뀐 점을 감안하여 여러 천체들을 디지털카메라, 웹카메라, CCD 카메라 등으로 관측하는 방법 중심으로 내용을 구성하였다.

이 책의 제1부와 제2부는 천체관측의 기초와 디지털 사진관측 중심으로 구성하였으며, 제3부는 관측결과를 보다 정밀하게 분석할 때 활용할 수 있는 IRAF 활용의 기초에 대한 내용으로 구성하였다. 아무쪼록 수억 광년 떨어져 있는 아름다운 별들을 사진이나 마음에 담을 수 있는 여유를 갖는 데 조금이나마 참고가 되길 바라는 마음이다.

저자 김희수

차 례

제1부 천체관측의 기초

제3부 IRAF를 활용한 CCD 측광

23 IRAF를 활용한 CCD 측광 321

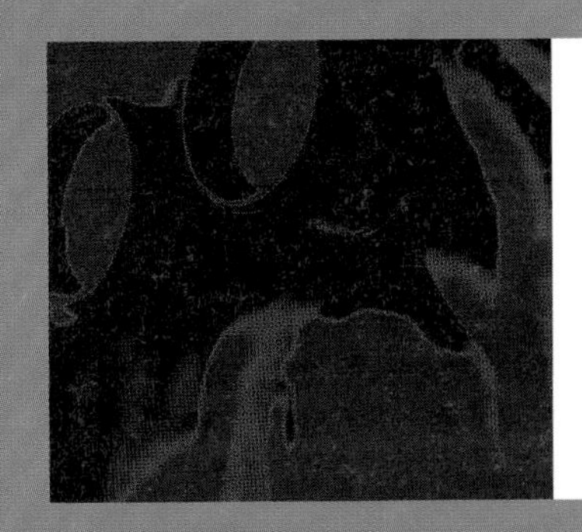

제1부

천체관측의 기초

천체관측은 밤 시간대에 망원경을 활용하여 수행되는 과정이기 때문에 관측 전에 망원경을 세우는 일, 사진기 등 다양한 관측도구를 미리 준비해 두는 일, 관측방법을 숙지해 두는 일 등의 면밀한 준비가 필요하다. 이러한 사항들이 종합적으로 갖추어졌을 때 성공적인 관측결과를 얻어낼 수 있다. 여기서는 천체관측에 필요한 기초적인 사항들에 대하여 알아보자.

01 망원경 세우기

천체망원경은 천체관측의 필수적인 도구이다. 천체관측 시 망원경이 조립되어 있지 않다면 먼저 망원경을 조립해야 한다. 그리고 천체들의 일주운동에 따라 추적을 효과적으로 수행할 수 있도록 망원경 가대의 방향을 정확히 맞추어야 한다. 또 망원경의 앞뒤 및 좌우 균형을 잘 맞추어 시간이 흘러도 망원경이 어느 한쪽으로 기울어지지 않게 해야 하며, 천체의 위치(적경 및 적위)와 망원경의 적경 및 적위 눈금과 일치되도록 해야 한다. 이러한 망원경 세우기와 망원경의 영점조준과정 등에 대하여 알아보자.

망원경의 조립

망원경과 여러 천체관측 도구를 준비하여 다음의 과정에 따라 망원경을 조립한다.

① 시야가 좋은 평평한 지면에 삼각대를 그림 1.1과 같이 튼튼히 설치한다. 그리고 삼각대 중간에 재물대를 연결하여 관측 부속품을 둘 수 있도록 한다. 재물대는 접안렌즈 등 부속품을 두는 데 활용되며 삼각대가 벌려지지 않도록 하는 역할도 한다. 삼각대를 튼튼하게 세운 다음, 그림 1.2와 같이 적도의식 가대와 경통 밴드를 연결한다. 경위의식 가대도 있지만 최근에 활용하는 가대의 대부분은 적도의식이다.

그림 1.1 삼각대 설치

그림 1.2 가대의 설치

② 가대 위에 평형추와 경통을 단다. 평형추는 바깥으로 미끄러져 땅에 떨어지지 않도록 조임 나사로 튼튼하게 조여 준다(그림 1.3 참조). 경통은 어느 한쪽으로 크게 쏠리지 않게 중심을 적절히 맞추어 달면서 경통밴드를 조여 준다(그림 1.4 참조).

③ 경통의 접안부에 그림 1.5처럼 접안렌즈를 끼우고, 그림 1.6처럼 경통에 파인더(탐색경)를 연결한다.

그림 1.3 수평추 달기

그림 1.4 경통 달기

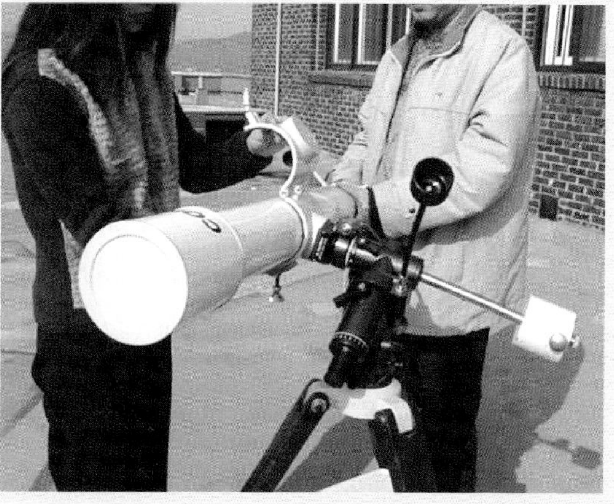

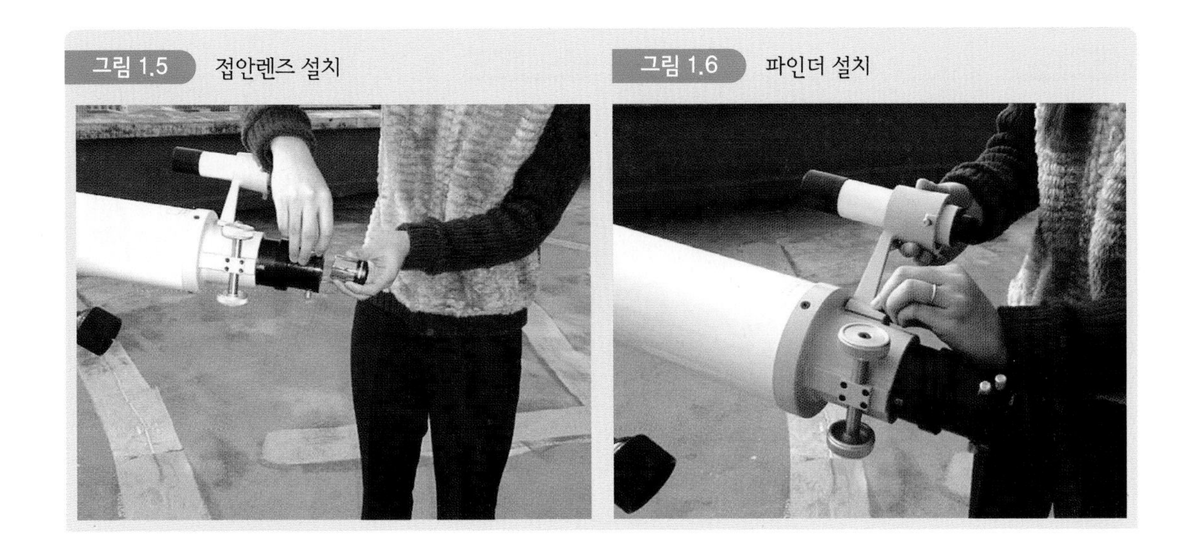

그림 1.5 접안렌즈 설치

그림 1.6 파인더 설치

접안렌즈는 지름이 24.5mm, 31.7mm, 50.8mm 등이 있으므로 보유하고 있는 망원경 접안부의 크기에 따라 적절히 선택한다. 접안렌즈보다 접안부가 큰 경우에는 접안부의 크기를 줄여 주는 접안부 조절 어댑터를 활용한다.

망원경의 수평 맞추기

적도의식 가대의 경우 천체망원경의 경통이 무겁기 때문에 경통과 같은 무게의 균형추를 경통 반대 방향에 달아서 균형을 이루도록 한다. 이것은 천체망원경에 사진장비나 측광기 장비 등 부가장비를 연결하는 경우 특히 잘 맞추어야 한다. 먼저 '남-북' 수평(경통 앞뒤 수평)은 경통 밴드를 약간 풀어서 경통 자체를 앞뒤로 움직이면서 맞춘다(그림 1.7 참조). '동-서' 수평은 경통과 평형추가 균형을 이루도록 평형추의 위치를 조절해 가면서 맞춘다(그림 1.8 참조). 망원경의 수평이 잘 맞아야 망원경 자체에 무리가 생기지 않으며 장시간 노출을 요하는 사진관측 등에서도 정밀도 높은 관측결과를 얻을 수 있다.

그림 1.7 남-북 수평 맞추기

그림 1.8 동-서 수평 맞추기

파인더 정렬

주망원경은 시야가 좁기 때문에 관측하고자 하는 천체를 찾기 어렵다. 그래서 일반적으로 시야가 6~7° 정도 되는 파인더를 이용한다. 파인더의 방향은 주망원경과 정확히 같은 방향이 되도록 한다. 그래야 파인더 중앙에 어떤 천체를 위치시키면 주망원경 중앙에도 그 천체가 들어와 있게 된다. 이러한 작업을 파인더 정렬

그림 1.9 파인더 정렬

또는 망원경의 일치작업(finder alignment)이라 한다. 이를 위해 먼저 멀리 있는 뾰족한 물체 등을 주망원경의 정중앙에 오도록 맞춘 다음, 파인더 정중앙에도 그 물체가 들어오도록 파인더 바깥을 쌓고 있는 조절 나사를 조정해 가면서 맞춘다(그림 1.9 참조). 일치작업은 가급적이면 낮 시간대에 해 두는 것이 좋다.

극축 맞추기

극축은 망원경의 적경축을 말한다. 극축 맞추기(polar alignment)는 적도의식 망원경의 적경축을 그림 1.10과 같이 하늘의 북극 방향(북극성 방향이 아님)으로 맞추는 일로 천체관측 전에 해야 할 가장 중요한 일이다. 극축을 정확히 맞추어 두

그림 1.10 극축 맞추기

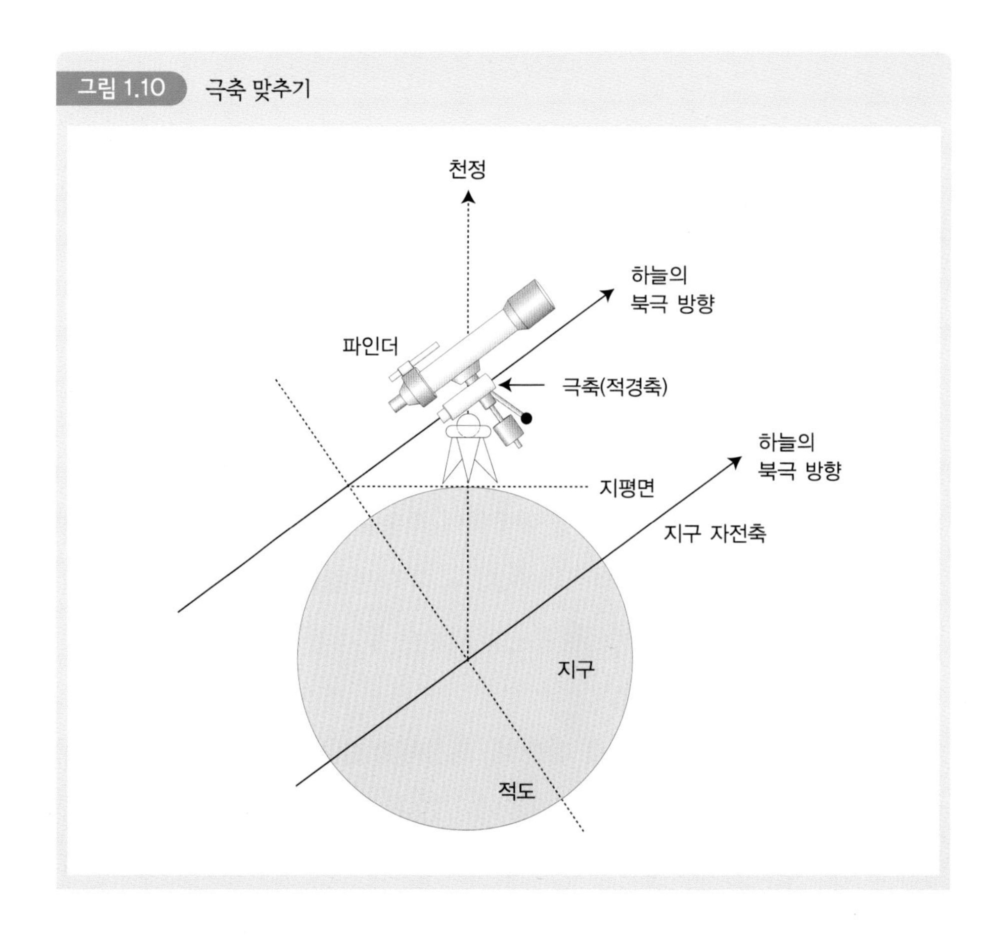

그림 1.11 적도의의 구조

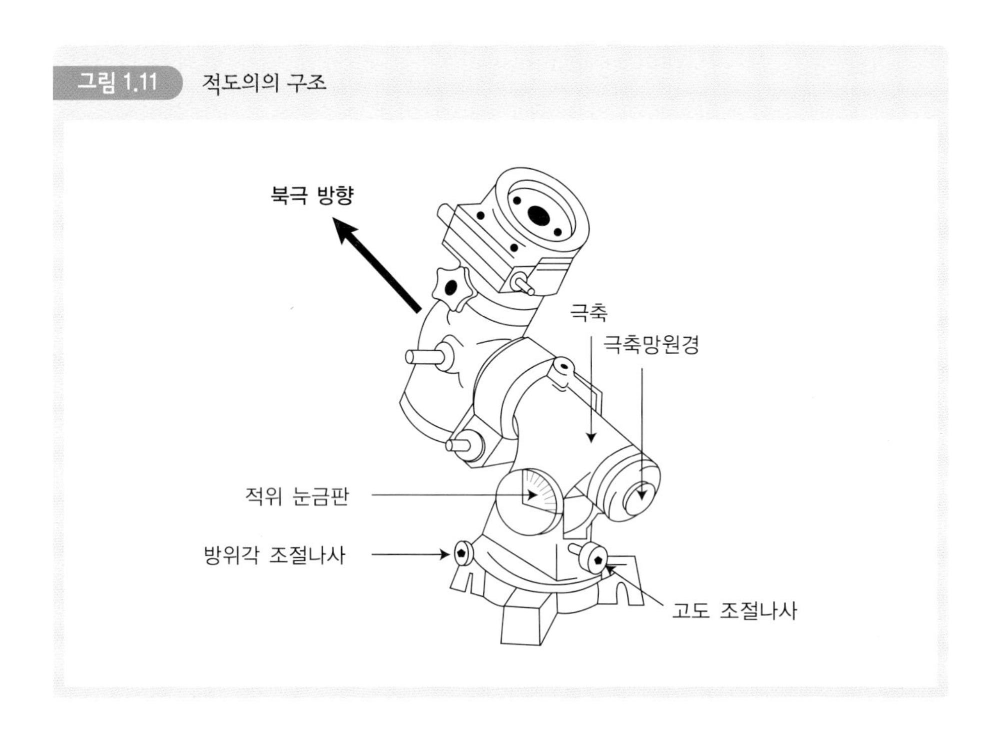

고 관측을 실시하면 관측천체의 추적이 편리하며 관측의 정밀성 또한 높일 수 있다. 여기서는 극축 맞추기 방법에 대하여 자세히 알아보자.

극축망원경 활용하기

극축망원경은 적경축 안에 들어 있는 극축을 맞추기 위한 망원경으로서 최근에 출시된 대부분의 적도의식 가대의 적경축 속에는 극축망원경이 달려 있다(그림 1.11 참조). 따라서 이 극축망원경을 이용하여 극축을 잘 맞춘 후 사진관측 등을 수행하면 정밀도 높은 결과를 얻어낼 수 있다. 하지만 관측자의 관측목적이 안시관측인 경우, 극축의 방향을 북극성 부근에 맞추어 두고 관측해도 큰 어려움 없이 관측목적을 달성할 수 있다.

극축망원경을 이용하여 극축을 맞출 때, 명심해야 할 사항은 극축의 방향을 북극성 방향이 아니라 북극 방향으로 맞추어야 한다는 사실이다. 북극성은 북극에 대하여 약 1° 정도 떨어져 있기 때문이다. 만약 망원경의 극축 방향을 북극성 위치에 맞추어 두고 장시간 노출을 주면서 사진 관측 등을 실시하면 좋은 관측결과를 얻어낼 수 없다.

그러면 어떻게 해야 극축을 잘 맞출 수 있을까? 먼저 적도의의 수평을 맞춘다. 그리고 북극 부근의 하늘을 보자. 날씨가 좋다면 북극 부근에서 가장 밝은 별인 북극성을 쉽게 확인할 수 있을 것이다. 북극성은 2등성으로 그 유명세에 비하여 사실 그리 밝은 별은 아니다. 이 북극성을 중심으로 북두칠성과 카시오페이아 자리가 서로 반대 방향에 놓여 일주운동을 하고 있다. 좀 더 정확히 말하자면 북극을 중심으로 할 때, 북극성은 북두칠성보다 카시오페이아 자리에 좀 더 가까운 방향에 놓여 있다. 따라서 극축망원경으로 이 북극성을 보면 북극성은 북극에 대하여 북두칠성 방향에 보이게 된다. 극축망원경을 이루고 있는 볼록렌즈의 빛이 꺾여 반대 방향으로 들어오기 때문이다. 물론 북두칠성이나 카시오페이아 자리는 북극성에 대하여 비교적 먼 시야에 위치하고 있기 때문에 극축망원경의 시야에는

그림 1.12 극축망원경 내부 모습 예

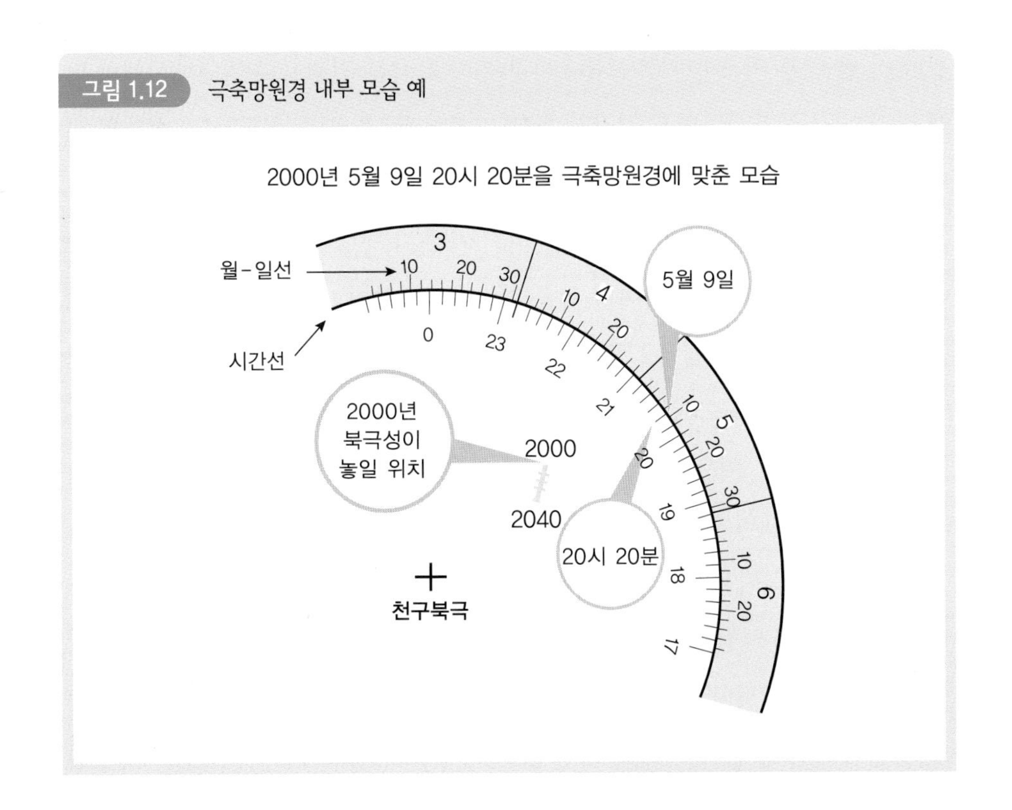

보이지 않는다. 이때 극축망원경에 보이는 동그란 극망이 보일 것이다. 따라서 관측자는 극망상에 보이는 북극성이 맨눈으로 봤을 때의 북두칠성 방향에 위치하도록 맞추면 극축이 맞는 상태가 된다. 그림 1.12는 극축망원경의 극망상에서 관측 시점의 날짜와 시각을 맞추고 나서 북극성이 놓일 위치를 보인 예이다.

낮 시간대에 극축 맞추기

태양이나 낮달은 낮 시간대에 볼 수 있는 천체이다. 그리고 학교 교육에서의 대부분의 수업 시간대가 낮시간대이기 때문에 낮시간대에 망원경을 세워서 태양이나 달을 관측해야 하는 경우가 많다. 이와 같이 낮시간대에 운동장이나 넓은 옥상에 망원경을 설치하여 관측해야 하는 경우에는 어떻게 극축을 맞추어야 할까? 이를 위해서는 관측지점의 위도와 편각이 필요하다. 관측 지점의 위도와 편각은 평면해시계를 이용하면 얻을 수 있다. 이를 간단히 설명하면 다음과 같다. 먼저 평면해시계를 평평한 바닥에 설치한 후, 태양이 남중하기 전 약 2시간 전(오전 10시경)부터 남중 후 약 2시간 후(오후 2시경)까지 2~3분 간격으로 평면해시계의 막대 그림자 끝을 표시하면서 시각도 함께 기록해 둔다. 관측이 끝나도, 현재의 평면해시계 위치를 절대 움직이지 말아야 하며, 가장 짧은 그림자의 위치를 찾는다. 그림자가 가장 짧은 방향이 진북 방향이다. 이때 그 방향에 나침반을 평행하게 놓아 나침반의 자북과 진북 사이의 각을 얻는다. 이 각이 편각이다. 또 평면해시계 막대기의 길이와 가장 짧은 그림자의 길이를 이용하여 삼각형을 구성하면 태양이 남중했을 때의 남중고도를 얻을 수 있다. 즉 '태양의 남중고도 = 90° − 위도 − 태양의 적위' 의 식을 이용하면 그 지점의 위도를 쉽게 얻을 수 있다. 이러한 위도는 GPS, 자동차의 네비게이터, google earth 등을 통해서도 얻을 수 있다.

편각과 위도를 이용하면 극축을 간단히 맞출 수 있다. 즉 나침반으로 자북을 확인한 다음, 관측 지점의 편각을 보정하여 진북 방향을 찾는다. 그리고 망원경의 극축의 방향을 앞서 확인해 둔 진북 방향으로 맞춘다. 그런 다음 '북극의 고도는 그 지방의 위도와 같다' 이므로 망원경 극축의 고도를 그 지방의 위도로 맞추면

그림 1.13 북극성의 실제 위치와 극축망원경 극망상의 위치

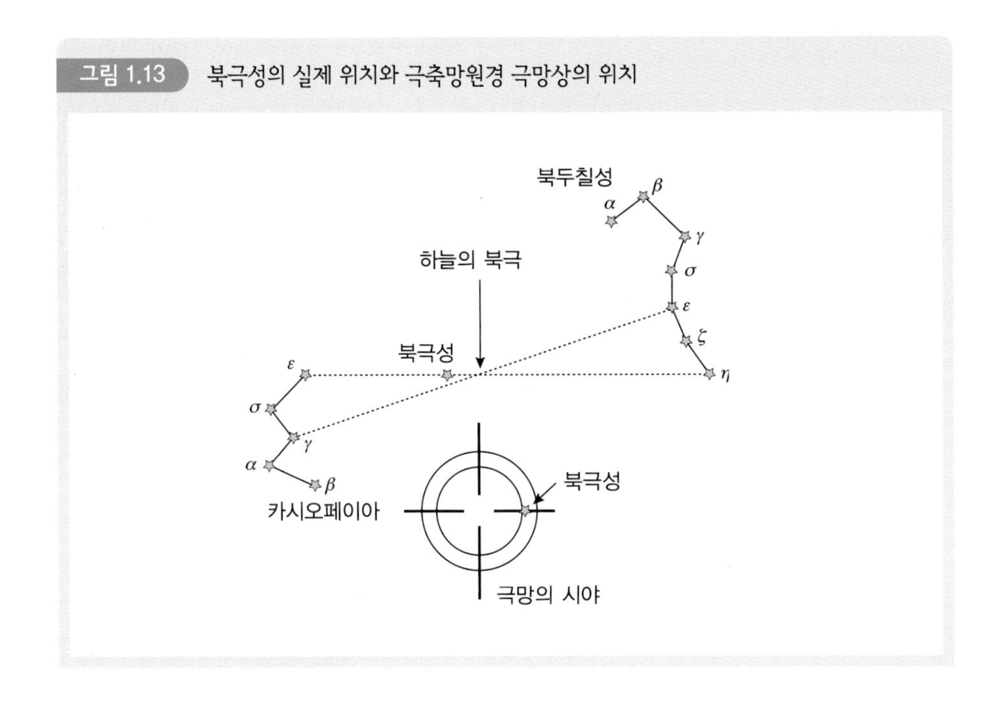

저절로 극축이 맞는 상태가 된다. 이 방법은 극축을 정교하게 맞추는 방법은 아니지만 낮 시간대에 간단하게 맞출 수 있는 방법이다.

한편 극축을 밤 시간대에 정교하게 맞추어 둔 다음, 낮 시간대에 그대로 활용할 수 있다. 또 옥상이나 어떤 일정한 장소에서 반복적으로 관측을 수행한다면 그 곳에 삼각다리가 놓일 위치를 미리 표시해 두고 활용하는 것도 하나의 방법이다.

표류이탈법

장시간 고배율 사진관측을 하는 경우에는 보다 정밀하게 극축을 맞추어야 한다. 그러한 경우 표류이탈법(drift method)을 활용할 수 있다. 표류이탈법을 활용한 극축 맞추기 방법에 대하여 알아보자.

① 적도의의 수평을 잘 맞춘다. 삼각대에 연결하는 적도의에 수준기가 달려 있는 것도 있다. 삼각대의 다리 높이를 조절해 가면서 수준기의 기포가 중앙에 들어

오도록 잘 맞춘다. 적도의의 수평을 잘 맞추어야 하는 까닭은 적도의의 극축 방향을 상하 또는 좌우 방향으로 조정해 나갈 때, 보다 빠르게 극축을 맞출 수 있기 때문이다. 만약 수평이 잘 맞추어져 있지 않으면 극축 맞추기 도중에 다시 수평 맞추기를 실시하고 극축 맞추기를 해야 하는 번거로움이 있을 수 있다.

② 극축망원경의 극망을 확인한 후, 극망에서 북극성이 놓일 위치에 북극성이 위치하도록 한다. 이때 망원경에 따라 지구의 세차운동을 보정하여 북극을 정할 수 있도록 구성되어 있는 것들도 있으므로 세차보정도 가능하면 수행하도록 한다.

③ 주망원경 접안부에 그림 1.14와 같이 십자선과 명시야 조명장치가 달려 있는 고배율 접안렌즈를 연결한다.

④ 밝은 별을 하나 찾아 주망원경 중앙에 넣은 다음, 적경축 조임나사를 풀고 적경축을 좌우로 움직여 보거나, 핸드패들을 고속 상태(slew)로 맞추고 좌우로 움직여 보자. 이때 대부분의 경우 별이 접안렌즈 십자선의 수평선 방향과 일치되지 않은 상태로 움직일 것이다. 이때 십자선의 수평선 방향과 별의 움직임 방향이 일치되도록 접안렌즈 자체를 돌려 준다. 그러고 나서 다시 별을 중앙에

그림 1.14 접안부에 연결한 고배율 명시야 조명장치

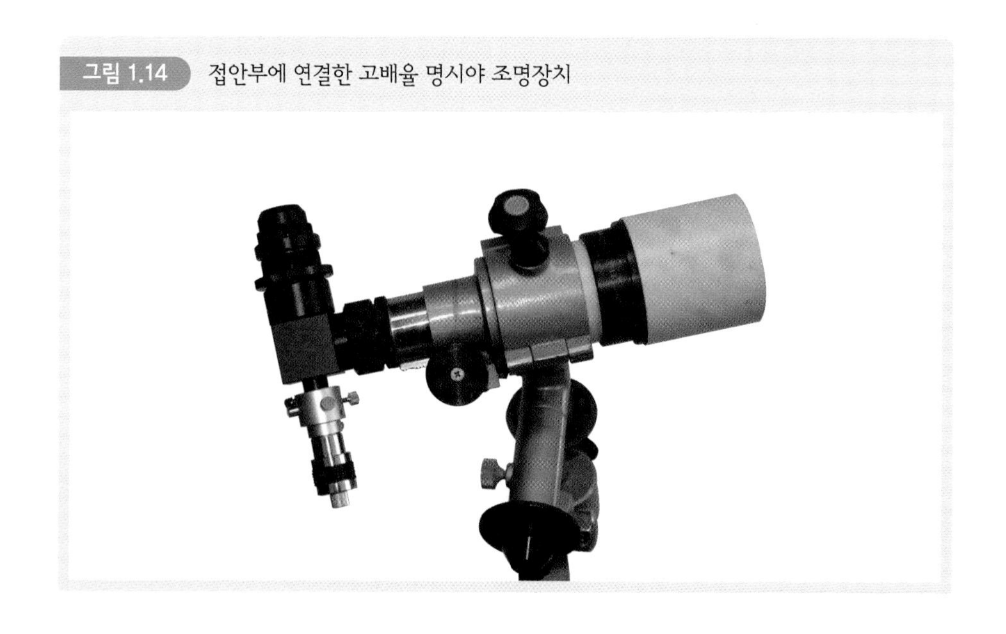

위치시킨 다음 적경축을 좌우로 움직이면서 별이 수평선 좌우로 움직이는지 확인한다(그림 1.15 참조).

⑤ 극축의 방위각 조정 : 망원경의 극축이 얼마나 좌우 방향으로 비틀어져 있는지 확인하기 위하여 적위가 대략 0°(천구적도 부근)인 정남쪽 부근의 밝은 별을 망원경 중앙에 위치시킨다. 관측자가 36°인 지점에서 관측한다면 그 별의 남중고도는 대략 54° 정도 될 것이다. 그 별이 앞서와 마찬가지로 십자선 좌우로 움직이는지 적경축을 움직이면서 확인한다. 그리고 망원경의 추적장치를 끈 상태에서 그 별이 어느 방향으로 흘러가는 살펴보자. 별이 흘러가는 방향이 서쪽이다. 접안렌즈 상에서 방향이 확인되었으면 망원경의 추적장치를 가동한 상태에서 별을 망원경 십자선 중앙에 위치하도록 한 후, 상하(남북 또는 적위)의 어느 방향으로 움직이는지 5분 정도의 시간을 두고 확인한다. 이때 별의 적경 방향 움직임은 관심을 가질 필요가 없고 적위(상하) 방향만 관심을 갖고 관찰한다.

이때 남쪽 별이 남쪽(아래)으로 흘렀다면 극축이 동쪽으로 치우쳐져 있는 것이므로 극축을 서쪽으로 돌려 준다. 마찬가지로 그 별이 북쪽(위쪽) 방향으로 흘렀다면 극축이 서쪽으로 치우쳐져 있는 것이므로 극축을 동쪽으로 돌려 준다. 추적장치를 껐을 때, 십자선 중앙에 위치한 별이 서쪽 방향으로만 움직일

그림 1.15 명시야 조명장치 십자선 방향 조정하기

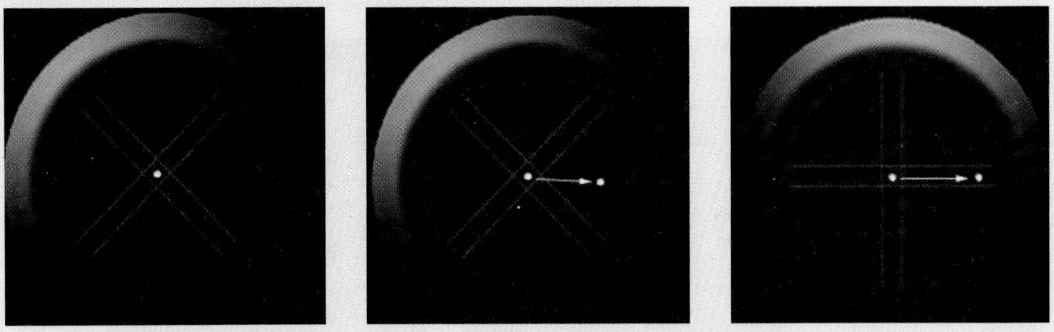

그림 1.16 극축의 방위

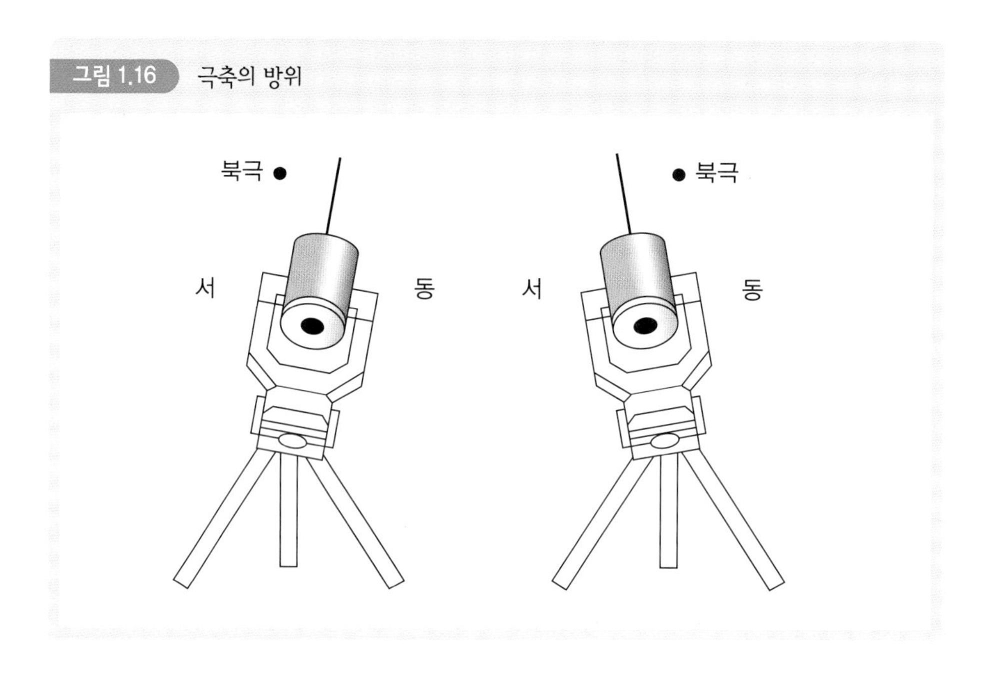

때까지 위의 과정을 반복한다(그림 1.17 참조).

⑥ 극축의 고도 조정 : 동쪽 하늘 적도 부근의 떠오르는 밝은 별(대략 15~20° 의 별)을 하나 선택하여 망원경 십자선 중앙에 위치시킨다. 그리고 앞서와 마찬가지로 약 5분 정도 두었을 때 그 별이 어느 방향으로 이동되는지 살펴본다. 이때 적위 방향 핸드 패들을 만지지 않도록 한다. 접안렌즈 상에서 동쪽의 별이 시간이 지남에 따라 남쪽으로 이동되어 간다면 극축이 너무 높게 서 있는 것이므

그림 1.17 표류이탈법에 의한 적경축 방위각 조정하기

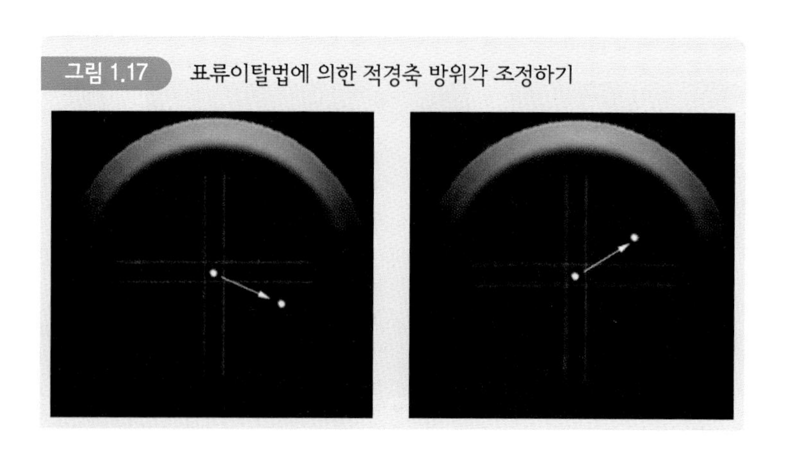

로(남쪽으로 기울어져 있는 것이므로) 낮춘다(북극 방향으로 기울여 준다.). 반대로 북쪽으로 이동되면 극축이 너무 낮게 되어 있는 상태이므로 높여 준다(그림 1.18 참조). 이와 같이 중앙에 맞추어 둔 별이 상하의 어느 방향으로 움직이지 않을 때까지 보정작업을 계속한다. 만약 동쪽의 별을 관측하기 어려운 경우에는 서쪽 하늘의 별을 활용한다. 서쪽의 별을 활용할 때는 동쪽에서의 방향과 반대로 보정한다. 이러한 방법은 매우 정밀하게 극축을 맞출 수 있는 방법이다. 암기법은 남남동, 동남남이다.

- 표류이탈법 극축 맞추기 시뮬레이터
  - 홈페이지 : http://www.petesastrophotography.com/
  - 표류이탈법에 대한 시뮬레이터를 활용하여 미리 표류이탈법에 대한 연습을 해 보자.

망원경의 영점조준

어떤 별이 망원경 중앙에 들어와 있을 때, 망원경의 적경판과 적위판을 확인해 보

그림 1.18 극축의 고도

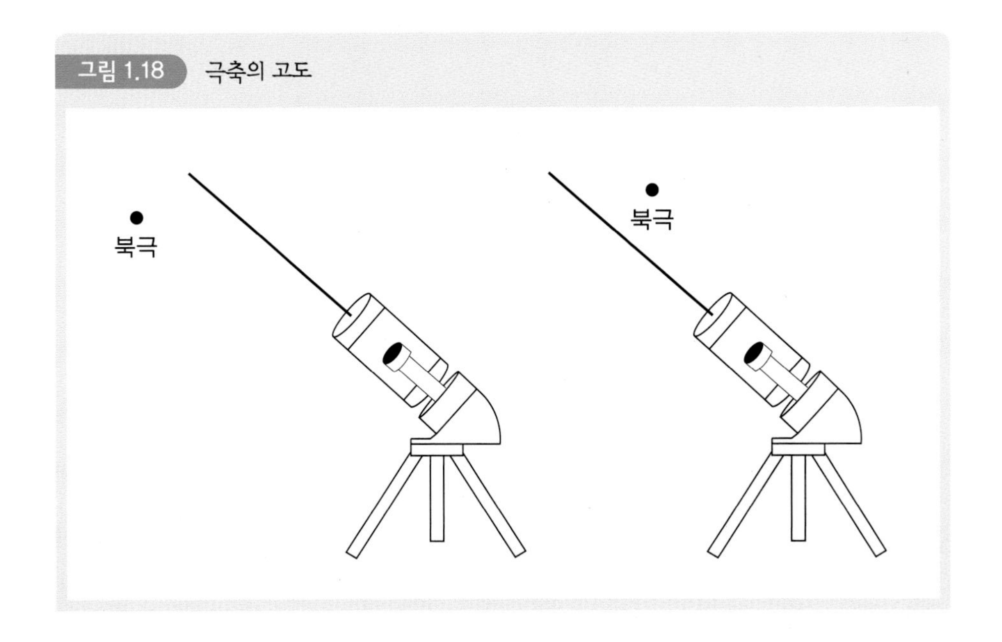

자. 적경판과 적위판을 가리키고 있는 값과 망원경 중앙에 들어와 있는 별의 적경값 및 적위값이 일치하는가? 보통의 경우 일치하지 않는다. 따라서 관측을 시작할 때는 이들을 맞추어 주어야 하며 이를 망원경의 영점조준이라 한다. 일반적인 망원경의 영점조준 순서는 다음과 같다.

① 관측하려는 시간대에 하늘을 보자. 밝게 보이는 여러 별들이 있을 것이다. 밝게 보이는 여러 별들 중 하나를 기준성으로 정하여 적경과 적위를 역서 등을 통해 확인하여 적어 두자. 또 관측하려는 목적 천체(예 : M13 구상성단)의 적경과 적위도 확인하여 함께 적어 두자.

② 밝은 기준성을 망원경 중앙에 위치시키자.

③ 망원경의 적경판 및 적위판의 값이 기준성의 값과 일치되도록 적경판과 적위판을 돌려가면서 맞춘다(그림 1.19 참조). 관측하는 동안 이 판들을 절대 움직여서는 안 된다.

④ 관측하려는 목적 천체의 적경값 및 적위값이 망원경의 적경값 및 적위값과 일치되도록 망원경 자체를 돌려가면서 맞춘다. 그러고 나서 파인더와 주망원경을 들여다보자. 대략 중앙 부근에 그 천체가 들어와 있을 것이다. 만약 정중앙

그림 1.19 망원경 영점조준 장면

에 들어와 있지 않다면 미동나사를 움직여 가면서 중앙에 위치되도록 맞춘 후 본격적인 관측을 실시한다. M13 구상성단처럼 희미한 천체가 목적천체라면 눈을 암적응시키면서 자세히 들여다보아야 한다. 구상성단이나 성운은 희미하게 퍼져 있기 때문에 얼핏 보면 망원경 중앙에 들어와 있음에도 불구하고 들어와 있지 않은 것으로 착각하는 경우가 있다.

천체관측 장소

- 주변에 불빛이 없는 곳 : 별은 주변에 잡광이 없을수록 잘 보인다. 그래서 시골이나 깊은 산골에서는 은하수까지 잘 볼 수 있다. 즉 좋은 천체관측 장소의 첫째 조건은 주변에 불빛이 없는 곳이다. 하늘이 밝으면 관측하기가 어렵기 때문에 음력 보름 부근은 천체관측일로 정하지 않는 경우가 많다.
- 시야가 트인 높은 곳 : 망원경을 골짜기처럼 움푹한 곳에 설치하면 낮은 고도에 위치한 천체들을 볼 수 없다. 따라서 시야가 확 트인 곳에 망원경을 설치하여야 많은 천체를 오랜 시간 동안 잘 관측할 수 있다. 높은 곳에 망원경을 설치하여 관측하면 대기소광효과도 덜 받게 되어 천체를 보다 선명하게 볼 수 있다. 그래서 우리나라의 보현산 천문대나 소백산 천문대는 높은 산 위에 설치하여 운영한다.
- 건조한 곳 : 습지나 강 부근은 안개가 쉽게 발생한다. 즉 관측지는 건조한 지역이 좋다. 세계적으로 유명한 천체관측소는 건조한 지역에 많다.
- 접근이 용이한 곳 : 망원경을 이동하기 수월하고 한적한 곳이 좋다. 너무 멀거나 지형이 험준하면 접근이 용이하지 못하여 망원경과 여러 장비들을 옮기는 데 어렵다.

망원경 취급 시 주의사항

망원경의 취급은 비교적 꼼꼼하게 하는 것이 좋다. 다음은 망원경 취급과 관련된 몇 가지 주의사항이다.

- 손으로 망원경의 렌즈나 거울을 만지지 않도록 한다. 렌즈나 거울에 손때가 묻으면 투과율이나 반사율이 떨어지기 때문이다.
- 망원경의 보관은 먼지가 쌓이지 않도록 비닐 등으로 감싸서 보관한다. 그런데 망원경을 오랫동안 활용하다 보면 먼지가 쌓이기 마련이다. 이때 망원경의 렌즈나 거울의 먼지를 함부로 닦지 말고 바람푹푹이 등을 이용하여 날린 다음 렌즈 닦이용 천으로 조심스럽게 닦는다. 우리나라는 황사, 송홧가루, 대기오염물질 등이 많아 망원경을 1년에 한 번 정도는 세척을 해 주어야 한다. 굴절망원경은 가능하면 분해하지 말고 렌즈를 잘 닦아 주어야 하며, 반사망원경은 분해하여 메칠 알코올과 증류수 등을 이용하여 거울을 잘 세척하여 말린 후 조립한다. 망원경을 분해하여 조립할 때는 광축을 잘 맞추어야 한다.
- 망원경 부속품들을 잘 관리해야 한다. 천체관측은 망원경 하나만 갖고 수행하는 것은 아니다. 초점거리별 여러 접안렌즈, 사진기, 어댑터, 바로우, 리듀서 등 여러 부속품들이 있어야 다양한 방법으로 다양한 관측을 수행할 수 있다. 예를 들면 태양의 전체 모습을 관측하다가 특정 흑점의 자세한 모습을 보려면 바로우나 초점거리가 짧은 접안렌즈를 이용하여 고배율 관측을 수행해야 한다. 또 사진을 찍으려면 T링, 어댑터, 접안렌즈 그리고 사진기가 필요하다. 이들 중 한 가지만 없어도 사진관측을 할 수 없다. 따라서 망원경 부속품 가방 등을 준비하여 부속품 관리를 잘해야 한다.

02 천체관측 도구와 기능

천체관측을 하려면 어떤 도구들이 필요할까? 우선 가장 기본적으로 필요한 도구는 당연히 망원경일 것이다. 그리고 망원경 외에 초점거리별 다양한 접안렌즈, 천체 사진기, 사진기 어댑터, 리듀서, 바로우 등 여러 도구들이 필요하다. 천체관측을 할 때, 다양한 도구가 있어야 다양한 관측을 수행할 수 있다. 이러한 천체관측 도구와 기능에 대하여 알아보자.

굴절망원경

굴절망원경은 볼록렌즈로 빛을 모아 접안렌즈로 확대하여 보는 망원경이다(그림 2.1). 이 망원경은 상이 비교적 선명하기 때문에 육안관측이나 사진관측에 유리하다. 그런데 볼록렌즈는 색수차가 있다. 따라서 일반적으로 활용되는 굴절망원경은 이러한 색수차를 없앤 아크로마틱 렌즈(achromatic lens)를 활용한다. 아크로마틱 렌즈는 적색과 청색의 초점 거리를 같게 하여 색수차를 보정한 렌즈이다. 아크로마틱 렌즈는 크라운유리로 만든 볼록렌즈와 프린트유리로 만든 오록렌즈를 결합해서 만든다.

한편 고급 굴절망원경에는 아포크로마틱 렌즈(apochromatic lens)를 활용한다. 이 망원경은 적색, 황색, 청색의 세 가지 색의 초점 거리를 같게 하여 색수차를 보정한 렌즈이다. 보다 넓은 영역에서 색수차를 보정하기 때문에 아크로마틱 렌즈보다 색수차가 더 작다. 색수차를 보다 잘 보정하기 위해서는 네 가지 혹은 다섯

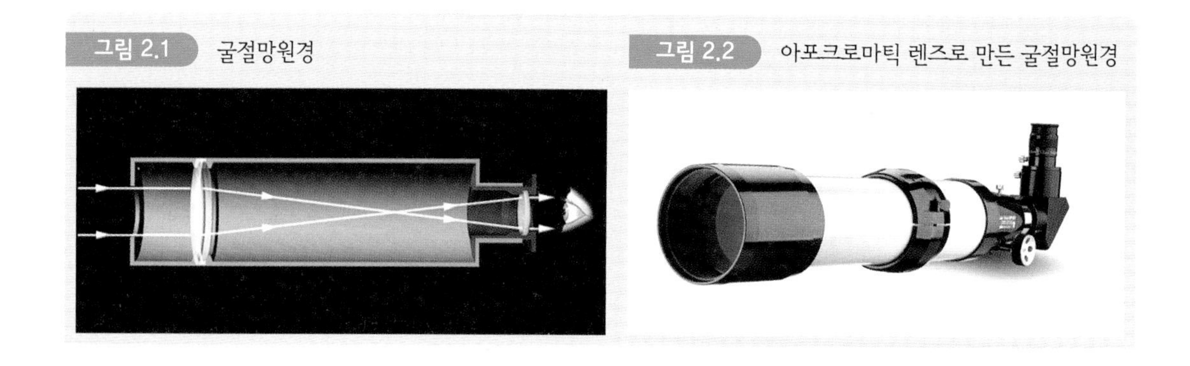

그림 2.1 굴절망원경

그림 2.2 아포크로마틱 렌즈로 만든 굴절망원경

가지 파장의 빛에서 초점거리를 일치시킨 슈퍼 아포크로마틱 렌즈나 하이퍼크로마틱 렌즈를 만들 수도 있다. 렌즈는 색수차 이외에도 구면수차나 코마수차도 있기 때문에 종합적인 성능을 보고 렌즈의 성능을 판단해야 한다. 그림 2.2는 아포크로마틱 렌즈로 만든 굴절망원경의 모습이다.

반사망원경

반사망원경은 주거울(오목거울)과 부거울(볼록거울 또는 평면거울)로 빛을 모아 접안렌즈로 상을 확대하여 보는 망원경이다. 이 망원경은 색수차가 없으며 비교적 구경이 크다. 그리고 굴절망원경에 비하여 가격이 저렴하다. 반사망원경은 천

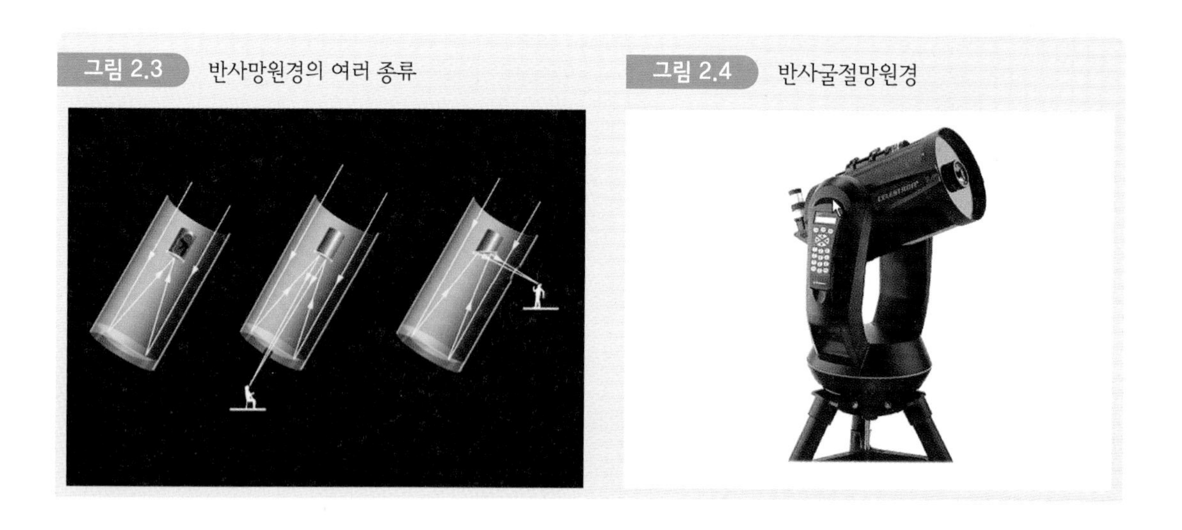

그림 2.3 반사망원경의 여러 종류

그림 2.4 반사굴절망원경

체관측 전문가들이 많이 활용한다. 그림 2.3은 여러 종류의 반사망원경이다.

그리고 기본적인 구조는 반사망원경의 형태를 갖추면서, 구면수차를 제거하기 위한 보정렌즈를 활용한 반사굴절망원경도 있다. 반사망원경은 경통 앞부분이 막혀 있지 않기 때문에 먼지 등이 쉽게 들어갈 수 있으나 반사굴절망원경은 경통 앞부분이 보정판과 보정렌즈로 막혀 있어서 관리가 보다 유리하다. 그림 2.4는 슈미트카세그레인식 반사굴절망원경의 전형적인 예이다.

가대

가대(mount)는 망원경 받침대를 말한다. 가대의 종류에는 적도의식 가대와 경위의식 가대가 있다. 적도의식 가대는 적도좌표계를 활용하는 방식으로서 적경과 적위를 이용하여 관측하는 방식이다. 즉 이 가대의 극축(적경축)을 북극 방향으로 향하게 한 다음, 관측하려는 천체의 적경과 적위를 망원경의 적경과 적위 눈금과 일치시켜 관측하는 방식이다. 적도의식 가대에 지구의 자전효과를 배제시킬 수 있는 추적 장치를 달면 관측천체를 망원경 중앙에 고정시켜 두고 계속 볼 수 있다. 그림 2.5는 전형적인 적도의식 가대의 모습이다.

경위의식 가대는 지평좌표계를 활용하는 방식으로 가대축이 수직으로 세워져

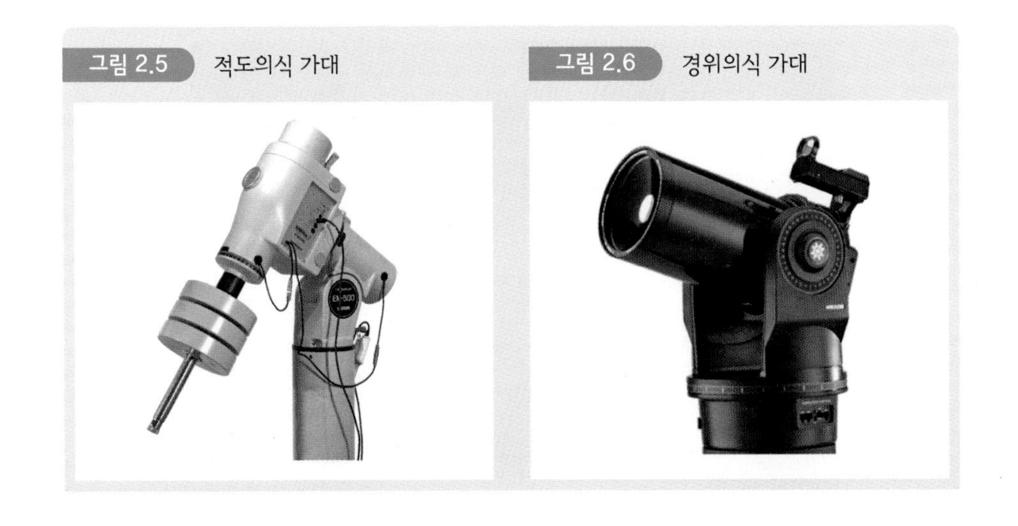

그림 2.5 적도의식 가대

그림 2.6 경위의식 가대

있으며 천체의 위치를 방위각과 고도로 나타낸다. 경위의식 가대는 천체의 추적이 어렵기 때문에 별로 활용되지 않는다. 하지만 보현산 1.8m 망원경이나 대덕전파천문대의 전파망원경처럼 그 무게가 커서 적도의식 방식으로 망원경을 지탱하기 어려운 경우에는 이 방식을 활용한다. 그림 2.6은 경위의식 가대 위에 망원경이 올려져 있는 모습이다.

파인더

파인더(finder)는 관측자가 하늘의 넓은 범위의 별자리 등을 확인하면서 목적 천체를 찾을 때 필요한 망원경으로 그림 2.7처럼 주망원경에 달아 활용하며 시야가 보통 6~7° 정도로 넓다. 만약 M13이라는 구상성단을 찾으려면 먼저 헤라클레스 별자리를 찾은 다음, M13이 위치한 방향으로 망원경 파인더를 조금씩 움직여 망원경 중앙에 위치시킨다. 한마디로 관측자의 목적성을 보다 쉽게 찾아 주는 망원경이라는 의미에서 탐색경 또는 파인더라는 이름을 붙인 것이다. 파인더는 구경이 클수록 시야는 넓을수록 좋다. 그리고 파인더 중앙에 십자선이 있어야 주망원

그림 2.7 망원경 경통에 달려 있는 파인더

경의 중앙과 일치시키기가 편하며 명시야 조명장치가 달려 있는 것도 있다. 파인더 바깥 부분에는 파인더의 방향을 바꾸어 조절할 수 있는 나사가 설치되어 있다.

가이드 망원경

희미한 천체를 촬영할 때 경통 뒤 접안부에 카메라를 장착하고 장시간 노출을 준다. 그런데 망원경의 극축과 균형을 잘 맞추고 추적 장치를 달아도 장시간의 추적이 어려운 경우가 많다. 이런 경우 주망원경 경통에 초점길이가 긴 가이드 망원경을 연결하여 추적 상태를 확인하면서 움직임을 보정해 준다. 가이드 망원경은 초점거리가 길고 배율이 높은 망원경으로서 주망원경에 연결하여 활용한다. 일반적으로 가이드 망원경의 접안렌즈에는 십자선이 있다. 실제 가이딩을 하면서 관측을 할 때, 그 십자선 중앙에 가이딩 별을 맞춘 후, 그 별이 십자선 중앙에서 어긋나지 않도록 보정해 주면서 추적을 실시한다. 최근에는 가이드 망원경에 STV와 같은 추적용 CCD 카메라를 연결하여 자동추적을 하기도 한다. 그림 2.8은 주망원경에 피기백 방식으로 연결된 가이드 망원경의 모습이다.

그림 2.8 주망원경에 달려 있는 가이드 망원경

접안렌즈와 접안부 조절 어댑터

접안렌즈는 망원경의 접안부에 형성된 물체의 상을 확대하여 보기 위한 도구이다. 초점거리 약 25mm 접안렌즈가 가장 많이 활용된다. 성운이나 은하처럼 그 밝기가 희미한 천체의 경우에는 초점거리가 보다 긴 것을 끼워 보면 더 선명하게 보이고, 태양이나 달처럼 밝은 천체의 경우 초점거리가 짧은 것을 끼워서 보면 보다 세부적인 구조를 확대하여 볼 수 있다. 접안렌즈를 끼우는 접안부의 크기는 크게 24.5mm와 31.7mm, 50.8mm 세 종류가 있다. 가장 많이 쓰이는 것은 31.7mm이다. 경우에 따라 망원경의 접안부와 접안렌즈의 크기가 맞지 않는 때도 있다. 그러한 경우에는 접안부 조절 어댑터를 활용하여 접안렌즈를 연결한다. 접안부의 크기가 큰 것은 조절 어댑터를 이용하여 줄일 수 있지만 작은 것은 늘릴 수 없다. 따라서 가급적이면 접안부의 크기가 큰 망원경을 선택하는 것이 유리하다. 그림 2.9의 왼쪽 그림은 접안렌즈의 모습이며 우측은 접안부 조절 어댑터의 모습이다.

그림 2.9 접안렌즈와 접안부 크기 조절 어댑터

대각선 프리즘

천정 부근의 천체를 망원경으로 보게 되는 경우, 접안부가 지면을 향하기 때문에 관측하기가 매우 불편하다. 이러한 경우 대각선 프리즘(천정 프리즘)을 접안부에 연결하여 활용하면 편리하다. 이러한 대각선 프리즘은 망원경의 접안부의 크기와 맞아야 한다. 그림 2.10은 2인치 대각선 프리즘의 예이다.

그림 2.10 대각선 프리즘

바로우 렌즈

바로우 렌즈는 망원경의 배율을 높이기 위하여 접안부 앞쪽에 두는 오목렌즈를 말한다.

이것을 먼저 망원경의 접안부에 삽입하고 나서 접안렌즈를 이 바로우 렌즈 입구에 끼워 넣으면 배율을 올릴 수 있다. 간단하게 고배율이 얻어질 수 있기 때문에 천체를 보다 크게 관측하고자 할 때나 성운, 성단 등의 사진 촬영을 할 때 가이드용으로 활용된다.

그림 2.11 바로우 렌즈

그림 2.12 0.75배 리듀서

리듀서

리듀서는 바로우 렌즈와 반대되는 역할을 하는 도구이다. 리듀서는 볼록렌즈로 구성되는데 이는 망원경의 초점거리를 줄이는 역할을 하여(구경비를 줄여) 상을 더 밝게 한다. 따라서 성운, 성단, 은하 등과 같이 희미한 천체관측을 할 때 필요하다. 그림 2.12는 0.75배 리듀서의 모습이다.

필터

일반적으로 자주 활용되는 필터에는 감광필터와 색필터가 있다. 감광필터는 주로 태양을 직시법으로 육안 관측할 때 활용되는 필터이다. 그림 2.13과 같은 태양필터는 망원경 경통 앞부분에 씌워서 고정한 다음 접안부에 눈을 직접 대고 태양을 관측할 때 활용된다. Hα필터와 같은 색필터는 태양의 붉은 홍염 등을 찍을 때 활용되며, 그림 2.13의 우측과 같은 여러 색필터는 동일한 천체를 필터별로 찍어서 그 결과를 포토샵 등에서 합성하여 컬러 사진을 얻을 때 활용된다.

그림 2.13 태양감광필터와 색필터

T링과 어댑터

망원경에 카메라를 연결하여 사진관측을 할 때, 보통 두 가지 도구가 더 있어야 한다. 카메라 T링과 어댑터가 그 도구이다. T링은 카메라에 따라 다르므로 카메라에 맞는 것을 준비해야 하며, 어댑터는 공통적으로 활용할 수 있다. 어댑터에는 접안렌즈를 끼우지 않은 직초점 어댑터와 접안렌즈를 끼워 활용하는 확대촬영어댑터가 있다.

카메라를 망원경에 연결하는 순서는 '카메라 몸체-T링-어댑터-망원경' 순서이다. 만약 선반 작업이 가능하다면 어댑터와 T링 부분을 하나로 깎아 만들 수도 있다.

그림 2.14 T링과 어댑터(좌 : T링, 중 : 직초점 어댑터, 우 : 확대촬영 어댑터)

태양 투영판

태양 투영판은 여러 사람들이 함께 태양을 관측하면서 스케치할 때 필요한 도구이다. 태양 표면의 흑점이나 백반 등의 자세한 모습을 확인하려면 투영판에 매우 깔끔한 종이를 끼워야 한다. 그림 2.15와 같이 투영판 가장자리에 달려 있는 나사는 투영판을 앞뒤로 조정하면서 태양 투영상의 크기를 조절하기 위한 것이다.

그림 2.15 태양 투영판

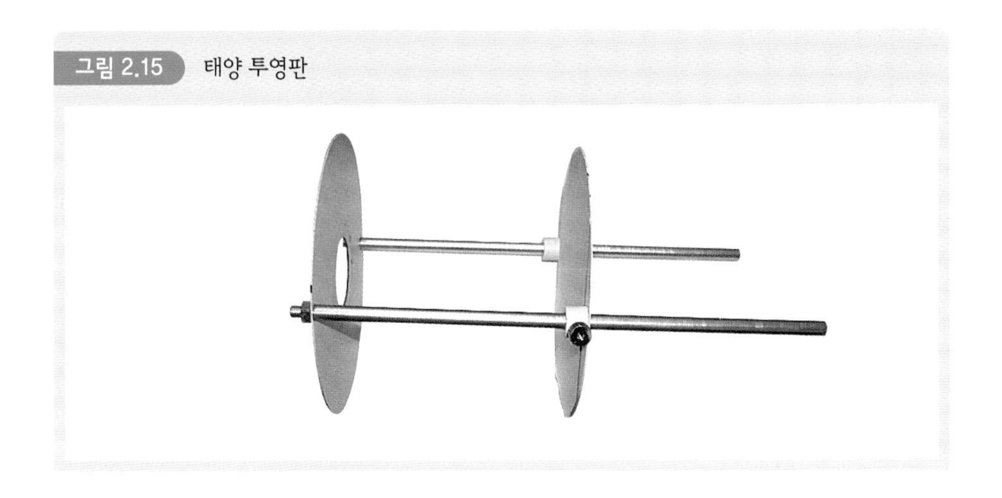

비축 가이더

비축 가이더는 카메라를 망원경에 연결해 두고 동시에 가이드를 할 수 있는 도구이다. 이 비축 가이더는 장시간 동안 천체 사진관측을 할 때, 가이딩 별을 정하여 높은 배율로 추적할 때 활용된다. 가이드 망원경을 주망원경에 달기 어려운 경우 이 기구를 활용하면 정밀 추적이 가능하다. 그림 2.16은 비축 가이더와 망원경에 연결하는 방식을 보인 것이다.

그림 2.16 비축 가이더(좌)와 연결 방식(우)

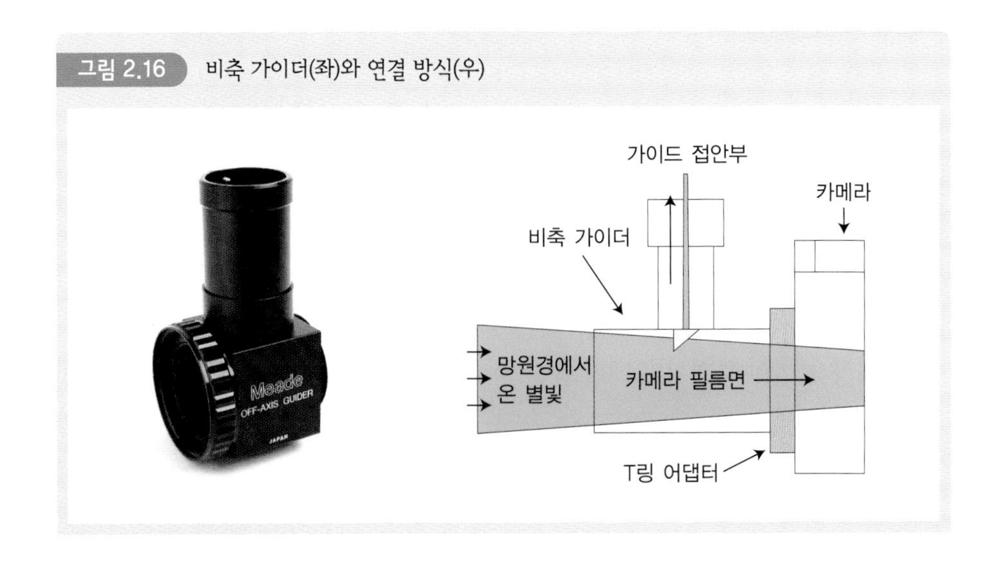

추적 모터 드라이버

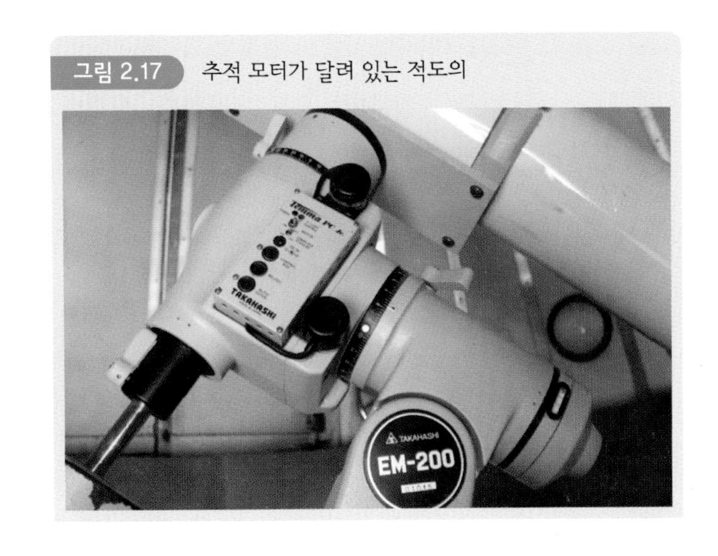

그림 2.17 추적 모터가 달려 있는 적도의

어떤 천체를 망원경 중앙에 위치시키고 계속 보려면 지구의 자전 효과를 배제할 수 있는 모터가 필요하다. 이런 경우에 활용되는 도구가 추적 모터 드라이버이다. 이러한 도구를 추가하여 망원경에 장착하면 밝은 천체의 관측도 용이할 뿐만 아니라, 성운-성단-은하와 같이 장시간 노출이 필요한 사진관측에도 용이하다. 그림 2.17에 까맣게 보이는 적경 및 적위의 마이크로모터가 보인다.

이슬방지 후드

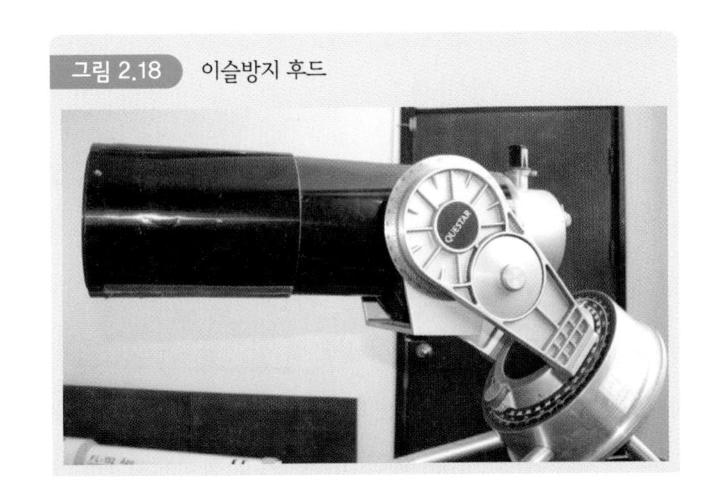

그림 2.18 이슬방지 후드

천체 관측을 하다 보면 하늘이 맑음에도 불구하고 갑자기 천체가 흐릿하게 보이는 경우가 있다. 그런 경우의 대부분은 망원경 대물렌즈에 이슬이 맺혀 있는 경우이다. 특히 일교차가 큰 가을에 심하다. 이와 같이 망원경 대물렌즈(또는 주거울)에 이슬이 맺히는 것을 방지하기 위해 망원경 경통의 앞부분에 그림 2.18과 같이 이슬방지 후드를 끼운다.

삼각대

삼각대는 망원경의 경통과 가대를 받쳐 주는 지지대 역할을 한다. 보통 삼각대는 나무나 알루미늄으로 제작한다. 삼각대가 튼튼해야 안정되게 망원경을 설치할 수 있다. 그림 2.19는 삼각대 위에 간이행성관을 설치해 둔 모습이다.

그림 2.19 삼각대

쌍안경

쌍안경은 태양이나 달 등 밝은 천체 관측에 매우 효과적이다. 또 혜성처럼 하늘의 넓은 영역을 차지하는 천체의 관측과정에도 잘 활용할 수 있다. 쌍안경을 손으로 들고 천체를 보면 팔의 작은 움직임 때문에 안정적으로 관측하기가 어렵다. 따라서 쌍안경을 안정시키는 가대가 있으면 보다 나은

그림 2.20 쌍안경

관측을 수행할 수 있다. 그림 2.20과 같은 대부분의 쌍안경은 좌우 초점을 따로 맞출 수 있도록 구성되어 있다.

명(암)시야 조명장치

명(암)시야 조명장치는 접안렌즈 내부에 빛이 들어오게 하는 장치이다. 접안부 내부에 십자선이나 스케일을 넣어 접안렌즈 바깥의 조명조절 나사로 내부의 밝기를 조절하면서 관측을 실시한다. 일반적으로 명시야 조명장치는 접안렌즈 내부 배경의 밝기를 조절할 수 있도록 설계되어 있으며, 암시야 조명장치는 접안렌즈 내부 십자선의 밝기를 조절할 수 있도록 설계되어 있다. 암시야 조명장치는 주로 어두운 별을 중앙에 위치시킬 때 활용되며, 명시야 조명장치는 주로 밝은 별을 중앙에 위치시킬 때 활용된다. 또 망원경의 배율을 높여 표류이탈법 등으로 극축을 정확히 맞출 때도 자주 활용된다. 명(암)시야 조명장치 내부에 스케일이 들어가 있어서 망원경의 시야 등을 확인할 수 있는 것도 있다. 그림 2.21은 명시야조명장치로서 아래로 향하고 있는 부분을 망원경 접안부에 끼우고 나서 왼쪽 부분에 접안렌즈를 삽입하여 관측한다. 그리고 오른쪽 부분은 조명의 밝기를 조정하는 조정자이다.

그림 2.21 명시야 조명장치

CCD 카메라

CCD(Charge Coupled Device) 카메라는 디지털카메라의 일종으로 영상을 디지털 신호로 저장한다. CCD 카메라는 높은 양자 효율과 뛰어난 선형성 등의 유리한 점들 때문에 최근의 천체관측의 주류를 이루고 있다. 이러한 CCD 카메라를 선택

그림 2.22 CCD 카메라

할 때는 CCD 칩의 크기, 화소수, 냉각 시스템 등을 잘 확인해야 한다. 또 CCD 카메라에 필터박스를 연결하여 관측하면 천체에 대한 보다 구체적이고 다양한 정보를 얻을 수 있다. 그림 2.22는 필터박스가 연결된 CCD 카메라를 망원경 접안부에 연결하고 있는 모습이다.

이러한 CCD 카메라 외에 일반 디지털카메라나 디지털 비디오카메라를 망원경에 연결하여도 좋은 천체사진, 영상을 얻을 수 있다.

아날로그 카메라와 릴리즈

카메라는 천체관측을 하기 위한 필수장비이다. 천체 사진용 카메라는 수동이어야 한다. 왜냐하면 밤에 뜨는 대부분의 천체들은 밝지 않아 장시간 동안 노출을 주어야 하기 때문이다. 카메라를 망원경에 연결할 때는 카메라의 몸체만을 연결한다. 이때 카메라 몸체에 중간 연결장치인 T링과 어댑터를 이용하여 망원경에 연결한다.

카메라 셔터를 누를 때의 흔들림을 방지하는 릴리즈는 셔터에 연결하여 활용

그림 2.23 아날로그 카메라와 릴리즈

하는 셔터 보조도구로서 장시간 노출을 줄 때도 편리하다. 그림 2.23은 기계식 아날로그 카메라 FM2와 릴리즈의 모습이다.

DSLR 디지털카메라

DSLR(digital single-lens reflex) 디지털카메라는 최근의 디지털 기기의 발전과 함께 많이 보급되어 있다. DSLR 디지털카메라는 일반 수동식 카메라처럼 렌즈를 떼었다 붙였다 할 수 있다. 이 카메라를 망원경에 연결하여 활용할 때, 렌즈는 떼어 두고 몸체만 연결한다. 이 카메라는 아마추어 천문가의 필수적인 도구이다. 그림 2.24는 니콘 D70s DSLR 디지털카메라의 모습이다.

그림 2.24 DSLR 디지털카메라

콜리메이터

콜리메이터는 망원경의 광축을 맞출 때 활용되는 도구이다. 반사망원경은 굴절망원경보다 광축을 맞추어야 하는 경우가 더 많다. 왜냐하면 반사망원경은 경통

그림 2.25 콜리메이터

앞이 막혀 있지 않아서 먼지나 송홧가루 등이 쉽게 들어간다. 그래서 정기적으로 분해하여 세척을 한 다음 다시 조립해야 한다. 이와 같이 망원경을 조립할 때 기본적으로 수행해야 할 일이 광축 맞추기이다. 광축 맞추기는 망원경의 접안부에 눈을 적당히 갖다 대어 자신의 눈 모습이 접안부 중앙에 정상적으로 들어오는지 부경을 조정해 가면서 맞추어 나간다. 그런데 보다 정확히 광축을 맞추고자 하는 경우 콜리메이터를 활용한다. 콜리메이터는 본체 옆 측에 광선을 확인할 수 있는 동심원이 그려진 창이 있다. 이를 통해 주경과 부경의 축이 일치되었는지 확인할 수 있다. 콜리메이터를 망원경 접안부에 연결할 때는 접안부 크기와 맞는 것을 선택하여 연결한다. 그림 2.25는 2인치 및 1.25인치용 콜리메이터의 모습이다.

03 관측천체 찾기

천체를 관측하려면 먼저 관측천체를 정해야 한다. 관측천체가 정해져 있다 하더라도 그 천체가 관측하려는 시간대에 뜨지 않거나 뜬다 하더라도 망원경의 규모가 작아 관측하기 어려운 경우가 있다. 따라서 관측자는 이러한 점들을 고려하여 관측천체를 정해야 한다. 여기서는 관측천체가 정해졌다고 가정하고, 관측천체를 망원경 중앙에 위치시키는 방법을 알아보고자 한다. 관측천체를 찾는 방법에는 별자리를 이용하는 방법, 망원경의 영점조준을 한 후 찾는 방법 그리고 천체관측 프로그램을 이용하는 방법 등이 있다.

별자리를 이용하는 방법

별자리를 이용하여 천체를 찾는 방법은 성도나 별자리 프로그램 등을 통해 관측하려는 천체가 어느 별자리의 어느 위치에 있는가를 확인해 둔 후, 망원경으로 그 별을 차근차근 찾아가는 방법이다. 이를 위해 관측천체가 포함된 별자리 부근을 미리 확인해 둔다. 그림 3.1은 우리나라 여름철에 관측할 수 있는 H자 모습의 헤르쿨레스 별자리와 M13 구상성단이 위치한 곳을 나타낸 것이다.

이러한 자료를 토대로 M13 구상성단을 찾으려면 먼저 맨눈으로 헤르쿨레스 별자리를 찾는다. 그리고 M13이 그림 3.1에서처럼 헤르쿨레스 자리 η별 아래에 위치해 있다는 사실을 확인한 다음, 시야가 넓은 파인더로 η별을 찾아 중앙에 넣는다. 그리고 나서 망원경을 조금씩 아래 방향으로 내려가면서 M13을 찾아 주망원경 중앙에 들어오도록 조정한다. 이와 같이 천체를 찾아 나가는 방법은 비교적 밝

그림 3.1 구상성단 M13을 찾기 위한 파인딩 맵

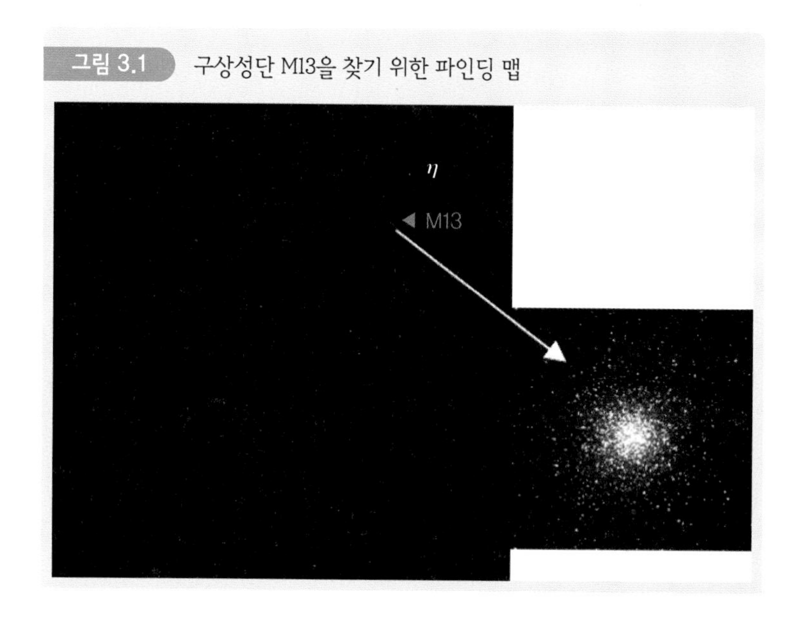

은 목적 천체를 찾을 때 자주 활용되며 초보자들이 많이 활용한다. 만약 관측할 천체가 성운처럼 희미한 경우에는 그 천체가 망원경에 들어와 있음에도 불구하고 찾지 못한 것으로 간주해 버리는 경우가 있으므로 눈을 어두운 곳에 최대한 암적응시켜 두고 관측한다.

망원경의 영점조준 후 관측천체를 찾는 방법

일반적으로 이동용 소형망원경이나 도움 내의 망원경을 활용하여 관측을 실시할 때, 그 활동이 끝나면 망원경 적도의의 모터 전원을 끈다. 그래서 며칠 후 다시 그 망원경을 활용하려고 하면 비록 망원경의 극축을 맞추어 둔 상태라 하더라도 하늘의 각 별들에 대한 적경이 망원경의 적경 눈금과 일치되어 있지 않은 상태가 된다. 따라서 관측을 실시하기 전에 별의 적경과 망원경의 적경 눈금과 일치되게 맞추어야 한다. 이를 망원경의 영점조준이라 한다. 망원경의 영점조준을 해 두면 관측할 천체를 보다 빠르고 정확하게 찾을 수 있다. 만약 도움관측처럼 고정된 위치에서 망원경의 극축을 미리 맞추어 둔 상태라면 적위의 영점조준은 할 필요가 없

그림 3.2 망원경의 영점조준

시리우스 적경 맞추기 (6^h 45^m)

시리우스 적위 맞추기 (−16° 43′)

다. 왜냐하면 지구가 서쪽에서 동쪽으로만 자전하기 때문이다. 이동식 망원경의 영점조준 과정은 다음과 같다.

① 관측하려는 날에 떠 있는 밝은 천체 하나를 정하여 그 천체의 적경과 적위를 확인해 둔다. 그림 3.2는 겨울철에 잘 볼 수 있는 시리우스의 모습과 이를 망원경 중앙에 맞추고 나서 망원경의 적경 및 적위 세팅 서클을 돌려서 시리우스의 적경과 적위를 맞춘 모습이다. 현재의 상태는 망원경 중앙에 맞추어져 있는 시리우스의 적경 및 적위가 망원경의 적경 및 적위 눈금과 맞추어진 상태이다. 지금부터 관측하는 동안 적경 및 적위 세팅 서클을 절대 만져서는 안 된다.

② 관측하려는 목적 천체의 적경, 적위를 확인한다. 예를 들면 그림 3.2에서 오리온 자리가 보인다. 이곳의 오리온 대성운의 적경(5^h 35^m.4) 및 적위(−5° 27′)를 확인한다. 그리고 그 값이 망원경의 적경판 및 적위판의 값과 일치되도록 망원경 경통 자체를 상하 또는 좌우로 움직이면서 맞추어 준다. 그러면 파인더의 중앙 부근에 오리온 대성운이 들어와 있을 것이다. 이때 이 천체가 파인더 정중앙에 올 수 있도록 맞춘다. 그리고 나서 주망원경 중앙에 오리온 대성운이 들어오도록 미세 조정한다.

천체관측 프로그램을 이용하는 방법

천체관측 프로그램에는 TheSky, Starry Night, Maxlm DL 등 여러 가지가 있다. 여기에서는 학교 현장에서 많이 활용되는 Starry Night을 활용하여 천체를 찾는 방법에 대하여 알아보자.

① Starry Night 프로그램을 가동하자. 그러면 그림 3.3과 같이 좌측에 사이드 메뉴가 나타날 것이다. 이때 사이드 메뉴 중 Telescope를 누른다.

그림 3.3 Starry Night 사이드 메뉴

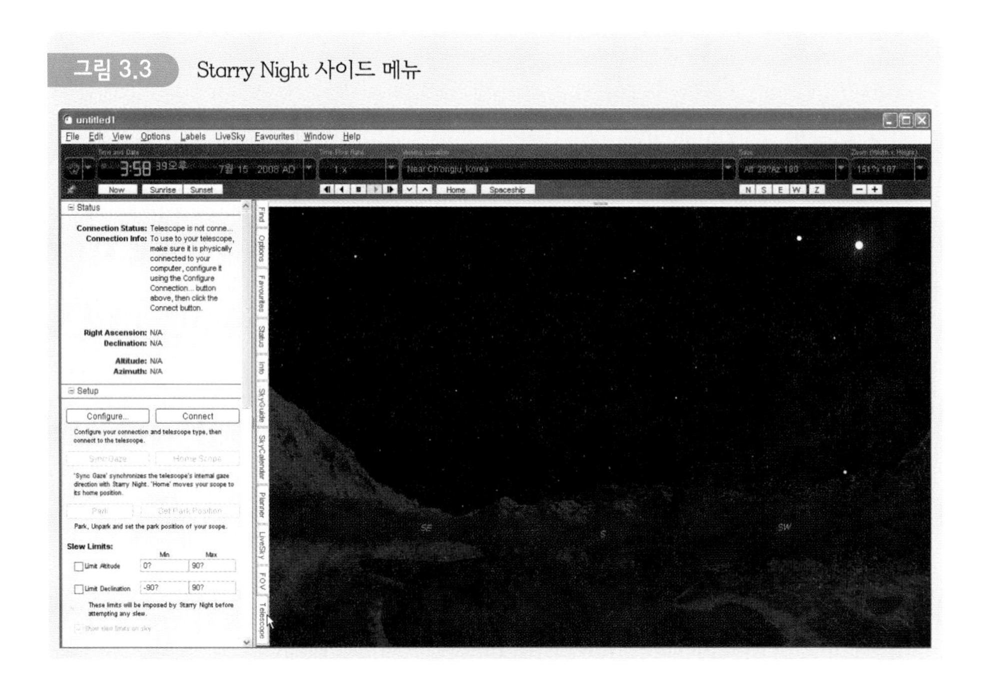

여기서 사이드 메뉴의 주요 내용을 살펴보면 다음과 같다.

- Connection Status : 망원경 연결 상태
- Right Ascension : 적경(마운트에 인식되어 있는 적경)
- Declination : 적위(마운트에 인식되어 있는 적위)

- Configure : 본 프로그램과 연동시킬 망원경 적도의 설정하기 등
- Connect : 망원경과 본 프로그램을 연결하기

② Configure 버튼을 클릭해 가동할 망원경 적도의와 위치 등을 설정한다. 그림 3.4는 적도의의 종류로 Temma by Takahashi를 선정해 둔 모습이다.

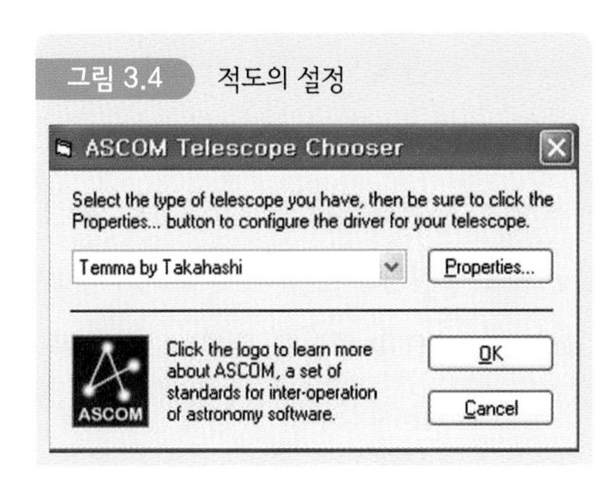

그림 3.4 적도의 설정

망원경 적도의를 설정하고 나서 보다 세부적인 내용을 입력하기 위하여 Properties를 누른다. 그러면 그림 3.5와 같은 화면이 뜬다.

그림 3.5 관측자 위치 등 세부 사항 설정하기

이때 시리얼 포트, 전원, 관측자 위치(적위 및 적경), 해발고도, 망원경의 경통 방향 등을 지정한다. 특히 망원경의 경통(OTA)이 적도의에 대하여 동쪽에 위치해 있으면 'OTA East Scope Poinging West' 를 지정하고 초기화할 포인팅 별은 서쪽 하늘에서 찾아 일치시키도록 한다. 경통이 서쪽에 위치해 있는 경우에는 그 반대이다.

③ Connect 버튼을 클릭해 Starry Night 프로그램과 망원경을 연동시킨다. Connect 버튼을 클릭하면 화면 밑의 작업표시줄에 'Temma Handbox' 라는 박스가 그림 3.6처럼 제시된다. 여기서 화면 중간의 'More > >' 버튼을 클릭하면 화면이 펼쳐져 보다 세부적인 화면이 제시된다. 화면에 중간에는 Motion Control 버튼을 이용하여 망원경을 원하는 방향으로 움직일 수 있다. 만약 망원경을 정지시키고 싶으면 STOP 버튼을 누른다. 또 망원경의 움직임 속도는 Guide(저속) 또는 Slew(고속)를 지정하여 조절할 수 있다. 'Flip' 은 동서(E/W), 북남(N/S)의 방향을 바꾸는 것이다. 'Flip' 은 가대의 남북, 동서의 방향을 잘못 인식할 때 쓰는 메뉴이다.

또 Park, Unpark 기능은 망원경을 일정한 방향에 위치시켜 둘 것이냐 임의의 위치에 둘 것이냐를 정하는 메뉴이다.

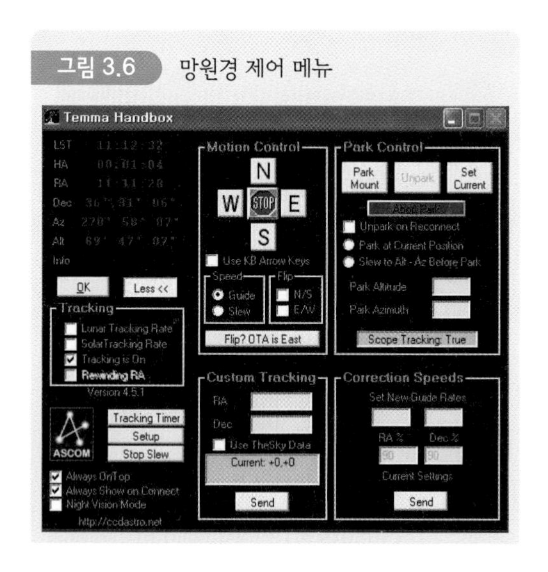

그림 3.6 망원경 제어 메뉴

④ 망원경과 기준별을 일치시킨다. 영점조준 기준별은 관측시간대에 쉽게 확인할 수 있는 하나의 밝은 별을 말한다. 이 기준별은 가급적 관측하려는 천체 가까이에 있는 것을 정한다. 이 별을 망원경 중앙에 오도록 맞춘다. 예를 들어 시리우스를 망원경 중앙에 위치시켰다고 하자.

그림 3.7 기준별을 찾아 망원경 중앙에 위치시키고 있는 모습

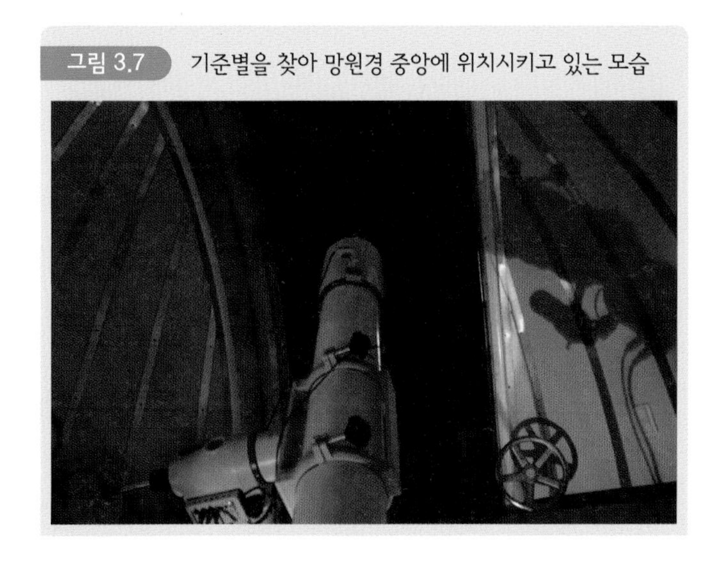

다음으로 Starry Night 프로그램상에서 시리우스를 화면에 중앙에 오도록 한다. 그리고 시리우스를 지정하여 'Sync on Sirius'를 누른다. 그러면 망원경과 Starry Night이 일치된(Sync) 상태가 되면서 Sync 별에 해당 망원경의 이름이 나타난다. 이 과정까지는 적경나사, 적위나사, 핸드패들을 이용해 망원경을 수동으로 조정해도 되지만 이후 망원경을 컴퓨터로 조정할 때에는 적경나사, 적위나사를 풀지 않는다. 만약 풀게 되면 앞서의 과정을 다시 시작해야 된다.

⑤ 이제 본격적으로 관측할 천체를 망원경 중앙에 찾아 넣어 보자. 이를 위해 관측하려는 천체를 지정하여 마우스 오른쪽 버튼을 클릭하면 메뉴가 나타난다. 예를 들어 M42 오리온대성운을 지정하여 마우스 왼쪽 버튼을 누르면 메뉴 중에 'Slew to M42'가 포함되어 있다. 이를 클릭하면 망원경이 이동되면서 M42를 망원경 중앙에 위치시켜 준다.

기준별과 관측할 천체 간의 거리가 멀면 망원경 이동시간이 길고, 돔도 조작해야 되고, 극축에 의한 오차가 심해지는 등 여러 가지로 불편하므로 애초에 기준별을 관측할 목적천체와 가까운 별로 정하는 것이 좋다.

04 천체 가이딩

천체 가이딩은 망원경 중앙에 맞추어 둔 천체를 장시간 동안 머물러 있게 하기 위한 활동이다. 망원경 중앙에 관측할 천체가 장시간 머물러 있어야 여러 사람들이 차례대로 육안관측을 할 수 있고, 장시간 노출을 주어 훌륭한 사진을 얻어낼 수도 있다. 이와 같은 천체 가이딩 방법에는 크게 세 가지가 있다. 이들에 대하여 알아보자.

수동 가이드

수동 가이드(manual guide)는 망원경에 추적 장치가 달려 있지 않은 경우나 추적 장치가 달려 있다 하더라도 추적 장치에 전원을 넣기 어려운 상황인 경우의 가이딩 방법이다. 이 방법은 지구의 자전 효과 때문에 망원경 중앙에 맞추어 둔 천체가 일정한 속도로 서쪽 방향으로 계속 빠져나가기 때문에 이 효과를 배제하기 위해 망원경의 적경 조절 노브를 돌려가면서 관측천체가 망원경 중앙에 머물러 있게 하는 활동이다. 이와 같은 수동 가이드는 극축이 잘 맞추어져 있을수록 가이딩하기가 편하다. 즉 관측천체가 망원경 중앙에서 사라졌다 하더라도 적경축 조절 노브만 돌려주면 금방 관측천체를 찾을 수 있기 때문이다. 이 방법은 비교적 간단하다. 이에 대하여 알아보면 다음과 같다.

① 가급적 극축을 정교하게 맞춘다.

그림 4.1 별을 망원경 중앙에 맞춘 장면(좌), 별이 우측으로 빠진 장면(중), 빠져나간 별을 적경 노브만을 돌려 다시 망원경 중앙에 맞춘 장면(우)

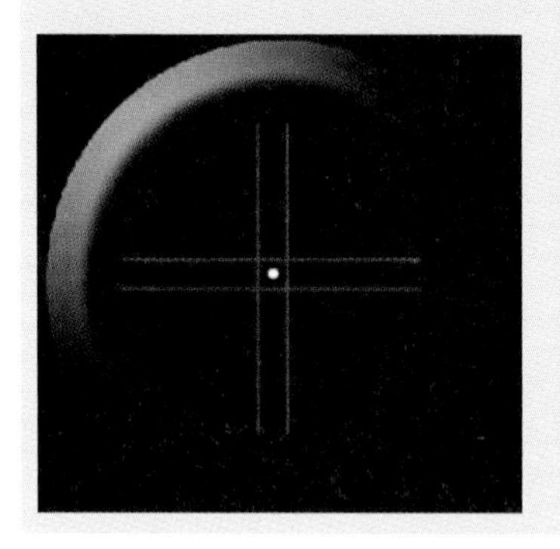

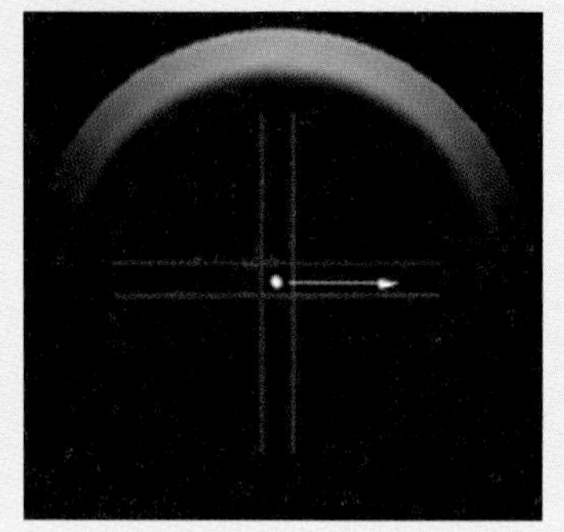

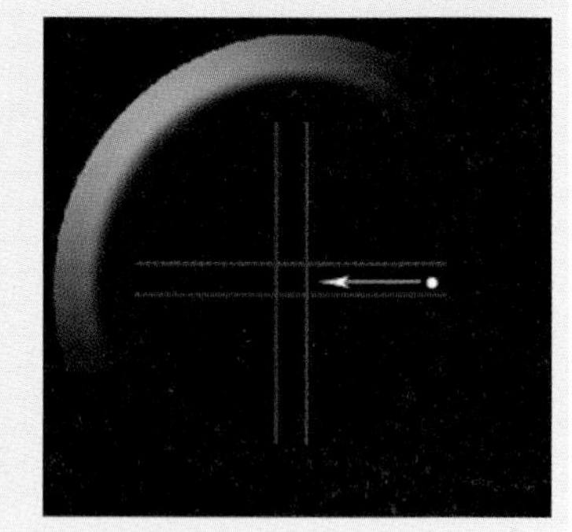

② 관측할 천체를 찾아 망원경 중앙에 넣는다.

③ 관측할 천체가 어느 방향으로 빠지는지 확인한 후, 적경 조절 노브를 적당한 속도로 돌려가면서 관측천체가 다시 망원경 중앙에 머물러 있게 한다(그림 4.1 참조).

반자동 가이드

장시간 동안 천체를 추적하기 위해서는 망원경에 추적 장치를 설치하여 지구의 자전효과를 배제하지만, 망원경 극축이나 추적 장치의 정교성 등에 따라 천체가 망원경 중앙에 계속 머물러 있지 않고 시간이 지남에 따라 조금씩 임의의 방향으로 빠져나가게 된다. 이때 추적의 정확도를 높이기 위해 핸드패들을 함께 이용하는 방법을 반자동 가이드(semi auto-guide)라 한다. 즉 망원경의 중심에 맞추어진 천체가 임의의 방향으로 조금이라도 움직이면 핸드패들로 제자리에 오도록 제어하면서 관측하는 방법이다. 반자동 가이드를 하기 위해 가이드 별을 정하여 가이딩을 하게 되는데 망원경에 따라 가이드 망원경(가이더 : guider)이 달려 있는 것도 있고 없는 것도 있다.

일반적으로 망원경의 규모가 비교적 크면 파인더와 가이더가 함께 달려 있지

그림 4.2 가이딩이 잘못된 모습 : M57(1분 노출)

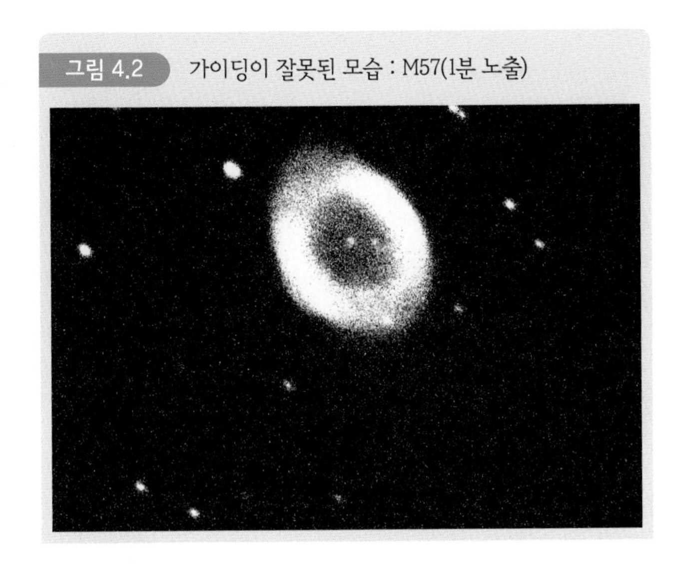

만 소형 망원경에는 파인더만 달려 있고 가이더가 없는 경우가 더 많다. 파인더는 비교적 배율이 낮기 때문에 시야가 넓어 관측천체를 찾을 때 주로 활용되지만 가이더는 배율이 비교적 높기 때문에 사진관측 시 가이딩을 하는 데 활용된다. 그림 4.2는 가이딩이 제대로 안 된 M57 사진이다. 이러한 효과를 줄이기 위해 어떻게 해야 하는지 알아보자.

가이더를 활용하는 경우

가이더는 주망원경 경통에 피기백 방식으로 달아 활용할 수 있는 것과 비축(off-axis) 가이더처럼 망원경 접안부에 달아 활용할 수 있는 것이 있다. 그림 4.3은 관측자가 가이더를 보려는 장면이다.

가이더를 활용하여 사진관측을 하는 경우, 주망원경 접안부에는 카메라를 달아 목적천체를 향하게 하고, 가이더에는 관측천체 부근의 비교적 밝은 별 하나를 가이딩 별로 정하여 중앙에 위치시킨다. 그리고 사진을 찍는 동안 이 가이딩 별이 가이더의 십자선 중앙에서 벗어나지 않도록 계속 가이더를 들여다보면서 가이딩 한다. 만약 가이딩 별이 어느 방향으로 빠져나가려고 하면 핸드패들을 이용하여 중앙에 되돌아오도록 제어한다. 이때 핸드패들의 속도가 너무 크면 반대 방향으

그림 4.3 주망원경에 달려 있는 가이더

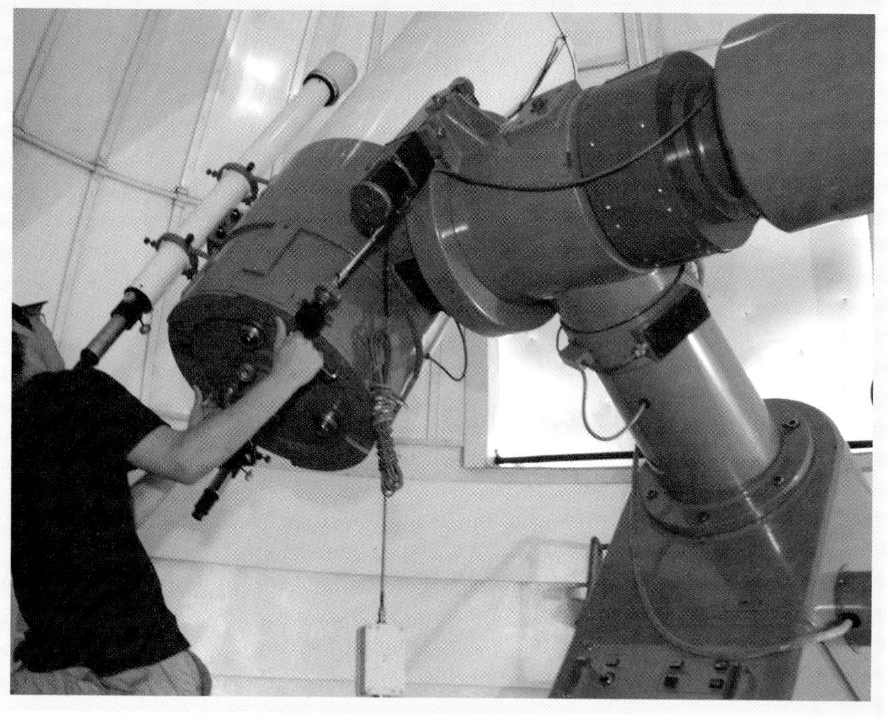

그림 4.4 핸드패들

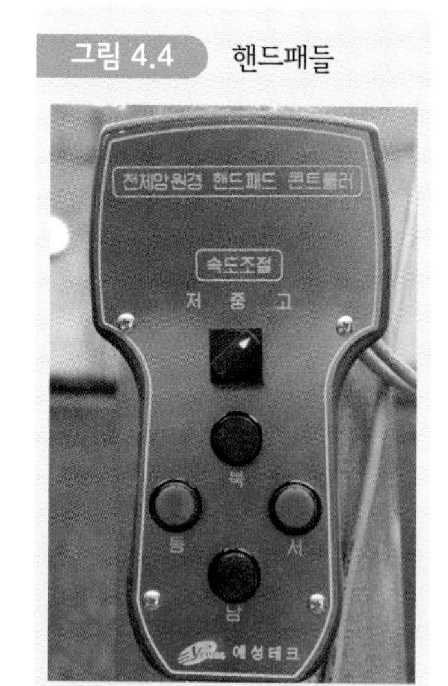

로 벗어날 수 있으므로 핸드패들의 속도를 최저속도로 맞추어 둔다. 핸드패들의 속도는 일반적으로 그림 4.4와 같이 저속(guide), 중속(set) 그리고 고속(slew)의 세 단계로 이루어져 있다.

가이딩의 예를 한 가지 들어 보자. 그림 4.5는 M57 행성상 성운이다. 이 천체를 사진관측하기 위해서 먼저 파인더로 M57을 찾은 다음, 주망원경에 달린 카메라 뷰파인더를 보면서 중앙 부근에 잘 위치시키고 초점을 잘 맞춘다. 이 천체를 본격적으로 사진관측을 하려고 한다. 이 천체는 성운이기 때문에 비교적 희미하다. 따라서 장시간 노출을 주어야 한다. 이 상황에서 사진관측을 위한 가이딩 별을 정한다. 이를 위해 이 성운 주변에 밝은 별이 있는지 살펴본다. 여기서는 이 성운 가까이에서 가깝고 바

그림 4.5 M57 행성상 성운

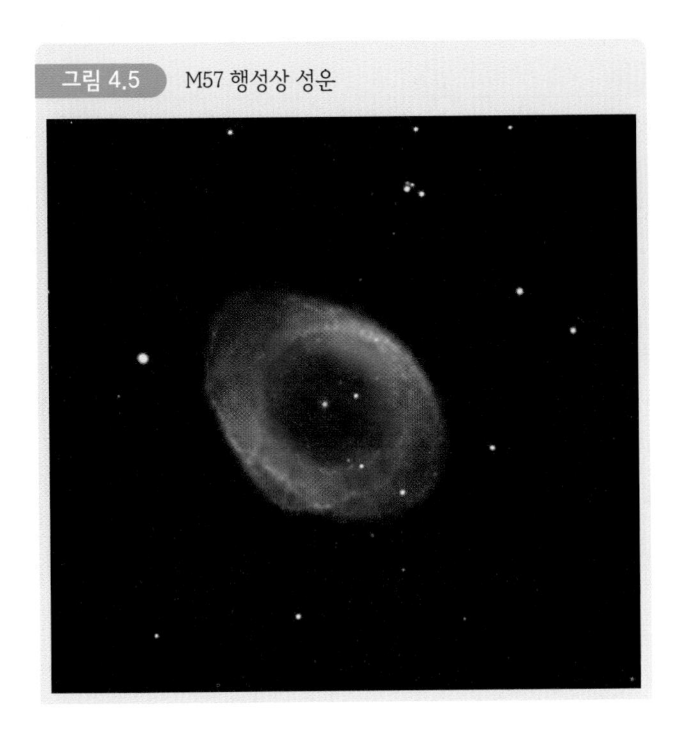

로 왼쪽 편에 가이딩 별로 적당한 것이 보인다. 이 별을 가이딩 별로 정한다. 그리고 가이더 십자선 중앙에 이 별이 들어오도록 맞춘 후 핸드패들을 이용하여 가이딩한다. 주망원경의 카메라에서는 M57이 약간 오른쪽으로 밀렸을 것이다. M57이 카메라(필름 또는 CCD)의 중앙에 꼭 와야 할 필요는 없다. 찍히기만 하면 된다. 나중 트리밍 과정을 통해 M57이 중심에 오도록 자를 수 있기 때문이다.

비축 가이더를 활용하는 경우

주망원경에 가이더가 달려 있지 않거나 달려 있다 하더라도 활용하기가 용이하지 않은 경우에는 그림 4.6과 같은 비축 가이더를 주망원경에 직접 연결하여 가이딩할 수도 있다. 즉 비축 가이더의 뒤쪽에는 촬영용 주카메라를 연결하고, 수직으로 꺾인 다른 방향으로는 접안렌즈를 연결하거나 가이딩용 CCD 카메라를 연결하여 활용할 수 있다. 이때 비축 가이더 접안부에 들어온 가이딩 별을 눈으로 보면서 반자동 가이드를 하는 경우, 비축 가이더 접안부에 바로우나 GA-4와 같이 십자

그림 4.6 비축 가이더를 망원경에 연결해 두고 가이딩하면서 사진관측하는 모습

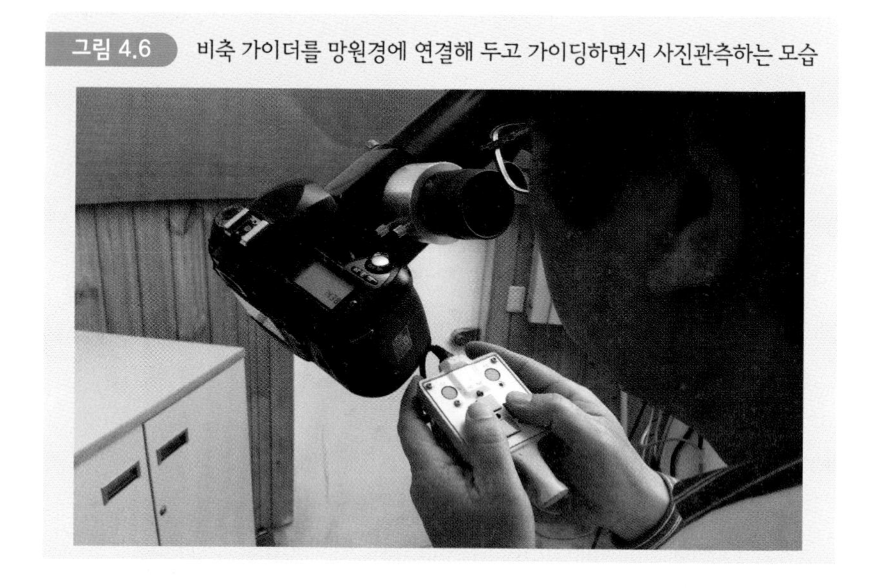

선이 달려 있는 고배율 보조 관측기기를 연결하여 활용하면 가이딩의 정확도를 높일 수 있다.

한편 야외의 깊은 산속에서 관측을 해야 할 때도 있다. 그런 경우 그림 4.7과 같은 망원경 전원용 배터리의 소모 상태를 확인하여 충분히 충전을 해둘 필요가 있다. 소형망원경 추적 장치의 전원은 일반적으로 직류 12V 또는 24V가 활용되며, 충전용이 대부분이다.

그림 4.7 배터리와 충전기

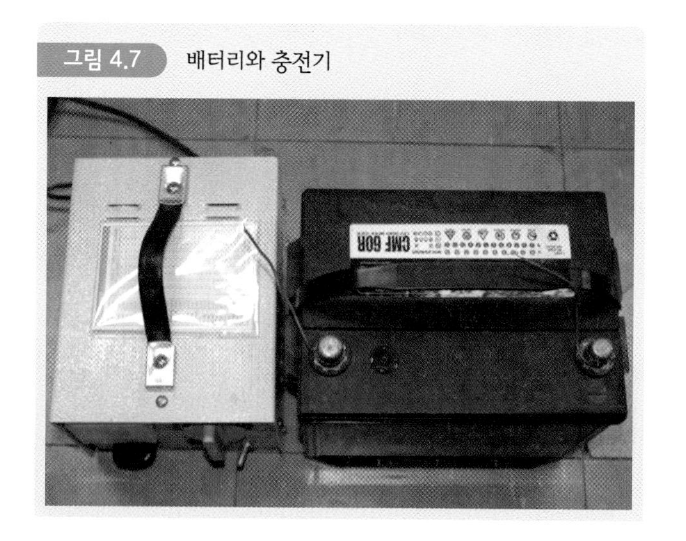

자동 가이드

천체 촬영 시 어려운 점은 망원경 중앙에 맞추어 둔 천체가 빠져나가 버린다는 점이다. 그 결정적인 원인은 지구의 자전효과와 불완전한 극축 맞추기 등 때문이다. 이를 해소할 수 있는 하나의 방안이 자동 가이드이다. 자동 가이드는 적도의의 극축이 완벽하게 맞추어져 있지 않더라도 천체의 추적을 훌륭한 수준까지 끌어올릴 수 있다.

자동 가이드를 하려면 촬영용 CCD 카메라에 가이드용 CCD가 함께 달려 있는 카메라를 활용할 수도 있고, 촬영용 CCD 카메라와 별도로 가이딩용 카메라를 이용하여 가이딩을 할 수도 있다. 여기서는 망원경의 극축이 어느 정도 맞아 있는 상태에서 촬영용 카메라와 가이드용 카메라를 따로 활용하는 경우를 보이기 위해 QHY5LII 가이드용 카메라를 가이드 망원경에 연결한 후 PHD 가이딩 소프트웨어를 활용하여 가이딩하는 방법에 대해 알아보도록 한다.

그림 4.8 가이드 망원경을 활용한 자동 가이드의 개념도

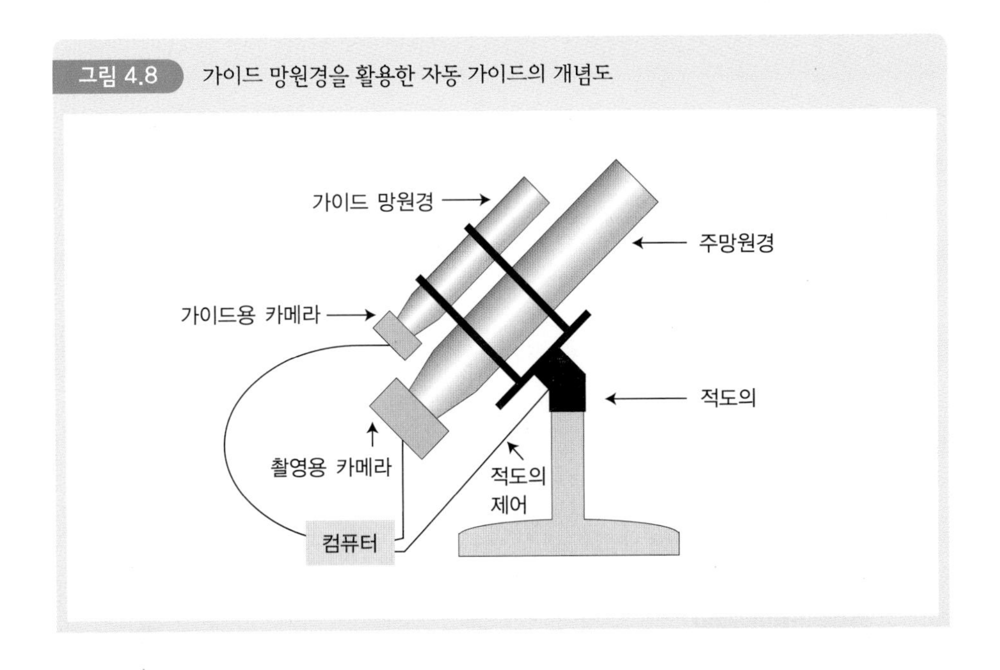

① 가이드용 카메라 QHY5LII를 컴퓨터에 연결하기 전에 이를 인식시키기 위한 드라이버(참고 : QHY5_IIDrv64V13-01-06.exe)를 설치한다. 그리고 나서 QHY5II를 가이드 망원경이나 주망원경 접안부에 연결하고 컴퓨터에 연결선을 연결하면 카메라에 빨간 불이 들어온다.

② 망원경에 연결된 가이드용 카메라 QHY5LII로 찍은 영상이 컴퓨터에서 잘 볼 수 있는지를 확인한다. 이를 위해 웹카메라로 영상을 보는 소프트웨어를 설치하여 확인한다. 여기서는 QHY5LII 카메라 작동 소프트웨어와 함께 달려온 EZplanetary 프로그램을 설치한 후 가동시킨다. 그러면 그림 4.9와 같이 현재 망원경에 보이는 장면이 나타난다.

③ 여기서는 PHD 가이딩 프로그램을 이용하여 카메라와 망원경을 제어하면서 자동 가이딩을 수행할 것이다. 이를 위해 망원경 적도의나 CCD 카메라 등을 제어할 때 자주 활용하는 ASCOM 기반 드라이버 ASCOMPlatformsp2.exe라는 파일을 설치한다.

④ QHY5LII 카메라를 ASCOM에 기반한 드라이버로 제어하는 데 활용되는

그림 4.9 EZplanetary 프로그램으로 먼 곳 건물 부근을 보고 있는 장면

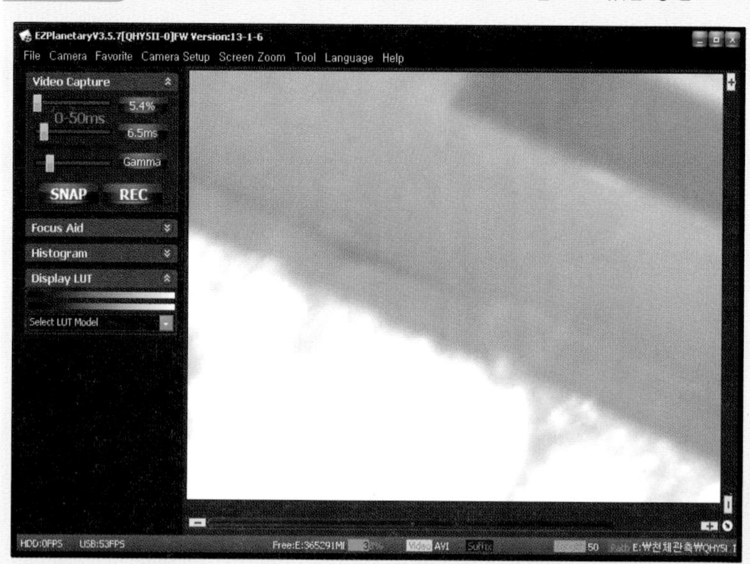

그림 4.10 주망원경에는 촬영용 카메라, 가이더에는 가이드용 카메라를 연결해 둔 모습

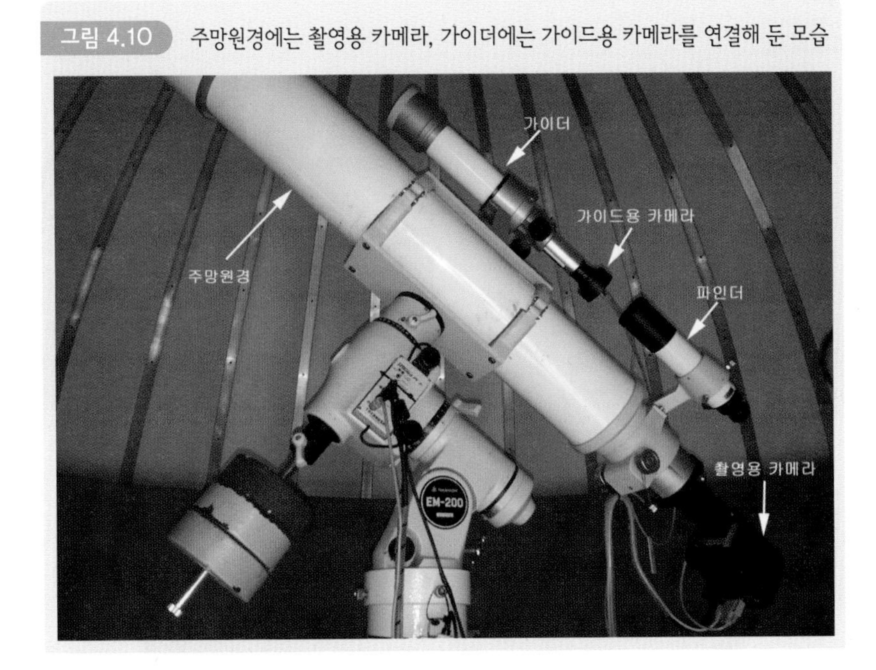

QHY5LIIASCOMSetupV05.exe라는 파일을 설치한다.

⑤ PHD Guiding 자동 가이딩 프로그램을 설치하기 위해 Setup_PHDGuiding.exe를 실행시킨다.

⑥ 지금까지는 기본적인 프로그램을 설치하였다. 카메라나 적도의 관련 ASCOM 드라이버는 해당 홈페이지(http://www.qhyccd.com)에서 다운받을 수 있다.

⑦ 이제 본격적으로 자동 가이드를 하기 위해 그림 4.10과 같이 주망원경에 촬영용 카메라를 연결하고, 가이더에는 가이드용 카메라(여기서는 QHY5LII 카메라)를 연결한다.

이때 QHY5LII 카메라 뒷면에 연결단자가 두 곳이 있다. 그림 4.11의 왼쪽 그림의 왼쪽 단자는 컴퓨터로 영상을 보내는 단자이고, 이 그림의 오른쪽 단자는 그림 4.11 오른쪽 그림의 적도의에 'AUTOGUIDE'라고 표시되어 있는 곳에 연결하여 적도의를 제어하면서 자동 가이드를 하기 위한 단자이다.

⑧ PHD 가이딩 프로그램을 가동한다. 그림 4.12는 PHD 시작 모습이다.

그림 4.11 가이드용 카메라 뒷부분의 단자(좌)와 적도의의 오토가이드 단자(우)

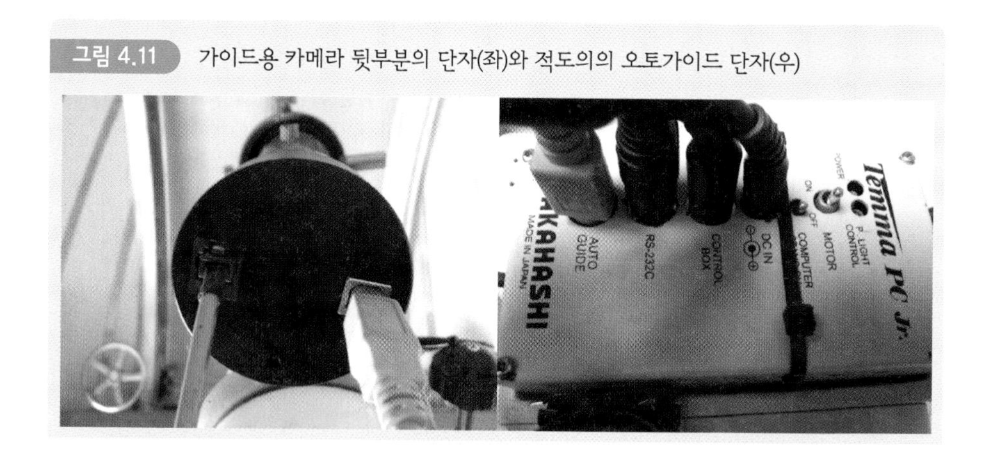

그림 4.12 PHD 가이딩 프로그램의 시작 화면

⑨ 그림 4.12 화면의 좌측 하단 카메라 아이콘을 클릭한다. 그러면 그림 4.13의 좌측과 같은 화면이 나타난다. 이때 ASCOM(Late) Camera를 선택한다. 그러면 우측 그림과 같은 ASCOM Camera Chooser 창이 나타난다. 그때 CMOS QHY5LII Camera를 선택하고 OK를 누른다.

그림 4.13 가이드용 카메라 QHY5LII 선택창

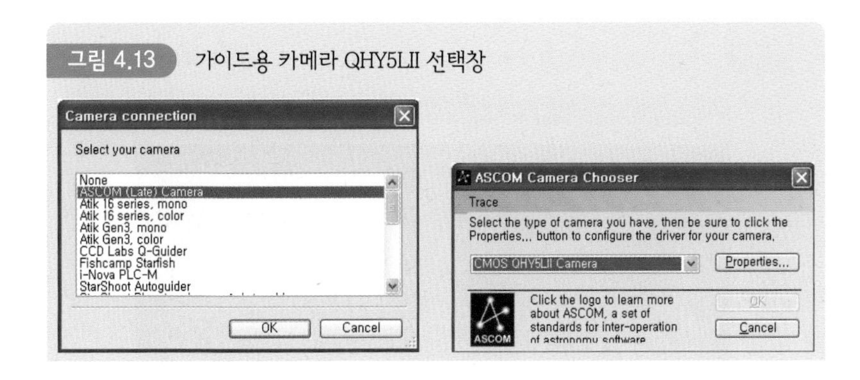

그러면 그림 4.14와 같은 창이 뜬다. 이때 Gain을 조정하거나 OK를 누르고 빠져나온다.

그림 4.14 Gain 조정창

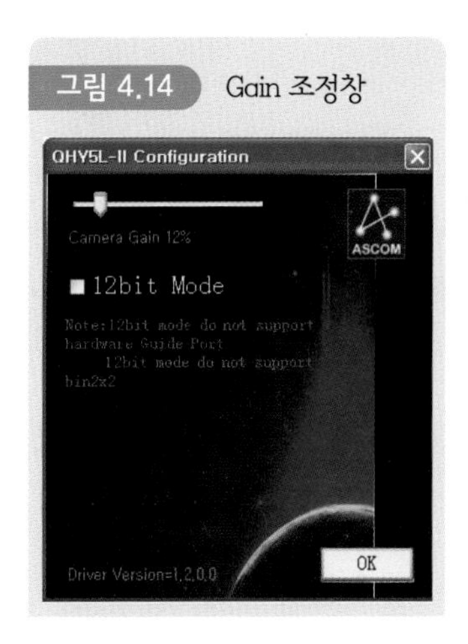

그림 4.12에서 PHD 메인창 우측 하단에 'No Camera'로 되어 있던 것이 그림 4.15와 같이 'Camera'로 바뀌어져 있는 것을 확인할 수 있을 것이다.

그림 4.15 화면 하단의 'No Camera'가 'Camera'로 바뀐 PHD 가이딩 창

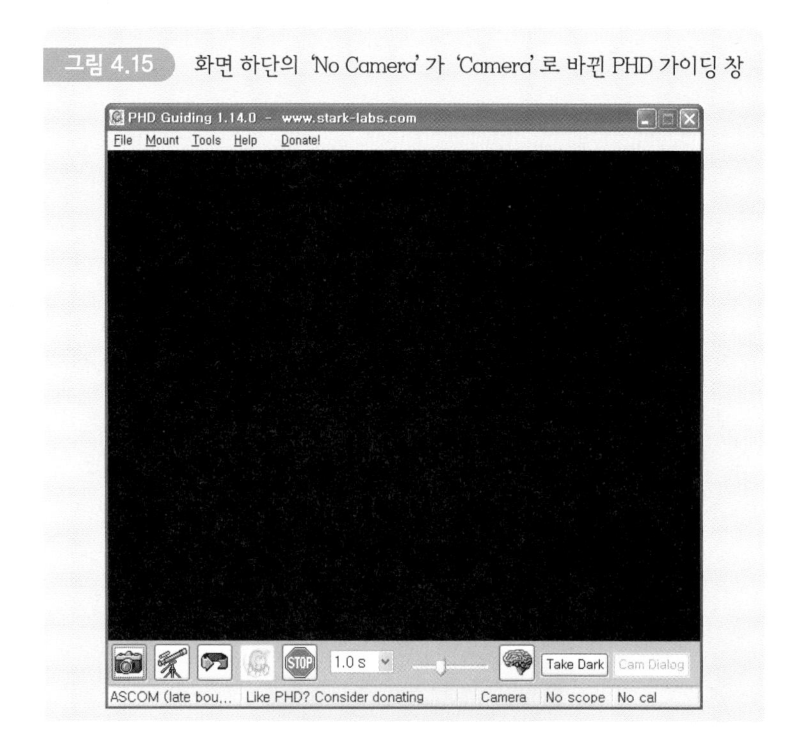

⑩ 다음에는 메인 화면 좌측 하단의 두 번째 망원경 아이콘을 클릭한다. 그러면 그림 4.16과 같은 창이 뜬다. 이때 ASCOM 플랫폼이 QHY5LII 보다 먼저 깔린 상태이기 때문에 POTH Hub를 지정하고 OK 한 번만 눌러 주면 적도가 바로 인식이 된다.

이때 다음과 같이 POTH Hub 창과 Scope Simulator 창이 동시에 그림 4.17과 같이 뜬다.

그림 4.16 적도의 지정창

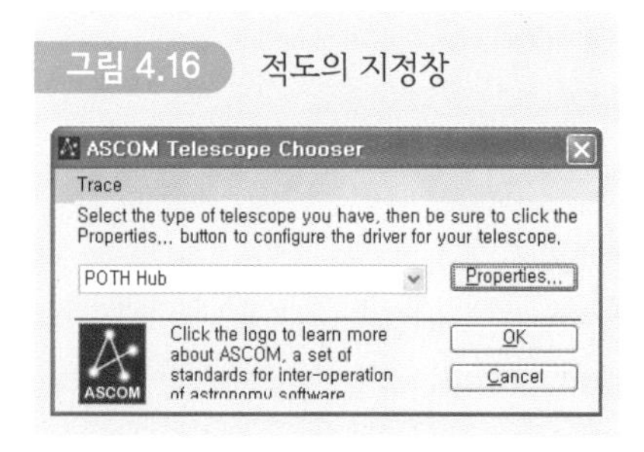

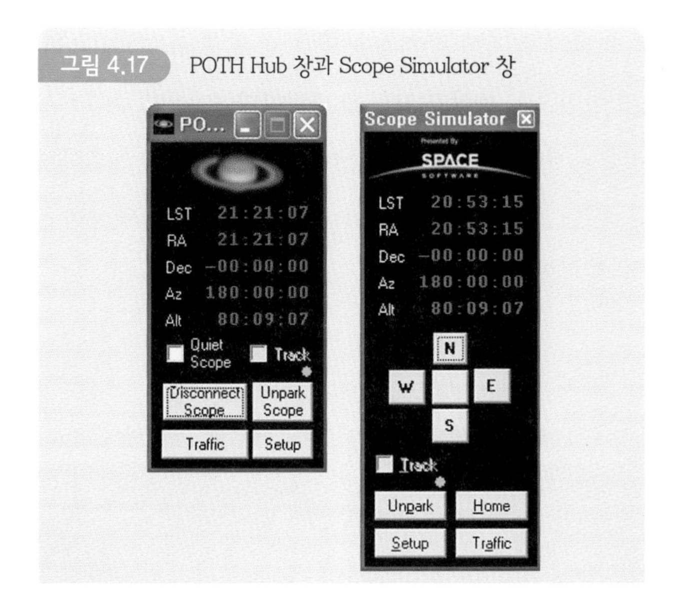

그림 4.17 POTH Hub 창과 Scope Simulator 창

그리고 PHD 메인창을 보면 그림 4.18과 같이 'No Scope' 였던 글자가 'Scope' 로 바뀌어졌음을 확인할 수 있다.

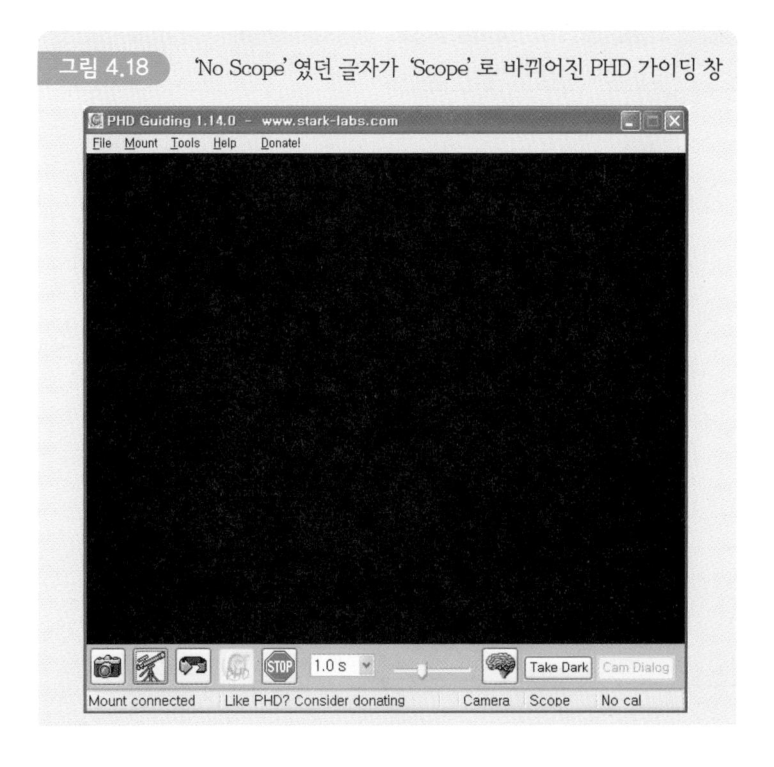

그림 4.18 'No Scope' 였던 글자가 'Scope' 로 바뀌어진 PHD 가이딩 창

⑪ 관측하려는 천체나 영역에 망원경을 맞춘 다음, PHD 가이딩 창 화면 좌측하단의 세 번째 아이콘인 화살표 모양을 클릭한다. 그러면 주어진 노출시간에 맞추어 연속적으로 촬영 결과를 보여준다. 여기서 초점과 노출 등을 잘 맞춘다. 그림 4.19의 좌측 그림은 초점이 맞아 있지 않은 상태인 영상이고 우측은 초점을 맞추어 둔 영상의 모습이다.

그림 4.19 관측 영역을 촬영하면서 초점 맞추기

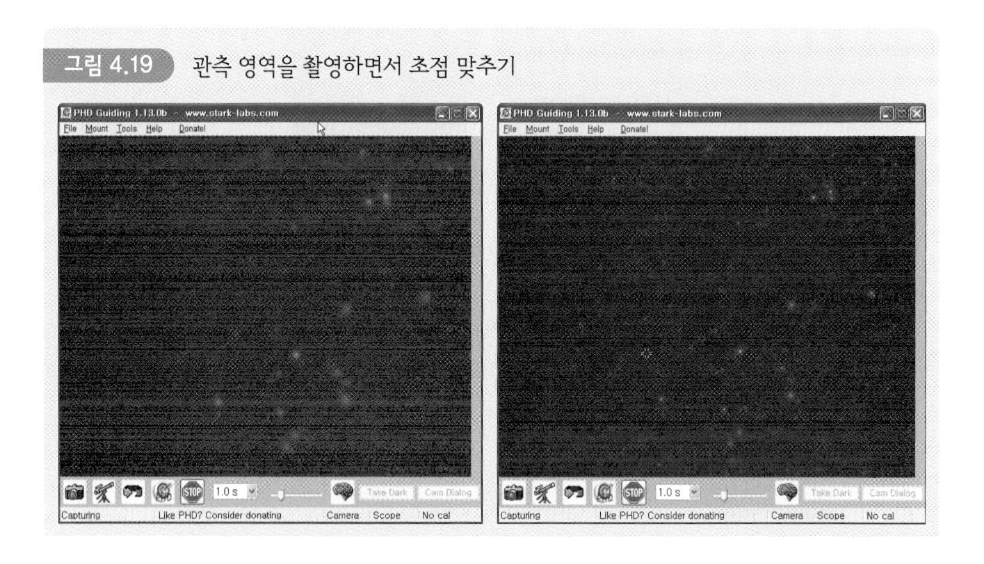

어느 정도 초점이 맞았으면 STOP 버튼을 누른다. 만약 대상이 어두울 경우 노출시간을 길게 한다. 화면 자체의 밝기는 화면 가운데 슬라이더를 이용하여 조정한다.

⑫ 화면의 네 번째 버튼인 PHD 버튼을 누른다. 그러면 가이딩 별을 클릭하라는 메시지가 그림 4.20과 같이 뜬다.

그림 4.20 가이딩 별을 정하라는 메시지 창

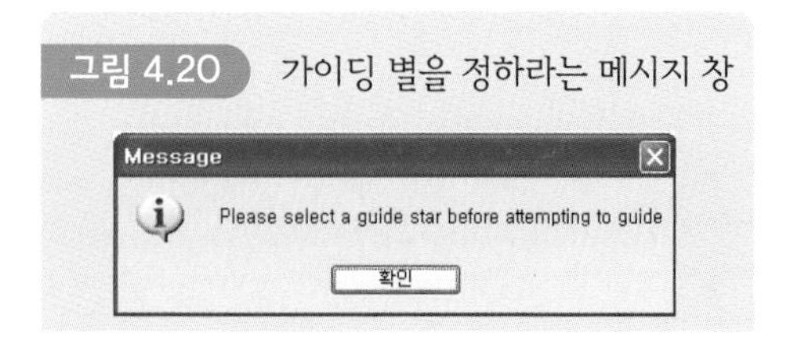

이때 촬영상에서 주변 별과 잘 구분이 되는 적당한 밝기의 별을 가이딩 별로 정하기 위해 클릭한다. 그러면 그림 4.21과 같이 조그만 사각형이 그 가이딩 별을 에워싼다. 가이딩 별을 선택할 때 녹색 사각형으로 나타나면 적절한 가이딩 별을 선택했다는 뜻이 되고 황색으로 그대로 있으면 가이딩 별로 적당치 않다는 뜻이 된다. 그러한 경우 다른 별을 클릭한다.

그림 4.21 가이딩 별 정하기

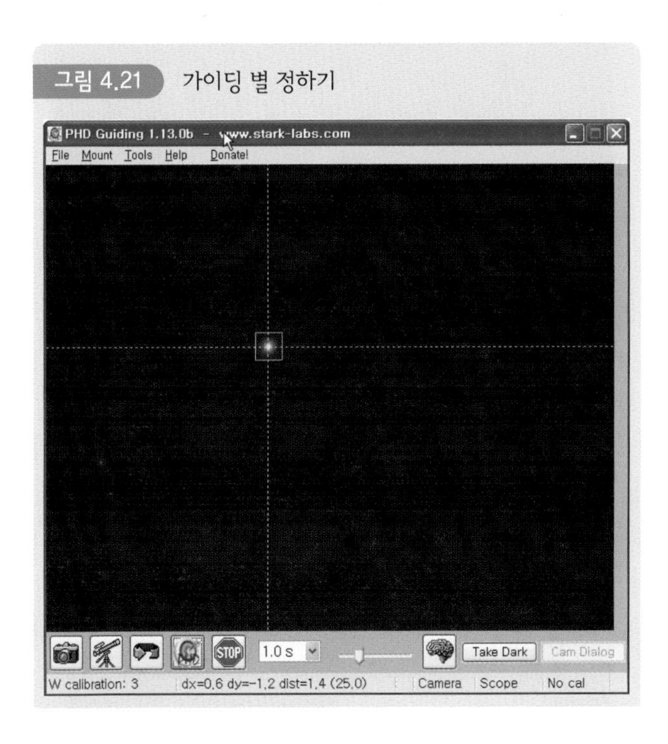

그러고 나서 학습을 시작한다. PHD가 마운트를 동서남북 방향으로 움직이면서 캘리브레이션을 수행한다. 캘리브레이션이 성공하면 그림 4.22와 같이 십자선이 녹색으로 바뀐다.

십자선이 녹색으로 바뀌지 않고, 마운트가 너무 적게 움직여 에러가 발생한 경우, 뇌 모양의 그림을 누른다. 이때 'Calibration step'을 기본적으로 설정된 750ms에서 2배 이상 증가시켜 세팅한 후, 캘리브레이션을 실시한다. 캘리브레이션 실시 후 십자선이 노란색에서 녹색선으로 바뀌면 성공이다. 이때 화면 왼쪽 하단의 글자들을 보면 'Camera, Scope, Cal'로 바뀌어 있다. 캘리브레이션

그림 4.22 캘리브레이션이 성공한 모습의 창

이 끝난 후 PHD는 스스로 자동 가이드를 수행한다. 별의 추적 상황을 확인해 보려면 그림 4.23과 같이 메뉴의 Enable Graph를 누른다.

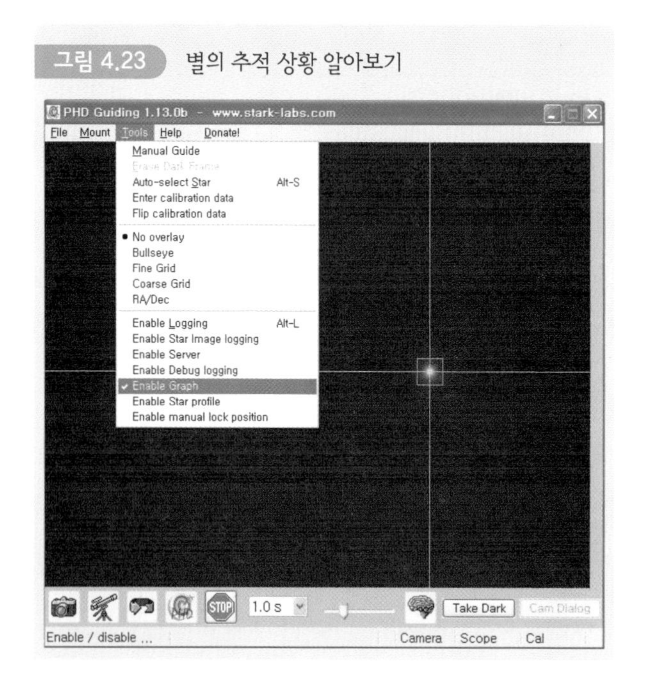

그림 4.23 별의 추적 상황 알아보기

그림 4.24 별의 추적 상황 알아보기

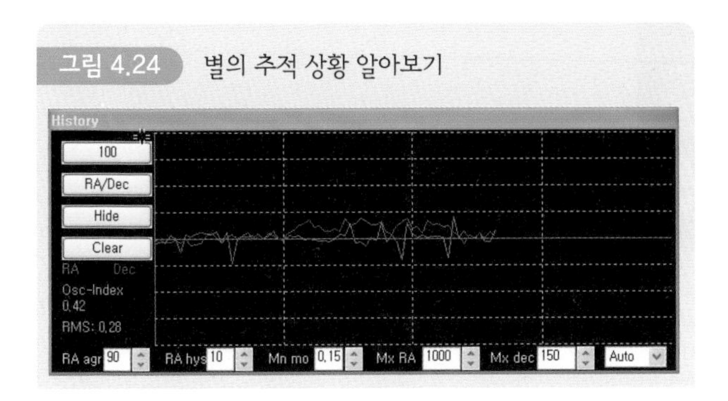

그러면 그림 4.24와 같이 자동 가이딩 상황이 나타난다.

그림 4.25 PHD 프로그램으로 자동 가이딩을 하면서 천체사진을 촬영하는 장면

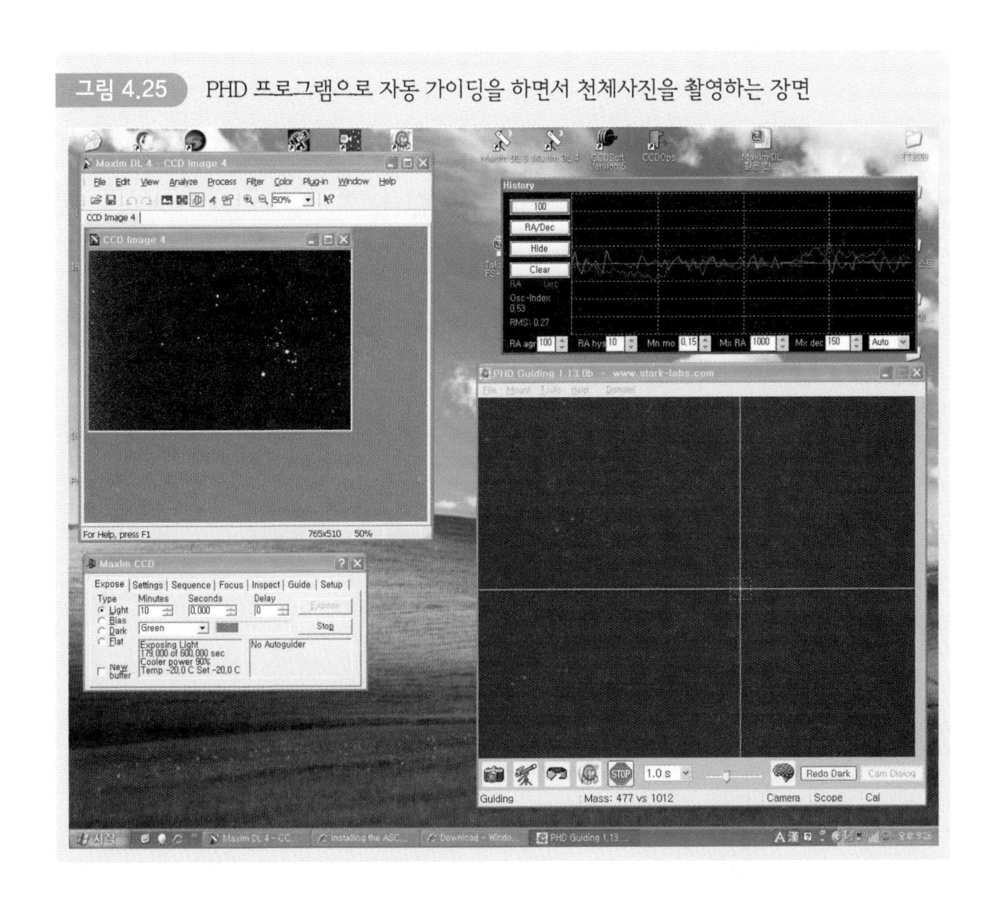

그림 4.25는 PHD 프로그램으로 자동 가이딩을 수행하면서 MaximDL 프로그램으로 산개성단을 촬영하고 있는 장면이다.

05 Starry Night의 활용

천체관측은 주로 밤 시간대에 이루어진다. 그런데 학생들이 주로 활동하는 시간대는 낮 시간대이다. 이러한 시간적 제약 때문에 학생들은 천체관측을 하고 싶어도 할 수 없는 경우가 많다. 그런 경우, 밤하늘을 표현한 Starry Night과 같은 프로그램을 활용하면 간접적인 상황학습을 수행할 수 있다. 이 프로그램은 별자리, 태양, 달, 행성, 소행성, 혜성, 성운, 성단, 은하 등 수많은 천체를 담고 있어 밤 시간대에 관측이 어려운 경우 용이하게 활용할 수 있다. 또 배경 영상이 실제 자연세계와 유사하기 때문에 자연스러움을 느낄 수 있으며, 관측자 위치에서 임의의 시각만 지정하면 그 위치와 그 시간대에 볼 수 있는 수많은 천체들을 관찰할 수 있다. 여기서는 Starry Night을 활용하는 방법과 그 내용들에 대하여 알아보자.

컴퓨터 시각 맞추기

그림 5.1 컴퓨터 시각 맞추기 프로그램

먼저 컴퓨터의 시계를 맞추어 준다. 이를 위해 한국표준과학연구원(http://www.kriss.re.kr/) 홈페이지에 들어가서 '대한민국 표준시각 맞추기' 프로그램을 다운받아 설치한다. 그리고 나서 이 프로그램 화면의 '동기' 버튼을 누르면 그림 5.1과 같이 자신의 컴퓨터의 시각을 한국표준시각에 맞추어 동기화시켜 준다.

Starry Night의 설치

Starry Night 소프트웨어를 설치한다. 이때 사용자 계정, 비밀번호, 상품의 시리얼 번호 등을 정확히 입력한다. 그래야만 새롭게 달라진 내용을 인터넷을 통해 업그레이드시킬 수 있다.

Starry Night의 시작화면

Starry Night 소프트웨어를 가동한다. 그러면 그림 5.2와 같은 실제 시간대의 화면이 나타난다. 즉 현재의 화면은 컴퓨터에 세팅된 시각에 맞추어진 시간대의 화면이다. 현재 화면은 2009년 3월 20일 오후 3시 36분일 때이다. 하현달의 모습이 보

그림 5.2 Starry Night 시작화면

인다.

이 시간대에는 어떤 천체들이 떠 있을까? 현재 시간이 밤 시간대라면 하늘에 떠 있는 천체들을 쉽게 확인할 수 있다. 하지만 낮 시간대라면 현재의 하늘을 어둡게 만들어야 한다. 이를 위해 메뉴의 'View-Hide Daylight' 를 누르면 화면이 어둡게 변하면서 여러 별과 별자리들이 잘 보인다. 그리고 여러 메뉴는 사용자가 원하는 환경을 구성하기 위한 세부 사항들이 있다.

관측자 위치(위도와 경도) 입력

관측자가 서 있는 지역에서 시간대에 따라 볼 수 있는 천체들을 그대로 보려면 관측자 위치를 정확히 입력해야 한다. 관측자 위치는 Option-Viewing Location 메뉴를 지정하여 입력할 수 있다. 이때 그림 5.3처럼 맵상에서 마우스로 지정하여

그림 5.3 관측자 위치 입력하기

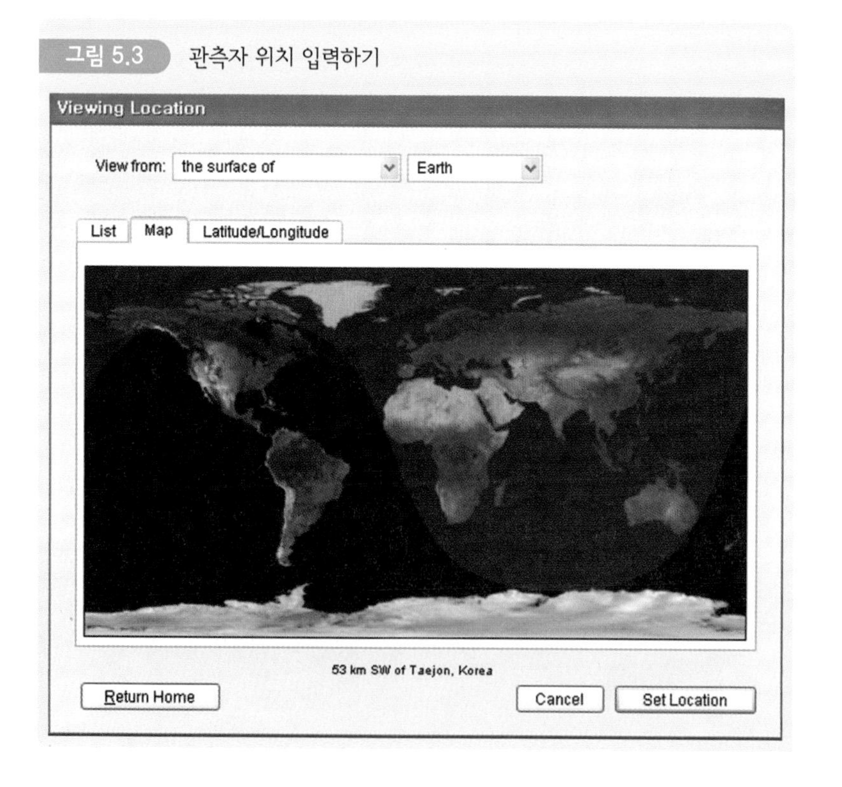

맞출 수도 있고, List에 나와 있는 나라의 도시를 지정하여 맞출 수도 있다. 뿐만 아니라 Latitude/Longitude를 지정하여 관측자 위치의 위도와 경도를 직접 입력할 수도 있다.

관측 시간대 지정하기

특정 시간대에 뜨는 천체는 어떻게 확인할 수 있을까? 이 경우 화면 좌측 상단의 시계가 있는 곳을 마우스로 클릭하여 원하는 시각을 입력한다. 시각을 바꾸면 그 시간대에 뜨는 천체들이 나타난다. 그림 5.4는 관측 시각을 오후 9시 59분으로 맞추었을 때의 모습이다.

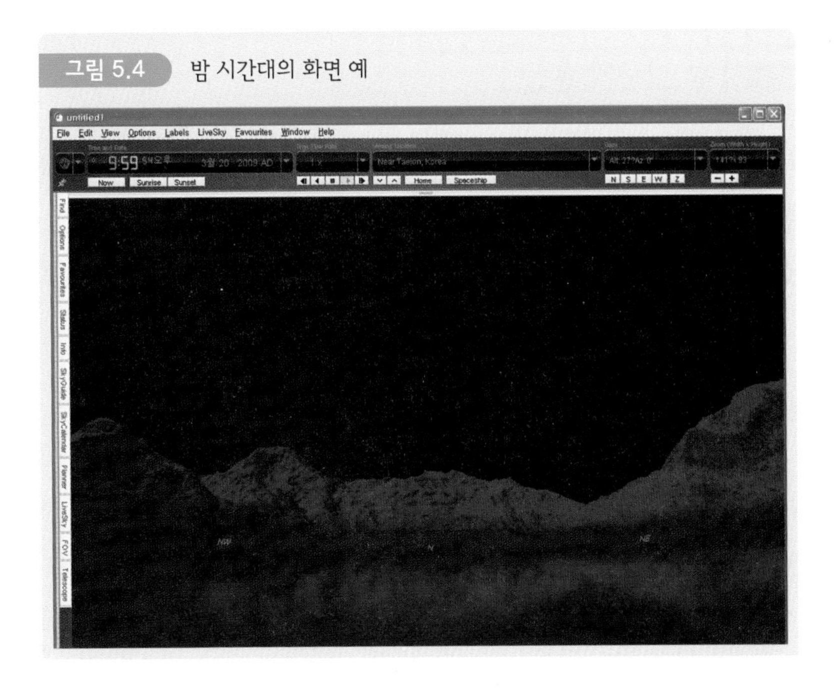

그림 5.4 밤 시간대의 화면 예

그림 5.5 우주선에서 본 지구의 운동

우주선에서 본 지구의 운동

우주선에서 본 지구의 운동 모습은 어떠할까? 이를 위해 핫메뉴의 'spaceship'을 두 번 눌러보자. 그리고 'Time Flow Rate'을 30× 정도로 맞추어 보자. 그러면 그림 5.5와 같은 얇은 대기층이 있는 지구의 운동 모습이 보일 것이다.

별자리 보기

별자리는 메뉴의 'View-Constellations'를 지정한 다음 그 경계와 모양 등을 세부 지정하여 확인한다. 그림 5.6은 Auto Identify를 지정했을 때의 전갈자리 모습이다. 이때 마우스를 좌우로 드래그하면 황도 12궁의 별자리 모습과 신화에 나오는 동물, 영웅 그리고 물건 등을 볼 수 있다.

또 Asterism을 체크해 두면 선으로 별자리의 모습을 연결하여 보여 준다.

그림 5.6 별자리 보기

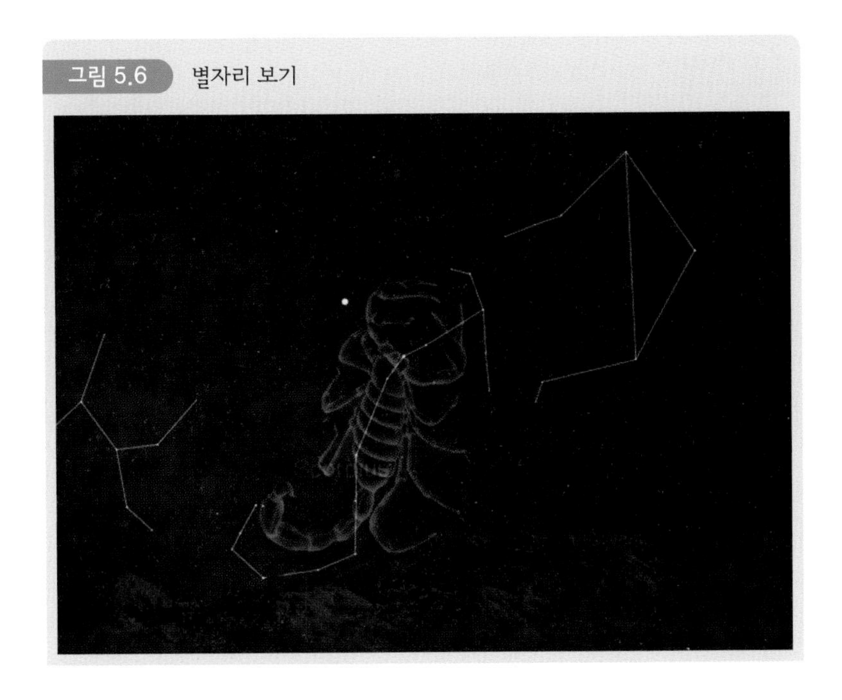

별자리의 이동

관측자가 밤하늘의 별자리를 맨눈으로 보고 있으면 그 이동을 느끼기 어렵다. 즉 시간이 한참 흐른 뒤에야 별자리가 많이 이동되었음을 알 수 있을 뿐이다. 하지만 Starry Night과 같은 프로그램을 활용하면 별의 일주운동 속도를 임의적으로 크게 조절할 수 있기 때문에 눈으로 쉽게 확인할 수 있다. 이를 위해 메뉴의 'Time Flow Rate' 에서 '300×' 속도로 지정해 보자. 그리고 가동 버튼(▶)을 눌러 보자. 그러면 시계가 300배 만큼이나 빠르게 돌아가면서 천체들이 동쪽에서 서쪽 방향으로 움직여가는 것을 볼 수 있을 것이다. 1×는 실제의 천체이동 속도를 의미한다. 그림 5.7은 오리온 별자리의 운동 모습이다. 이와 같은 방법으로 천구상에 떠 있는 여러 천체들의 시간에 따른 위치변화를 확인할 수 있다.

그림 5.7 별자리의 일주운동 보기

화면의 줌 인과 특정 천체 크게 보기

현재의 화면 자체를 줌 인하여 확대하려면 어떻게 해야 할까? 이를 위해 사용자는 화면 우측 상단의 '+'를 계속 누르면 화면 전체뿐만이 아니라 특정 천체까지도 줌 인되어 크게 보인다. 물론 '−'를 누르면 다시 작아진다. 또 비교적 밝고 유명한 특정 천체만을 크게 보려고 할 때는 어떻게 해야 할까? 이때는 해당 천체를 지정하여 마우스 오른쪽 버튼을 누르면 여러 메뉴가 나타난다. 이때 Magnify를 누르면 그 천체가 확대되어 나타난다. 예를 들어 목성과 같이 밝은 천체를 지정하여 마우스를 누르면 그림 5.8의 왼쪽과 같은 메뉴가 나타난다. 이때 Magnify를 누르면 화면의 중앙에 그 천체가 그림 5.8의 오른쪽처럼 확대되어 나타난다. 이와 같은 방식으로 천체를 확대하여 관찰할 수 있다. 또 지정한 해당 천체 그곳으로 가라는 명령인 'go there'를 클릭하면 관찰자는 그 천체로 가 있는 입장이 되어 우주를 보게 된다. 처음 상태의 화면으로 다시 돌아오려면 'home'을 누른다. 또 별자리가 보이는 상태를 유지하면서 현재 시각의 별자리 모습을 보려면

그림 5.8 목성을 확대해 보기

'now' 를 누른다.

사이드 메뉴

화면의 좌측에는 빠르게 활용할 수 있는 세부 메뉴가 있다. 이 메뉴의 활용은 사용자가 한번 클릭하면 펼쳐지고 클릭했던 명령 메뉴를 다시 클릭하면 좁혀진다. 따라서 사용자는 적절히 이 메뉴들을 활용하면 효과적인 관찰을 수행할 수 있다. 이들 기능에 대하여 알아보자.

① Find : 관측할 천체를 찾고자 할 때 활용한다.
② Option : 천구적도, 자오선, 별자리와 이름 등을 화면상에 표시할 것인지 아닌지를 선택하는 항목들이 모여 있다.
③ Favorite : 행성들이나 별자리 등을 지정하여 화면상에 나타나게 할 때 활용한다.
④ Status : 기본적인 몇 가지 정보를 알려 준다.
⑤ SkyGuide : 천문 관련 행사 등을 알려 준다.

⑥ SkyCalender : 천문 관련 이벤트와 천문 달력을 보여 준다.

⑦ Planner : SkyCalender를 이용하면서 천문 관련 이벤트가 될 만한 내용들을 보여주어 관측 계획을 세우는 데 참고가 될 수 있는 내용들을 제공한다. 이때 확인하기를 원하는 내용들을 입력한 후, Find를 눌러 알아볼 수 있다.

⑧ LiveSky : 현재 시간의 태양과 태양관련 자료, 오로라, 지구상의 구름 영상 등의 자료를 제공해 준다.

⑨ FOV(Field Of View) : 망원경의 시야를 결정할 때 활용된다. 관측자가 자신이 활용할 망원경에 접안렌즈나 CCD 카메라 등을 설치하여 하늘을 볼 때 어느 정도의 시야를 확보할 수 있는지 미리 확인하는 데 활용되는 메뉴이다. 즉 접안렌즈로 하늘을 보면 어느 정도의 영역이 망원경에 들어오는지, 또는 CCD 등의 카메라를 망원경에 연결하였을 때 어느 정도의 하늘 범위가 찍힐지 등을 확인할 때 활용된다.

이를 위해 사용자가 활용할 망원경과 접안렌즈 그리고 카메라 등에 대한 정보를 입력한다. 메뉴의 Edit-Edit Equipment List를 누르면 그림 5.9와 같은 화

그림 5.9 망원경의 사양을 입력하는 장면

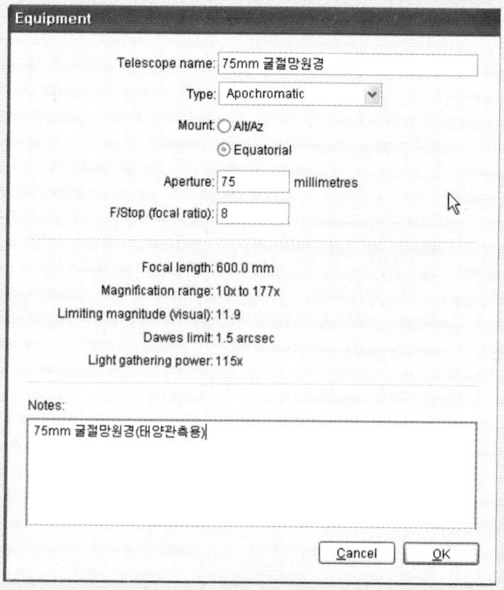

Equipment

Telescope name: 75mm 굴절망원경

Type: Apochromatic

Mount: Alt/Az

Equatorial

Aperture: 75 millimetres

F/Stop (focal ratio): 8

Focal length: 600.0 mm

Magnification range: 10x to 177x

Limiting magnitude (visual): 11.9

Dawes limit: 1.5 arcsec

Light gathering power: 115x

Notes:

75mm 굴절망원경(태양관측용)

Cancel OK

그림 5.10 접안렌즈(좌)와 카메라(우)의 사양을 입력하는 장면

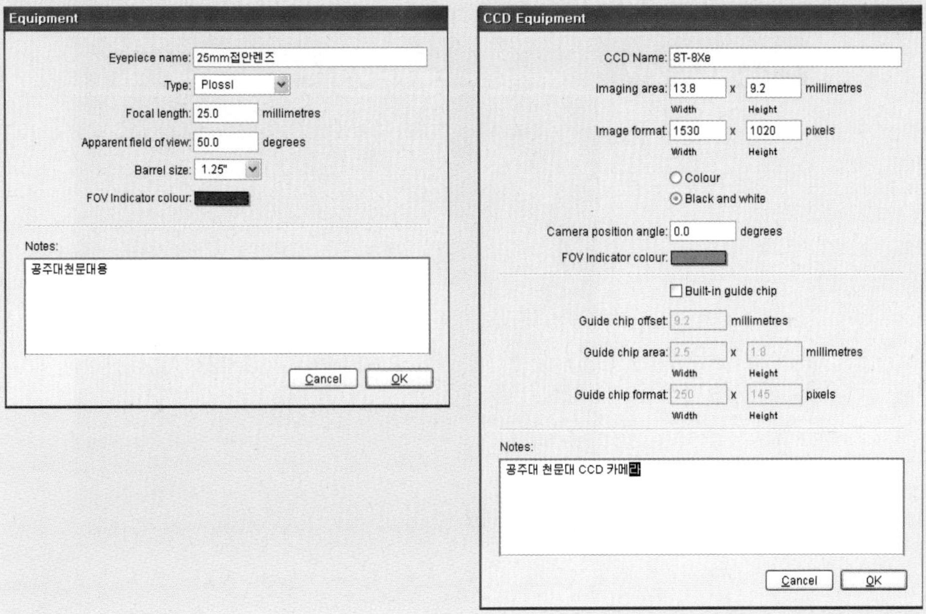

Equipment

Eyepiece name: 25mm접안렌즈
Type: Plossl
Focal length: 25.0 millimetres
Apparent field of view: 50.0 degrees
Barrel size: 1.25"
FOV Indicator colour:
Notes:
공주대천문대용
Cancel OK

CCD Equipment

CCD Name: ST-8Xe
Imaging area: 13.8 x 9.2 millimetres
Width Height
Image format: 1530 x 1020 pixels
Width Height
Colour
Black and white
Camera position angle: 0.0 degrees
FOV Indicator colour:
Built-in guide chip
Guide chip offset: 9.2 millimetres
Guide chip area: 2.5 x 1.8 millimetres
Width Height
Guide chip format: 250 x 145 pixels
Width Height
Notes:
공주대 천문대 CCD 카메라
Cancel OK

면이 나온다. 이때 망원경의 이름, 형식, 구경 그리고 초점비 등을 입력한다. 마찬가지로 Eyepiece를 눌러 접안렌즈의 형식, 초점길이 등을 그림 5.10처럼 입력하자. 또 카메라의 사양을 입력해 두자. 이러한 기본 장비에 대한 정보를 입력해 두어야 나중 시야 등을 쉽게 얻을 수 있다.

그러면 사이드 메뉴의 FOV를 눌렀을 때 입력한 망원경에 대한 이름이 그림 5.11처럼 사이드 메뉴 상단에 망원경과 접안렌즈 그리고 CCD 카메라가 등록되어 나타난다. 여기서 등록된 접안렌즈 또는 카메라를 클릭하면 우측 화면에 그 시야의 크기가 원으로 나타난다. 이때 + 또는 −를 눌러 가면서 관측하려는 관측천체의 시야와 현재 구성된 시스템의 시야를 비교하여 이 관측천체를 한 프레임으로 찍을 수 있는지 없는지 등을 판단한다.

⑩ Telescope : 이 메뉴는 본 Starry Night 프로그램과 망원경을 연동시켜 직접 망원경을 제어하면서 천체관측을 수행할 때 활용된다. 즉 망원경에 어떤 밝은 별

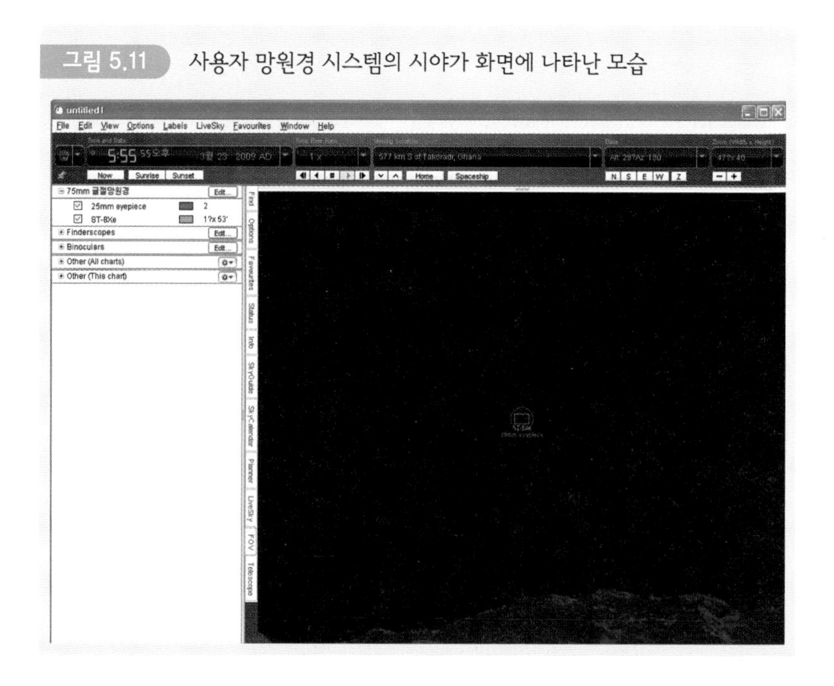

그림 5.11 사용자 망원경 시스템의 시야가 화면에 나타난 모습

을 중앙에 위치시키고, Starry Night 프로그램에서 그 별을 화면의 중앙에 위치시킨 다음, Sync를 시키면 하늘과 망원경과 프로그램이 일치된다. 이때 마우스로 관측하고자 하는 천체를 지정한 다음 그 천체로 이동하라는 명령(slew)을 하면 망원경 중앙에 그 천체를 찾아 준다. 이렇게 찾은 천체는 망원경을 통해 눈으로 보면서 관측할 수도 있고, 천체사진기를 달아서 사진을 찍을 수도 있다.

06 TheSky의 활용

TheSky는 천체 관측 시 매우 유용한 프로그램이다. 즉 특정 시간대에 떠 있는 천체 확인하기, 파인딩 맵 만들기, 이 프로그램과 망원경을 연동시켜 관측하려는 천체를 망원경 중앙에 찾아 넣어 주기 등 다양하고 편리한 기능들이 많다. 그래서 천체관측 전문가들이나 아마추어 천문가들도 TheSky 프로그램을 자주 활용한다. 이러한 TheSky 프로그램 활용 방법에 대하여 알아보자.

TheSky 프로그램의 가동과 관측자 위치 입력

TheSky를 가동시키면 그림 6.1과 같은 화면이 나타난다. 전체적으로 맨 위에는 주메뉴가 보이고, 주메뉴 아래에는 핫메뉴가 있다. 그림 6.2와 같은 핫메뉴는 화면의 이동, 화면의 확대 및 축소, 별자리 모습, 관측자의 관찰 방향, 별자리, 특정 천체 보이기와 감추기, 망원경의 연결 등 TheSky의 핵심 기능을 보다 빠르게 활용하기 위한 것이다. 여기서 관측자 위치(위도와 경도) 및 해발고도를 입력한다. 이를 위해 주메뉴의 Data… Location을 지정한 후 위도와 경도 그리고 해발고도를 그림 6.3처럼 입력한다. 이러한 관측자 위치를 정확히 입력해 두어야 관측자 위치의 특정 시간대에 뜨는 천체들이 어느 하늘에 떠 있는지 확인할 수 있고, 관측 계획 등을 면밀하게 세울 수 있다.

그림 6.1 TheSky의 시작화면 예

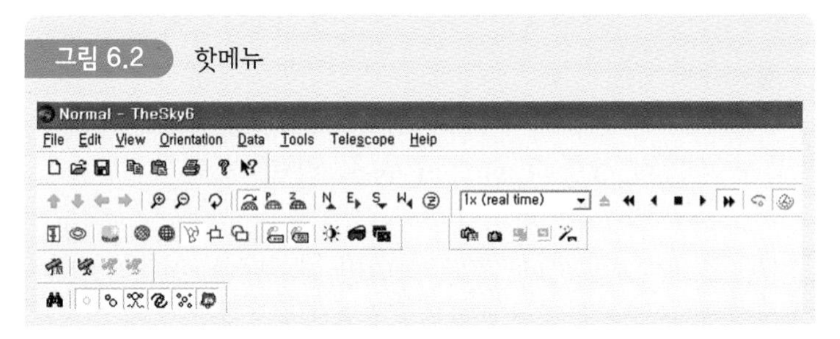

그림 6.2 핫메뉴

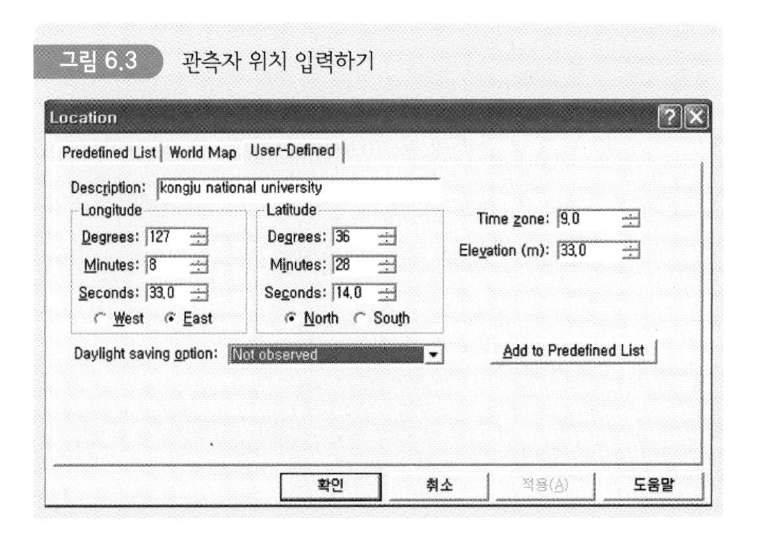

그림 6.3 관측자 위치 입력하기

화면에 보일 천체와 별의 등급 지정하기

사용자가 TheSky 화면상에서 관찰하려는 천체를 효과적으로 보기 위해서는 모든 천체를 화면에 나타나게 하는 것보다 관찰하려는 천체 중심으로 나타나게 하는 것이 좋다. 예를 들면 행성, 별, 쌍성, 변광성, 소행성, 성운, 성단, 은하 등 많은 종류의 천체가 동시에 나타나면 혼란스럽다. 따라서 바탕화면에는 일정 밝기 이상의 별들만 나타나게 하고 그 위에 관측자가 관심있게 확인해야 할 천체 중심으로 보이도록 하는 것이 좋다. 이를 위해 메뉴의 'View-Display Explorer'를 누르면 그림 6.4와 같은 화면이 나타난다. 이때 화면에 보일 천체의 종류를 선택한다. 또 화면에 나타나게 할 별의 최저등급을 정하거나 화면에 보이는 천체들 중 특정 천체의 정보를 알기 위하여 바탕화면이나 해당 천체를 클릭하면 그림 6.5와 같은 Object Information 화면이 나타나 클릭한 곳의 자세한 정보를 보여 준다. 이때 Utility를 누르면 바탕화면에 나타내고자 하는 최고 및 최저등급을 지정해 줄 수 있다.

한편 특정 천체에 라벨을 붙이고자 할 때는 메뉴의 'View-Labels-Setup'을 눌러 붙인다.

그림 6.4 화면에 보일 천체의 종류 선택하기

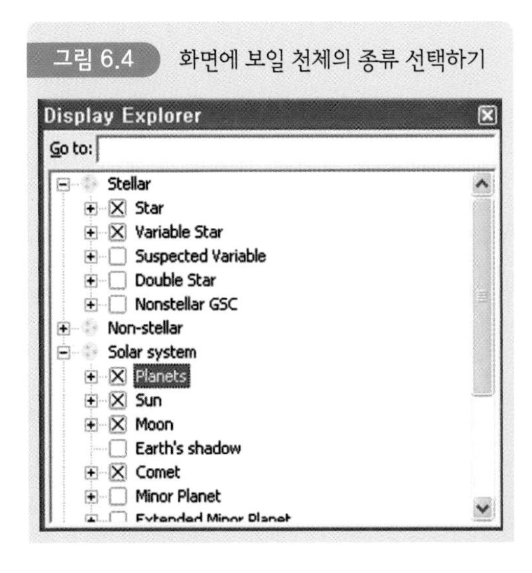

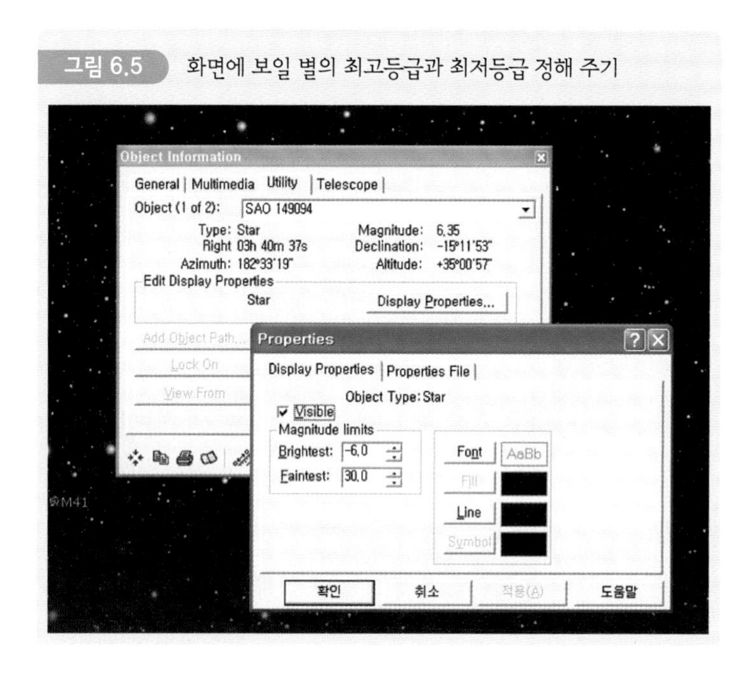

그림 6.5 화면에 보일 별의 최고등급과 최저등급 정해 주기

임의의 시간대에 뜨는 천체들 보기

TheSky를 가동시키면 현재의 컴퓨터 시각에 해당하는 천체들이 보인다. 이때 다른 시간대의 천체들을 미리 확인해 보기 위해 메뉴의 'Data-Time' 옵션을 선택하면 그림 6.6과 같은 화면이 뜬다. 이때 관측하려는 시각을 맞추어 주면 그 시간대의 천체들이 화면에 나타난다. 이러한 화면을 보면서 관측 계획 등을 세우게 된다. 또 Time 세팅 화면의 오른쪽 하단의 버튼을 누르면 그림 6.6의 우측과 같은 화면이 뜬다. 이곳에는 사용자가 지정한 시각을 율리우스일로 나타내 주는 기능이 있어 유용하게 활용할 수 있다. 다시 현재 시간대의 화면으로 돌아오려면 핫메뉴 우측의 시계모양 버튼을 누른다. 또 File 메뉴의 New를 누르거나 핫메뉴 가장 왼쪽의 종이 꺾인 모양을 누른다.

한편 시간의 흐름에 따른 천체들의 움직임을 보려면 핫메뉴에서 시간흐름의 속도를 맞추고 고속 가동 버튼을 누르면 시간의 흐름에 따른 별자리의 이동과 함께 행성 등의 움직임을 잘 볼 수 있다.

그림 6.6 임의의 관측 시간대 맞추기

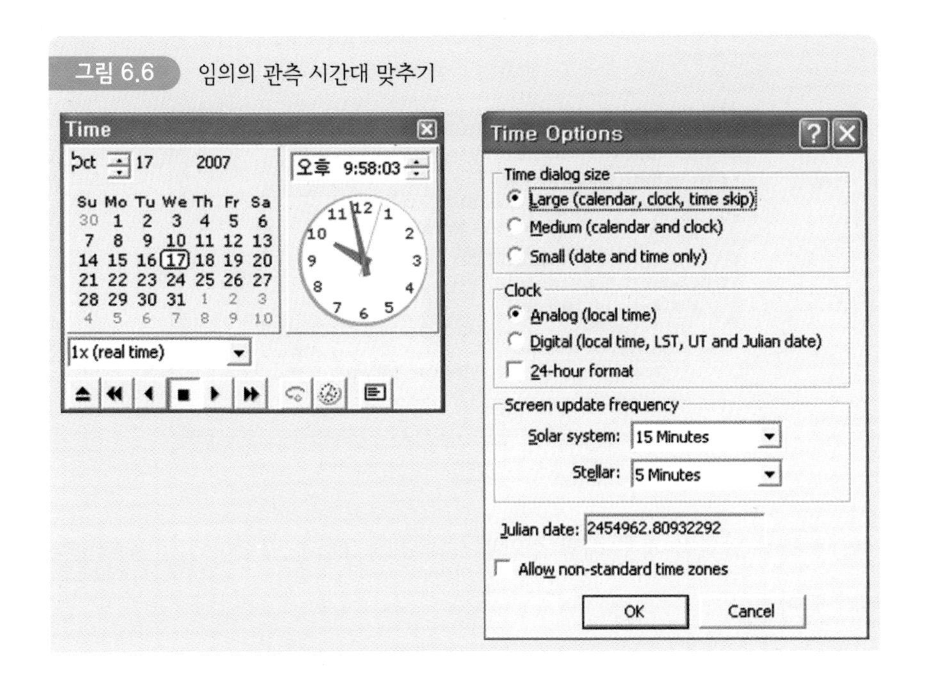

자신의 천체관측 시스템으로 볼 수 있는 시야

자신이 보유하고 있는 망원경에 사진기를 달면 얼마나 넓은 시야를 확보할 수 있을까? 이것을 미리 알아 두어야 적절한 관측천체를 정할 수 있다. 예를 들면 망원경 시야는 아주 좁은데 큰 시야의 산개성단을 목적천체로 정한다면 그 일부분밖에 보이지 않을 것이다. 반대로 망원경의 시야는 아주 넓은데 매우 좁게 찍히는 천체를 찍는다면 이 또한 적절치 않을 것이다. 따라서 관측자가 보유하고 있는 천체사진관측 시스템이 어느 정도의 시야를 확보할 수 있는지 미리 알아 두어야 한다. 이렇게 확인된 시야를 TheSky 프로그램에 나타내면 사진 한 프레임 안에 해당 천체가 다 들어오는지 확인할 수 있다. 이를 위해 먼저 메뉴의 'View-Field of View Indicators'를 눌러 보자. 그러면 그림 6.7과 같은 화면이 나타난다. 이때 자신이 갖고 있는 망원경의 초점거리와 초점비, CCD 카메라의 종류 등을 정확히 입력하면 화면상에 시야가 원과 사각형으로 나타난다. 원은 시야를 의미하고 사각형은 해당 카메라로 찍히는 범위를 의미한다. 물론 망원경에 사진기를 달지 않

그림 6.7 천체사진관측 시스템의 시야 얻는 화면

Field of View Indicators
Telescopes | Eyepieces | Detectors | Create FOVIs | My FOVIs |
Create one Field of View Indicator (FOVI)
My eyepiece   My detector: SBIG ST-8XE + ST-237
My telescope: 75mm 굴절망원경
Add My FOVI
Create multiple FOVIs (automatically)
Add All Detectors + All Telescopes
(1 combinations)
Add All Eyepieces + All Telescopes
(0 combinations)
Image Link
Add FOVI From ImageLink results
Rotate FOVIs to computed position angle
Telescope mask opacity 90
확인 | 취소 | 적용(A) | 도움말

고 접안렌즈를 달았을 경우 해당 접안렌즈의 초점거리를 입력하면 이에 해당하는 시야가 얻어진다.

그림 6.8은 75mm(초점거리 600mm) 굴절망원경에 ST-8Xe CCD 카메라를 연결했을 때 확보된 시야를 오리온대성운에 맞추어 본 것이다. 이 시스템으로 오리온대성운을 찍는다면 한 프레임에 알맞게 들어올 것이다. 그리고 이 화면의 작은

그림 6.8 천체사진관측 시스템의 시야를 오리온대성운에 맞추어 본 예

사각형은 카메라의 위치각(position angle)을 의미하는 것으로서 망원경에 카메라를 임의의 방향에 맞추어 다는 것처럼, 이 화면에서 카메라의 방향을 미리 돌려볼 수 있게 되어 있다. 즉 사각형에 달린 작은 점을 마우스로 지정하여 좌우로 드래깅하면 위치각이 달라진다.

천체 찾기와 확대하기

사용자는 관측하려는 천체가 TheSky상의 어느 곳에 있는지 화면을 상하좌우로 이동시키면서 찾을 수 있다. 하지만 보다 빠른 방법은 메뉴의 'Edit-Find' 를 이용하거나 핫메뉴의 쌍안경 모습을 클릭하는 것이다. 그러면 그림 6.9와 같은 창이 뜬다. 이때 창 아래 Find라고 쓰여 있는 곳에 'Jupiter' 라고 입력해 보자. 그러면 그림 6.10과 같은 Object Information 창이 뜨면서 해당 천체를 보여 준다. 이때 화면의 오른쪽에는 그 천체에 대한 다양한 사진을 보여 주는 리스트가 있다. 따라

그림 6.9 관측천체 찾기

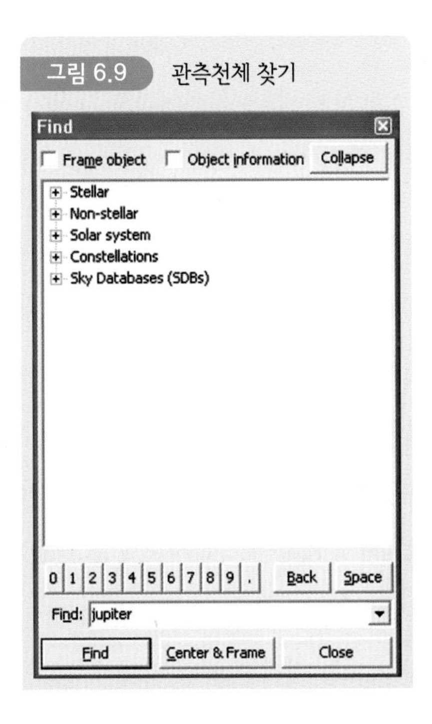

그림 6.10 관측천체 확대하기

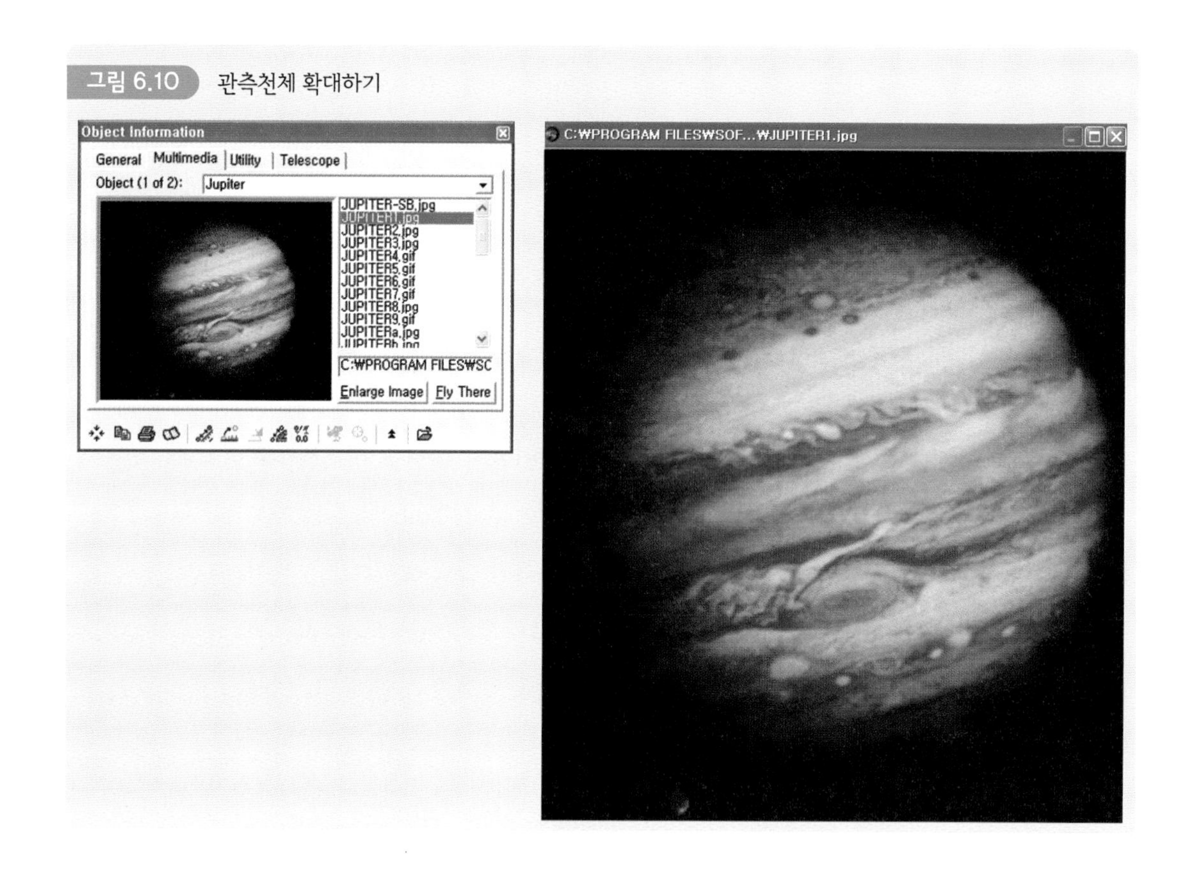

서 이들을 하나하나 지정해 보자. 같은 목성이라도 사진이 계속 바뀜을 확인할 수 있을 것이다. 그러고 나서 화면 하단의 'Enlarge Image' 버튼을 누르면 그 천체가 확대되어 나타난다.

파인딩 맵 만들기

관측자가 맨눈으로 본 밤하늘의 별자리 모습은 성도상에 나와 있는 별자리의 모습과 같다. 그러나 망원경의 접안부에 눈을 대고 본 별자리나 천체의 모습은 상하좌우로 바뀌어 있다. 왜냐하면 대물렌즈에 의해 빛이 꺾여 들어오기 때문이다. 이런 점 때문에 가끔 관측할 천체를 올바르게 찾아 두고도 잘못 찾은 걸로 생각하는 경우가 있다. 이를 위해 필요한 것이 파인딩 맵이다. 파인딩 맵은 관측할 천체를

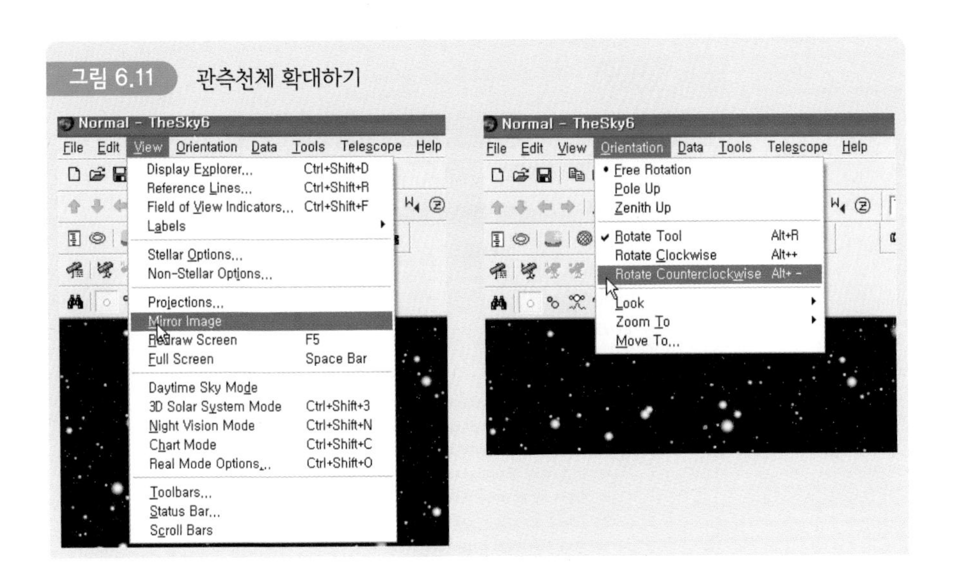

그림 6.11 관측천체 확대하기

망원경 접안부에서 쉽게 확인하기 위하여 상하 및 좌우로 뒤집어서 그린 그림이다. 이를 TheSky를 이용하여 작성하려면 먼저 관측천체를 화면 중앙에 위치시켜 둔다. 그리고 그림 6.11과 같이 View 메뉴의 Mirror Image를 체크한다. 그러면 화면의 '좌우'가 바뀐다. 상하는 Orientation 메뉴의 Rotate Tool을 이용하여 시계 방향 또는 시계 반대 방향을 반복적으로 적당히 눌러 화면을 돌려 둔다. 어느 정도 뒤집힌 화면을 실제 관측과정에서 활용하기 위하여 파일로 저장하거나 인쇄하여 활용한다. 또 본 화면에 함께 표시하고 싶은 사항이 있으면 Export star chart layers를 눌러 추가하면 된다.

망원경과 TheSky를 연동시켜 관측하기

관측자가 TheSky 프로그램과 망원경을 연동시켜 두고 TheSky 화면상에 보이는 특정 천체를 망원경이 찾아가도록 한다면 관측이 보다 용이할 것이다. 왜냐하면 밝은 천체는 망원경의 파인더 등을 이용하여 쉽게 찾을 수 있지만 희미한 천체는 찾기 어렵기 때문이다. 여기서는 TheSky와 망원경을 연동시킨 후 관측천체

그림 6.12 망원경 시스템 지정하기

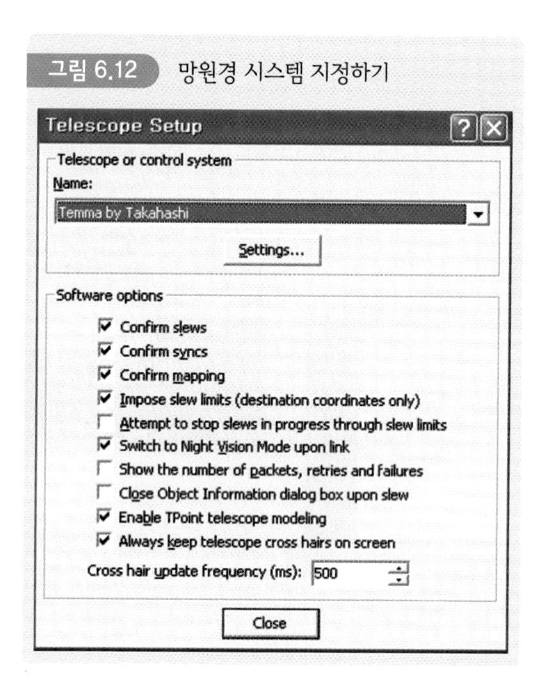

를 찾아 망원경 중앙에 넣는 방법에 대하여 알아보자. 이를 위해 망원경은 컴퓨터로 제어할 수 있어야 하고, 컴퓨터에는 TheSky 프로그램이 깔려 있어야 한다.

① Telescope 메뉴의 Setup 옵션을 선택한다. 그러면 그림 6.12와 같은 창이 뜬다. 이때 관측에 활용할 망원경 시스템의 종류를 지정해 준다. 그림 6.12는 Temma by Takahashi를 지정한 예이다.
② 망원경 중앙에 관측 시간대에 쉽게 확인할 수 있는 유명한 천체를 위치시킨다.
③ Telescope 메뉴의 Link… Establish 옵션을 선택하여 망원경과 TheSky 프로그램을 연결시킨다. 물론 핫메뉴에 나와 있는 핫키들을 눌러 가면서 지정할 수도 있다. 망원경과 TheSky가 연결이 되었다면 TheSky 화면에 둥근 원이 그림 6.13처럼 나타난다.
④ 앞서 망원경 중앙에 위치시킨 별을 TheSky상에서 클릭한다. 그러면 새로운 창이 뜬다. 이 창에 보이는 Sync 옵션을 클릭해 주면 둥근 원이 망원경에 맞추어

그림 6.13 망원경과 TheSky 프로그램이 연동되어 나타난 둥근 이중원

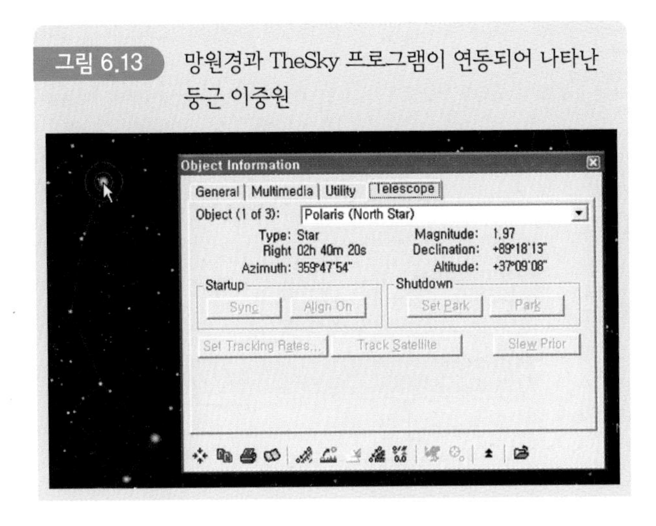

그림 6.14 TheSky 프로그램과 망원경이 연동된 모습

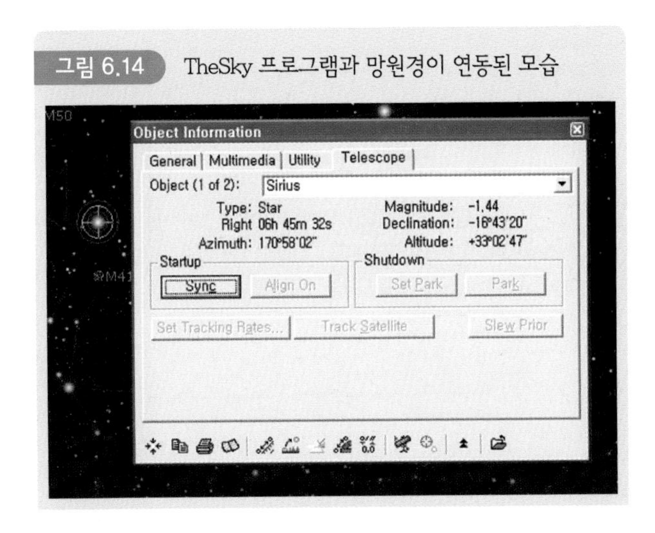

둔 별로 이동하여 그림 6.14처럼 원이 겹쳐져 나타난다. 이것은 망원경과 TheSky 프로그램이 일치(Sync)되었다는 의미이다.

⑤ 지금부터는 관측하고자 하는 별을 TheSky상에서 지정하고 마우스 오른쪽 버튼으로 slew를 누른다. 그러면 망원경이 그 별로 이동한다. 관측자는 망원경 중앙에 관측할 별이 들어와 있는지 확인한 다음 관측을 실시하게 된다.

⑥ 관측할 천체를 찾을 때, TheSky 프로그램의 제어 판넬을 이용할 수도 있다. 즉

Telescope 메뉴의 Motion Control 옵션을 이용하여 수동으로 관측천체를 찾아갈 수도 있고, Orientation 메뉴의 그림 6.15와 같은 Move to 옵션을 이용하여 관측천체를 찾아갈 수도 있다.

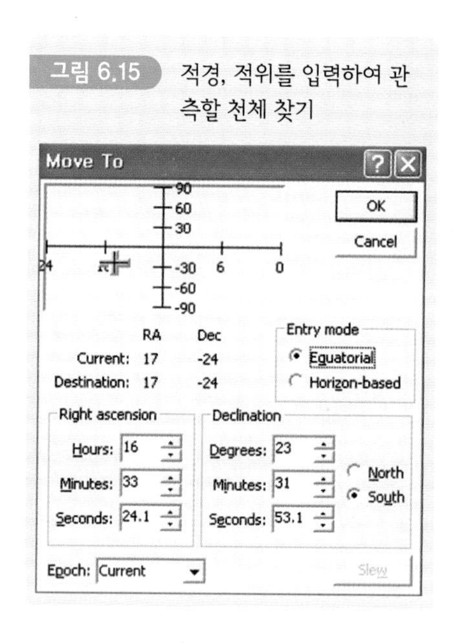

그림 6.15 적경, 적위를 입력하여 관측할 천체 찾기

Astrometrica의 활용

Astrometrica는 별이나 행성의 위치 등을 확인할 때 활용하는 측성학용 소프트웨어이다. 이에 만약 소행성의 찾기를 위한 CCD 관측을 수행했다면 이 Astrometrica를 활용하여 보다 쉽게 분석할 수 있을 것이다. 여기서는 이 Astrometrica를 활용하여 소행성의 위치를 찾는 방법에 대하여 알아보자.

관측 환경 입력

Astrometrica를 활용할 때는 먼저 MPCOrb.dat라는 소행성 목록을 MPC(Minor Planet Center) 홈페이지에서 다운 받아, Astrometrica의 Tutorial 폴더에 넣어 둔다. 그리고 이 Astrometrica를 가동하면 그 목록들을 읽으면서 비어 있는 메인 화면이 그림 7.1처럼 나타난다.

이때 File 메뉴의 Setting을 눌러 그림 7.2와 같이 관측지 정보와 관측에 활용된 망원경과 CCD 카메라 정보 등을 정확히 입력해 둔다. 특히 활용된 망원경의 초점거리와 CCD 카메라의 픽셀의 가로 · 세로 크기 그리고 CCD 카메라의 위치각(positioning angle)을 정확히 입력해 둔다. 그렇지 않으면 나중 관측결과를 분석할 때 별의 위치 등을 정확히 정하기 어렵다. 또 Program, Environment, Internet 등의 메뉴에서 활용할 별목록 이름, 관측된 영상을 기록한 시각이 노출 시작 시각인지 노출 끝 시각인지, 그리고 관측자 정보 등을 정확히 입력해 둔다.

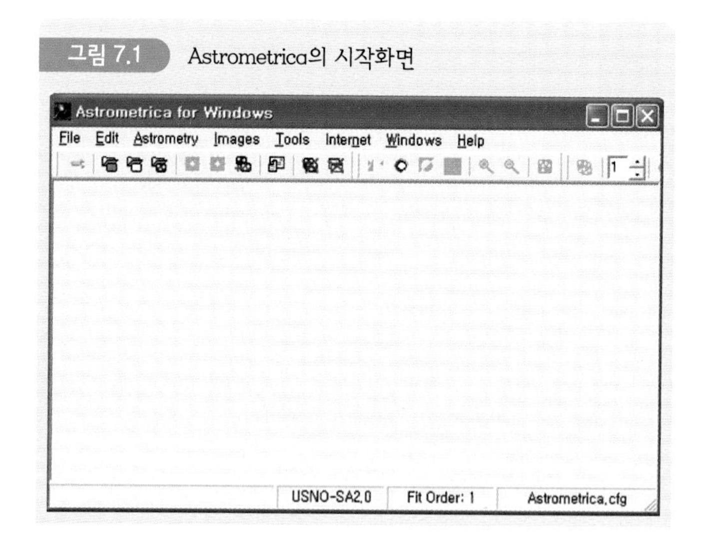

그림 7.1 Astrometrica의 시작화면

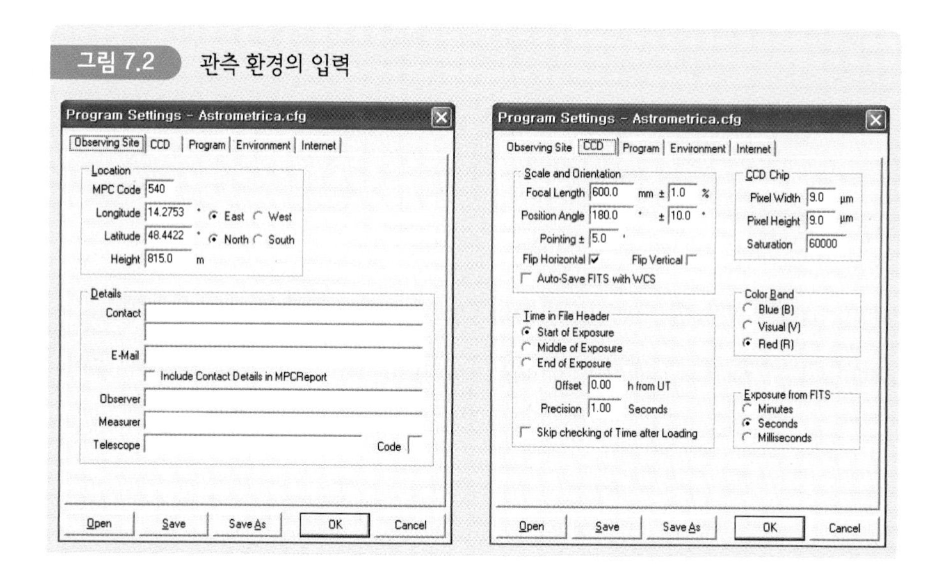

그림 7.2 관측 환경의 입력

전처리

CCD 관측 자료를 분석하기 위해서는 먼저 전처리 과정을 수행해야 한다. 관측 시 찍은 영상은 크게 소행성 영상, 플랫 영상, 암영상, 바이어스 영상 등으로 나누어진다. 여기서 활용되는 영상은 소행성 영상, 플랫 영상, 암영상이다. 소행성 관측 영상의 전처리과정은 관측된 소행성 영상을 먼저 불러낸 후 플랫 영상과 암영상을 불러만 주면(Load Dark Frame, Load Flat Field) 자동적으로 보정하여 처리해준다. 이와 같이 전처리가 끝난 화면은 다른 이름으로 저장해 두자.

후처리

전처리가 끝난 화면을 불러내어 소행성을 찾고, 그 소행성의 관측 시간대별 위치 변화를 알아보자. 전처리가 된 영상을 불러내면 그림 7.3과 같이 각 영상을 찍은 년 · 월 · 일 · 시각을 물어본다. 그러면 직접 입력할 수도 있고, 영상 헤더에 기록된 관측 시각을 자동으로 불러오기도 한다. 이와 같은 과정을 거쳐 분석할 영상을 불러온 후, Astrometry 메뉴를 이용하여 후처리를 수행해 보자.

Astrometry··· Data Reduction

Astrometry 메뉴로 들어가서 Data Reduction을 눌러 보자. 그림 7.4와 같이 관측 영상의 이름과 좌표를 물어볼 것이다. 이를 정확히 입력하면 그 좌표를 기준으로 하여 이미 설정해 둔 표준위치 목록(예 : USNO 목록, GSC 목록)과 그 위치를 비

그림 7.3 후처리를 위한 영상 불러오기

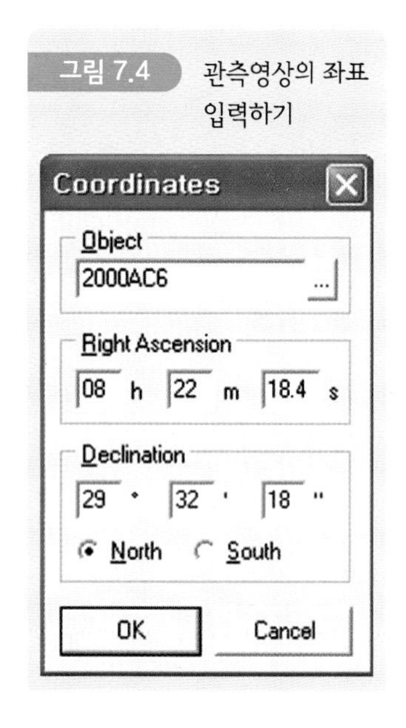

그림 7.4 관측영상의 좌표 입력하기

교하면서 관측영상에 나타난 여러 별들의 위치를 계산한다. 좌표는 관측 시에 기록해 둔 관측천체의 좌표를 정확히 입력한다. 또 이미 잘 알려져 있는 소행성의 경우, Object 아래 옆쪽의 ...을 눌러 해당 소행성을 지정하고 좌표를 입력하여 줄 수도 있다. 만약 이미 궤도가 알려진 어떤 소행성 영상의 좌표를 모를 경우, TheSky 프로그램을 가동하여 해당 소행성을 관측한 때의 날짜와 시각을 입력한 후 그 소행성을 확인하여 위치를 얻어낼 수도 있다.

좌표의 입력이 끝나 OK를 누르면 천체들의 위치와 밝기 등의 자료보정 과정을 수행한다. 그리고 잠시 후, 영상 위에 몇 가지의 색깔이 있는 원들이 그려진다. 자료가 올바르게 입력된 경우에는 그림 7.5처럼 자료보정 결과를 표로도 보여 준다. 색깔 있는 원들에 대한 내용은 다음과 같다.

- 기준성(reference star) : 자료 보정(data reduction)을 위해 사용된 별들로서 녹색의 원으로 표시된다.
- 별들(stars) : 최소한 두 영상에서 같은 위치에서 발견된 천체들로서 푸른색 원으로 표시된다.
- 수동으로 측정된 천체(manually measured objects) : 분홍색 원으로 표시된다.
- 미확인 천체 : 회색 원으로 표시된다. 즉 이러한 천체들은 움직이는 천체, 아주 어두워 본 프로그램에서 확인하기 어려운 천체, 별처럼 보이는 열잡음 등이 있다.

※ 만약 단일 영상으로 측정되었다면, 별들은 회색원으로 표시될 것이다. 그리고 위의 여러 색깔의 지정은 Program Setting에서 변경할 수 있다.

화면 하단에 처리 결과를 보여 주는 팝업 창에는 파일명, 별들의 수, 각 영상에

그림 7.5 자료보정 결과

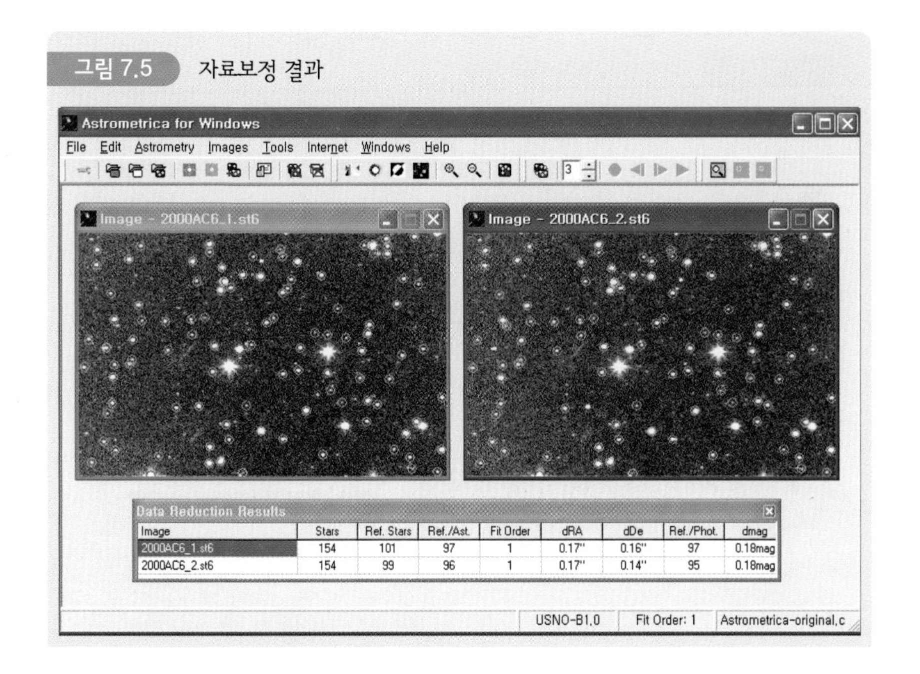

서 발견된 기준성의 수를 보여 준다. 그리고 측성학에 활용된 기준성의 수, 기준성에 대한 평균 잔차(단위 : ″) 그리고 측광학에 사용된 기준성의 수와 평균 잔차(단위 : 등급) 등도 함께 보여 준다.

그런데 자료 입력이 제대로 안 된 경우에는 그림 7.6처럼 수동, 자동 또는 현재의 상태를 선택하여 맞추어 나가야 한다. 이런 불편한 점을 피하기 위해서는 처음에 setting을 정확히 해 주어야 하고 영상의 좌표 또한 정확히 입력해야 한다.

참고로 관측된 영상들의 위치가 모두 정확히 일치하지 않을 수 있다. 그런 경우 MaxIm DL을 활용하면 쉽게 일치시킬 수 있다. Astrometrica는 USNO나 GSC 카탈로그에 맞추어야 하는 점 때문에 세팅을 정확히 하지 않으면 일치시키기가 비교적 까다롭다. 하지만 MaxIm DL에서는 2개 이상의 영상에서 잘 보이는 동일 별 2개 정도만 지정하면 쉽게 화면들을 일치시킬 수 있다. 따라서 MaxIm DL로 영상 파일들을 일치시켜 저장한 다음, 다시 Astrometrica에서 불러서 그 영상들의 좌표만 입력함으로써 영상 속 천체들의 위치정보를 쉽게 얻어낼 수 있다.

참고로 MaxIm DL 등으로 정리한 자료를 Astrometrica로 불러내면 화면의 좌

그림 7.6 기준성 맞추기 에러 장면

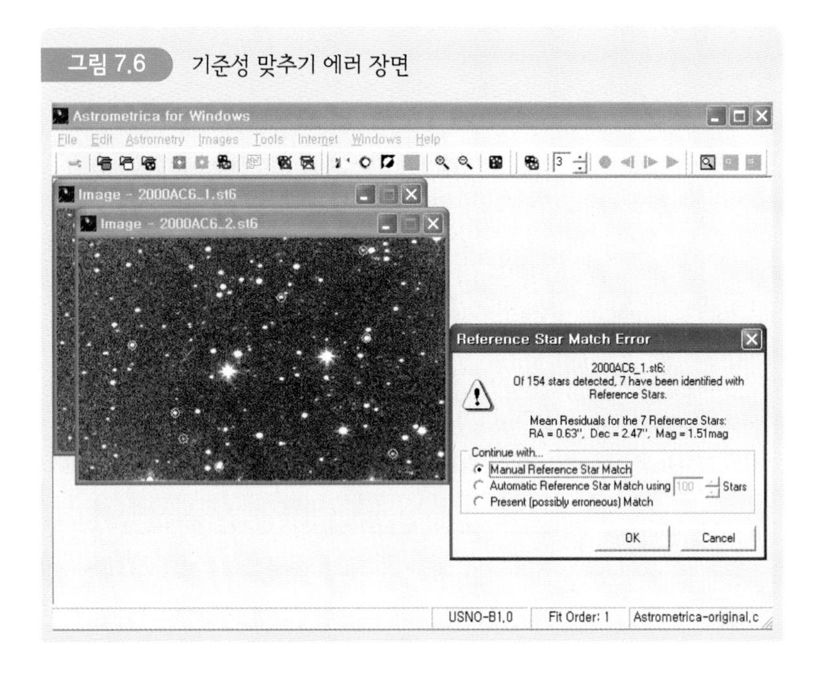

우가 뒤집혀 있는 경우가 있다. 그런 경우에는 메뉴의 Horizontal Flip을 클릭하여 좌우를 바꾸어 주면 된다.

움직이는 천체 찾기

관측된 영상이 3개 이상일 때, 소행성처럼 그 위치가 계속 변하는 움직이는 천체를 찾아내는 기능이다. 이를 위해 Astrometry 메뉴의 Moving Object Detection 옵션을 선택한다. 그러면 천체명과 중심좌표를 넣으라는 창이 뜬다. 이때 정확히 입력한 후 OK를 누른다. MPC 목록에 있는 소행성들의 위치 자료는 관측일의 위치와 다소 다를 수 있으므로 가능하면 관측일에 확인해 둔 그 소행성의 좌표를 입력하는 것이 좋다. 천체명과 좌표를 입력하면 그림 7.7과 같이 움직이는 천체의 화면이 보이면서 기본적인 정보와 점퍼짐함수 그래프가 제시된다. 아래에는 열려 있는 영상들에 대한 자료 보정 결과(Data Reduction Results)를 표로 보여 준다.

여기서 확인된 소행성의 이름을 입력한 후 Accept를 누르면 영상에 그 이름이 그림 7.8처럼 표시된다.

그림 7.7 움직이는 천체 찾기

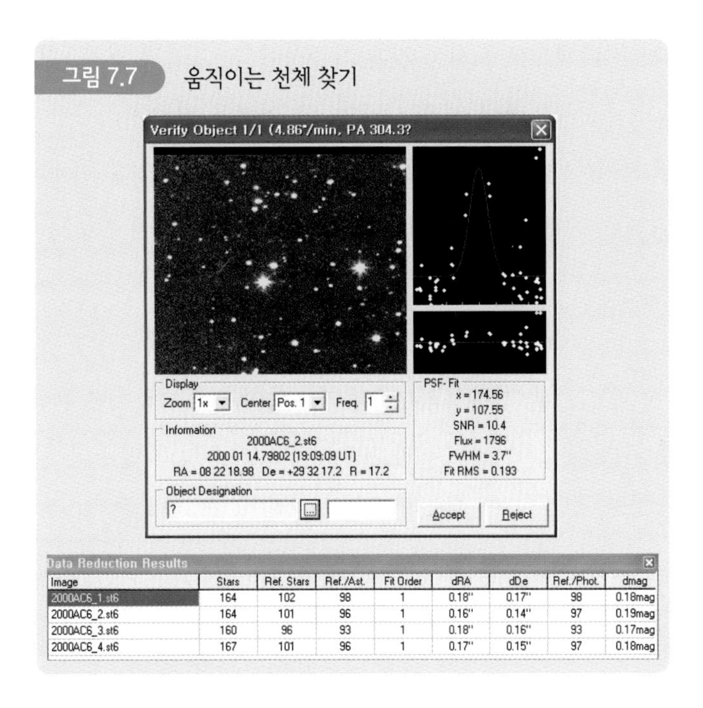

그림 7.8 확인된 소행성 이름 입력하기

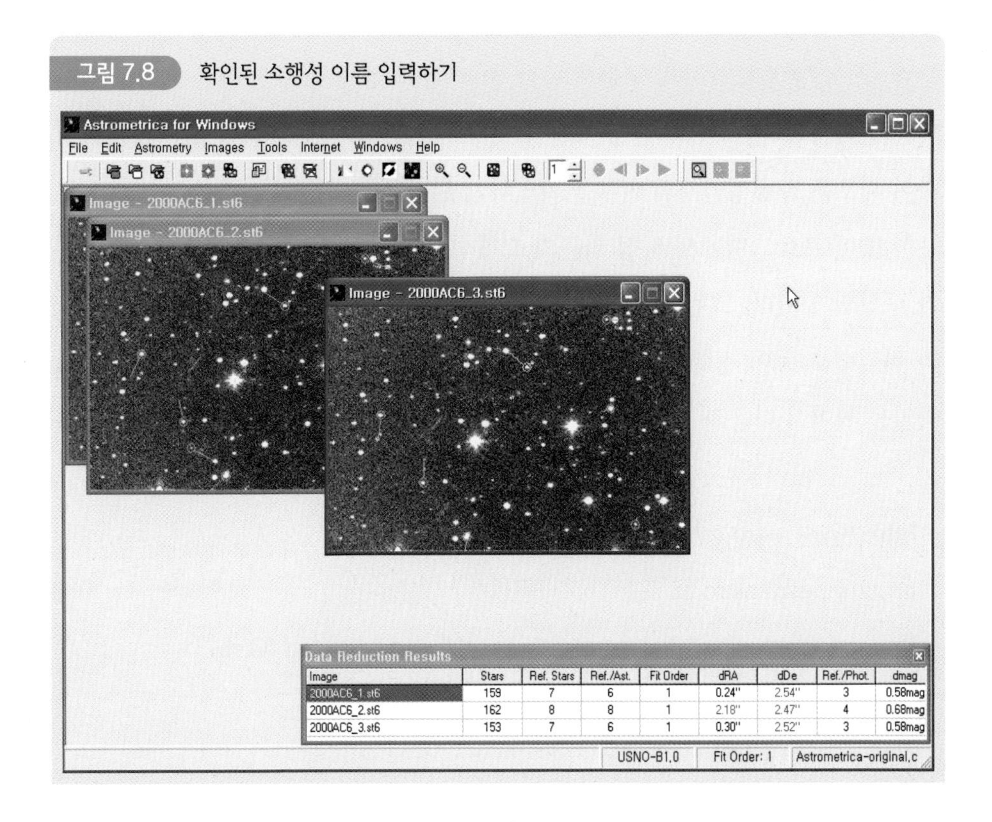

각 영상에서 초록색으로 표시된 것은 기준성이다. 그리고 위의 3개의 화면에서 발견된 움직이는 천체는 빨갛게 표시되며, 그 이름은 자료처리자가 지정하여 넣는다. 만약 움직이는 천체가 이미 알려진 것이면 ...을 눌러 그 천체의 이름을 확인하여 넣고, 다른 이름으로 지정하고 싶으면 우측의 빈칸에 원하는 이름을 입력한다.

Data Reduction Results에는 각 영상의 파일명, 각 영상에서 발견된 별의 수, 소프트웨어를 통해 검출된 기준성의 수(이 기준성이 5개 이하이면 빨간 색깔로 표시되며, 이것은 불확실한 측성 결과 또는 거짓 기준성과 맞추어졌음을 나타낸다.), 실제 본 측성 자료보정 과정에서 활용된 별의 수, 피팅을 처리할 때의 수학적 차수, 적경 및 적위의 평균 잔차, 측광 과정에서 활용된 기준성의 수, 측광학에 활용된 기준성들의 밝기에서의 평균잔차 등을 보여 준다. 평균잔차가 Program Settings에서 설정한 값보다 큰 값이 나오면 빨간색으로 표시된다.

이때 소행성의 적경 및 적위의 변화, PSF 영상 그리고 관련 자료도 함께 보여 준다. 또 소행성은 빨갛게 구분해 준다. 이러한 과정을 통해 알려진 소행성을 다시 확인하여 그 위치 변화 등을 조사하며, 미확인된 소행성은 소행성 센터에 보고하여 새로운 소행성인지의 여부를 확인하게 된다.

한편 이 프로그램에서 직접 최근의 소행성들의 자료를 다운 받을 수 있게 메뉴가 구성되어 있다. 그런데 사용자가 활용하는 컴퓨터에 설정한 메일 서버의 주소와 비밀번호 등이 정확치 않아 원활하게 다운이 안 될 경우에는 astronomica.cfg 파일을 열어서 다음과 같은 미러 사이트로 대신해 주면 된다.

http://www.astro.cz/mpcorb

http://mpcorb.astro.cz

ftp.astro.cz : login with username "mpcorb" and password "Ceres"

천체들의 위치 측정

천체들의 위치 측정(Measuring the Object)은 매우 쉽다. 즉 어떤 천체를 클릭하면 그림 7.9와 같은 화면이 제시되면서 그 천체에 대한 세부적인 정보가 안내된다.

이때 지정된 소행성 등의 이름을 넣고 Accept를 누르면 측정된 위치가 저장되면서 핑크색깔의 원으로 표시된다. 또 십자선 마우스 커서를 영상 위 소행성 등의 임의의 어떤 천체 위에 올려 두면 화면의 하단에 그 천체에 위치 정보 등이 제시된다.

그리고 Object Designation에 있는 Browser 버튼 ... 을 누르면 측정된 천체의 위치 부근에 위치한 알려진 소행성들과 혜성들의 목록을 보여 준다. 또 Ctrl 키를 누르면서 Enter키를 치거나 마우스 키를 클릭하면 해당 천체에 대한 Centroid 영상을 보여 주고, Ctrl+Shift를 동시에 누르면서 Enter 키를 치면 PSF 영상을 보여 준다. 각 개별 영상에 대한 자료보정이 끝난 후, blink 윈도우에서 임의의 천체에 대한 위치를 측정할 수 있다. 이때 Stop 버튼을 누른 후 위치를 확인하고, 또 다음 영상을 마찬가지로 진행하면서 위치를 확인해 나갈 수 있다.

그림 7.9 화면상의 천체

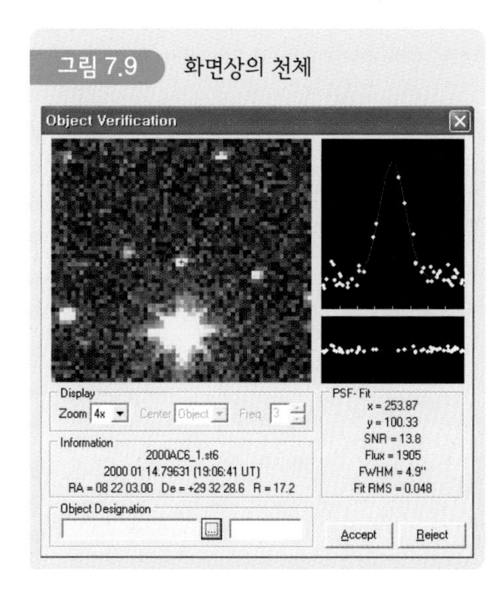

결과 보기

자료보정 결과는 File 메뉴의 'View MPC Report'을 선택하여 그림 7.10처럼 볼 수 있다. 이 결과 자료는 MPCReport.txt 파일로 표준화되어 MPC에서 확인하기 용이한 형식으로 저장되어 있다. 그리고 View log 메뉴를 선택하여 Astrometrica.log 파일에 들어 있는 위치, 등급 그리고 기준성에 대한 잔차 등에 대한 자세한 정보를 볼 수 있다.

MPC로 결과 자료 보내기

만약 PC를 이용하여 인터넷을 사용하고 있는 상황이라면 Internet 메뉴의 'Send MPCReport' 명령을 이용하여 분석한 결과 파일을 직접적으로 MPC로 보낼 수 있다.

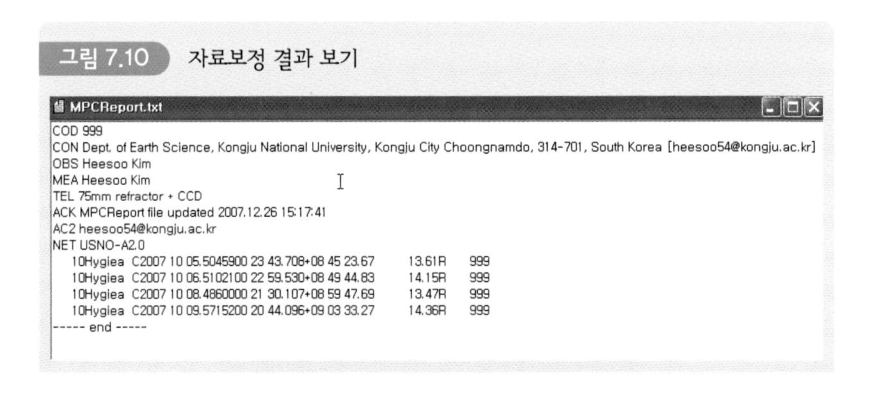
MPCReport.txt

```
COD 999
CON Dept. of Earth Science, Kongju National University, Kongju City Choongnamdo, 314-701, South Korea [heesoo54@kongju.ac.kr]
OBS Heesoo Kim
MEA Heesoo Kim
TEL 75mm refractor + CCD
ACK MPCReport file updated 2007.12.26 15:17:41
AC2 heesoo54@kongju.ac.kr
NET USNO-A2.0
    10Hygiea  C2007 10 05.5045900 23 43.708+08 45 23.67         13.61R      999
    10Hygiea  C2007 10 06.5102100 22 59.530+08 49 44.83         14.15R      999
    10Hygiea  C2007 10 08.4860000 21 30.107+08 59 47.69         13.47R      999
    10Hygiea  C2007 10 09.5715200 20 44.096+09 03 33.27         14.36R      999
----- end -----
```

그림 7.10 자료보정 결과 보기

제2부

천체관측

천체관측은 크게 육안관측, 사진관측 그리고 광전 관측으로 나눌 수 있다. 육안관측은 태양이나 달처럼 비교적 육안으로 그 특징을 식별이 가능한 천체 중심으로 이루어진다. 사진관측은 희미한 천체나 밝은 천체 모두 그 대상이 되며 많은 별을 한꺼번에 찍을 수 있는 장점이 있다. 광전 관측은 성단이나 쌍성과 같은 천체의 관측에 많이 활용되며 별 하나씩 하나씩 정밀도 높게 관측한다. 여기서는 이러한 관측방법들을 활용하여 첫째, 육안관측을 기반으로 한 태양과 달 관측 관련 내용을 살펴본다. 둘째, 최근의 디지털 기술을 기반으로 한 여러 종류의 디지털카메라로 천체사진관측을 수행하는 방법을 살펴본다. 셋째, 쌍성의 광전 관측과 분석 방법 등에 대하여 알아본다. 넷째, 인터넷 환경을 이용하여 천체관측을 수행하는 원격천체관측 시스템 구축과 활용 방법 등에 대하여 알아보고자 한다.

08 태양 관측

태양은 태양계 내에서 유일하게 스스로 빛을 내는 천체로서 지구상의 모든 생명체 활동의 원천이다. 이러한 태양의 특이한 점은 태양 표면에 흑점이 나타난다는 사실이다. 이 흑점들을 잘 관측해 보면 시간의 흐름에 따라 그 수와 위치가 계속 변한다. 여기서 흑점의 수는 태양활동과 밀접하게 관련이 있다. 즉 흑점 수가 많아져 태양활동이 활발하면 지구에서는 전파통신이 두절되어 휴대전화가 잘 터지지 않는 등 여러 장애가 나타난다. 그래서 최근 들어서는 태양활동 중심으로 우주환경예보까지 실시하고 있다. 또 태양 표면의 각 흑점들의 위치 변화는 태양의 운동과 밀접히 관련되어 있다. 이러한 점들은 태양의 기본적인 성질을 이해하는 데 매우 중요한 척도가 된다. 여기서는 태양 흑점 관측방법, 관측된 흑점의 수 세기 그리고 흑점의 이동 등에 대하여 알아보자.

준비물

다음은 태양 관측 시 필요한 준비물들이다. 관측자는 이들 중 관측여건에 맞추어 준비할 수 있는 것들을 준비한다.

- 천체망원경 : 태양 흑점 관측용으로는 육안관측에 유리한 굴절망원경이 좋다. 그리고 망원경에 추적 장치가 달린 적도의 시스템이 유리하다.
- 태양상 투영판 : 경통 바깥의 빛 가리개가 있는 투영판을 활용한다.
- 태양 필터 : 태양 필터는 태양 광량을 줄여 주는 장치로서 망원경 경통 앞에

설치할 수 있는 것이 좋다. 접안렌즈식 태양 필터는 위험하므로 가급적이면 사용하지 않는 것이 좋다. 태양 필터는 안시용과 사진용이 있으므로 가능하면 구분하여 활용한다.

- 태양상 기록 용지 및 클립 : 투영판에 하얀 백지를 클립으로 붙여두고 태양 표면을 스케치할 때 활용되며 흠이 없어야 한다. 표면이 깔끔해야 흑점 외에 쌀알무늬나 백반 등을 잘 관찰할 수 있다.
- 연필 및 지우개 : 투영판에 나타난 태양상의 모습을 스케치할 때 필요하다.
- 선글라스 : 투영판의 태양상이 너무 밝을 때 눈을 보호하기 위하여 선글라스를 쓰고 스케치한다.
- 접안렌즈 다수 : 배율을 달리하면서 태양상을 관찰하기 위해서는 초점거리가 다른 여러 접안렌즈가 필요하다.
- 태양면 경위도도 : 흑점의 위치와 이동 등을 분석할 때 활용된다.
- 디지털카메라 : 태양상을 카메라로 찍을 때 활용된다. 카메라는 렌즈교환식 디지털카메라가 좋다.
- 카메라 어댑터 : 카메라를 망원경에 연결할 때 활용된다. 카메라 어댑터와 함께 활용하는 T링은 카메라마다 다르므로 카메라에 맞는 것을 준비한다.
- 역서, 시계, 자 : 역서는 태양의 남중시각, 관측일의 적경 및 적위 등을 얻는데 활용되며, 시계는 태양 관측시각을 나타낼 때 활용된다. 자는 동서 방향 등 선을 그을 때 활용된다.

미리 알아두기

흑점 관측은 강한 태양빛을 모아 관측하기 때문에 세심한 주의가 필요하다. 흑점 관측 시 미리 알아두어야 할 내용은 다음과 같다.

- 흑점 관측은 가능하면 맑은 날 오전 9시 전후에 실시하는 것이 좋다. 왜냐하면 대기가 비교적 맑고 아지랑이 효과 등이 덜 나타나기 때문이다.

- 매일 정해진 시간에 관측을 실시한다. 왜냐하면 관측 시간을 정해 두고 관측하는 것이 자료의 일관성을 유지하는데 유리하고 관측결과를 서로 비교하기 용이하기 때문이다.
- 망원경 활용 방법을 사전에 충분히 익힌다.
- 태양 필터를 망원경에 설치하지 않은 상태로 태양을 직접 보아서는 안 된다. 왜냐하면 눈을 상할 우려가 있기 때문이다.
- 태양상을 본격적으로 스케치하기 전에 태양상 위에 동-서 방향을 확인하여 표시한다. 왜냐하면 태양상 위의 동-서 방향을 알아야 자료 분석과정에서 각 흑점들의 위치(위도, 경도)를 정할 수 있고, 태양 위도별 자전주기를 계산할 수 있기 때문이다.
- 태양상 크기는 가능하면 일정하게 한다. 왜냐하면 날짜별로 관측한 태양상의 크기가 일정해야 서로 비교하기 쉽고, 태양면 경위도도를 활용할 때도 용이하다. 따라서 정해진 용지를 활용하는 것이 좋다.
- 슈미트 카세그레인식 망원경처럼 경통 내부가 막혀 있는 망원경은 가능하면 활용하지 않는 것이 좋다. 왜냐하면 태양열에 의해 경통 내부의 온도가 상승하면 망원경 제작 시 활용한 접착제가 녹아버리는 경우가 있기 때문이다.
- 태양 흑점 등의 세부적인 모습을 스케치할 때는 배율을 적당하게 높이는 것이 좋다.
- 관측 전에 하늘의 양호도를 확인하여 기록해 둔다.

하늘의 양호도는 일반적으로 투명도와 신틸레이션이라고 불리우는 '아지랑이' 현상으로 나눌 수 있다. 전자는 상의 콘트라스트를 저하시키고, 후자는 상의 변동(변화, 왜곡)을 일으켜 사진의 경우, 해상력의 한계를 보이는 경우가 많다. 아지랑이 현상의 원인의 대부분은 지표 공기의 난기류에 의한 경우가 많다. 지상의 건조물 등은 낮 시간에 따뜻해져 주위의 공기에 갑자기 커다란 난류를 일으키며, 그 영향은 가끔 지상 수십 m까지 파급된다. 따라서 태양 관측은 건물이나 도로에

그림 8.1 상의 양호도 5단계

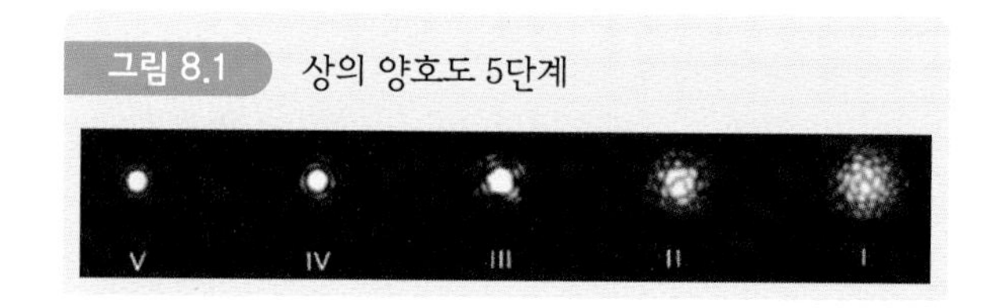

서 가능한 한 떨어져 있고, 공기상태가 안정된 넓은 광활지 등을 선택하여 오전 중에 실시하는 것이 좋다. 그러나 가끔은 도심 방향이 교외보다 상이 좋은 경우도 있고, 엷은 구름이 통과하고 있는 경우나 안개가 끼어 있을 때가 오히려 아지랑이 현상이 적을 때도 있다. 상의 양호도를 결정하는 척도는 일반적으로 씽(seeing : 시상)이라고 부르는 다음과 같은 5단계로 나누어진다.

V : 최상　IV : 양호　III : 보통　II : 불량　I : 최악

그림 8.1과 같이 V(최상)은 상이 지극히 안정되어 거의 태양 전면에서 쌀알조직이 확인되고 흑점의 작은 부분까지 확실히 볼 수 있는 경우이며, I(최악)은 상이 아주 나쁘고 가장자리는 톱날과 같은 파도 모습으로 흑점의 수를 세기가 곤란하며 기류가 격심하게 흐트러져 있는 상황이다. 보통 태양이 지평선 부근에 있는 때이다. 그 중간의 단계는 백반이나 쌀알조직, 흑점의 형태나 작은 흑점을 세는 방법 등에서 관측 경험에 근거하여 결정할 수 있는 수준이다. 특히 쌀알무늬가 보이는 정도를 가지고 시상의 수준을 결정할 수 있다.

태양 관측방법

태양 관측방법에는 크게 육안관측법(투영법, 직시법)과 사진관측법이 있다. 태양의 육안관측은 임의로 망원경의 배율을 달리해 가면서 여러 흑점들의 세부적인 모습을 관측할 수 있는 장점이 있고, 사진관측을 흑점들의 위치와 모습을 정확히

얻을 수 있는 장점이 있다. 이들에 대하여 알아보자.

투영법

투영법은 망원경 접안부 뒤에 투영판을 설치하고 스케치용 백지를 부착한 다음, 접안렌즈의 상을 투영판에 확대하여 투영판 위에 놓인 백지에 흑점을 직접 스케치하는 방법이다. 이러한 투영법은 동시에 여러 사람이 관측할 수 있으며, 오래 관측해도 눈이 덜 피로하고, 흑점과 쌀알무늬 등을 자세히 스케치할 수 있기 때문에 일반적으로 널리 활용되고 있다. 투영법에 의한 태양흑점 관측과정을 알아보자.

- 망원경을 준비하여 극축 맞추기, 수평 맞추기 그리고 파인더 정렬 등을 실시한다.
- 투영판을 그림 8.2처럼 접안부에 단다. 그리고 태양상이 투영판에 투영되도록 한다. 이때 망원경 경통 그림자를 보아가면서 그 그림자의 크기가 가장 작은 위치를 찾는다. 그리고 망원경의 위치를 조금씩 움직여가면서 태양상을 투영판 중앙에 맞춘다. 또 파인더를 통과한 빛이 땅에 보이는 경우, 그 빛이

그림 8.2 태양상의 투영

그림 8.3 투영상 위에 방위 결정하기

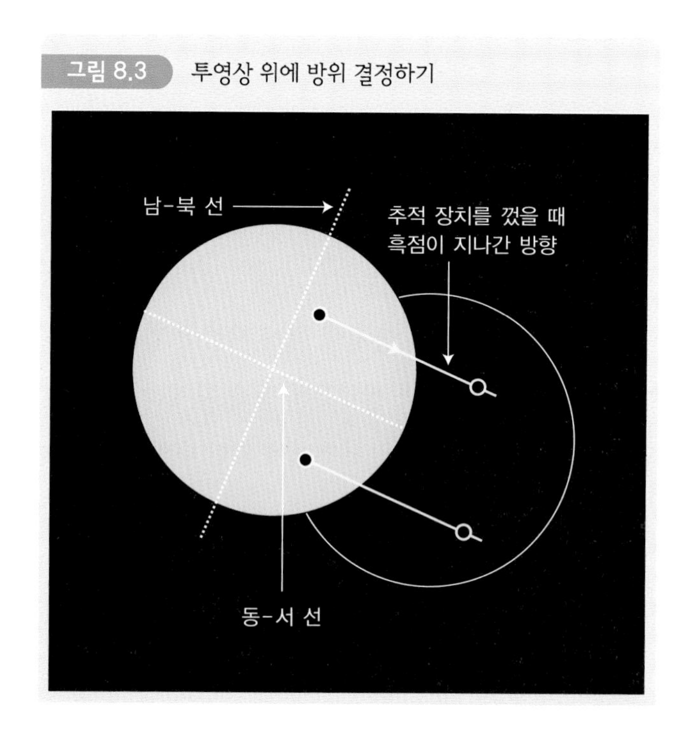

주망원경에 의해 만들어진 작은 그림자와 겹치면 자연스럽게 투영판에 태양상이 들어오게 된다.

- 태양상이 투영판에 들어와 있으면 상의 밝기와 상의 크기를 적절히 조절한다. 상의 크기는 나중에 활용할 태양면 경위도도의 크기와도 같아야 분석하기가 용이하다. 상의 밝기와 크기를 조정할 때는 상의 특징을 확실히 구별하여 관측할 수 있도록 배율을 조정해야 한다. 이때 접안렌즈를 교체해 가면서 상의 밝기와 크기를 조정할 수도 있고, 투영판 자체를 앞뒤로 움직이면서 조정할 수도 있다. 상의 밝기와 크기가 알맞게 조정되었으면 초점을 잘 맞춘다.
- 태양 투영판의 관측용지가 투영판에서 움직이지 않도록 클립 등을 이용하여 고정시킨다. 그리고 본격적인 태양상 스케치를 하기 전에 투영상의 동서 방위를 확인한다. 추적 장치가 가동되어 있는 경우에는 잠시 추적 모터를 끈 다음, 적도 부근에 잘 보이는 흑점 하나를 정하여 점을 찍는다. 추적 모터를 꺼

그림 8.4 태양 투영관에 나타난 먼 곳의 간판의 글자

둔 관계로 앞서 찍어두었던 흑점이 어느 한 방향으로 흐를 것이다. 그 흑점이 원 밖으로 흘러나올 때까지 2~3초 간격으로 흑점의 이동점을 찍는다. 잠시 후 추적 모터를 키고 나서 태양상을 투영판 중앙에 다시 위치시킨다. 그리고 앞서 찍어두었던 점들을 연결한다. 이 연결선이 '동-서' 선이다. 그리고 흑점이 흘러간 방향이 서쪽이다. '동-서' 선이 기록지 중심을 지나도록 평행 이동시킨다. 그림 8.3은 이와 같은 과정을 보인 것이다.

그림 8.4는 남북 방위를 확인하기 위해 밤 시간대에 멀리 보이는 '이마트'라는 불빛이 나오는 간판을 투영해 본 것이다. 물론 접안부에 직각 프리즘이나 정립 프리즘 등을 활용한 상황에 따라 방위는 다르게 나타난다.

- 본격적으로 투영판의 태양상을 스케치한다. 태양상의 전체적인 모습은 그림 8.5와 같이 주연감광 효과 때문에 주변으로 갈수록 희미하다. 이것도 잘 스케치한다. 또 태양 주변에는 밝은 솜부스러기 모양의 백반도 나타나므로 함께 스케치한다.

특이한 현상이 보이는 경우나 보다 구체적인 모습을 관측하고자 하는 경

그림 8.5 주연감광과 백반

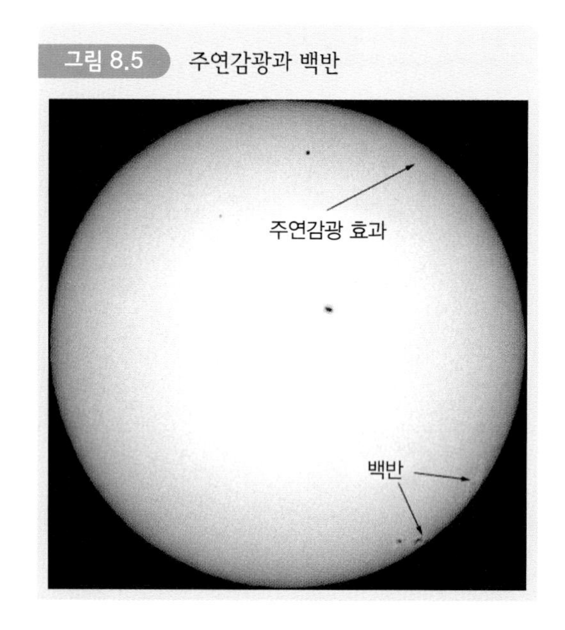

우, 접안렌즈의 배율을 높여서(접안렌즈의 초점거리 짧은 것을 씀) 관측하고자 하는 곳을 자세히 확대하여 스케치한다. 특정 흑점의 암부와 반암부 등

그림 8.6 전체적인 태양상을 스케치하는 큰 원과 보충 원

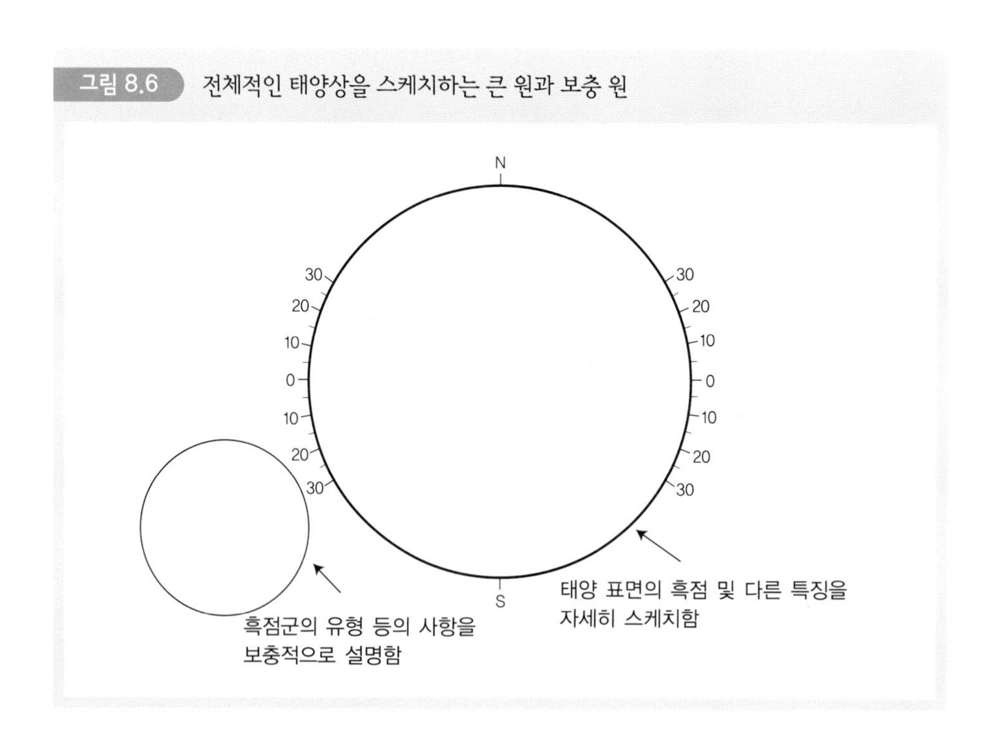

세부적인 모습을 보충적으로 그려 두고자 할 경우, 그림 8.6과 같이 작은 원에 보충적 스케치 자료를 그려 활용한다.

망원경에 추적 장치가 없는 경우에는 적경 조절부를 적당히 풀어 두고 미동 적경 노브를 조금씩 돌려가면서 거의 정해진 위치에 흑점을 두고 빠르게 스케치한다. 이러한 과정을 여러 번 반복하여 흑점의 위치를 정확히 기록하도록 한다.

참고로 투영판 위의 흠이나 얼룩 때문에 태양 흑점과 구분하기 어려운 경우가 있다. 그러한 경우 그림 8.7과 같은 다른 흰 백지를 투영판 위에 두고 좌우로 움직여 보면 구분이 가능하다.

태양 흑점의 스케치는 먼저, 산재되어 있는 흑점을 구분하고, 그 위치를 정확히 표시하면서 스케치한다. 그림 8.8은 태양상을 스케치한 예이다.

그림 8.7 흑점의 구분

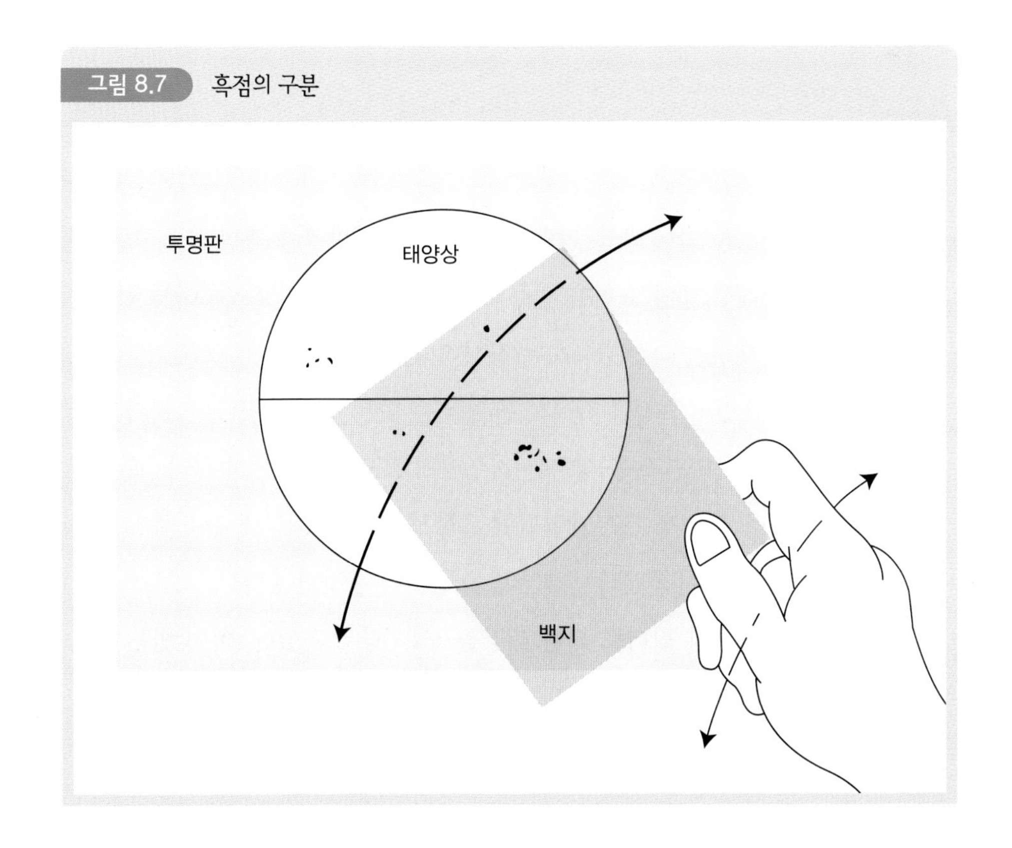

그림 8.8 태양상을 스케치한 예

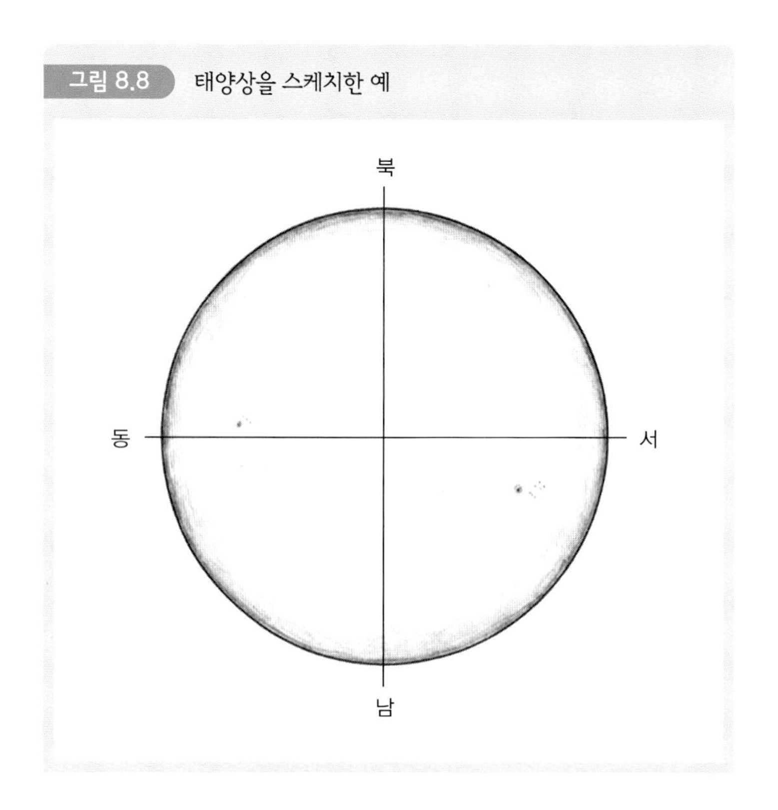

직시법

직시법은 망원경 경통 앞에 태양 필터를 끼워 넣어 태양광을 줄인 다음, 망원경 접안렌즈를 통해 직접 태양 표면을 관측하는 방법이다. 그림 8.9는 태양 필터를 경통 앞에 끼우고 태양을 직접 관측하는 장면이다.

직시법은 태양 표면의 흑점을 자세히 관찰할 수 있는 장점이 있다. 그러나 눈이 쉽게 피로해지고 잘못하면 눈을 상하는 경우가 있으므로 주의해야 한다. 또 망원경을 장시간 태양을 향하게 하면 가열되어 손상될 수 있기 때문에 관측 중간 중간에 경통 앞에 뚜껑을 덮어 씌운다는가 방향을 달리하는 것이 좋다.

한편 접안렌즈형 태양 필터로 직접 태양을 보는 경우도 있다. 이 방법은 관측 도중 접안렌즈가 깨지는 경우가 있으므로 주의해야 한다.

그림 8.9 태양 필터를 활용한 직시관측

사진관측

태양의 사진관측은 망원경 경통 앞에 사진관측용 태양 필터를 설치하고, 접안부에 카메라를 연결하여 태양을 찍는 방법이다. 이 방법의 장점은 태양 표면의 전체적인 모습을 정확히 얻을 수 있다는 점이다. 카메라는 일반적으로 활용되는 아날로그 카메라나 디지털카메라 모두 활용 가능하다. 그림 8.10은 망원경 경통 앞에 사진용 태양 필터를 끼워 두고, 접안부에는 카메라를 연결해 둔 장면이다.

기본 지식

① 필터의 선택 : 태양 관측용 필터에는 육안관측용과 사진관측용이 있다. 육안관측에 주로 활용되는 필터는 감광필터이며, 사진관측에 활용되는 필터는 색필터이다. 태양상 주변의 백반을 찍기 위해서는 자주색 필터나 청색 필터를, 쌀알무늬를 찍기 위해서는 녹색 필터를, 흑점을 찍을 경우에는 오렌지색 또는 적색 필터를 쓰는 것이 좋다. 특히 채층, 홍염, 필라멘트 구조, 코로나 등의 태양 대기를 찍기 위해 Hα 필터를 활용하면 매우 효과적이다.

② 노출시간 : 천체 사진관측에서의 노출시간은 여러 가지 요인에 의해 결정된

그림 8.10 태양의 사진관측

다. 즉 천체의 밝기, 망원경의 초점비, 활용하는 필름의 감도, 날씨 등에 의해 정해진다. 따라서 관측자는 이러한 여러 요인을 고려하여 경험적으로 얻은 대략적인 노출시간을 정하여 찍는다. 그리고 대략 정한 노출시간이 정확치 않을 수 있으므로 정해둔 노출시간보다 다소 짧게 혹은 다소 많게 하여 여러 노출시간으로 사진을 찍어 두며, 나중에 가장 잘 나온 것을 골라 활용한다. 태양 사진관측의 노출시간은 보통 1/250∼1/1000초 정도이다.

③ 필름의 선택 : 필름은 건판 필름과 롤 필름으로 구분할 수 있다. 건판 필름은 보통 4×5인치의 직사각형의 것이 많이 활용되며 다시 비닐 필름과 유리 필름으로 구분된다. 롤 필름은 스풀(필름 감기패)에 24컷트 혹은 36컷트의 비닐 필름이 감겨 있는 것이 많이 활용된다. 롤 필름을 많이 활용하는 경우 한꺼번에 많은 양이 감겨 있는 롤 필름을 구입하여 암실에서 스풀에 감아 활용한다. 태양 관측의 경우 여러 저감도 필름을 활용할 수 있지만 시중에 많이 나와 있는 ASA100 정도로도 잘 찍을 수 있다.

④ 상의 크기 : 망원경 접안부에 '어댑터-T링-카메라 몸체' 순서로 연결하여 사진을 찍을 때, 상의 크기를 조절하려면 어댑터 내에 접안렌즈를 삽입하여 찍는

그림 8.11 직초점 방식

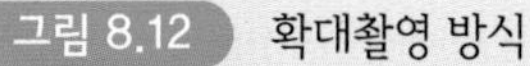

그림 8.12 확대촬영 방식

확대촬영 어댑터를 활용한다. 카메라 필름면에 맺히는 상의 크기는 활용되는 접안렌즈의 초점거리에 따라 달라진다. 배율을 높일 때는 망원경 대물렌즈의 크기와 필름의 크기를 고려하여 적당한 배율로 촬영하는 것이 좋다.

태양 흑점 사진 찍기

흑점의 사진관측은 일반 카메라나 디지털카메라를 활용할 수 있다. 일반 카메라는 필름을 구입하여 태양을 찍고 현상 및 인화를 해야 하는 부담이 있지만, 디지털카메라는 찍은 결과를 직접 분석할 수 있기 때문에 최근 들어 많이 사용되고 있는 추세이다. 이들에 대하여 알아보자.

① 일반 카메라 활용하기 : 일반 카메라로 태양을 찍기 위해서는 카메라를 망원경에 연결한 다음 적당한 노출시간을 주면서 찍는다. 망원경의 초점비에 따라 차이가 있지만 일반적으로 많이 활용하는 f/8 정도의 초점비를 갖는 망원경으로 확대촬영 어댑터에 25mm의 초점거리를 갖는 접안렌즈를 끼워서 찍으면 그림 8.13과 같은 태양상을 얻을 수 있다. 태양상의 전체적인 모습과 태양 표면의 세부적인 모습을 따로 얻기 위해서는 배율을 서로 달리하여 찍는 것이 좋다. 또 사진관측을 할 때에는 사진 건판에 동서 방향을 표시해 둘 수 없기 때문에

그림 8.13 f/8 굴절 망원경에 25mm 접안렌즈를 끼워 촬영한 태양상

나름대로의 아이디어를 내어서 사진관측결과 자료에서의 방향을 정할 수 있도록 해야 할 것이다.

② 디지털카메라 활용하기 : 천체관측용 디지털카메라는 최근에 저렴한 가격으로 많이 보급되고 있다. 디지털카메라로 태양 관측을 하기 위해서는 망원경 경통 앞에 태양 필터를 끼운 다음, 디지털카메라를 망원경 접안부에 그림 8.14와 같이 연결하여 찍는다.

그림 8.14 디지털카메라를 망원경에 연결한 모습

일식과 같이 시간에 따라 태양의 전체적인 모습이 연속적으로 변하는 경우, 디지털 비디오카메라를 망원경에 연결하여 태양상의 변화를 찍을 수도 있다.

그림 8.15 P, Bo와 Lo

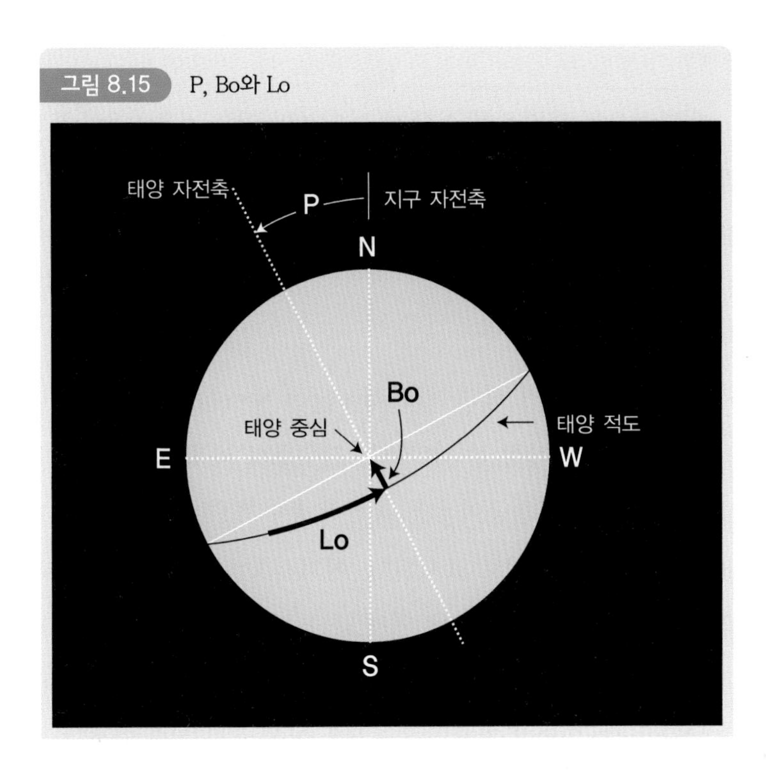

관측결과의 정리

관측이 끝나면 관측자, 관측 장소, 사용한 망원경, 날짜, 날씨, 시상 등을 기록해 둔다. 또 관측과 관련된 모든 내용을 기록하고 역서 등을 참고하여 관측일의 P, Bo, Lo 값을 기입하여 정리한다. 그림 8.15에서와 같이 P는 태양의 자전축 방위각, Bo는 태양면 중심위도, 그리고 Lo는 태양면 중심경도를 의미한다.

흑점수

태양의 활동은 태양 표면의 흑점수와 밀접한 관계를 가지고 있다. 여기서는 흑점수 세하기와 흑점 구분하기에 대하여 알아보자.

흑점수 세는 방법

태양 표면의 각 흑점들을 자세히 관찰해 보면 검게 보이는 암부와 그 주변의 덜 검은 반암부를 구분할 수 있다. 흑점은 암부만 보이는 경우와 반암부만 보이는 경우도 있다. 일반적으로 흑점수를 셈할 때 반암부만 있는 것은 1개의 흑점으로 셈하지 않으나 우리 나라는 1개의 흑점으로 셈하고 있다. 그림 8.16은 우리나라에서 흑점을 셈하는 방법을 나타낸 것이다.

흑점 상대수

흑점수는 일반적으로 '흑점 상대수(Relative Spot Number : RSN)' 로 나타낸다. 이것은 태양의 활동성을 가장 잘 나타내는 지수로서 세계적으로 널리 사용하고 있다. 어느 날 태양면에 흑점군이 g개, 흑점의 총수가 f개 출현했다면 그날의 흑점의 상대수는 $R = k\,(10g + f)$로 표시된다. 여기서 k는 망원경의 크기나 관측방법, 하늘의 상태 그리고 개인차 등에 의해 나타나는 차이를 배제하여 표준 태양관측소의 값에 맞추기 위한 규격화상수로서 수개월 간의 관측치를 기준 천문대의 관측결과와 비교함으로써 결정된다. k값을 얻기 위한 처음 관측 시에는 불안정한 값을 갖지만 장시간 동안 많은 관측값을 얻게 됨으로써 안정된 값을 얻게

그림 8.16 태양 흑점수 세는 방법

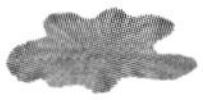	반암부	1개
	반암부의 중심에 암부 2개	3개
	암부 1개	1개
	반암부의 중심에 암부 1개	2개
	암부 2개	2개
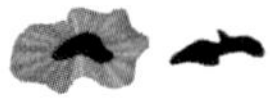	2개의 암부와 반암부 1개	3개
	3개의 암부와 반암부 2개	5개
		30개

된다. 일반적으로 표준값은 취리히 천문대의 값을 활용한다. 취리히 천문대는 태양 관측의 세계 중앙국으로서 전 세계의 매일 관측치를 모아 3개월마다 발표하고 있다.

흑점의 이동과 태양의 자전

태양 표면의 흑점은 발생하여 소멸하는 순간까지 그 위치가 변하지 않는다. 우리가 망원경으로 태양 표면을 매일 보면 흑점의 위치가 그림 8.17처럼 날짜에 따라 변하는 것을 확인할 수 있다. 이것은 흑점이 직접 이동한 것이 아니고 태양이 자전한 효과 때문이다. 그러므로 만약 태양 표면의 흑점을 하루 간격으로 2회 관측했다면 각 흑점들이 하루 동안에 이동한 거리를 얻을 수 있게 된다. 여기서 한 가지 알아두어야 할 점은 태양이 가스 상태의 별이기 때문에 태양의 적도 부근의 자전주기와 극 부근의 자전주기가 다르다는 점이다. 따라서 관측된 흑점이 태양면

그림 8.17 흑점의 이동

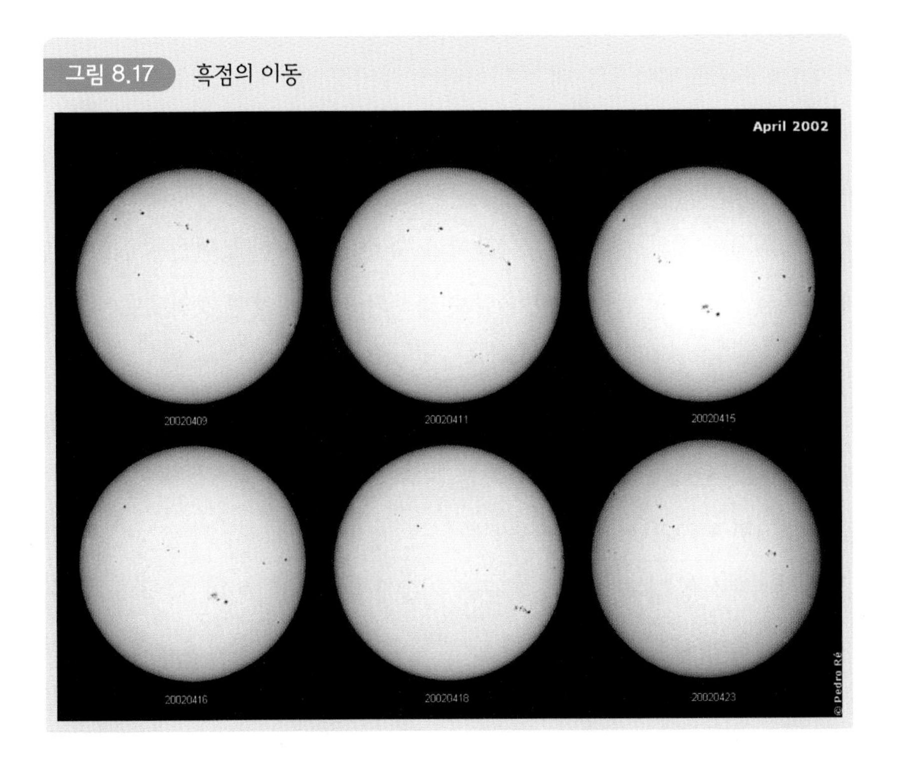

에서 어떤 위도에 위치한 것인가를 알아두고 그 위도에서의 자전주기를 결정해야 한다.

흑점의 자전주기를 구하는 과정은 다음과 같다.

① 태양 흑점 관측결과에서 동서, 남북 방향을 확인한 후, 동서 방향에 수직인 자전축을 그린다.

② 태양 관측일의 태양의 자전축 방위각인 p값과 태양면 중심 경도(Lo)와 위도(Bo)를 표 8.1과 같이 역서 등을 통해 확인해 둔다.

관측의 시간차에 의한 태양의 자전 보정치 △l은 태양이 1일에 약 13.2°, 즉 1시간당 0.55° 씩 자전하고 있으므로 UT 0시(KST 9시)의 Lo값에 시간당 0.55° 씩 보정한다. 그러므로 태양의 중심경도는 L = Lo ± △l로 KST 9시 이후에는 −로 9시 이전에는 +로 보정을 한다.

③ 관측한 날짜의 Bo 값에 따라 그날의 Bo값에 근사한 태양면 경위도도(경도 및 위도 한 눈금은 5°)를 선택한다. 태양면 경위도도는 Bo 값에 따라 0° 에서 ±7° 까지 1조 8매로 되어 있는데 비닐이나 트레이싱 페이퍼로 만들어져서 흑점들의 경도와 위도를 쉽게 읽을 수 있도록 되어 있다. 태양의 중심은 관측자가 본 원 모습의 중앙에 있는 것이 아니라 다른 곳에 위치해 있기 때문에 관측된 흑점들의 위치를 정하는 데 많은 시간이 소요된다. 이러한 불편을 줄이고 간단하게 관측된 흑점들의 위치를 얻기 위해 제작된 것이 태양면 경위도도인 것이다. 그림 8.18은 태양면 중심 위도(Bo)가 +3° 인 경위도도의 예이다.

④ 투명용지로 된 Bo = −6° 인 태양면 경위도도를 2004년 4월 2일(P = −26.22, Bo = −6.47, Lo = −32.70)에 관측한 관측용지의 태양상에 동서, 남북 방향을 맞추어 그림 8.19처럼 겹쳐 보자.

이 상태에서의 남북 방향은 지구를 기준으로 한 남북이며, 태양의 자전축은 지구 자전축에 대해 그 기울기가 매일 달라진다. 따라서 이를 보정해 주기 위해 태양의 자전축 방위각 P값을 지구 자전축에 대하여 돌려 준다. P값이 −이

표 8.1 2009년 태양의 위치와 태양면 중심 경위도

TT 0시 기준

날짜		황경			황위	적경			적위			거리	자전축 방향각	태양면 중심	
														위도	경도
월	일	도	분	초	초	시	분	초	도	분	초	AU	도	도	도
9	1	158	42	19.6	0.16	10	41	17.12	8	18	23.0	1.0092106	21.08	7.19	201.74
	2	159	40	7	0.29	10	44	54.50	7	56	35.0	1.0089690	21.33	7.21	188.53
	3	160	38	22.6	0.41	10	48	31.59	7	34	39.3	1.0087259	21.58	7.22	175.32
	4	161	36	7	0.52	10	52	08.41	7	12	36.4	1.0084813	21.82	7.23	162.11
	5	162	34	27.2	0.62	10	55	44.97	6	50	26.4	1.0082355	22.05	7.24	148.90
	6	163	32	50.5	0.69	10	59	21.31	6	28	09.7	1.0079885	22.28	7.24	135.70
	7	164	31	6	0.75	11	02	57.44	6	05	46.6	1.0077405	22.50	7.25	122.49
	8	165	29	01.8	0.77	11	06	33.38	5	43	17.3	1.0074913	22.72	7.25	109.28
	9	166	27	4	0.76	11	10	09.16	5	20	42.2	1.0072409	22.93	7.25	96.08
	10	167	25	14.9	0.72	11	13	44.80	4	58	01.6	1.0069892	23.13	7.25	82.87
	11	168	24	06.3	0.66	11	17	20.32	4	35	15.7	1.0067361	23.33	7.24	69.67
	12	169	22	4	0.57	11	20	55.75	4	12	25.0	1.0064813	23.52	7.24	56.46
	13	170	20	27.6	0.45	11	24	31.10	3	49	29.7	1.0062245	23.71	7.23	43.26
	14	171	19	0	0.32	11	28	06.38	3	26	30.2	1.0059656	23.89	7.22	30.06
	15	172	17	51.0	0.19	11	31	41.62	3	03	26.8	1.0057043	24.06	7.20	16.85
	26	173	16	14.0	0.05	11	35	16.84	2	40	19.9	1.0054402	24.23	7.19	3.65
	17	174	14	6	−0.07	11	38	52.04	2	17	09.8	1.0051733	24.39	7.17	350.45
	18	175	13	45.9	−0.18	11	42	27.25	1	53	57.0	1.0049033	24.55	7.15	337.25
	19	176	11	7	−0.26	11	46	02.48	1	30	41.7	1.0046304	24.70	7.13	324.05
	20	177	10	19.9	−0.32	11	49	37.75	1	07	24.4	1.0043544	24.84	7.11	310.85

면 서쪽으로, +이면 동쪽으로 돌려 준다. 2004년 4월 2일은 P = −26.22° 이므로 서쪽 방향으로 −26.22° 를 돌려 준다. 그림 8.20은 그 결과이다.

이때 태양면 경위도도상에서 경도는 서쪽 방향으로 갈수록 증가한다(동쪽으로 갈수록 감소한다)는 점을 잘 숙지해야 한다. 또 태양면 경위도도의 위도 값에 따라 경위도 눈금 간격의 조밀도가 다르므로 조심하여 '태양면 적도-태양 자전축' 과 관측자료의 동서 및 지구 자전축을 잘 일치시켜 읽어야 한다.

⑤ 위도별 흑점의 자전주기를 구해 보자. 첫날 관측한 흑점을 a라 하고, 두 번째 날 관측한 흑점을 a' 라 한다면 이 흑점의 자전주기를 구하는 식은 다음과 같이

그림 8.18 태양면 경위도도 예

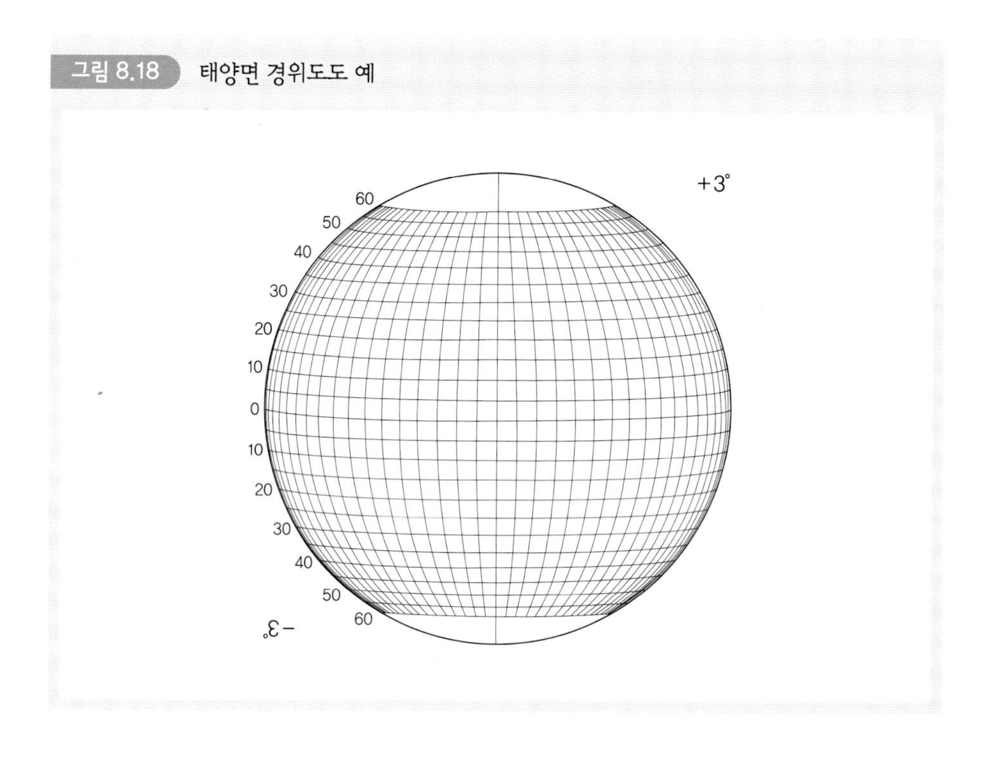

그림 8.19 관측한 스케치 자료 위에 태양면 경위도도를 겹쳐 둔 장면

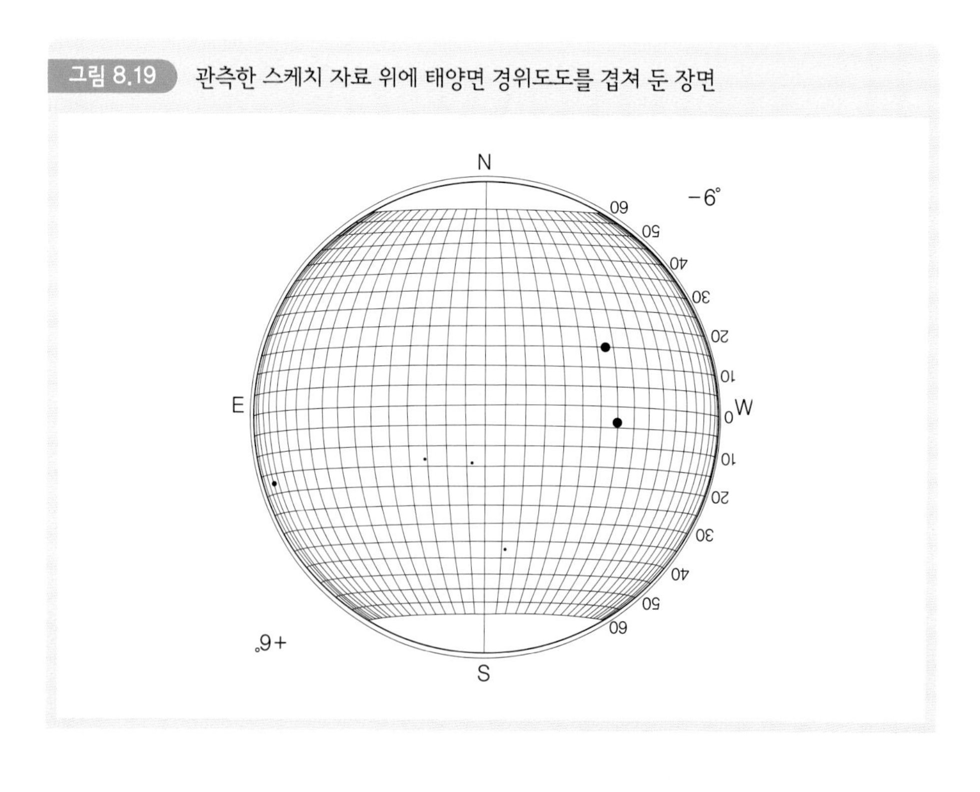

그림 8.20 관측일 B값에 해당하는 경위도도를 선택하여 자전축 방위각(P)만큼 돌려준 장면

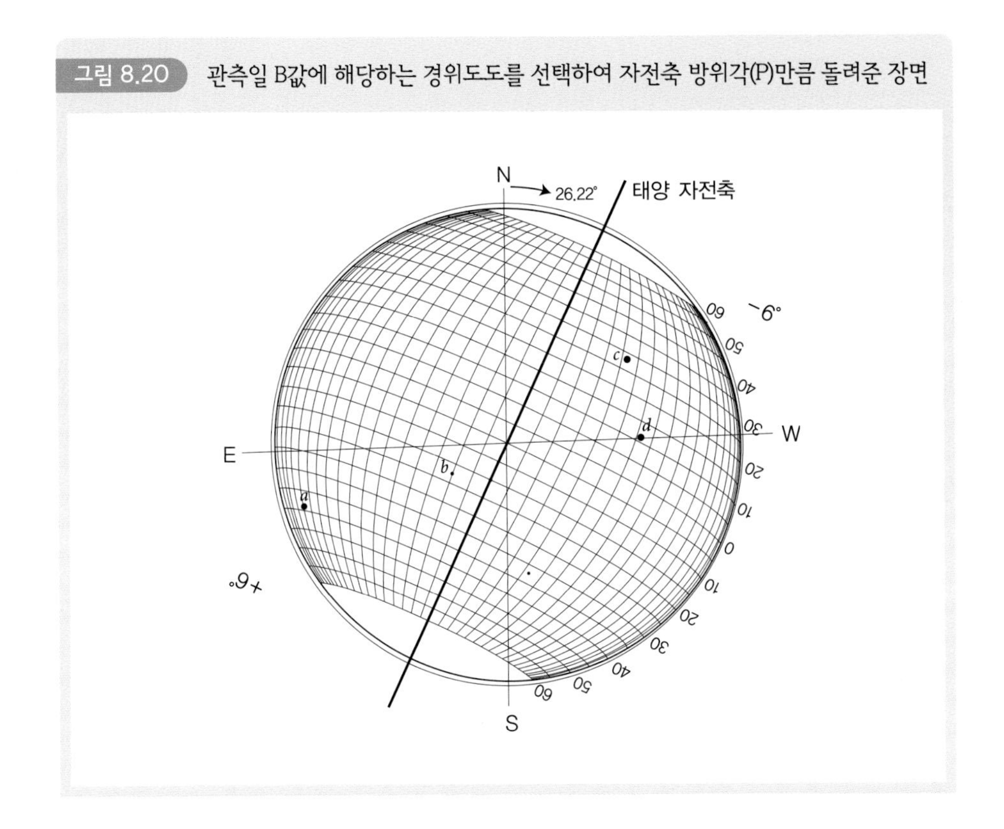

나타낼 수 있다.

$$\text{흑점의 자전주기} = \frac{(a\text{에서 } a' \text{ 까지의 이동시간})}{(a-a' \text{ 사이의 각거리})} \times 360^\circ$$

그림 8.21은 p값을 보정한 2004년 4월 2일 자료와 4월 3일 자료(23.5시간 간격으로 얻은 것)를 합친 예시자료이다.

그림 8.21을 토대로 $a-a'$, $b-b'$, $c-c'$, $d-d'$의 각거리를 표 8.2와 같이 구하여 보았다.

⑥ 각 흑점들의 위도별 자전주기를 구한다. 다음은 앞서의 자료를 토대로 얻은 결과이다.

- 위도 -18.2° 부근에서 자전주기 : $p = 360^\circ \div 13^\circ \times 23.5\text{시간}/24 = 27.1$일

그림 8.21 4월 2일 관측결과와 4월 3일 관측결과를 합친 자료

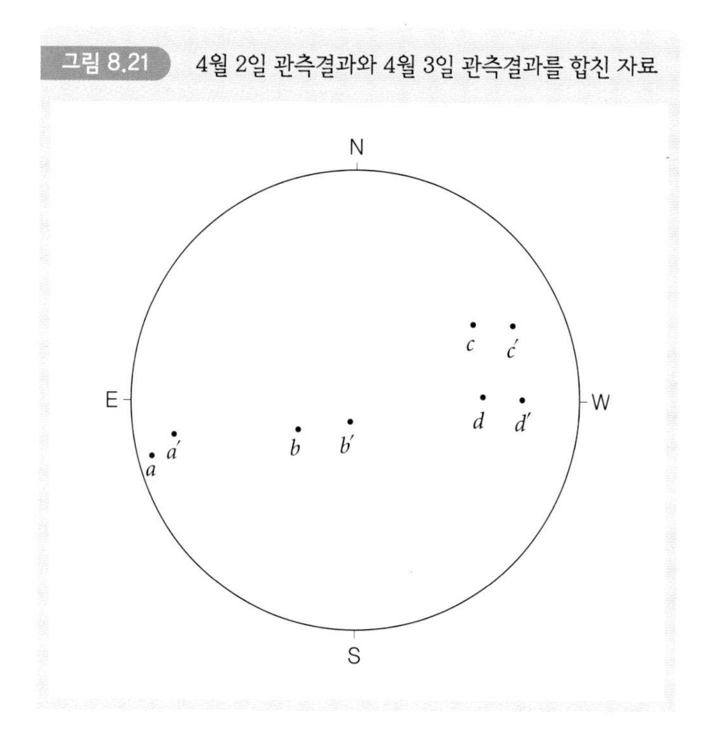

- 위도 14° 부근에서 자전주기 : p = 360° ÷ 14° × 23.5시간/24 = 25.2일
- 위도 17.2° 부근에서 자전주기 : p = 360° ÷ 13° × 23.5시간/24 = 27.1일
- 위도 −1° 부근에서 자전주기 : p = 360° ÷ 14.5° × 23.5시간/24 = 24.3일

표 8.2 각 흑점들의 위도별 이동한 각거리

태양위도	$a-a'$	$b-b'$	$c-c'$	$d-d'$
a(−18.2°)	13°			
b(−14°)		14°		
c(17.2°)			13°	
d(−1°)				14.5°

09 달 관측

우리가 어렸을 적에 '달아~ 달아~ 밝은 달아~ 이태백이~ 놀던 달아~' 라는 동요를 불렀듯이 달은 우리에게 매우 친숙한 천체이다. 달은 지구에 매우 가까이 있어서 크게 보이며 소망원경으로도 자세한 특징을 관측할 수 있다. 필자는 달을 볼 때마다 감탄한다. 왜냐하면 눈이 부실 정도로 밝고 그 표면의 특징이 너무 잘 보이기 때문이다. 이 장에서는 달 관측에 대하여 알아보자.

달의 모양과 뜨는 위치

달이 뜨는 시간은 그 모양과 함께 매일매일 다르다. 초승달은 아침에, 상현달은

그림 9.1 음력 날짜별, 저녁시간대의 달이 뜨는 위치와 모양

정오에, 보름달은 저녁에, 하현달은 자정에, 그믐달은 새벽에 뜬다. 동일한 저녁 시간대에 달이 뜨는 위치와 모양을 관측해 보면 그림 9.1과 같이 음력 날짜에 따라 다르다.

이와 같이 달의 모양은 초승달 → 상현달 → 보름달 → 하현달 → 그믐달의 순서로 매일매일 조금씩 변해간다. 또 달이 뜨는 위치도 서쪽에서 동쪽으로 점점 이동해간다. 그 까닭은 무엇일까? 달 관측일지를 준비하여 우선 일정한 관측 시간대에 달을 잘 관측할 수 있는 장소를 정하여 매일매일 달의 모양을 관측해 보자. 이때 달의 위치와 배경을 잘 스케치하자. 한달 동안 관측한 결과를 모아 음력 날짜에 따라 달의 모양과 위치가 어떻게 변했으며, 그 까닭이 무엇인지 그림 9.2를 보면서 생각해 보자.

그림 9.2 달의 위치에 따른 모양

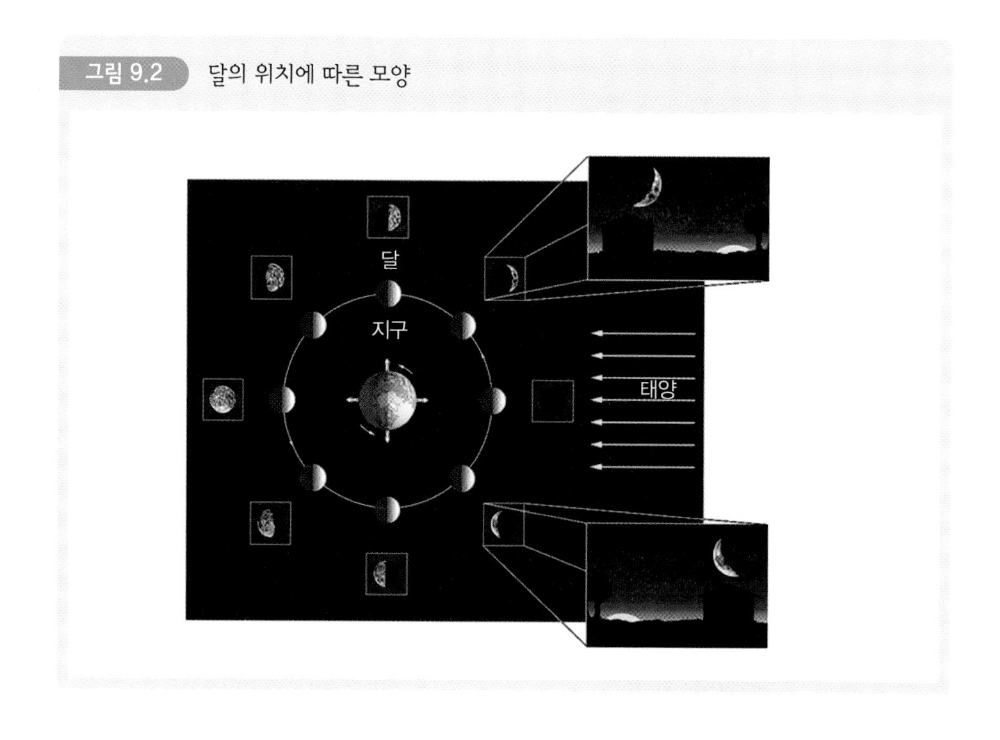

달 표면 관측

망원경으로 보름달을 보면 그림 9.3과 같이 밝은 부분(육지)과 어두운 부분(바다)이 잘 구별되어 보인다. 전체적으로 밝고 둥근 모습은 잘 볼 수 있지만 달 표면의 세부적이고 특징적인 모습은 금방 발견되지 않는다. 그 까닭은 지구를 중심으로 했을 때 달이 태양의 반대 방향에 있으면 '태양-지구-달'의 순서가 되어 달이 태양 빛을 정면으로 받아 달 표면의 운석구덩이 등에 의한 그림자가 잘 나타나지 않기 때문이다.

따라서 달 표면의 극적인 모습을 관측하기 위해서는 보름달일 때보다 조각달일 때가 더 좋다. 즉 초승달에서 반달까지 또는 반달에서 그믐달까지는 운석구덩이의 절벽에 의한 그림자가 잘 보인다. 그림 9.4는 하현달로서 보름달일 때보다 운석구덩이의 모습이 더 잘 보인다. 달 표면의 세부적인 구조를 그릴 때는 특정한 곳 한 곳을 선택하여 자세히 스케치하여 종합하는 것이 좋다. 달이 면적이 넓고 특징적인 모습이 많기 때문이다. 여러 곳의 모습을 스케치하여 종합하기 위해서

그림 9.3 보름달

그림 9.4 하현달의 운석구덩이가 구분되어 보인 모습

는 여러 사람들이 스케치 영역을 각각 따로 정한 다음, 스케치하여 종합하는 것도 하나의 방법이다. 달 표면의 스케치용 망원경으로는 소형 20~30cm급 정도로 충분하다. 배율은 망원경의 크기와 날씨에 따라 다소의 차이가 있지만 200~300배 정도면 적당하다. 오랫동안 달 표면은 물도 공기도 전혀 없는 곳으로 생각해 왔지만 달 탐사선의 관측결과와 지상의 많은 관측 수행결과 알폰수스 산이나 아리스타르코스 산과 같이 가스 분출이나 발광 현상이 관측되기도 한다.

한편 달 표면의 세부적인 모습을 자세히 관측하기 위해서는 망원경의 배율을 높여 관측한다. 그림 9.5는 그 예이다. 이때 망원경의 배율을 너무 높이는 것은 바람직하지 않다. 표면이 희미하게 보이기 때문이다. 망원경의 구경이 큰 것을 활용하면 배율을 높여도 밝고 세부적인 모습을 관측할 수 있다. 망원경의 배율을 달리하면서 달 표면의 세부적인 모습을 스케치하거나 사진으로 찍어 보자. 사진을 찍

그림 9.5 배율을 높여 관측한 달 표면의 모습

을 때는 일반 수동식 카메라, 디지털카메라, 디지털 비디오카메라 모두 좋다. 달은 매우 밝아서 어느 것을 활용하여도 잘 찍히기 때문이다.

달 표면의 구덩이는 어떤 과정을 통해 생성된 것일까? 달 표면의 구덩이는 유성체에 의한 운석구덩이와 화산폭발에 의한 분화구가 있다. 대부분은 그림 9.6과 같이 유성체 충돌에 의한 구덩이이다.

그림 9.6 유성체에 의한 운석구덩이의 생성

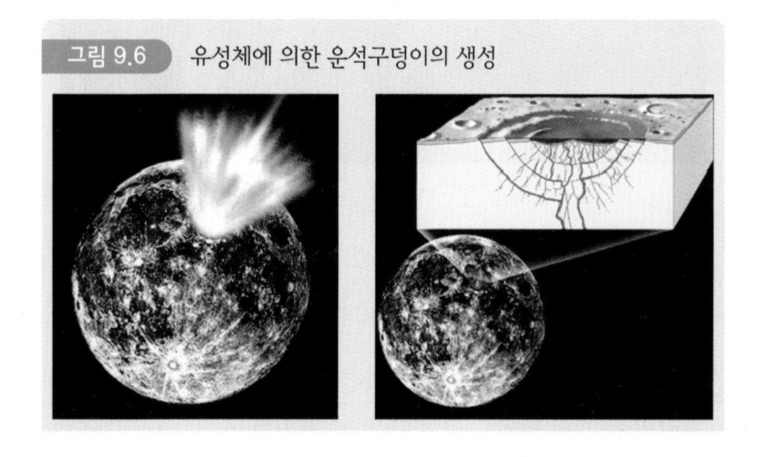

월식과 일식

월식은 달이 그림 9.7과 같이 지구 그림자 속에 들어가 달 표면의 일부 또는 전부가 보이지 않게 되는 현상을 말한다. 달이 지구의 본 그림자 속에 모두 들어가면 개기월식이라 하고, 일부분만 본 그림자 속에 들어가면 부분월식이라 한다.

그림 9.7 월식이 일어나는 원리

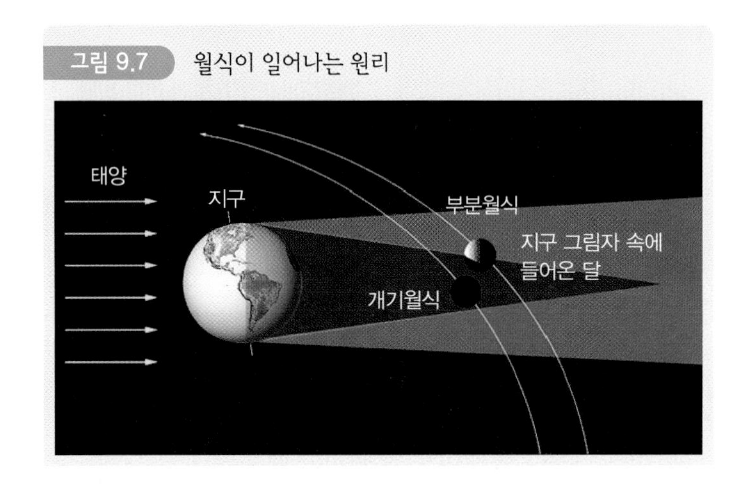

그림 9.8은 월식의 과정을 보인 예이다.

그림 9.8 월식이 일어나는 과정의 예

그런데 개기월식이 일어나더라도 태양의 붉은 빛이 지구대기를 통과하면서 굴절되어 달에 도달하면 그림 9.9처럼 검붉은 색을 띤 달의 모습을 관측할 수 있다.

지구에서 태양이나 달을 볼 때, 태양이 지나가는 길인 황도와 달이 지나가는 길인 백도가 일치한다면 '태양-지구-달' 의 순서로 일직선이 되어 망일 때마다

그림 9.9 월식 때 달의 검붉은 모습

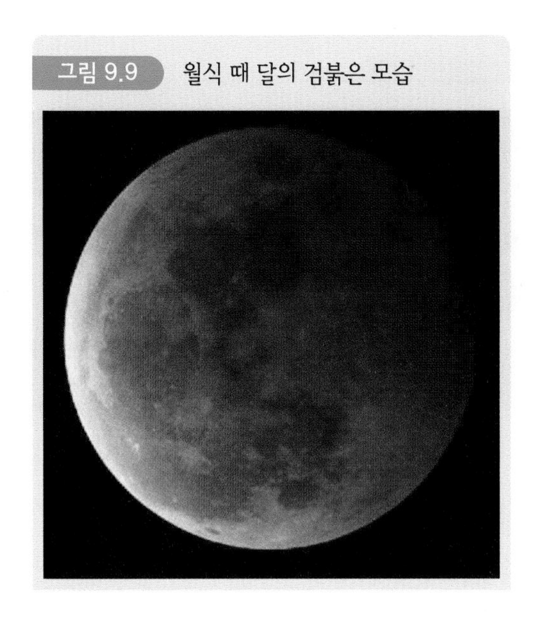

월식이 일어날 것이다. 하지만 그림 9.10과 같이 황도와 백도가 약 5° 기울어져 있기 때문에 태양과 달이 같은 방향에 있다 해도 일치하지 않는 경우가 더 많다. 결국 달이 황도와 백도가 서로 만나는 교점 근처에서 망이 되어야 월식이 일어날 수 있다.

그림 9.10 황도와 백도

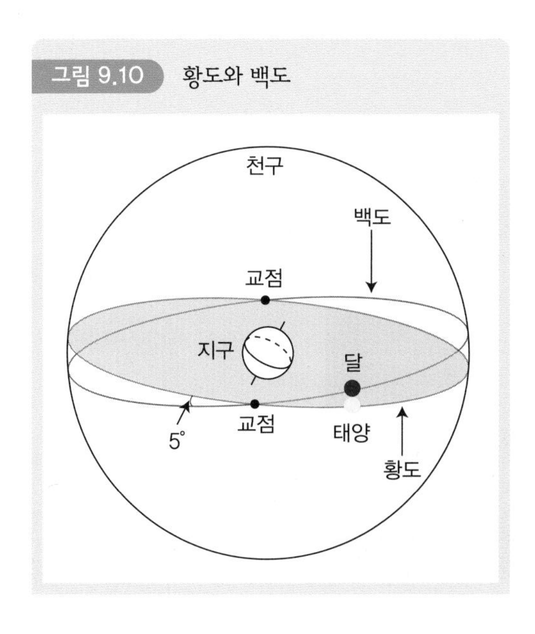

그림 9.11 일식이 일어나는 원리

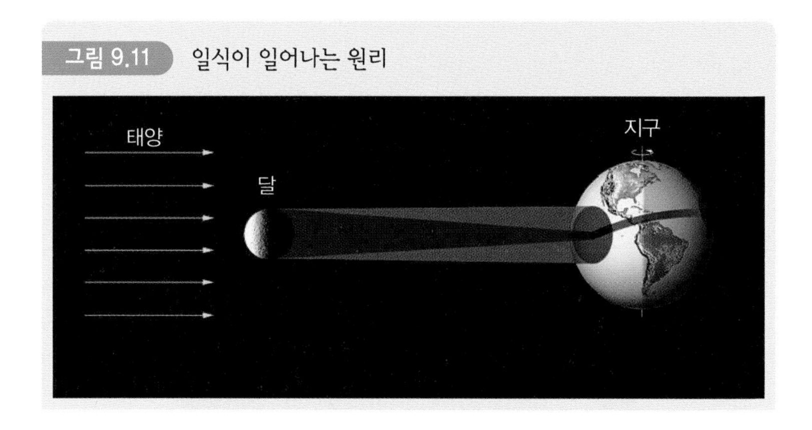

월식은 일식에 비하여 그 지속시간이 길다. 이러한 월식 관측은 시간의 흐름에 따라 달의 모양이 연속적으로 변해가기 때문에 일반 비디오카메라나 디지털 비디오카메라로 관측하면 효과적이다. 물론 일반 수동식 카메라나 디지털카메라도 좋다. 역서 등을 활용하여 월식이 일어날 날을 미리 확인하여 월식 관측을 해보자. 월식 관측을 할 때는 월식 시작 시각 및 종료 시각, 관측 방법, 특징 등을 자세히 기록해 둔다.

한편 '태양-달-지구'가 일직선이 되면 그림 9.11과 같은 일식이 일어나는 원리에 따라 일식 현상이 나타난다.

그림 9.12 부분일식

그림 9.12는 부분일식의 예이다. 태양이 마치 조각달처럼 변해가다가 본래의 모습으로 돌아온다. 그림 9.13은 금환 일식이다. 금환일식은 둥근 태양의 모습이 점점 조각달 모습으로 점점 작아지다가 나중엔 둥근 밝은 테를 만든다. 그리고 다시 본래의 모습을 찾아 나간다. 그림 9.14는 개기일식의 예이다. 개기일식은 달이 태양의 전체적인 모습을 완전히 가려서 안 보이는 경

그림 9.13 금환일식

그림 9.14 개기일식

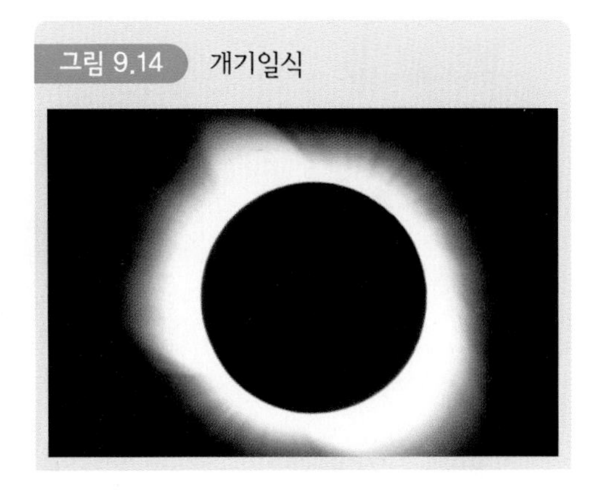

우이다. 이때 태양빛이 우주 공간으로 뻗어나가는 코로나 현상을 잘 관측할 수 있다. 일식 관측은 맨눈으로 하지 말고 선글라스를 쓰는 것이 좋다. 또 사진을 찍기 위해서는 월식에서와 마찬가지로 디지털카메라나 디지털 비디오카메라 등을 활용하여 찍는다.

달 착시

정월 대보름달이나 추석 보름달이 다른 달(月)의 달보다 더 클까? 그것은 근거없는 이야기이다. 달은 지구에 가장 가까운 지점인 근지점에 왔을 때 가장 크고 밝게 보인다. 그림 9.15의 왼쪽 달은 근지점에 왔을 때의 모습이고, 오른쪽은 원지점에 왔을 때의 모습이다.

그런데 달이 그림 9.16과 같이 동쪽 산 위에 떠오를 때가 천정 부근의 머리 위에 있을 때보다 훨씬 더 크게 보인다. 그 까닭은 무엇일까? 그것은 달 착시현상 때문이다. 즉 달이 동쪽 하늘에 떠올 때, 주위의 물체들과 어울려 아무런 주변의 물체가 없는 머리 위에 있을 때보다 더 멀리 느끼기 때문에 더 크게 느낀다는 것이

그림 9.15 달이 근지점에 왔을 때(좌)와 원지점에 왔을 때(우)

그림 9.16 동쪽 하늘에 떠오르는 달

다. 이것을 거리 착시라고 한다. 인간의 감각 기관은 이처럼 완전치 못하며 이를 감각기관의 불완전성이라 한다. 음력 보름경, 동쪽 하늘에 뜨는 달을 관측하여 그 크기를 어림잡아 보자. 그리고 한참 시간이 지난 다음 달이 중천에 와 있을 때 달의 크기를 다시 어림잡아 보자. 어떻게 다른가? 신기할 정도로 동쪽 하늘에 떠오르는 달이 더 크게 느껴질 것이다. 과연 동쪽 하늘의 달이 천정 부근의 달보다 더 큰 것인지 아닌지를 확인해 보려면 두 위치의 달을 사진으로 찍어 보면 확인할 수 있다. 달 사진을 동쪽 및 천정 부근에서 찍어서 서로 비교해 보자.

10 휴대전화와 디지털카메라를 활용한 관측

휴대전화는 일반인들이나 학생들의 필수품처럼 되었다. 이러한 휴대전화는 무선 통신, 화상 통신, 인터넷, DMB, MP3 그리고 디지털카메라 기능 등 그 기능이 점차 확대 · 발전하고 있다. 또 렌즈 교환이 되지 않는 일반 디지털카메라도 그 기능과 해상도 등이 크게 향상되어가고 있다. 여기서는 휴대전화와 디지털카메라를 천체관측에 활용할 수 있는 방법 및 과정에 대하여 알아보자.

준비물

망원경, 휴대전화, 디지털카메라, 유니버설 마운트

미리 알아두기

휴대전화 카메라나 일반 디지털카메라를 활용하여 천체사진을 찍으려면 망원경의 접안렌즈에 맺혀진 상에 카메라의 적당한 위치를 선택하여 촬영해야 한다. 파인더와 주망원경의 접안렌즈를 보면 대물렌즈에 의해 맺힌 상이 빛덩어리 형태로 보인다. 이것을 사출동공이라 한다. 사출동공은 접안렌즈의 초점거리가 길면 크고, 초점거리가 짧으면 작다.

그림 10.1은 초점거리 40mm인 접안렌즈가 연결된 파인더와 초점길이 9mm인 접안렌즈가 연결된 주망원경에서 보인 사출동공의 모습이다. 여기서 확인할 수 있듯이 파인더의 사출동공은 주망원경의 사출동공보다 크다. 사출동공이 크다는 뜻은 배율이 작고 시야가 넓다는 것을 의미하며 사출동공이 작을 때는 그

그림 10.1 40mm 접안렌즈가 연결된 파인더(좌)와 9mm 접안렌즈가 연결된 주망원경(우)에 맺힌 사출동공

반대이다.

방법 및 과정

휴대전화 카메라의 활용

밤 시간대에 아무런 사전 준비 없이 관측을 하게 되면 낭패를 볼 수 있다. 따라서 낮 시간대에 준비할 것과 훈련해 두어야 할 것을 미리 해 두는 것이 좋다. 그림 10.2는 낮 시간대에 멀리 있는 물체를 망원경에 맞추어 촬영해 보는 훈련 모습이다. 여기서 볼 수 있듯이 휴대전화 카메라 활용 촬영은 파인더와 주망원경 모두를 이용할 수 있다. 일반적으로 파인더는 시야가 넓기 때문에 물체가 작게 찍히고, 주망원경은 배율이 크기 때문에 물체가 파인더보다 크게 찍힌다.

여기서는 멀리 있는 물체를 망원경 중앙에 맞추어 휴대전화 카메라로 촬영하

그림 10.2 휴대전화로 멀리 있는 물체를 촬영하는 모습

는 훈련을 한 다음, 실제 밤시간대에 밝은 천체를 망원경 중앙에 맞추어 찍는 방법에 대하여 알아보자.

① 망원경을 세우고 멀리 있는 물체를 망원경 중앙에 위치시킨 다음 초점을 맞추자.
② 망원경의 접안렌즈에 맺힌 빛덩어리(사출동공)를 확인하자.
③ 사출동공이 나타나는 곳에 휴대전화 카메라를 가까이 해 보자. 그리고 카메라의 위치를 조금씩 앞뒤로 움직여 보자. 상의 크기가 달라짐을 확인할 수 있을 것이다.
④ 파인더와 주망원경을 이용하여 멀리 있는 물체를 크게 또는 작게 찍어 보자.
⑤ 주망원경의 접안렌즈를 바꾸어 배율을 달리해 가면서 동일한 물체를 찍어 보자. 그림 10.3은 멀리 보이는 '하이마트' 라는 간판을 찍고 있는 모습이다.
  또 그림 10.4는 동일한 사출동공에서 카메라를 앞뒤로 조정하면서 멀리 위치한 아파트를 찍은 모습이다. 카메라를 사출동공이 맺힌 접안렌즈 표면 가까

그림 10.3 멀리 있는 '하이마트' 라는 간판을 찍고 있는 모습

그림 10.4 카메라를 사출동공 가까운 곳에서 찍었을 때(좌)와 뒤쪽에서 찍었을 때(우)의 상의 크기 변화

이에 갖다 대고 찍었을 때가 보다 먼 위치(더 뒤쪽)에서 찍었을 때보다 상이 더 크게 보인다.

⑥ 밤 시간대에 비교적 밝은 천체를 망원경 중앙에 맞춘 다음 휴대전화 카메라로

그림 10.5 휴대전화 카메라로 찍은 달의 모습 (저배율)

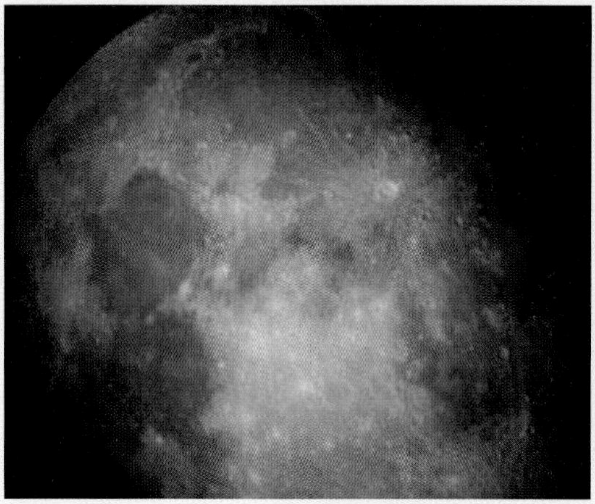

그림 10.6 휴대전화 카메라로 찍은 달의 모습 (고배율)

찍어 보자. 그림 10.5는 저배율로 찍은 달의 모습이다.

⑦ 접안렌즈의 초점거리가 비교적 짧은 것을 망원경에 장착하여 고배율로 달 표면을 찍어 보자. 그림 10.6은 고배율로 찍은 달의 모습이다.

⑧ 희미한 천체를 여러 장 찍어 보자. 여러 장 찍은 결과를 Registax나 CCDSoft 등의 소프트웨어를 활용하여 합성하여 보자. 보다 선명한 결과를 확인할 수 있을 것이다. 일반적인 휴대전화 카메라는 노출시간을 조정할 수 없기 때문에 장시간 노출을 주기 어려운 점이 있다.

한편 휴대전화 카메라로 처음 촬영을 할 때는 손이 흔들려 좋은 상을 얻기 어렵지만 여러 번 하다 보면 금새 안정된 상을 얻을 수 있게 된다. 만약 자신이 가지고 있는 휴대전화 카메라를 망원경 접압부에 안정적으로 장착할 수 있는 마운트를 제작하여 활용한다면 보다 안정적인 촬영결과를 얻어낼 수 있을 것이다.

디지털카메라의 활용

여기서 설명할 디지털카메라는 렌즈 교환식 디지털카메라(DSLR)가 아니라 렌즈

그림 10.7 카메라 마운트(좌)와 이를 망원경 접안부에 아포컬 방식으로 연결한 모습(우)

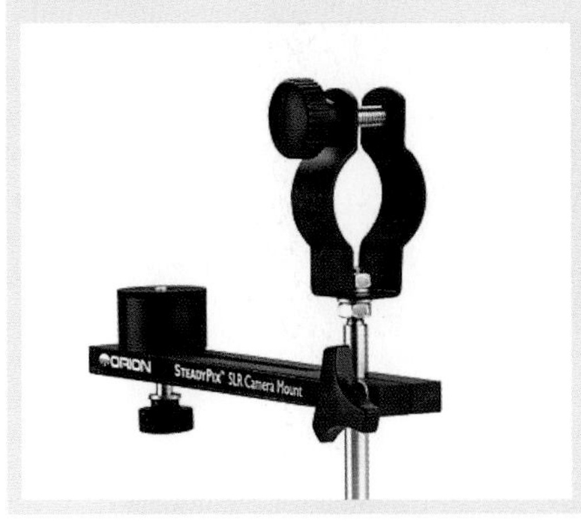

고정식 카메라이다. 이러한 디지털카메라는 휴대전화 카메라와 달리 노출시간을 늘릴 수 있는 것들이 많다. 디지털카메라의 노출시간 조정 기능을 활용하면 희미한 천체를 보다 긴 노출시간으로 촬영할 수 있게 되어 보다 선명한 사진을 얻을 수 있다. 이러한 디지털카메라를 활용한 천체 사진 촬영 방법에 대하여 알아보자.

① 망원경을 세운 후, 파인더와 주망원경의 방향을 일치시키자. 즉 파인더 정렬을 정교하게 하자.

② 카메라 마운트를 망원경에 튼튼하게 연결하자. 또 그림 10.7의 우측처럼 카메라를 마운트에 튼튼하게 잘 연결하자. 자칫 잘못하면 카메라가 바닥에 떨어져 망가지는 수가 있으므로 조심해야 한다. 카메라를 연결한 후 망원경의 남북 및 동서 수평을 다시 맞춘다.

③ 행성을 여러 장 찍어 보자. 찍은 결과들을 합성하여 한 장의 사진으로 만들어 보자. 그림 10.8은 토성을 10장 찍어서 Registax로 합성한 결과이다.

④ 디지털카메라에 적당한 노출시간을 맞추고 나서 희미한 천체를 여러 장 찍어 보자. 그림 10.9는 오리온 대성운(M42)을 10초 노출로 40장을 찍어서 합성한 결과이다. 오리온 대성운의 모습이 비교적 잘 보인다.

⑤ 카메라 마운트 대신에 접안렌즈에 카메라를 직접 연결할 수 있는 어댑터를 준

그림 10.8 디지털카메라로 찍은 10장의 토성 영상을 합성한 결과

그림 10.9 디지털카메라로 찍은 40장의 M42 영상을 합성한 결과

비하여 촬영해 보자. 그림 10.10은 렌즈 교환이 안 되는 일반 디지털카메라와 접안렌즈를 어댑터로 연결해 둔 모습이다.

그림 10.10 일반 디지털카메라와 접안렌즈를 어댑터로 연결해 둔 모습

11 타임랩스 별자리 촬영

타임랩스 별자리 촬영이란 시간에 따라 동쪽 하늘에서 서쪽 하늘로 지나가는 별자리들을 일정한 노출과 시간 간격으로 촬영하여 별자리 이동을 연속적인 동영상으로 얻는 관측을 말한다. 이러한 타임랩스 촬영은 천체사진뿐만 이 아니라 시간의 흐름에 따라 변화가 있는 멋있는 자연의 모습을 배경으로 하여 구름이 흘러가는 모습이라든가 낮시간의 밝은 자연의 모습에서 밤시간으로 점점 어두워지는 모습 등을 촬영할 때도 자주 활용된다. 여기서는 시간의 흐름에 따라 별자리의 이동 모습을 얻기 위한 타임랩스 별자리 관측방법에 대하여 알아보자.

미리 알아두기

별자리는 그림 11.1과 같이 시간이 지나감에 따라 그 위치가 변한다. 사실 하늘의 별자리는 거의 같은 곳에 있지만 지구가 자전함에 따라 별자리가 이동되어 가는 것처럼 보인다. 그림 11.1과 같이 시간에 따라 별자리의 이동 사진을 여러 장 찍어서 연결하여 가동하면 별자리가 이동되어 가는 별자리 동영상이 된다.

일반적으로 별자리 이동 동영상의 제작은 시간에 따라 움직여 가는 별자리를 카메라로 일정시간 노출을 주어 수십 · 수백 장의 개별 영상으로 얻은 다음 이들을 서로 연결하여 동영상으로 만든다. 만약 밤하늘의 별자리를 비디오카메라로 촬영한다면 노출을 크게 줄 수 없기 때문에 밝은 천체만 그 움직임이 보이게 될 것이다. 하지만 희미한 별들까지 별자리 이동 동영상에 나타나게 하려면 비디오 촬영보다는 노출 주기에 유리한 일반 카메라 촬영이 더 나을 것이다.

그림 11.1 휴대전화로 멀리 있는 물체를 촬영한 모습

준비물

타임랩스 별자리 관측을 위한 주요 준비물은 카메라, 삼각대, 카메라용 배터리 그리고 타임인터벌 릴리즈 정도이다. 이들에 대하여 알아보자.

카메라와 렌즈

카메라는 수동 촬영이 가능한 DSLR 디지털카메라면 좋다. 렌즈는 시야를 어느 정도 확보할 것이냐에 따라 우리가 보는 시각과 비슷한 화각을 갖고 있는 일반 표준렌즈나 넓은 시야로 사진을 찍을 수 있는 광각렌즈를 선택한다. 광각렌즈는 가까이 있는 물체는 더 크게 찍히고 멀리 있는 물체는 더 작게 왜곡이 생긴다. 경우에 따라 시야를 아주 크게 확보하기 위하여 어안렌즈도 활용한다. 하지만 왜곡현상이 심하게 나타나고 선예도가 떨어진다는 불리한 점이 있다.

그림 11.2 표준렌즈(50mm)와 광학렌즈(18~24mm)

삼각대와 볼헤드

삼각대는 튼튼할수록 좋다. 볼헤드는 카메라에 연결하여 카메라의 방향을 자유롭게 할 수 있도록 하기 위한 도구이다.

타임인터벌 릴리즈

타임인터벌 릴리즈는 촬영 시작 시간, 촬영 간격, 촬영 매수, 노출시간 등을 설정하여 자동으로 사진 촬영을 할 수 있도록 도와주는 도구이다.

그림 11.3 타임인터벌 릴리즈

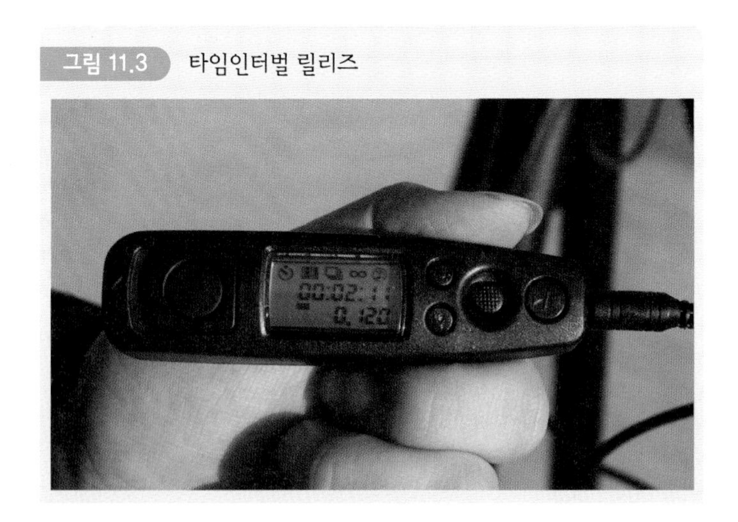

배터리

배터리는 충분히 충전하여 여러 개를 준비한다. 별자리 이동 촬영은 장시간 동안 이루어지는 활동이기 때문에 배터리가 금새 소모되어 버리거나 부족하여 연속 촬영에 낭패를 볼 수도 있다.

카메라 보호백, 핫백

별자리 촬영은 밤시간 야외에서 이루어진다. 따라서 기온이 급격히 떨어지면 카메라 렌즈 표면에 이슬이나 서리가 낄 수 있고, 배터리도 제대로 작동이 안 될 수 있다. 따라서 카메라 보호백으로 카메라를 둘러싸고, 핫백 등을 카메라 보호백에 넣어 카메라의 온도를 높일 준비를 한다.

그림 11.4 카메라 보호백

관측방법 및 과정

주변의 풍경을 토대로 시간에 따라 이동되어 가는 별자리 사진을 찍기 위해서는 여러 개의 별들이 점상으로 나올 수 있도록 촬영해야 한다. 만약 희미한 별까지 잘 나올 수 있도록 장시간 노출을 주면 지구의 자전효과 때문에 별들이 선과 같은 궤적으로 나타나고, 짧은 노출을 주면 희미한 별들은 찍히지 않는다. 이러한 문제 때문에 카메라의 조리개 설정, ISO 감도 그리고 노출시간 등을 잘 설정해야 한다. 여기서 별자리 촬영을 위한 카메라의 설정 및 촬영 방법 등에 대하여 알아보자.

① 장소와 관측일을 선택한다 : 별자리 관측 장소는 광해가 많지 않은 별자리가 잘 보이는 곳을 선택하고 관측일은 달의 위상을 고려하여 선택한다. 달이 밝게 떠 있으면 하늘의 별자리가 잘 보이지 않기 때문에 밤 시간대에 달이 떠 있지 않은 일자를 선택하는 것이 좋다.

② 삼각대 위에 카메라를 연결한다 : 삼각대를 평평한 바닥에 설치한 다음, 그림 11.5처럼 삼각대 위에 볼헤드를 연결하고 그 위에 카메라를 튼튼하게 연결한다. 카메라는 크롭바디보다는 풀바디가 좋고, 렌즈의 초점거리는 24mm 정도가 좋다. 시야를 보다 크게 하려면 광각렌즈를 활용한다. 카메라의 방향은 자유자재로 움직일 수 있는지 연습해 본다.

그림 11.5 삼각대 위에 카메라를 설치하고 있는 모습

③ 타임인터벌 릴리즈를 카메라에 연결한다 : 타임인터벌 릴리즈를 그림 11.6처럼 카메라 연결단자에 잘 연결한다. 만약 기온이 매우 낮거나 바람이 불면 핫백 등을 준비하여 감싸준다. 핫백은 방한, 방음, 방수 기능이 있어서 카메라를

그림 11.6 타임인터벌 릴리즈를 카메라에 연결하고 있는 모습

보호해 주어 좋은 촬영결과를 얻는 데 도움이 된다.

④ 카메라를 다음과 같이 설정한다

- 촬영모드 : 수동으로 설정한다.
- 영상 형식 : 카메라 메뉴로 들어가서 영상 형식을 RAW로 맞춘다. RAW 형식으로 촬영해야 나중에 노출보정이나 색보정 등을 잘할 수 있다.
- 화이트 밸런스 : 화이트 밸런스는 AUTO로 맞춘다. 만약 영상의 색이 맞지 않으면 RAW 형식으로 촬영한 경우 색보정(색온도)이 가능하다.
- 조리개 : 조리개는 f/2∼f/4 정도로 맞춘다.
- ISO 감도 : ISO는 800∼1600 정도로 맞춘다.
- '장시간 노이즈 감소' 설정 : OFF로 설정한다.

⑤ 별자리 구도 잡기 : 구도를 잘 맞춘다. 별자리가 잘 보이는 곳을 선택하여 1/4∼1/3 정도의 지상 배경을 넣어 구도를 맞춘다. 가급적 지상은 최소로 넣자.

그림 11.7 구도를 잡고 있는 모습

⑥ 초점 맞추기 : 초점 맞추기는 무한대로 맞추거나 카메라의 라이브뷰 모드를 활용하여 최대한 확대하여 밝은 별 등에 맞추어 초점을 맞춘다. 카메라에 따라 라이브뷰 모드가 없는 것도 있다. 초점을 맞추어 둔 후에는 테이프 등으로 초점 조절링을 고정시켜 두는 것이 좋다.

⑦ 타임인터벌 릴리즈 설정과 연습 촬영 : 타임릴리즈에서 셔터 속도를 20초 정도로 설정하여 연습 촬영을 해 본다. 이때 별상이 동그랗게 잘 나왔는지 초점은 잘 맞았는지 등을 살펴본다. 만약 별상이 희미하면 조리개를 좀 더 열어 주거나 ISO 감도를 높인다. 노출시간을 길게 하면 별이 동그랗지 않고 길쭉한 작은 궤적처럼 나온다. 또 조리개를 너무 크게 열면 화질이 떨어지고 ISO 감도를 크게 하면 노이즈가 증가한다는 점 등을 알아두어야 한다.

한편 북극성 주변의 별 돌리기 촬영을 할 목적이라면 노출 30초, 간격 2초 정도로 설정하여 연습 촬영을 해 본다. 만약 성공하였다면 같은 방식으로 200장 이상 찍어서 모두 합성하면 그림 11.8과 같은 한 장의 궤적 사진으로 얻을 수도 있고, 개별 영상들을 연속적으로 돌리면 북극성 주변으로 별들이 돌아가는 동영상 결과로도 얻을 수 있을 것이다.

그림 11.8 북극성 부근의 별자리를 200장 찍어 합성한 결과

⑧ 타임랩스 촬영 시작 : 연습 촬영을 통해 얻은 결과를 토대로 노출시간, 촬영 간격, 촬영 매수 등을 그림 11.9와 같이 타임인터벌 릴리즈에 설정하고 나서 그림 11.10과 같이 시작 버튼을 눌러 본격적인 촬영을 시작한다. 촬영 매수는 10초짜리 동영상을 만들려면 300장 정도로 설정하는 것이 좋다. 일반적인 동영상의 초당

그림 11.9 타임인터벌 릴리즈에 촬영 조건을 설정해 둔 모습

그림 11.10 타임인터벌 촬영을 시작하고 있는 모습

그림 11.11 타임인터벌 촬영이 수행되고 있는 모습

영상의 수가 30프레임 정도이기 때문이다. 그림 11.11은 타임인터벌 릴리즈에 촬영 조건을 설정해 두고 나서 자동 촬영을 진행하고 있는 모습이다.

별자리 동영상 만들기

별자리 동영상의 제작은 크게 두 단계로 나눌 수 있다. 첫째 후보정이라고 하는 촬영된 개별 영상들의 노출보정이나 색보정 등을 통한 영상 다듬기 작업, 둘째 다듬어진 개별 영상들을 합쳐서 동영상으로 얻는 작업이다. 이들에 대하여 알아보자.

후보정

후보정은 실제 촬영결과를 바로 활용하기 전에 노출보정, 색보정, 선명도 보정 등을 수행하는 활동이다. 이러한 작업을 할 때 활용되는 소프트웨어에는 포토샵의 Camera Raw, CaptureOne, LightRoom 등이 있다. 보정된 영상의 저장은 가능하면 연속적인 파일 번호가 붙여진 이름으로 저장하는 것이 좋다. 여기서는 포토샵의 Camera Raw를 활용하여 후보정을 수행하는 방법에 대하여 알아보자.

- 먼저 포토샵에서 Adobe Bridge를 실행시킨다. 그리고 후보정할 영상 폴더의 모든 파일을 그림 11.12과 같이 지정한 후 그림 11.13과 같이 불러온다.

그림 11.12 후보정할 영상을 지정하는 장면

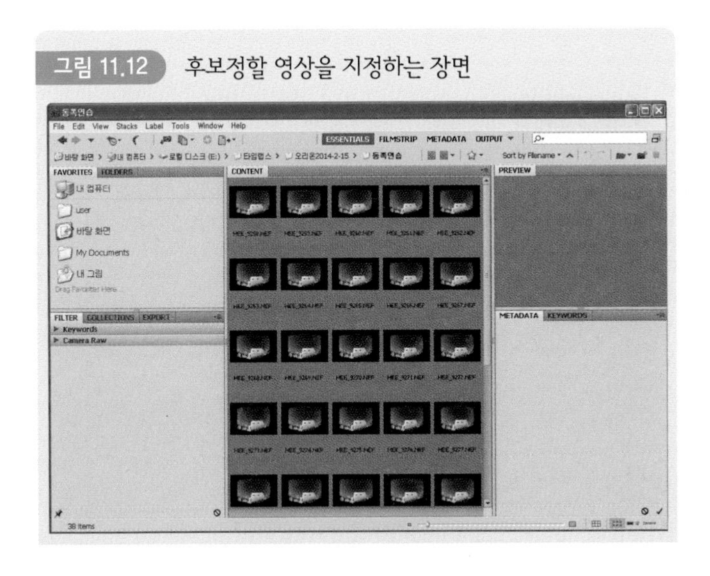

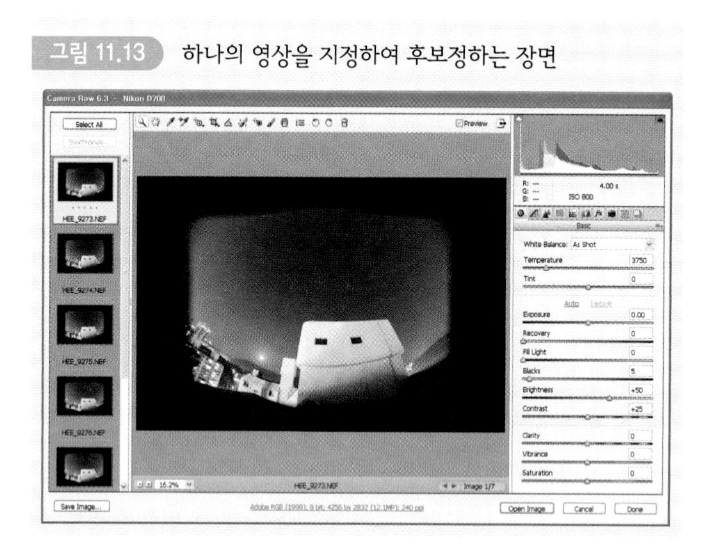

그림 11.13 하나의 영상을 지정하여 후보정하는 장면

여기서 그림 11.13과 같이 한 장의 사진을 선택하여 노출, 색감, 대비, 채도, 선명도 등을 적절하게 보정한다. 그러고 나서 좌측 상단의 Select All 버튼을 누른다. 그러면 Synchronize 버튼이 활성화된다. 이때 Synchronize 버튼을 누른다. 그러면 일치시킬 여러 항목이 나타난다. 이때 적용시키기 원하는 항목을 확인한 후 OK를 누르고 빠져나온다. 이제 보정결과를 저장할 차례이다. 화면의 좌측 하단의 Save Images를 누른다. 그러면 그림 11.14와 같은 화면이 나온다. 이때 파일 형식,

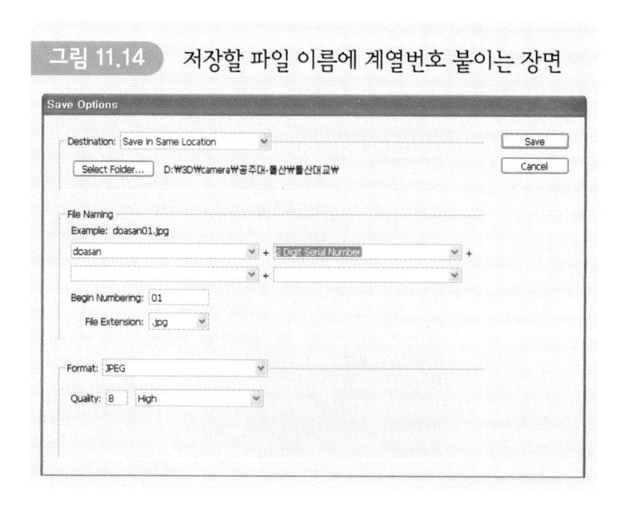

그림 11.14 저장할 파일 이름에 계열번호 붙이는 장면

파일 이름 앞부분에 붙일 이름과 뒷부분에 붙일 계열번호 크기를 지정한 후 Save를 눌러 저장한다.

동영상 만들기

별자리 동영상은 여러 장의 개별 별자리 영상들을 동영상 제작 프로그램에 가져와 합쳐서 만들 수 있다. 동영상 제작 소프트웨어에는 베가스, 프리미어, 어도비 애프터이펙트, 무비기어 등이 있다. 여기서는 동영상 편집과 제작에 많이 활용되는 베가스를 이용하여 동영상을 제작하는 방법에 대하여 알아보자.

먼저 베가스를 실행한다. 그림 11.15는 베가스의 시작 화면으로 좌측 상단은 바로 그 아래에 표시된 Explorer나 Media Generators 등을 눌러 동영상 편집과 제작에 활용할 파일들을 불러오거나 자막 등을 넣을 때 활용되는 툴들이 실행되는 창이다. 하단은 편집에 활용할 개별 영상이나 동영상을 두는 타임라인 창이다. 우측 상단은 지정된 해당 영상을 미리 보여 주는 창이다.

그림 11.15 베가스의 시작 화면

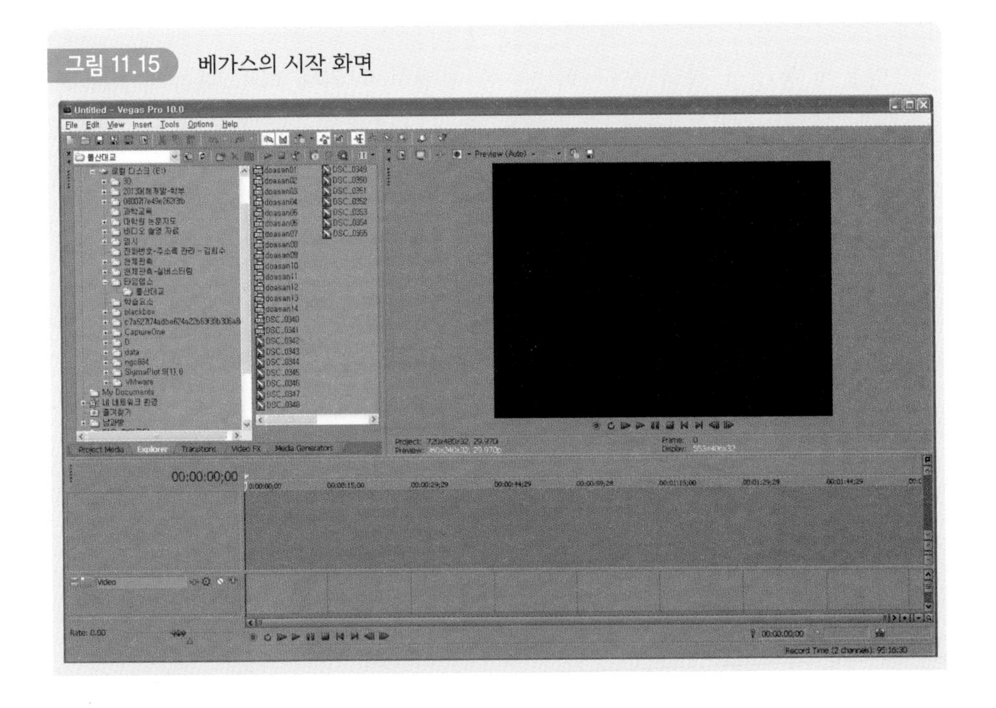

그림 11.16 영상의 해상도와 초당 화면수 등을 지정하는 창

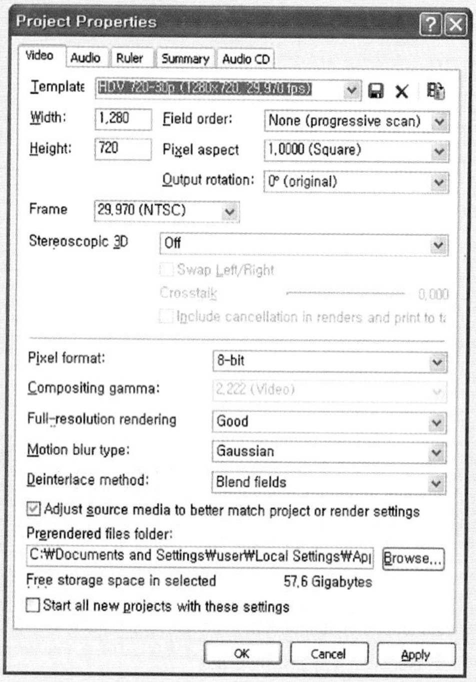

그다음에 동영상 틀과 초당 화면수를 설정하기 위해 파일 메뉴의 New나 Properties를 누르면 그림 11.16과 같은 창이 뜬다. 이때 Template로 들어가서 1280×720 해상도와 29.970fps 초당 화면수를 지정하고 OK를 눌러 빠져나온다.

다음에 파일 메뉴의 Import를 눌러 그림 11.17과 같이 동영상 제작에 활용할 개별 영상들을 불러온다. 이때 파일명에 계열 숫자를 넣은 경우 'Open still image sequences'를 체크하고 난 다음 계열 숫자가 붙여진 임의의 첫 번째 파일을 지정하고 OK를 누른다.

그림 11.17 동영상 제작에 활용할 파일 불러오기 창

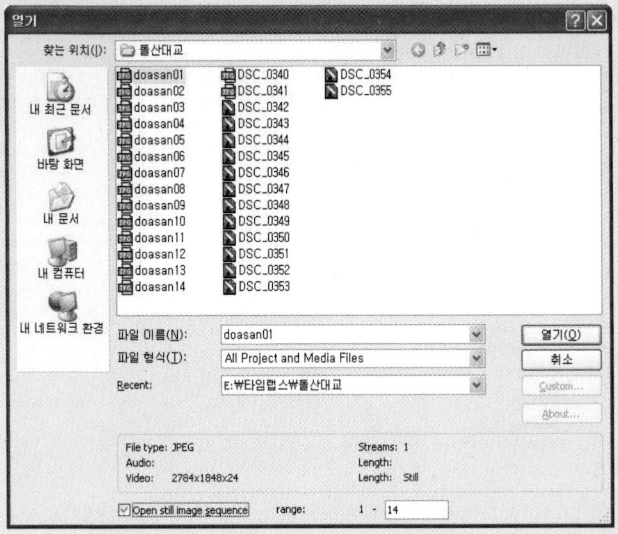

열기

찾는 위치(I): 돌산대교

내 최근 문서
바탕 화면
내 문서
내 컴퓨터
내 네트워크 환경

doasan01
doasan02
doasan03
doasan04
doasan05
doasan06
doasan07
doasan08
doasan09
doasan10
doasan11
doasan12
doasan13
doasan14
DSC_0340
DSC_0341
DSC_0342
DSC_0343
DSC_0344
DSC_0345
DSC_0346
DSC_0347
DSC_0348
DSC_0349
DSC_0350
DSC_0351
DSC_0352
DSC_0353
DSC_0354
DSC_0355

파일 이름(N): doasan01
파일 형식(T): All Project and Media Files
Recent: E:₩타임랩스₩돌산대교

열기(O)
취소
Custom...
About...

File type: JPEG
Audio:
Video: 2784x1848x24
Streams: 1
Length:
Length: Still

Open still image sequence
range: 1 - 14

그러면 그림 11.18과 같은 창이 뜬다. 이때 Timecode를 'Use custom timecode'로 지정한다. 그리고 300 프레임을 촬영했다면 10초를 입력한 후 OK를 누른다.

그림 11.18 가동시간을 지정하는 창

Properties

Media
General

File name: E:₩타임랩스₩오...₩HEE_9300.
Tape name: orion1
Timecode
Use timecode in file
Use custom timecode: 00:00:10;00
SMPTE Drop (29.97 fps, Video)
Stream properties
Stream: Video 1
Format: JPEG
Attributes: 4256x2832x24, 00:00:10;00
Frame rate: 29.970 (NTSC)
Field order: None (progressive scan)
Pixel aspect ratio: 1.0000 (Square)
Alpha channel: None
Background color:
Rotation: 0° (original)
Stereoscopic 3D mode: Off
Swap Left/Right

OK
Cancel

그림 11.19 시퀀스 파일을 불러와서 타임라인에 불러들인 모습

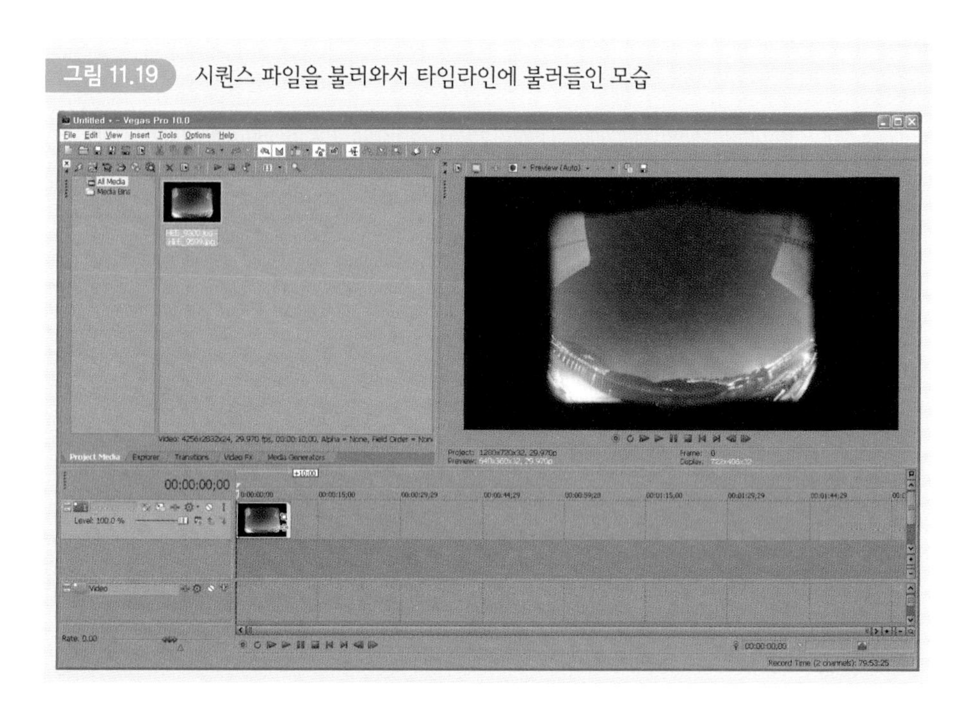

이때 베가스 화면은 그림 11.19와 같은 모습이 된다.

마지막으로 동영상을 만들기 위해 파일메뉴의 Render As를 눌러 파일형식과 파일이름을 지정하여 저장하면 그림 11.20과 같이 렌더링을 진행한 후 동영상이 완성된다. 동영상이 완성되면 가동시켜 사용자가 원하는 대로 잘 만들어졌는지 확인해 본다.

그림 11.20 동영상을 완성하고 있는 모습

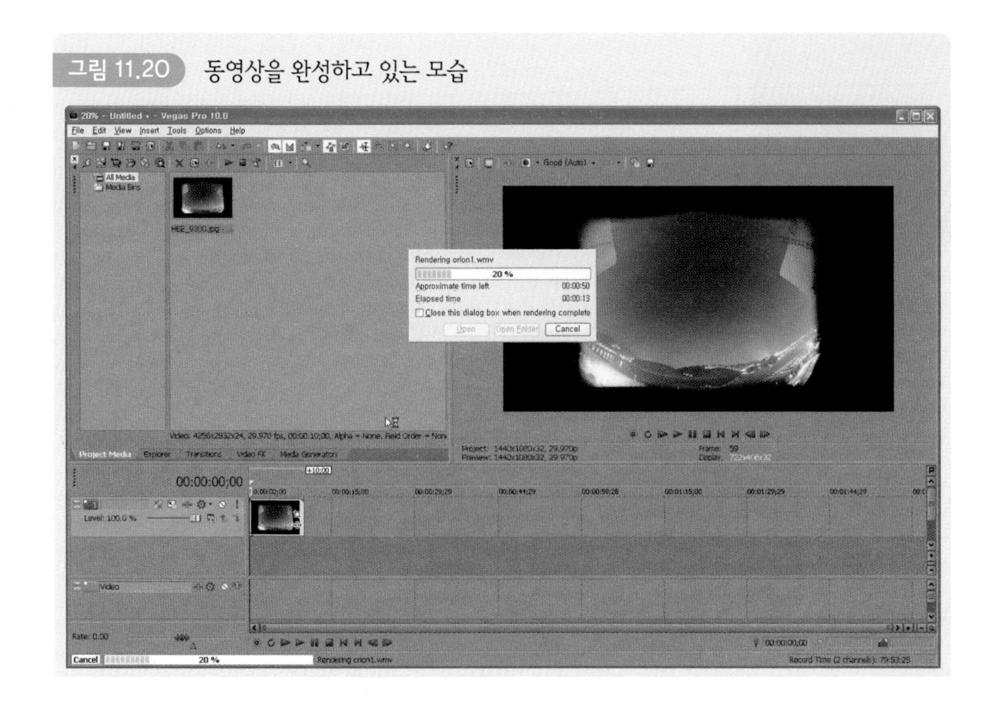

12 웹캠을 활용한 목성 관측

최근 들어 웹캠을 이용할 달과 행성 관측이 일반화되어 가고 있다. 웹캠을 활용한 촬영은 짧은 시간 내에 많은 화면을 얻을 수 있는 장점이 있다. 목성이나 토성은 자전주기가 짧기 때문에 짧은 시간 안에 촬영을 해야 한다. 그런 점에서는 개별 영상을 얻는 CCD나 DSLR보다 유리하다. 또 웹캠을 이용한 관측에서는 적도의의 극축이 매우 정교하지 않아도 큰 문제가 되지 않는다. 왜냐하면 찍은 비디오 영상을 Registax와 같은 프로그램으로 불러들여 align 기능을 활용하여 조금씩 이동된 천체들의 영상을 일치시켜 줄 수 있기 때문이다. 이런 점에서 비교적 밝은 달이나 행성 관측에서 웹캠이 유리하다.

여기에서는 천체관측에 자주 활용되는 ToUcam이라는 웹캠으로 목성을 관측한 다음 Registax라는 프로그램을 이용하여 합성하는 방법에 대하여 알아보자.

준비물

망원경, 웹캠(ToUcam), IR Cutoff 필터, 바로우 렌즈, Registax 프로그램

방법 및 과정

웹캠의 점검

일반적인 웹캠은 CMOS를 채택하지만 ToUcam은 CCD를 활용한다. ToUcam의

그림 12.1 ToUcam 어댑터(좌상), IR 커트 필터(좌하), ToUcam(우)

특징은 저조도까지 감지하기 때문에 달이나 행성 등을 관측하는 데 무난하다. 그리고 웹캠에서 획득한 영상을 PC에서 얻으려고 할 때, PC에 TV 카드가 따로 없어도 캡처가 가능하다. 또 ToUcam은 비교적 무게가 가벼우며 정지영상이나 동영상으로 얻을 수 있고 밝기 및 콘트라스트 등의 제어가 가능하다. 그림 12.2는 ToUcam에 IR Cut 필터를 장착한 모습이다.

그림 12.2 ToUcam에 IR Cut 필터와 어댑터를 장착한 모습

필터의 점검

웹캠에 연결하여 활용할 필터는 유해한 복사열의 반사 및 가시광선을 98% 이상 비율로 투과시켜 주며, 고스트가 나타나지 않도록 코팅이 잘되어 있는 적외선 차단(IR Cut) 필터가 필요하다. 또 배율을 높여도 양질의 해상도를 유지할 수 있도록 광학적 평면이 연마되어 있는 것이 좋다. 크기는 1.25인치(31.7mm), 2인치(50.8mm)가 있다. 망원경을 활용한 일반적인 관측에서 1.25인치(31.7mm)용은 IR Cut 필터를 웹캠에 연결하여 사용한다. 그림 12.3은 IR Cut 필터를 웹캠 어댑터에 연결해 둔 모습이다.

그림 12.3 IR Cut 필터를 웹캠 어댑터에 연결해 둔 모습

촬영하기

① ToUcam에 어댑터를 연결한다. 주변 잡광 등을 제거하기 위한 IR Cut 필터를 연결한다.

② 이 상태에서 목성 정도의 천체를 보면 그림 12.4의 왼쪽처럼 그 크기가 작게 보인다. 따라서 그림 12.4의 오른쪽처럼 크게 보기 위하여 2배 바로우 렌즈에 IR Cut 필터를 장착한 ToUcam을 연결하여 배율을 2배 정도 높여 천체를 크게 볼

그림 12.4 본래 영상(좌)과 2×바로우를 연결했을 때의 영상(우)

수 있도록 한다. 배율을 높이면 다소 상이 흐려진다.

그림 12.5는 ToUcam을 2배 바로우에 연결해 둔 모습이다.

그림 12.5 ToUcam을 2배 바로우에 연결해 둔 모습

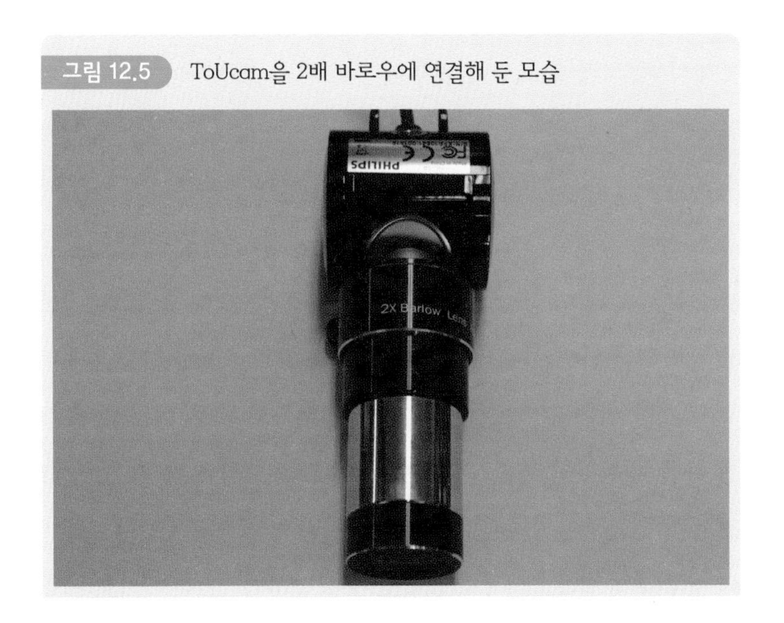

③ 이를 망원경 접안부에 그림 12.6처럼 연결한다.

④ ToUcam으로 얻은 영상을 컴퓨터로 얻기 위하여 ToUcam을 구입할 때 제공된 프로그램을 설치한다. 일반적으로 화면의 크기는 640×480 사이즈로 촬영한

그림 12.6 ToUcam을 망원경 접안부에 연결해 둔 모습

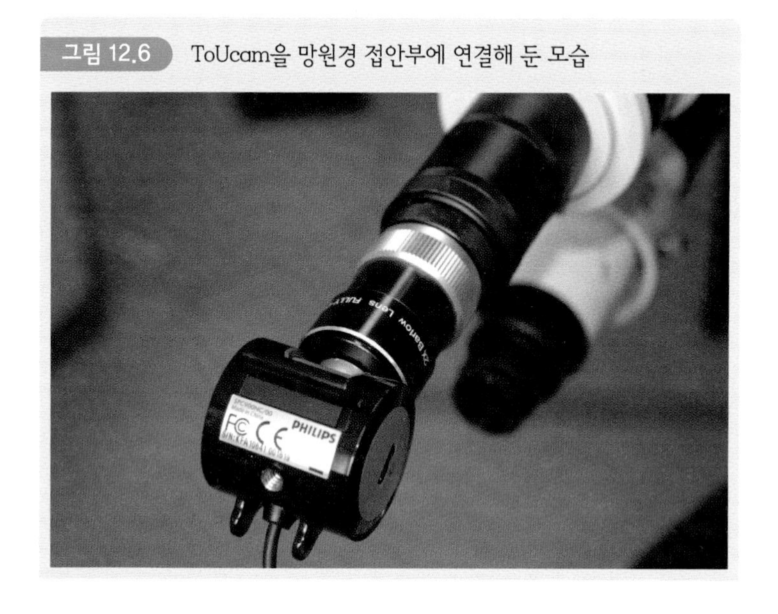

다. 또 촬영할 때마다 파일의 이름을 바꾸어 준다. 비디오 촬영을 하는 경우, 초당 프레임 수는 관측 목적에 맞추어 적절하게 조정한다. 예를 들어 달 표면에 낙하하는 유성체 관측을 한다면 매우 짧은 순간을 포착해야 하므로 초당 프레임 수를 크게(60fps) 해야 하지만 일반적인 행성 관측이라면 15fps 정도가 적당하다. 목성은 자전주기가 비교적 빠르므로(0.414일) 초당 프레임 수를 많이 하는 것이 유리하다. 셔터스피드(노출시간)는 관측할 때 활용되는 망원경 상황에 따라 달리해야 하므로 셔터 스피드바를 좌우로 움직여 적당하게 한다. 화면이 너무 밝으면 세부적인 모습을 보기 어려우므로 너무 밝지 않게 한다. 게인은 높게 하면 세부적인 모습을 잘 볼 수 있으나 노이즈 또한 올라가므로 적당하게 조정한다. 게인은 일반적으로 70~80 정도로 한다. 감마는 구름이나 박무가 많은 경우를 제외하고는 0~10 정도가 적당하다. 오토 화이트 밸런스는 Off 상태가 무난하지만 이를 On으로 놓고 레드 채널과 블루 채널을 적당히 움직여 상이 선명하게 나오는 곳을 맞추어 두고 관측하는 것도 좋은 방법이다.

⑤ 본격적으로 연속된 영상을 찍을 때 Vlounge 프로그램을 가동시키면 그림 12.7과 같은 화면이 나타난다.

그림 12.7 ToUcam 활용관측을 위한 프로그램 Vlounge

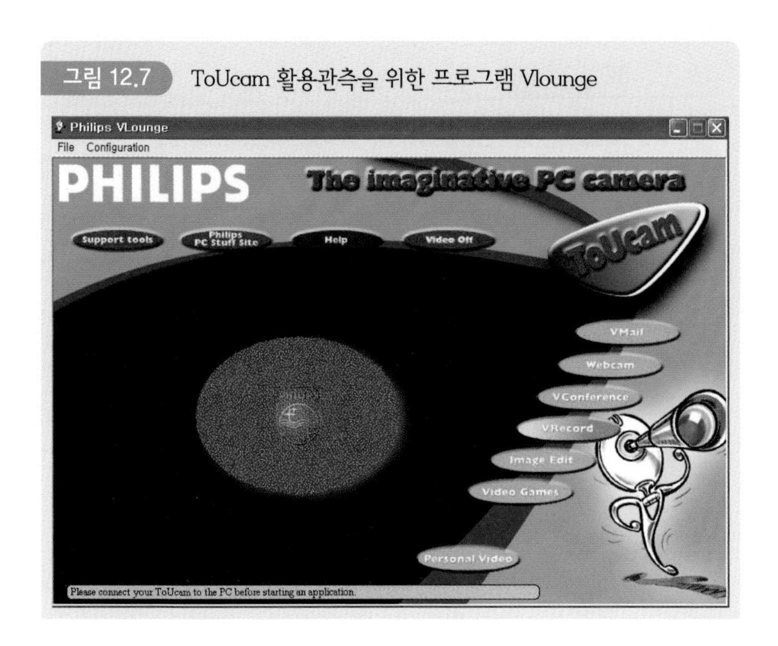

이때 Vrecord를 실행시킨다. Vrecord는 이와 같이 메뉴상에서 가동시킬 수도 있고, windows의 시작-프로그램으로 들어가서 Vrecord 프로그램을 직접 가동시킬 수도 있다. 이때 1초당 캡처할 프레임의 수, 화면의 크기, 비디오 형식을 AVI로 설정한다. 화면의 수는 2000프레임이 넘지 않도록 초당 프레임 수와 촬영시간을 적절히 한다. 왜냐하면 Registax에서 이미지 프로세싱을 할 때 2000프레임이 넘으면 에러가 나기 때문이다.

그림 12.8 Vrecord 프로그램의 모습

그림 12.8은 Vrecord로 들어가서 촬영을 시작하려는 모습이다.

여기서 메뉴의 Option-Video Porperties 순서로 들어가면 그림 12.9와 같은 화면이 나온다. 이때 노출시간, 게인, 화면의 밝기, 명암 등을 적당하게 맞춘다. 이때 천체가 너무 밝아 포화되어 하얗게 보이는 경우, 노출시간을 적당히 조절한다.

그림 12.9 촬영을 위한 옵션 값 조정하기

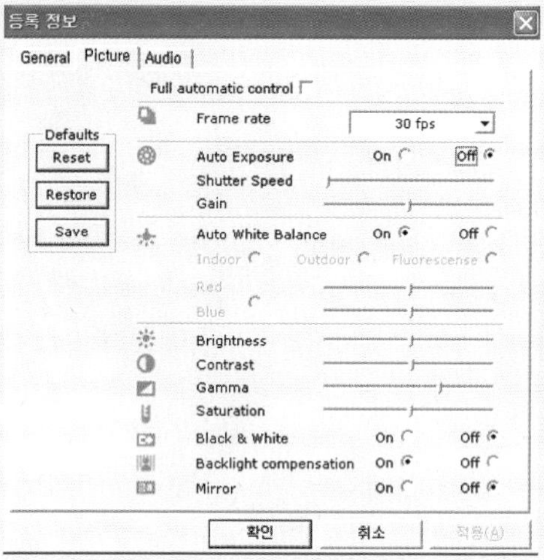

⑥ 그림 12.10은 목성을 찾아 초점을 맞추어 둔 예이다. 이 상태에서 단일 영상이나 비디오 영상으로 찍어 나간다. 특히 시상이 불안정한 날에는 화면이 다소 일렁이게 된다.

불안정한 시상은 합성 작업 후에도 사진의 세부적인 모습을 보기 어려우므로 초점을 맞춘 후 시상이 안정될 때 본격적인 관측을 실시한다.

그림 12.10 ToUcam으로 본 목성의 모습

촬영 결과 이미지 프로세싱

Registax는 여러 개의 단일 영상이나 NTSC 방식의 AVI 형식 비디오 자료를 합성하는 프로그램이다. 여기서는 Registax Video 분석 프로그램을 이용하여 이미 촬영된 목성의 비디오 자료를 처리하여 보자.

미리 알아두기

- Registax의 활용 범위
  - 성도를 만들 때
  - 엄폐 동안 나타나는 희미한 별의 감도를 올릴 때
  - 달 표면에 낙하하는 유성체처럼 희미한 천체를 검출할 때
- 참고 사항
  - Registax를 이용할 때 활용할 파일 사이즈는 1.95Gb를 넘지 않도록 한다.
  - Registax는 AVI 파일 형식이 유리하다.

① 촬영된 영상 불러오기 : Files 메뉴의 Select를 눌러 촬영한 AVI 비디오 영상 자료를 불러온다. 그러면 그림 12.11처럼 해당 파일의 첫 번째 영상이 나타난다.

② Alignment : 화면에 나타난 행성보다 큰 Alignment box를 선택한다. 그리고 마우스를 화면으로 옮기면 사각형의 박스가 나타난다. 이때 그림 12.12와 같이 박스의 중앙을 행성의 중앙에 맞추고 나서 클릭한다. 그러면 커서가 화면의 중앙에 찍히고 Align 메뉴 아래의 Align 버튼 밑에 녹색 줄이 나타나면서 활성화된다. 이때 녹색 줄이 쳐진 Align 버튼을 클릭한다. 그러면 현재 불러들여진 여러 영상을 그 질(quality)에 따라 나열하면서(sort) 일치(align)시켜 준다. Align에 활용된 프레임의 수는 화면 하단에 표시된다. 이 과정에서 Alignment options 하위에 있는 메뉴들을 각각 눌러 세부적인 조정을 해 줄 수도 있다. Align이 끝나면 그 아래 Limit 버튼이 활성화되면서 녹색 줄이 쳐진다. 이때 Limit 버튼을 클릭해 보자.

그림 12.11 촬영된 영상을 Registax로 불러오기

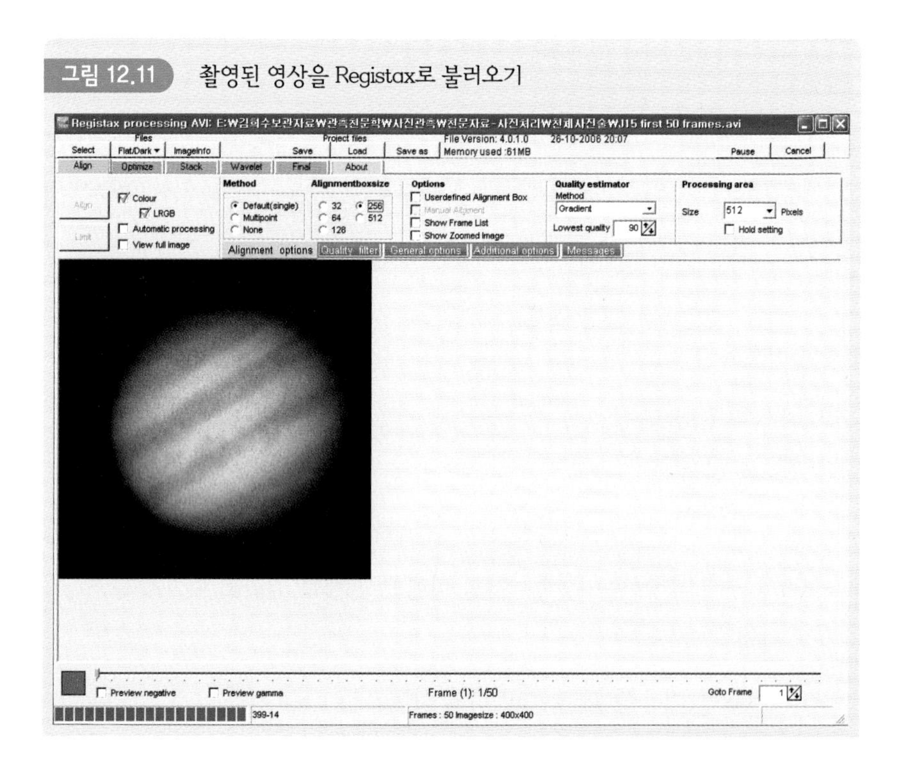

그림 12.12 관측된 영상들 일치시키기

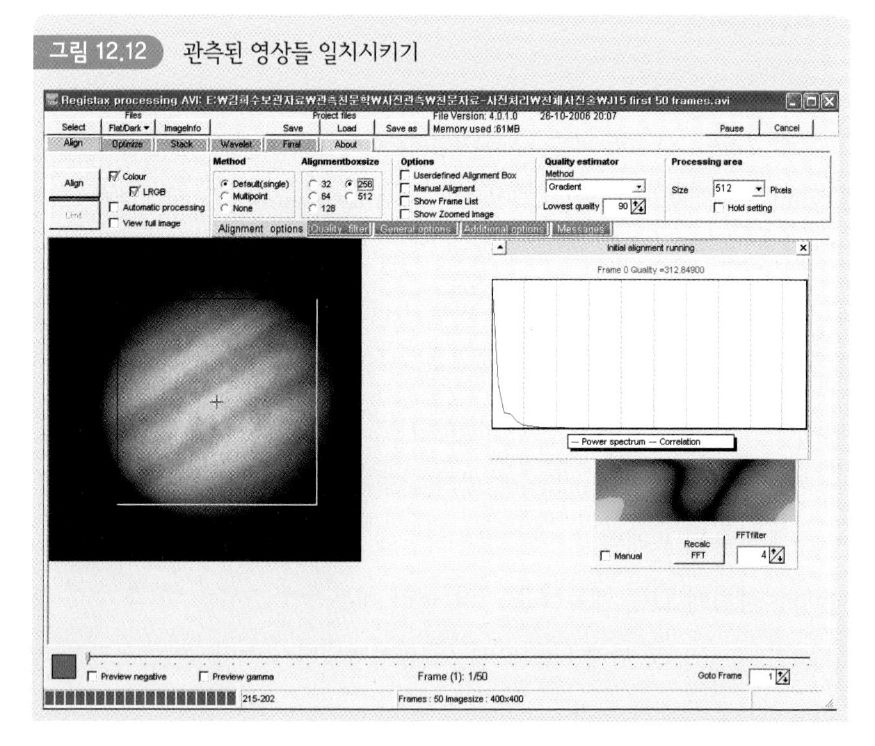

그림 12.13 Optimize and Stack 수행 결과

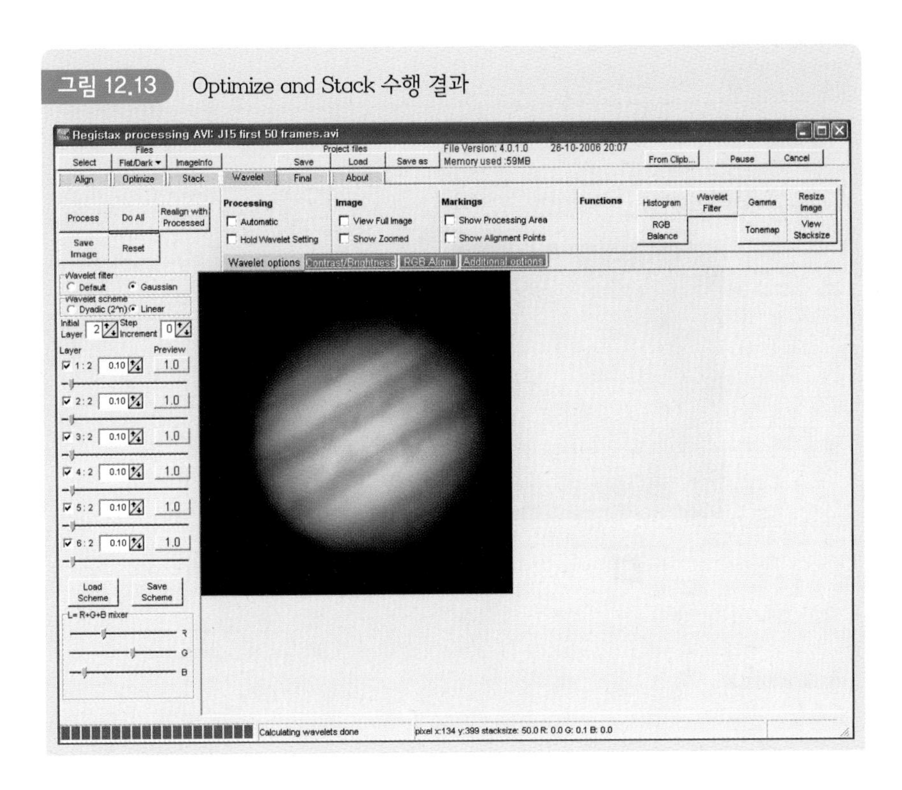

③ Optimize and Stack : limit 메뉴가 Optimize and Stack와 Optimize로 바뀌어 나타난다. 이때 Optimizer limit 메뉴에서 Search area는 2~3픽셀 정도, Optimze until은 약 1~2% 정도로 맞춘다. 그러고 나서 Optimize and Stack을 클릭하면 그림 12.13과 같이 Wavelet 화면으로 넘어가면서 Optimize and Stack 수행 결과가 나타난다. 비교적 깔끔한 영상이 얻어졌음을 알 수 있다.

④ Wavelet : Wavelet 단계는 화면 합성 과정에서 화면의 디테일을 주는 가장 중요한 단계이다. 6개의 레이어 조정 슬라이더가 제시되는데 가장 위에 있는 슬라이더는 세밀한 디테일을 조정하는 것이고 아래로 갈수록 보다 거친 디테일을 조정하는 슬라이더이다. 보다 많은 영상 자료가 쌓일수록 보다 세부적인 디테일을 얻을 수 있다.

Wavelet Scheme에는 Dyadic과 Linear의 두 가지 메뉴가 있다. Dyadic 방식은 각 레이어의 수치를 많이 올리진 못하지만 화질이 곱다. 그리고 Linear는 수치

그림 12.14 Wavelet의 활용

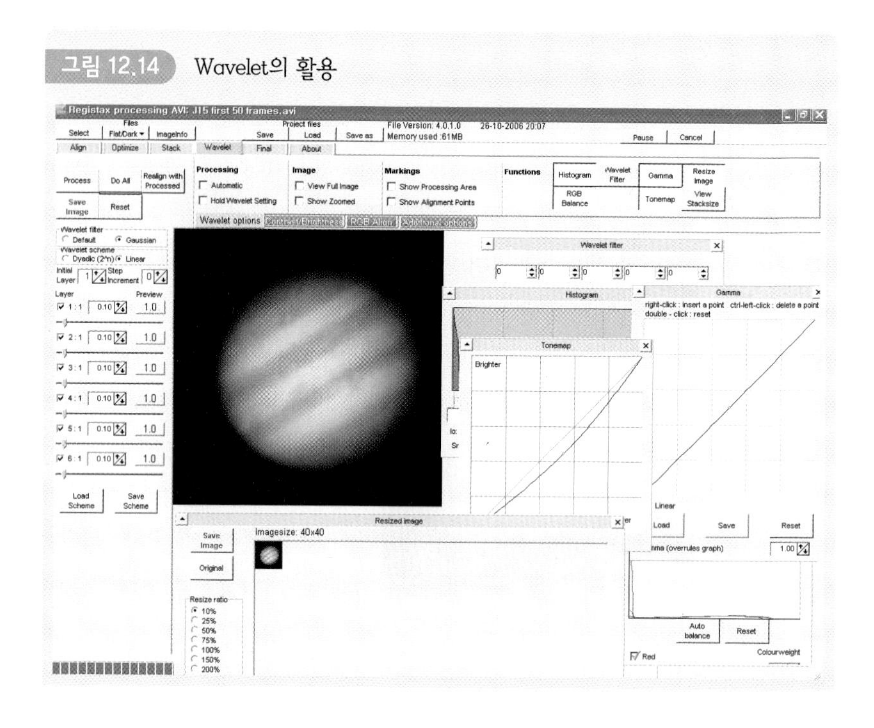

를 많이 올릴 수 있으나 화질이 약간 거칠어 보인다. 그리고 화면 위의 오른쪽에 Functions 메뉴가 있다. 이곳에는 Histogram adjuctment, Wavelet filter, Gamma, Resize image, RGB balance 등 다양하고 강력한 툴들이 있다. 이들은 마치 포토샵 영상을 수정 및 조정하는 것처럼 할 수 있는 기능들이다. 이들 여러 조정자에 대한 조정을 해 둔 다음, 'DO All' 을 누르면 영상 전체에 조정값들이 적용된다. 이런 과정을 통해 시행착오적으로 이미지 프로세싱을 수행하면 그림 12.14와 같은 좋은 영상을 얻게 된다.

만족할 만한 결과가 얻어지면 Save Image 버튼을 눌러 저장한다. 이러한 결과 자료는 다시 photoshop에서 불러들여 수정할 수 있다.

⑤ Final : Final 화면은 영상의 Hue, Saturation 그리고 Rotation 등을 조정하는 그림 12.15와 같은 화면이다. 여기서는 영상을 좌우로 회전시킬 수 있는 기능도 있다. 만족할 만한 결과가 얻어지면 Save Image 버튼을 눌러 저장한다.

⑥ 그림 12.16은 화성의 ToUcam 관측결과를 Registax로 처리한 예이다.

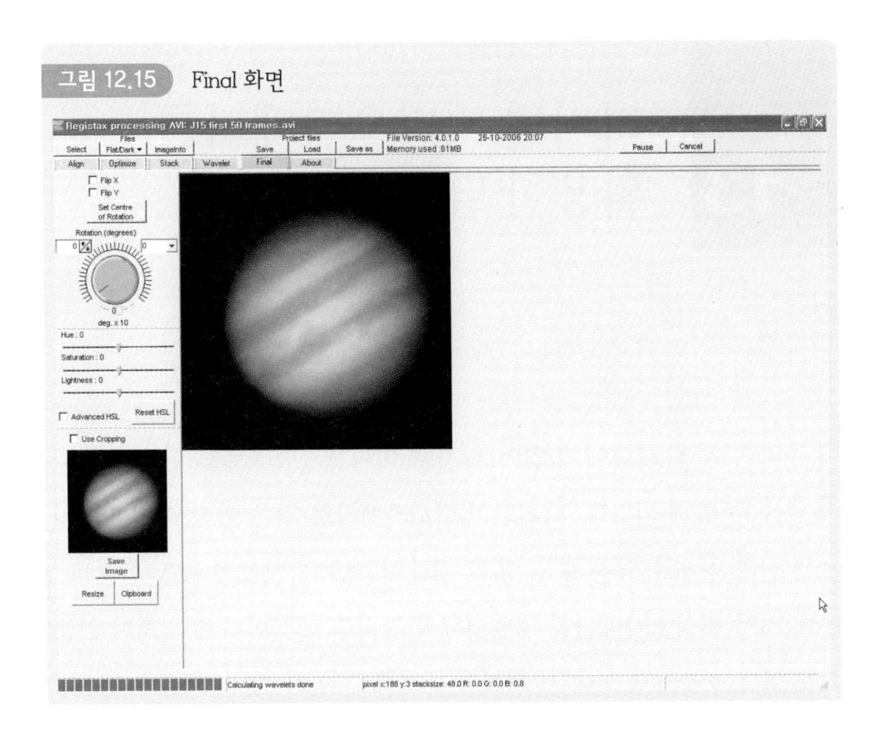

그림 12.15 Final 화면

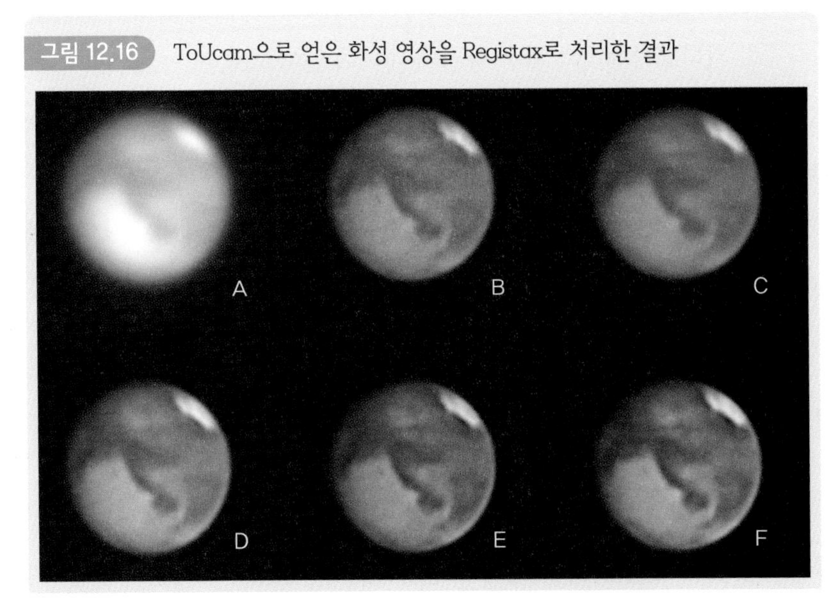

그림 12.16 ToUcam으로 얻은 화성 영상을 Registax로 처리한 결과

그림 12.16은 웹캠으로 얻은 '영상 A'를 이미지 프로세싱 과정을 통해 최종적으로 '영상 F'까지 얻은 예이다.

디지털 비디오카메라를 활용한 달 관측

최근의 디지털 시대에 힘입어 디지털 비디오카메라로도 천체관측 결과를 얻을 수 있게 되었다. 디지털 비디오카메라로 얻은 연속 영상은 테이프에 아날로그 신호 형태로 담을 수도 있고, 플래시 메모리 카드에 저장할 수도 있다. 이러한 디지털 비디오카메라를 망원경에 연결하면 일식이나 월식처럼 천문학적 이벤트를 연속 영상으로 얻어 그 변화를 분석할 수 있다. 또 디지털카메라의 역할도 하기 때문에 달이나 행성 등 비교적 밝은 천체 영상도 쉽게 얻을 수 있다. 여기서는 디지털 비디오카메라의 활용 방법에 대하여 알아보자.

준비물

망원경, 디지털 비디오카메라, 비디오카메라 어댑터, 멀티플레이트, 카메라용 자유운대, Registax 소프트웨어

방법 및 과정

추적 장치가 달려 있는 망원경에 디지털 비디오카메라를 연결하면 일식이나 월식과 같이 시간에 흐름에 따라 천체의 모양이 변하는 천문학적 이벤트를 촬영할 수 있다. 또 디지털 비디오카메라를 단일 영상 기능으로 세팅하면 다소 긴 노출이 필요한 희미한 천체를 장시간 노출로 찍을 수도 있다. 이와 같은 관측을 위해 디지털 비디오카메라를 망원경에 연결할 때, 두 가지 방법이 있다. 이들에 대하여 알

그림 13.1 디지털 비디오카메라와 어댑터

아보자.

피기백 방식으로 연결하기

작은 망원경이나 사진관측 도구 등을 주망원경 경통에 연결하는 방식을 **피기백 방식**이라 한다. 여기서는 디지털 비디오카메라를 피기백 방식으로 주망원경 경통에 연결하여 활용하는 방법에 대하여 알아보자.

① 멀티플레이트를 피기백 방식으로 망원경 경통에 연결하자.
② 카메라용 자유운대를 멀티플레이트 위에 연결하자.
③ 디지털 비디오카메라를 자유운대에 연결하자. 그림 13.2은 연결이 완성된 모습이다.
④ 달이나 별자리 등 관심 있는 천체를 찾아 비디오카메라 중앙에 맞추어 보자. 이때 디지털 비디오카메라의 줌 인 기능을 최대한 활용하자.
⑤ 달을 찍어 보자. 그림 13.3은 위의 장치를 이용하여 찍은 달의 모습이다. 이때 망원경상에 보인 달의 모습은 비디오카메라에서 보인 달의 모습과 다를 것이다. 즉 망원경상에 보인 달의 모습은 실제 하늘에 보인 달의 모습과 달리 상하

그림 13.2 디지털 비디오카메라를 망원경의 경통에 연결해 둔 모습

그림 13.3 디지털 비디오카메라로 찍은 달

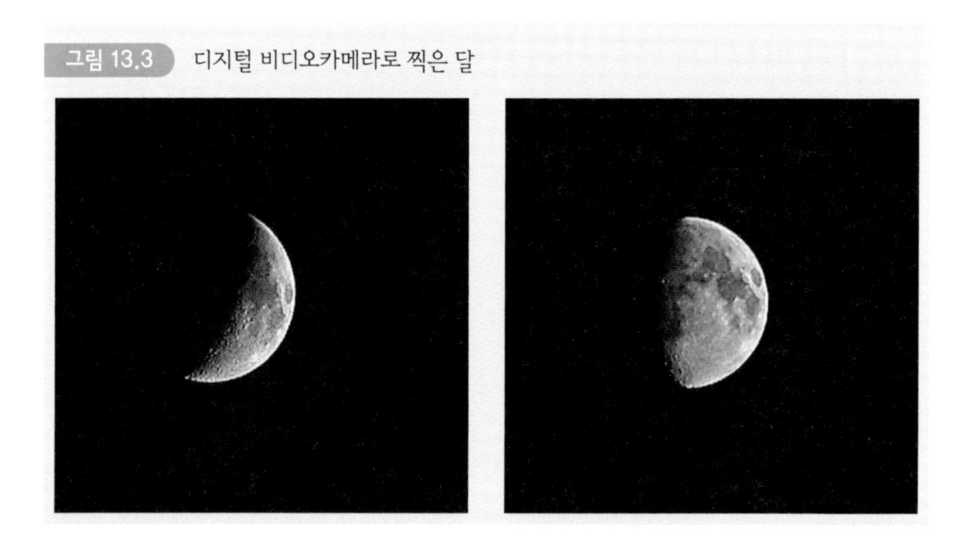

좌우로 바뀌어져 있을 것이고, 비디오카메라에 보인 모습은 같을 것이다.

망원경 접안부에 연결하기

디지털 비디오카메라를 망원경 접안부에 직접 연결하면 집광력을 높일 수 있고 고배율로 보다 큰 상을 얻을 수 있기 때문에 보다 나은 관측결과를 얻을 수 있다. 이에 대하여 알아보자.

① 디지털 비디오카메라 어댑터를 준비하여 망원경 접안부에 연결하자. 이때 활용되는 어댑터는 디지털 비디오카메라를 튼튼하게 고정시킬 수 있어야 하고, 망원경 접안부에 연결하기에 용이하게 설계되어야 한다. 또 이 어댑터의 앞부분에는 망원경 대물렌즈로 인해 결상된 상을 평행광으로 늘려 주기 위한 볼록렌즈가 달려 있어야 한다. 그림 13.4는 볼록렌즈가 달려 있는 'ㄴ' 자 모습의 어댑터를 망원경 접안부에 연결해 둔 장면이다. 어댑터의 하단에는 디지털 비디오카메라를 받쳐 주면서 연결하여 조여 주기 위한 조임나사가 달려 있다.

② 디지털 비디오카메라를 어댑터에 연결하자. 이때 이 카메라의 머리 부분을 어

그림 13.4 망원경 접안부에 연결된 디지털 비디오카메라 어댑터

그림 13.5 망원경에 비디오카메라를 연결한 후 먼 곳의 물체를 뷰파인더로 보고 있는 모습

그림 13.6 1/2초 노출을 주어 찍은 달의 일부분

댑터 앞부분에 삽입한 후, 카메라 하단과 어댑터 받침 부분을 잘 연결한다. 그리고 그림 13.5와 같이 카메라의 뷰파인더를 젖혀서 멀리 있는 물체의 모습이 화면에 잘 보이는지 시험관측해 본다.

③ 달을 망원경의 파인더 중앙에 맞추자. 그러고 나서 주망원경에 연결된 디지털 비디오카메라에 잘 들어 왔는지 뷰파인더를 통해 확인해 보자. 초점을 잘 맞춘 후 촬영한다. 그림 13.6는 달의 일부분을 찍은 예이다.

④ 망원경의 초점길이가 긴 경우 배율이 높아 달의 일부분만 보이게 된다. 그런 경우 그림 13.7처럼 달의 각 부분을 찍어 모자이크 합성할 수도 있다. 이때 찍힌 달 영상을 본래의 모습처럼 보기 위하여 180° 회전시키거나 영상의 선명도를 높이기 위하여 언샵마스크 처리 등을 하려면 포토샵과 같은 소프트웨어를 활용한다.

⑤ 달이나 행성을 디지털 비디오카메라로 연속영상으로 찍은 다음, Registax 프로그램으로 불러 합성해 보자. 보다 선명한 사진결과를 얻을 수 있을 것이다. 이때 찍은 연속영상의 파일 형식이 AVI이어야 처리하기가 용이하다. 물론 단일 영상을 여러 장 찍은 다음 Registax 프로그램으로 불러들여도 선명한 결과를 얻을 수 있다.

그림 13.7 여러 장의 달 사진을 모자이크 처리하여 합성한 모습

DSLR 카메라를 활용한 홍염 관측

DSLR(Digital Single Lens Reflex) 카메라는 디지털 일안 반사식 카메라를 의미한다. 이 카메라는 렌즈를 카메라 몸체에서 떼어 낼 수 있기 때문에 천체 사진관측에 매우 유용하다. 즉 카메라의 몸체에 직접 어댑터를 연결한 후 이를 망원경 접안부에 연결하면 망원경에 들어온 천체의 상을 카메라에서 바로 볼 수 있다. 여기서는 천체관측에 자주 활용되는 DSLR 카메라의 활용 방법에 대하여 알아보자.

준비물

망원경, DSLR 카메라(D70 니콘 카메라, 40D 캐논 카메라 등), 어댑터(1.25인티, 2인치), 디지털카메라와 컴퓨터 연결선, 카메라 릴리즈나 리모컨, 홍염 필터(Hα 필터), 홍염 관측용 직각프리즘

방법 및 과정

① DSLR 디지털카메라를 이용하여 천체관측을 할 수 있는 준비물이 빠짐없는지 확인하자. 특히 카메라 어댑터와 릴리즈(또는 리모컨)가 잘 준비되어야 한다. 어댑터는 카메라를 망원경에 연결할 때 필요하고, 릴리즈는 카메라 셔터를 누를 때 직접 손으로 누르면 카메라가 흔들리기 때문에 이를 방지하기 위한 도구이다. 릴리즈는 장시간 노출을 줄 때도 매우 유용하게 활용된다. 그림 14.1은

그림 14.1 DSLR 카메라와 어댑터(좌), 카메라 릴리즈가 연결된 모습(우)

DSLR 카메라, 두 종류의 어댑터, 카메라 메모리를 컴퓨터에 연결하는 장치 그리고 카메라와 릴리즈가 연결된 모습이다.

② 이 카메라의 렌즈는 떼어내어 따로 보관하고 카메라 몸체에 어댑터를 연결하자. 이때 활용되는 카메라 어댑터는 카메라의 몸체 입구에 맞아야 한다. 어댑터를 상품으로 나와 있는 것을 구입하려면 카메라 입구에 맞는 것을 구입해야 한다. 만약 직접 구입하지 못하여 제작해야 할 때는 어댑터의 한 방향은 카메라 입구에 맞게, 다른 방향은 망원경 접안부에 맞게 제작해야 한다. 그림 14.2는 직접 제작한 어댑터와 카메라 몸체 그리고 어댑터를 카메라에 연결해 둔 모

그림 14.2 카메라 렌즈를 떼어 내고 어댑터를 카메라에 연결해 둔 모습

습이다.

③ DSLR 카메라는 자동 촬영과 수동 촬영이 모두 가능하다. 일반적으로 천체관측에서는 수동 촬영 기능을 활용한다. 그 까닭은 대부분의 천체가 희미하여 이를 사진으로 잘 찍으려면 관측자가 망원경의 성능과 관측천체의 밝기 등을 고려하여 적정한 노출시간을 수동으로 주면서 관측을 실시해야 하기 때문이다.

따라서 DSLR을 이용한 실제 천체관측에서는 먼저 카메라를 수동으로 맞추고, 노출시간을 30″ 또는 bulb(개방) 등의 상태로 맞춘 다음 관측을 한다. 니콘 D70 DSLR 카메라나 캐논 40D와 같은 DSLR 카메라로 릴리즈나 리모컨을 쓰지 않고 촬영을 할 때는 노출시간을 최대 30초까지는 지정하여 줄 수 있다. 만약 리모컨이 없어서 셔터를 직접 누를 때는 셔터를 누르기 직전 망원경 경통 앞 부분을 검은 종이 등으로 막아 천체에서 오는 빛을 차단한 다음 셔터를 누르면 흔들림 효과를 배제시킬 수 있다. 하지만 릴리즈나 리모컨을 활용하면 흔들림 방지는 물론 훨씬 더 긴 노출시간을 줄 수 있다. 긴 노출시간을 주면서 천체관측을 할 때는 카메라의 배터리가 충분히 충전되어 있는지를 잘 확인해야 한다. 그림 14.3의 왼쪽 사진은 노출시간을 30″로 맞춘 상태의 모습이며, 우측 사진은 임의의 노출시간을 줄 수 있도록 bulb 상태로 맞추어 둔 모습이다.

그림 14.3 노출시간 모드 정하기 : 촬영 모드는 수동으로 맞추고, 정해진 노출시간을 주거나(좌) 임의의 노출시간(bulb)(우)을 주어 촬영한다.

참고로 1초 이상의 장시간 노출을 줄 경우 노이즈가 커질 수 있으므로 ‘노이즈 보정 모드’를 선택하여 보정한다. 캐논 카메라의 경우 ‘자동’ 모드와 ‘설정’ 모드가 있는 바, 1초 이상의 노출 시에는 ‘설정’ 모드가 세부적인 노이즈를 줄이는 데 더 유리하다.

④ 캐논 40D DSLR 카메라는 컴퓨터상에서 이 카메라의 제어 프로그램을 이용하여 촬영을 할 수 있다. 그림 14.4의 좌측은 카메라 제어 프로그램으로서 노출, 사진의 크기, 초점비 등을 설정하는 화면이다. 설정 사항을 설정한 다음 셔터 버튼을 누르면, 그림 14.4의 우측처럼 촬영 결과와 함께 밝기, 대비, 채도 등을 조정할 수 있는 화면이 제시된다. 따라서 촬영 직후 이들을 적절히 조정하여 관측된 영상을 보완할 수 있다.

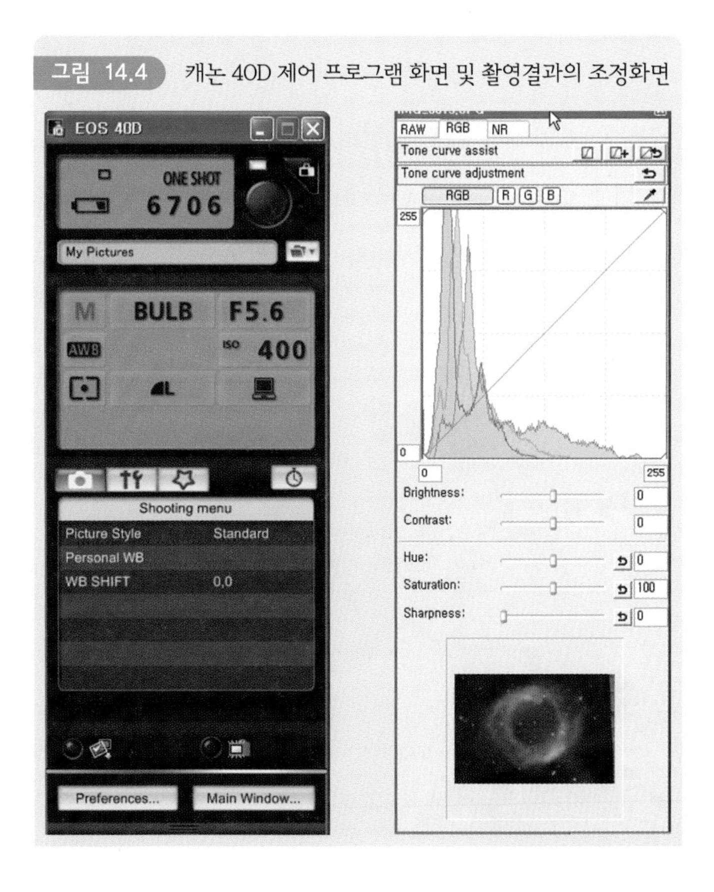

그림 14.4 캐논 40D 제어 프로그램 화면 및 촬영결과의 조정화면

그림 14.5 홍염 필터와 직각프리즘

⑤ 앞의 DSLR의 기능과 활용 방법 등을 토대로 태양 홍염을 관측하는 방법에 대하여 알아보자. 여기서는 D70 니콘 DSLR 카메라를 중심으로 설명하겠다.

- 그림 14.5와 같은 홍염 필터와 홍염 관측용 직각프리즘을 준비하자. 홍염 필터는 망원경 경통 앞부분의 입구와 크기가 맞아야 한다. 그리고 홍염 관측용 직각프리즘은 그 자체에도 홍염 필터가 들어가 있으므로 엷은 구름이 끼는 등 태양이 다소 희미하게 보일 때는 이것만 활용해도 홍염 관측이 가능하다.
- 홍염 필터를 경통 앞부분에 그림 14.6처럼 끼우자. 그리고 접안부에는 홍염

그림 14.6 홍염 필터를 끼워 두고 육안관측하는 장면

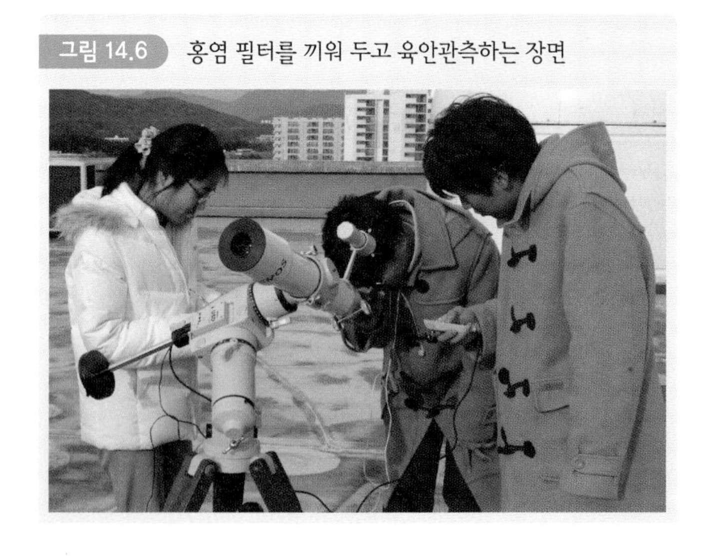

관측용 직각프리즘을 연결하고, 직각프리즘에는 일반 접안렌즈를 삽입하여 고정시킨다. 다음으로 태양을 망원경 중앙에 위치시킨 후 초점을 맞추어 보자. 이때 태양면 가장자리 부근에서 홍염이 잘 보이는지 육안으로 확인한다.

- 홍염이 육안으로 잘 보이면 이제 카메라를 연결해 보도록 하자. 이를 위해 DSLR 카메라에 어댑터를 연결하자. 어댑터에는 접안렌즈를 활용하지 않는 직초점 어댑터와 접안렌즈를 활용하여 관측영상을 확대촬영하는 확대촬영 어댑터가 있으므로 이를 적절히 활용한다. 그림 14.7은 홍염을 확대촬영하기 위해 확대촬영 어댑터 속에 접안렌즈를 끼워 둔 모습이다.
- 어댑터가 연결된 카메라를 그림 14.8처럼 망원경 접안부에 연결하자. 그리고 카메라의 접안부를 보면서 홍염이 잘 보이는지 초점을 맞추어 보자. 이때 태양의 가장 자리를 자세히 들여다보자. 펄럭이는 작은 불꽃 모양을 볼 수 있을 것이다. 또 태양 가장자리를 제외한 중앙 부근의 태양면을 살펴보자. 태양면을 자세히 들여다보면 전구의 필라멘트의 모습도 볼 수 있는 경우가 있다. 이 모습을 필라멘트 구조라고 하는데 이것은 태양면상에 나타난 홍염이다.
- 홍염 필터의 슬릿을 조정하면서 사진을 찍어 보자. 슬릿을 크게 열면 밝고 붉은 모습이며, 닫으면 희미하고 어두운 모습을 보인다. 어두운 모습일 때 필

그림 14.7 DSLR 카메라에 확대촬영 어댑터를 연결해 둔 모습

그림 14.8 DSLR 카메라를 망원경 접안부에 연결하는 모습

라멘트 구조나 태양 흑점이 잘 보이므로 슬릿을 다양하게 하여 사진을 찍는다. 사진을 찍을 때 리모컨이나 릴리즈를 활용하면 카메라의 흔들림을 방지할 수 있을 것이다. 그리고 홍염은 비교적 밝기 때문에 bulb 상태로 놓고 찍는 것보다 1초 또는 2초 등 노출시간을 카메라에 세팅을 해 두고 찍는 것이 좋다. 그림 14.9는 리모컨을 이용하여 임의의 노출을 주면서 촬영하고 있는

그림 14.9 리모컨을 이용하여 촬영하는 장면

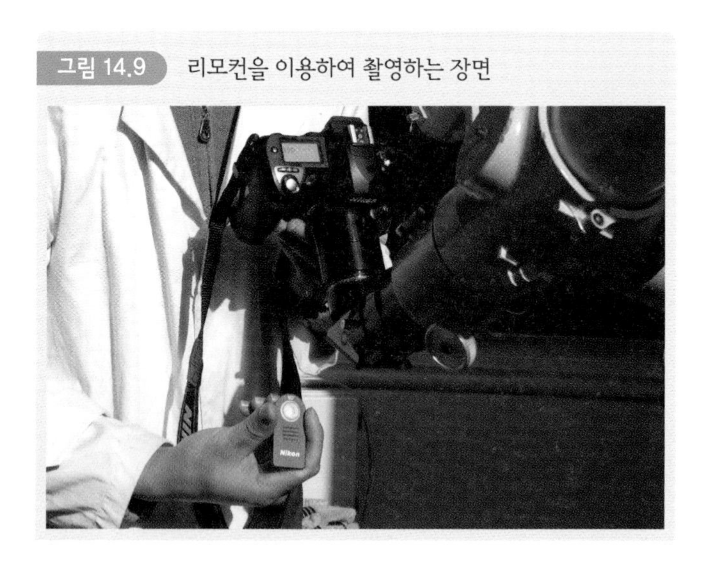

그림 14.10 홍염 관측결과 예 1(관측일 : 2004.12.29. 12시경, 75mm 굴절+니콘 D70, 노출 0.02초, 직초점 촬영)

그림 14.11 홍염 관측결과 예 2(관측일 : 2004.12.29. 오후 4시경, 75mm 굴절+니콘 D70, 노출 0.02초, 직초점 촬영)

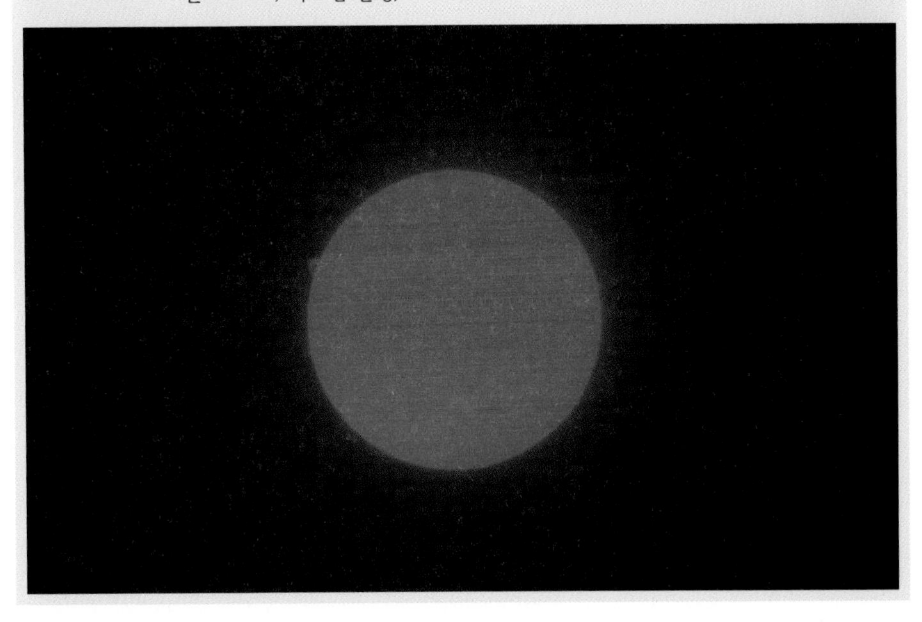

장면이다.

- 그림 14.10은 직초점으로 촬영한 홍염의 모습으로 좌측 상단의 루프 홍염과 좌측 중간 부분에 분출 홍염이 잘 보인다.

시간이 지난 다음, 오후 4시경 다시 촬영을 해 보았다. 그림 14.11처럼 앞서 사진에서 보았던 분출 홍염은 사라지고 루프 홍염의 모습만 남아 있다. 날씨가 나쁘면 희미한 홍염은 잘 안 보일 수도 있다.

이것을 보다 크게 확대하여 촬영하기 위하여 확대촬영 어댑터에 접안렌즈를 끼워 넣어 확대촬영한 결과는 그림 14.12와 같다. 이 그림에서 볼 수 있듯이 보다 분명한 루프 홍염의 모습을 볼 수 있다.

또 홍염 필터의 슬릿을 좁혀 상을 다소 어둡게 하여 전체적인 태양상을 그림 14.13처럼 얻어 보았다. 화면을 자세히 보면 좌측에 흑점이 보인다. 그리고 중간 우측에 필라멘트 구조가 보이고, 우측 상단에 흑점과 백반이 보인

그림 14.12 홍염 관측결과 예 3(관측일 : 2004.12.29. 오후 4시경, 75mm 굴절+니콘 D70, 노출 0.02초, 확대촬영)

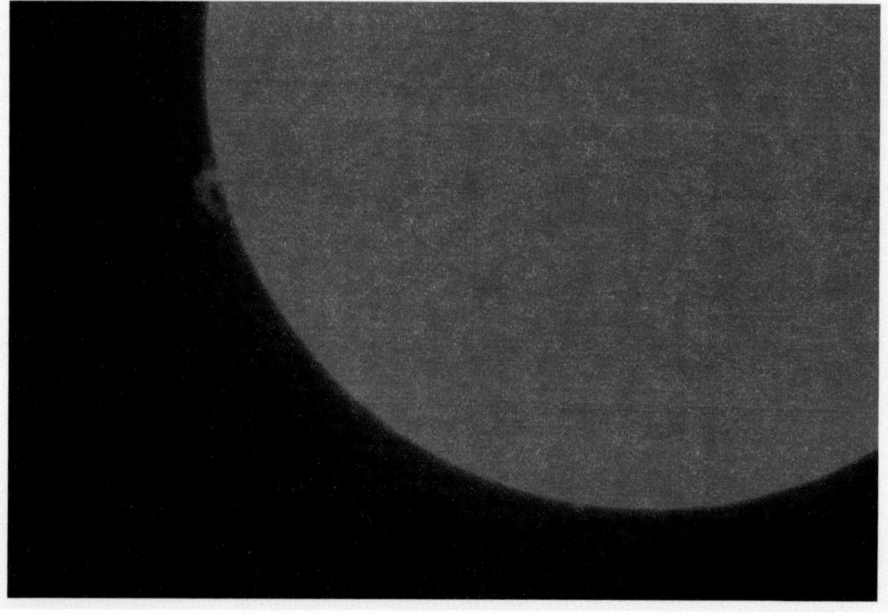

그림 14.13 홍염 관측결과 예 4(슬릿을 줄여 상을 어둡게 했을 때의 모습 : 필라멘트 구조, 흑점, 백반이 보임)

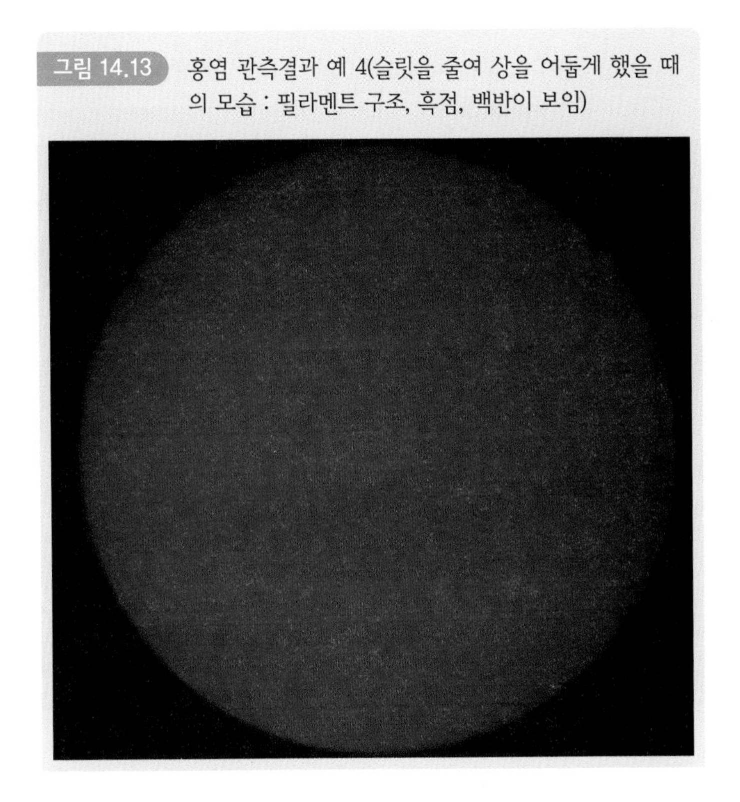

다. 이와 같이 홍염 필터의 슬릿을 조정하면 다양한 태양 표면의 특징을 찾아낼 수 있다. 슬릿을 좁히면 입사된 빛의 양이 줄어들므로 노출시간을 좀 더 길게 해야 좋은 영상을 얻을 수 있다.

- 다음 날에도 계속 홍염을 관측하였다. 그림 14.14처럼 홍염은 좌측 및 우측 그리고 다른 지역에서도 활발하게 타오르고 있다. 그리고 홍염 필터의 슬릿을 줄여 태양의 남반구 영역을 확대촬영한 결과는 그림 14.15와 같다. 여기에서 볼 수 있듯이 필라멘트 구조가 뚜렷하게 더 잘 보인다. 그리고 우측에서 흑점군과 백반의 모습을 뚜렷하게 확인할 수 있다.

그림 14.14 홍염 관측결과 예 5(관측일 : 2004.12.30. 오후 1시경, 75mm 굴절 + 니콘 D70, 노출 0.02초, 직초점 촬영)

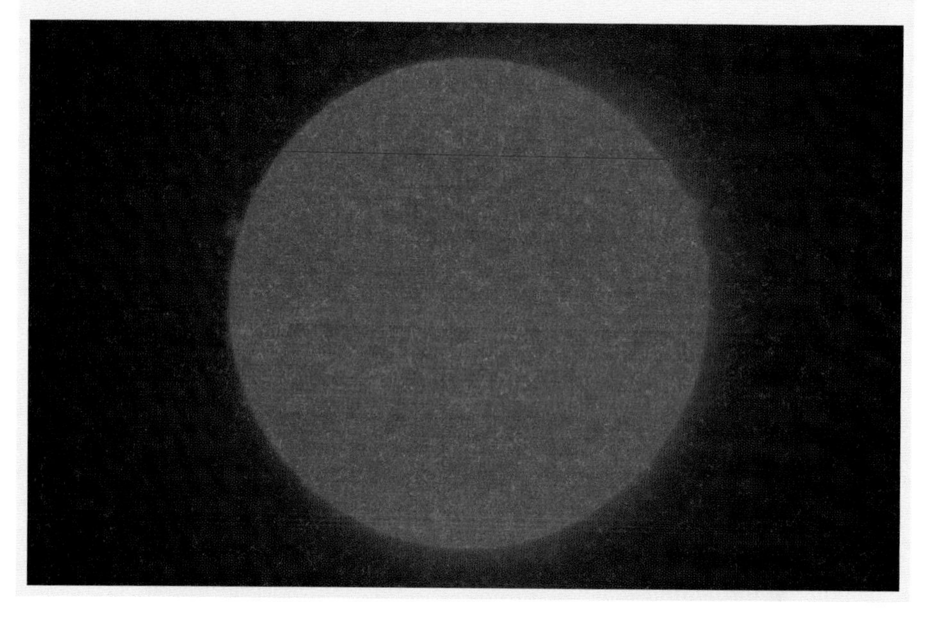

그림 14.15 홍염 관측결과 예 6(관측일 : 2004.12.30. 오후 1시경, 75mm 굴절 + 니콘 D70, 노출 0.02초, 확대촬영)

15 줌 CCD 카메라를 활용한 달과 태양 관측

줌 CCD 카메라는 줌 인이 가능한 카메라로서 관측천체의 상을 크게 또는 작게 조정하면서 원하는 크기로 관측결과를 얻을 수 있다. 이 카메라로 관측할 수 있는 주요 대상은 태양이나 달처럼 주로 밝은 천체이다. 이 카메라의 줌 기능은 천체의 전체적인 모습과 함께 특징적인 부분을 확대하여 보고자 할 때 유용하다. 여기서는 줌 CCD 카메라 활용 방법에 대하여 알아보자.

준비물

망원경, 줌 CCD 카메라, TV 카드(내장형 또는 외장형), TV 카드에 맞는 소프트웨어, 12V 직류 전원 공급 장치, S-VHS 선, BNC 커넥터가 달린 바나나 코드

방법 및 과정

① 줌 CCD 카메라를 준비하여 그림 15.1처럼 망원경 접안부에 연결하자. 그리고 전원선과 비디오 신호선도 함께 연결하자.

② 그림 15.2는 줌 CCD 카메라를 망원경에 연결해 둔 모습이다. 카메라의 무게 때문에 망원경의 수평이 안 맞을 것이다. 따라서 망원경의 수평을 다시 맞춘다.

③ 카메라의 뒷면을 보자. 그림 15.3과 같이 여러 가지 버튼이 있다. 이들에 대한 기능을 간단히 알아보자.

그림 15.1 줌 CCD 카메라를 망원경 접안부에 연결하는 장면(좌), 선 연결 장면(우)

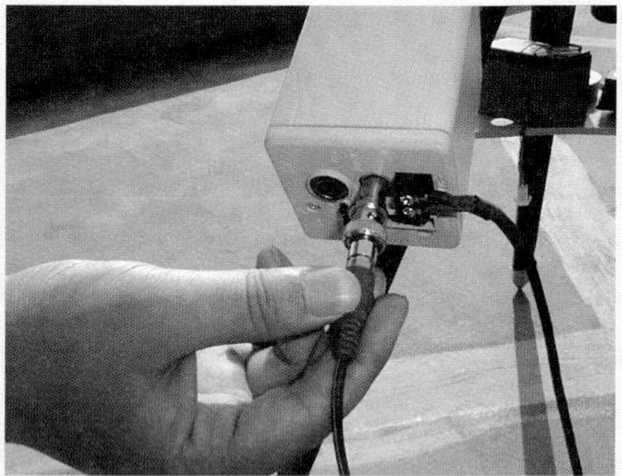

그림 15.2 CCD 카메라가 망원경에 연결되어 관측 준비가 완료된 장면

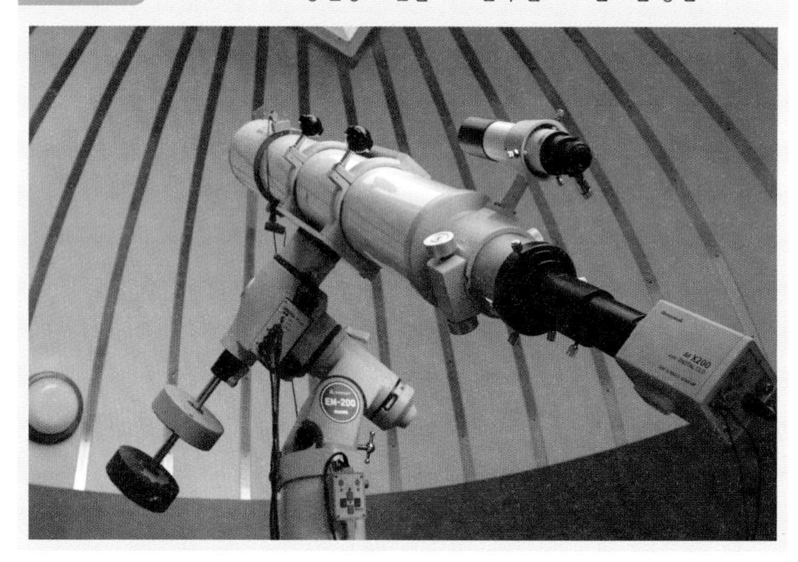

- TELE : 줌 인을 시켜 배율을 높이는 버튼
- WIDE : 줌 아웃을 시켜 배율을 낮추어 시야를 넓게 하는 버튼
- MENU : 밝기, 선명도 등이 제시되며 이들을 조정해 주는 메뉴 버튼
- FOCUS+ : 초점 위치를 뒤로 이동하는 버튼
- FOCUS− : 초점 위치를 앞으로 이동하는 버튼

그림 15.3 줌 CCD 카메라의 뒷면의 여러 버튼과 단자

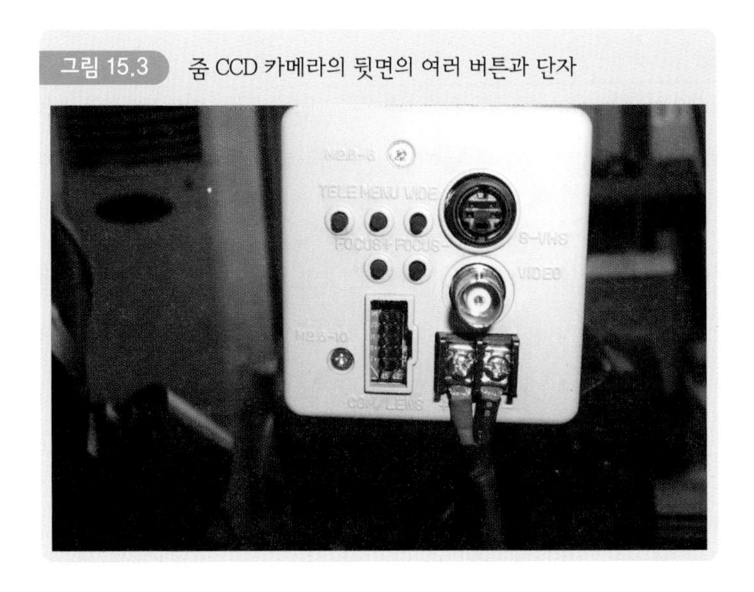

- S-VHS : Super VHS 연결단자, 카메라로 얻은 상을 컴퓨터의 비디오 카드로 연결하여 컴퓨터로 입력 받을 수 있다.
- VIDEO : 비디오 연결 단자
- COM/LENS : 컴퓨터로 연결하여 원격제어를 할 수 있는 연결부
- 12V DC : 직류 12V를 입력하는 단자, + −를 정확히 확인하여 연결해야

그림 15.4 외장 TV 카드와 영상 선들

한다.

④ TV 카드(여기서는 외장형 TV 카드)의 영상 입력 단자와 카메라의 영상 단자를 연결한다. 그리고 TV 카드에 들어온 신호를 컴퓨터로 보내기 위하여 USB 선을 컴퓨터에 연결한다.

⑤ 낮 시간대에 멀리 있는 물체를 망원경 중앙에 맞춘 다음, 컴퓨터를 통해 그 물체를 확인해 보는 훈련을 해 보자. 그림 15.5는 먼 곳을 망원경 중앙에 맞춘 모습이다. 이때 시야, 초점, 흔들림 방지, 밝기 그리고 선명도 등을 조정한다. 화면에 보이는 영상을 정지 영상 또는 동영상으로 저장할 수 있다. 메뉴를 다시 누르면 화면상의 글들이 사라진다.

또 그림 15.6은 이 카메라의 줌 인 기능을 이용하여 시야를 조절해 가면서 멀리 있는 건물 위에 보이는 피뢰침을 작게 또는 크게 맞추어 본 것이다.

⑥ 밤 시간대에 비교적 밝은 천체 중심으로 관측을 실시해 보자. 그림 15.7은 카메라의 WIDE 버튼을 눌러 달 전체를 본 모습과 TELE 버튼을 눌러 달의 티코 부분을 본 모습이다.

그림 15.5 먼 곳을 적당한 시야로 조정한 후 초점을 맞추어 둔 장면(가운데 선은 태양 관측 시 동서 방향을 표시하기 위해 만들어 둔 것임)

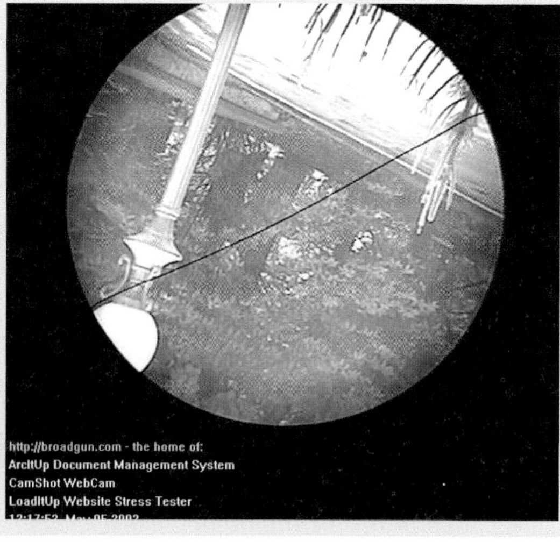

그림 15.6 먼 곳의 피뢰침을 넓게(좌), 좁게(우) 본 모습

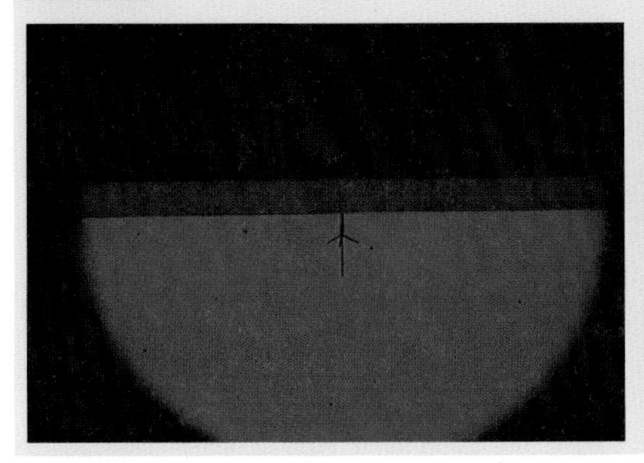

그림 15.7 달의 전체적인 모습과 부분적인 모습을 촬영한 예 1

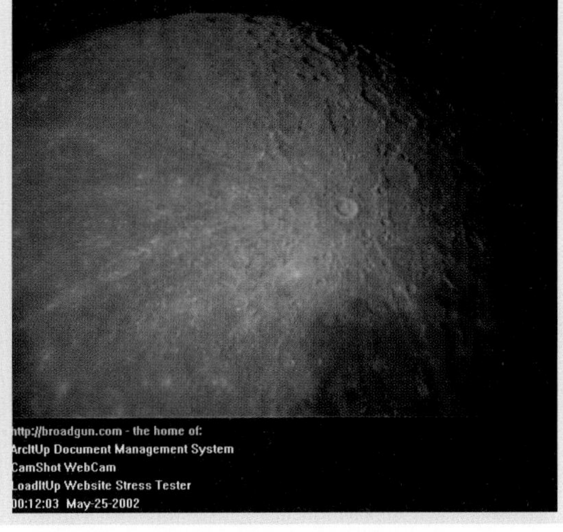

또 그림 15.8은 다른 날에 찍은 달의 모습이다.

⑦ 태양의 전체적인 모습과 부분적인 모습을 촬영해 보자. 이를 위해 태양 필터를 망원경 경통 앞부분에 삽입해야 한다. 그림 15.9는 같은 날 태양의 전체적인 모습과 좌측 아래의 흑점이 있는 부분을 확대하여 촬영한 결과이다.

그림 15.8 달의 전체적인 모습과 부분적인 모습을 촬영한 예 2

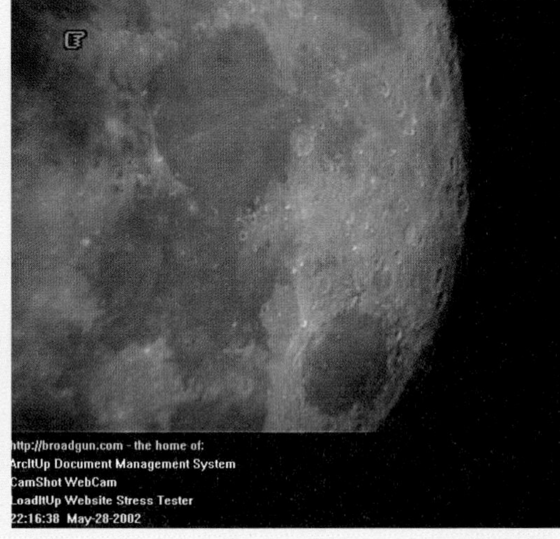

그림 15.9 태양의 전체적인 모습과 부분적인 모습을 촬영한 예 1

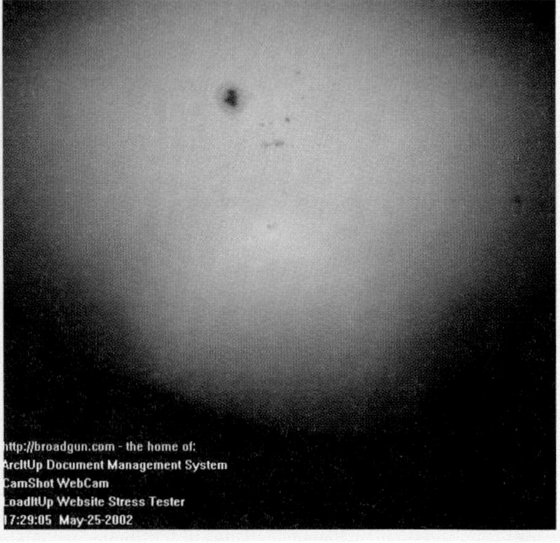

또 그림 15.10은 다른 날 태양의 전체적인 모습과 남쪽에 보이는 흑점을 확대하여 촬영한 모습이다.

그림 15.10 태양의 전체적인 모습과 부분적인 모습을 촬영한 예 2

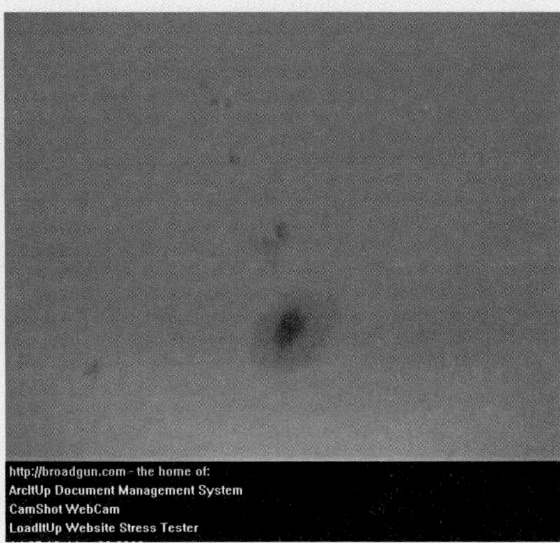

그림 15.11 줌 CCD 카메라를 컴퓨터상에서 제어하는 프로그램

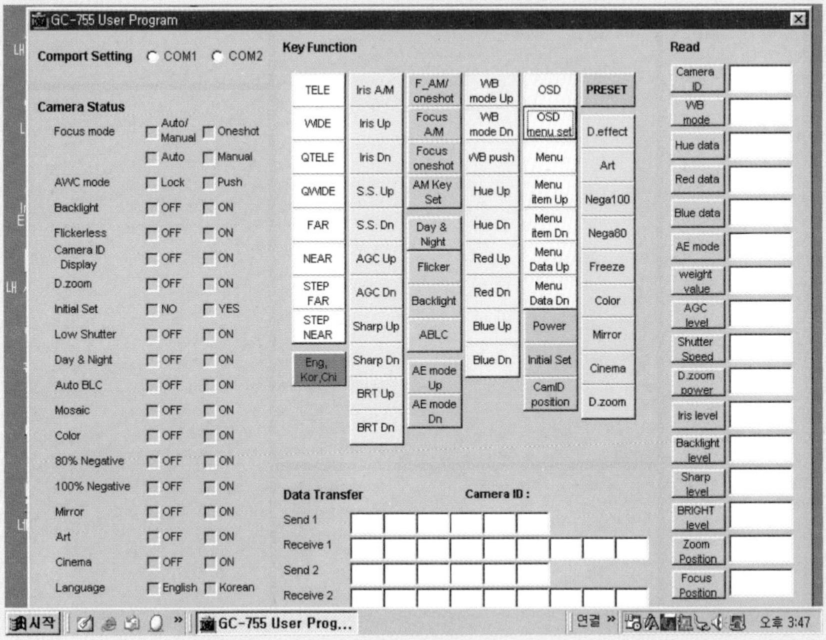

⑧ 줌 CCD 카메라는 뒷면의 여러 버튼들을 손으로 직접 누르면서 초점이나 화면 밝기 등을 조정할 수 있지만 컴퓨터 프로그램으로도 조정할 수 있다. 컴퓨터 프로그램으로 줌 CCD 카메라를 제어하려면 카메라의 COM 단자와 컴퓨터의 직렬 포트 단자를 연결해 주어야 한다. 컴퓨터 프로그램을 이용하면 망원경의 흔들림을 방지할 수 있고, 원격 관측도 가능하게 된다. 그림 15.11은 컴퓨터로 줌 CCD 카메라를 제어하는 프로그램의 모습이다.

CCTV 카메라를 활용한 달 유성체 관측

유성체는 혜성이나 소행성에서 떨어져 나온 바위, 돌, 모래 등의 부스러기이다. 지구로 떨어지는 유성체는 웬만큼 크지 않으면 대기권에서 타거나 부서져 지상에 큰 충격을 주지 않고 긴 빛 줄기를 그리며 아름다운 별똥별이 될 뿐이다. 그러나 달에 떨어지는 유성체(lunar impact)는 달에 대기가 없기 때문에 불에 타지 않고 그대로 달 표면에 낙하하여 충돌하게 된다. 이러한 충돌에 의한 불빛(flash)은 지구에서도 관측이 가능하다. 달 유성체의 크고 작은 충돌은 달 표면에 구덩이 자국(crater)을 남기면서 섬광을 일으킨다. 달 유성체는 매우 희미하게 보이기 때문에 고감도 비디오카메라를 이용하여 인내심을 갖고 장시간 관측을 수행해야 관측이 가능하다. 이러한 달 유성체는 달 표면에 우주발사기지를 세우려는 계획에 장애가 되기도 한다. 이러한 달 유성체 관측에 대하여 알아보자.

관측 시스템의 구성

달 표면에 낙하하는 유성체는 보통 주먹만한 돌멩이 크기이다. 이 크기의 돌멩이가 달 표면에 부딪히면 작고 희미한 섬광을 낸다. 따라서 이 섬광을 사진으로 찍고 사진상에 그 섬광이 나타난 시각을 1/1000초 이상의 정확도로 기록할 수 있어야 한다. 이러한 시스템의 예는 그림 16.1과 같다. 즉 망원경, 리듀서, 시각기록 GPS 그리고 비디오 영상을 기록할 수 있는 컴퓨터 등으로 구성되어 있다. 이에 대하여 보다 구체적으로 알아보자.

그림 16.1 달 유성체 관측 시스템

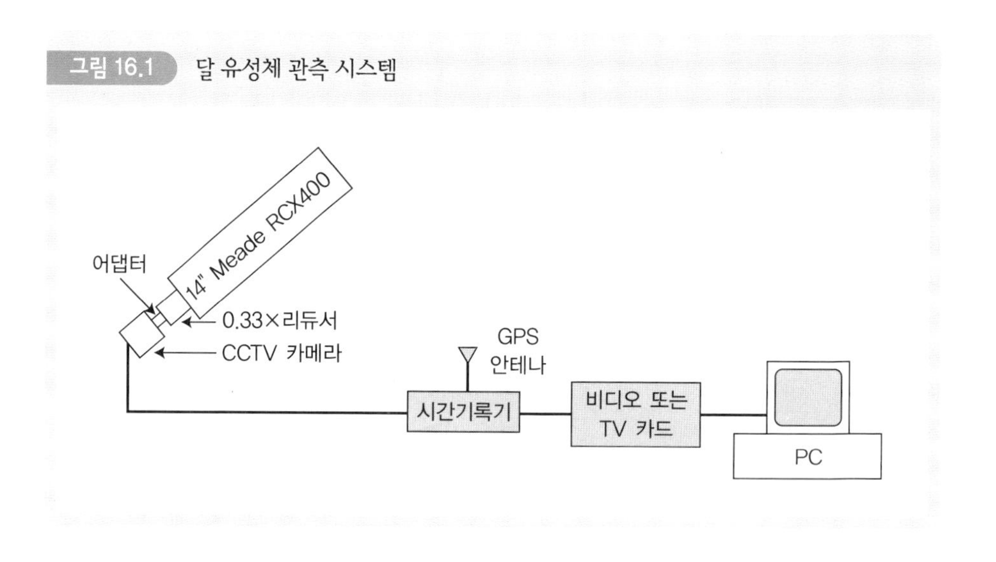

그림 16.2 350mm 반사굴절망원경

망원경

망원경은 굴절이나 반사 어느 것이든 좋다. 하지만 달 사진 크기가 취득 영상화면에 대략 꽉 차게 들어올 수 있는 것이 좋다. 즉 달 표면의 어두운 영역을 충분히 확보할 수 있는 시야의 망원경이 필요하다. 왜냐하면 달 유성체가 달 표면의 어느 곳에 떨어질지 모르기 때문이다. 또 달이 너무 작게 찍히면 유성체를 찾기 어렵기 때문에 배율을 다소 높여 주어야 하고, 너무 크게 찍히면 배율을 낮추어 주어야 한다. 그림 16.2는 14인치 반사굴절망원경(f/10)으로 달 유성체 관측에 비교적 적당한 망원경이다. 이 망원경은 다소 초점비가 크기 때문에 ×0.33배 정도의 리듀서를 달아 달의 전체적인 모습을 볼 수 있도록 구성하였다.

고감도 CCTV 카메라

그림 16.3 SHC-745 CCTV 카메라

달 표면에 낙하하는 유성체에 의한 아주 희미한 섬광을 찍으려면 고감도 CCTV 카메라는 필수적이다. 특히 감도가 좋은 흑백용이 필수적이다. 왜냐하면 섬광이 매우 약하더라도 그 섬광을 검출할 수 있어야 하기 때문이다. 일반적으로 많이 활용되는 고감도 디지털 CCTV 카메라의 예로는 SONY사의 고감도의 흑백용 ASTROVID StellaCam-EX(Sony HAD/EX chip)이 있다. 또 그림 16.3과 같은 삼성에서 출시한 SHC-745 CCTV 카메라도 추천할 만하다. 이 카메라는 매우 어두운 곳에서도 빛을 감지하는 능력이 뛰어나며, 흑백모드에서 0.00001Lux의 초저도를 구현해 준다. 또한 화질이 선명하며, 동영상 끌림이나 미세한 노이즈를 차단하여 천체관측에 유리하다.

이 SHC-745 CCTV 카메라의 주요 사양은 표 16.1과 같다.

그리고 그림 16.4는 350mm 반사굴절망원경에 SHC-745 CCTV 카메라를 설치해 둔 모습이다.

표 16.1 SHC-745 CCTV 카메라 사양

제조회사	삼성테크윈
촬상 소자	Diagonal 8mm(1/2″) Ex-view HAD CCD, 41만 화소
총 화소수	811(H)×508(V)
유효 화소수	768(H)×494(V)
수평해상도	Color : 560TV본, B/W : 700TV본
최저조도	0.00001Lux

그림 16.4 SHC-745 CCTV 카메라를 망원경에 장착해 둔 모습

리듀서

리듀서는 망원경의 초점비를 작게 하여 시야를 넓혀 주는 도구이다. 그림 16.5는 f/3.3 리듀서를 망원경과 카메라 사이에 연결해 둔 모습이다. 리듀서를 망원경 접안부와 카메라에 연결할 때는 리듀서의 크기와 망원경 접안부 및 카메라의 연결부의 크기와 잘 맞아야 한다. 따라서 리듀서를 구입할 때 이러한 점들을 고려한다.

동일한 망원경을 활용하더라도 리듀서 없이 달의 일부를 찍었을 때는 리듀서를 장착하여 찍었을 때보다 상대적으로 좁은 범위가 크게 나온다. 따라서 달을 넓은 범위로 찍으려면 적당한 리듀서를 활용하는 것이 좋다. 그림 16.6의 좌측은 리듀서 없이 찍은 달의 모습이고, 우측은 f/3.3 리듀서를 연결하여 찍은 모습이다. 리듀서를 활용하면 보다 넓은 시야를 확보할 수 있다.

그림 16.5 리듀서(f/3.3)(좌) 및 리듀서를 망원경과 카메라 사이에 연결해 둔 모습(우)

실제 관측에서 SHC-745 CCTV 카메라를 350mm 망원경(f/10)에 달았을 때, 시야가 7′ 으로 달시야(약 30′)의 전체적인 모습을 볼 수 없다. 이때 f/3.3인 리듀서를

그림 16.6 리듀서 없이 찍은 달(좌), 리듀서를 장착하여 찍은 달(우)

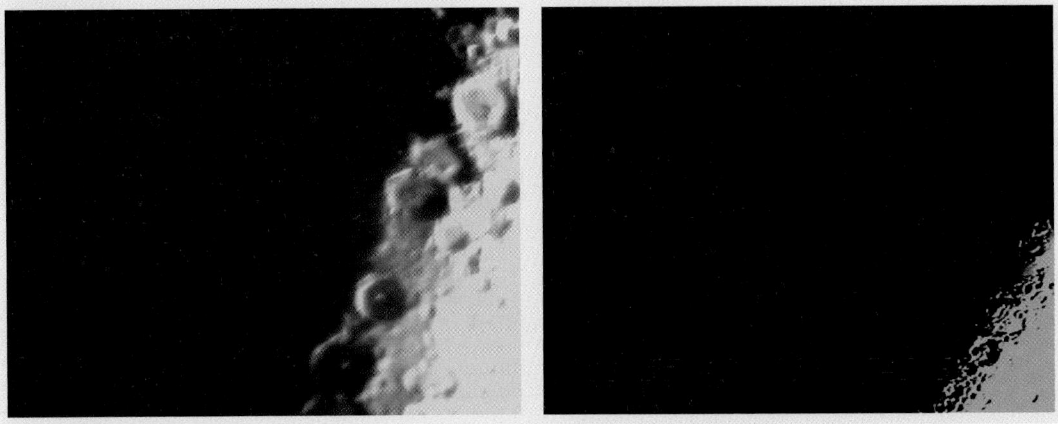

망원경에 설치하여 망원경의 초점거리를 1173.48mm로 줄여 실시야가 23′이 되게 하면 달의 전체적인 모습은 볼 수 없지만 2/3가량의 모습을 볼 수 있게 된다.

한편 유성체 관측 시스템의 분해능을 구하면 대략 어느 정도 크기의 섬광을 검출할 수 있을지도 짐작할 수 있다. 그런 경우 다음과 같은 분해능 공식을 참고한다.

$$\text{분해능}('') = \frac{412.5 \times \text{픽셀크기}(\mu\text{m})}{\text{망원경 초점거리}(\text{mm})}$$

SHC-745 CCTV 카메라를 35cm 망원경에 연결했을 때 분해능은 대략 0.3″정도였다.

시각기록장치

달 표면의 섬광이 일어난 시각을 정확히 알아내기 위해서는 각 영상 화면에 자막 형태로 1/1000초의 정확도로 시각이 기록되어야 한다. 이를 위해서는 GPS의 위성의 시각신호를 받아 1/1000초 정확도로 비디오에 기록해 주는 정교한 시간기록 장치가 필요하다. GPS 시각기록장치의 예로는 GARMIN사의 모델 KIWI와 GPS

그림 16.7 시각기록장치(KIWI)의 앞면(좌)과 뒷면(우)

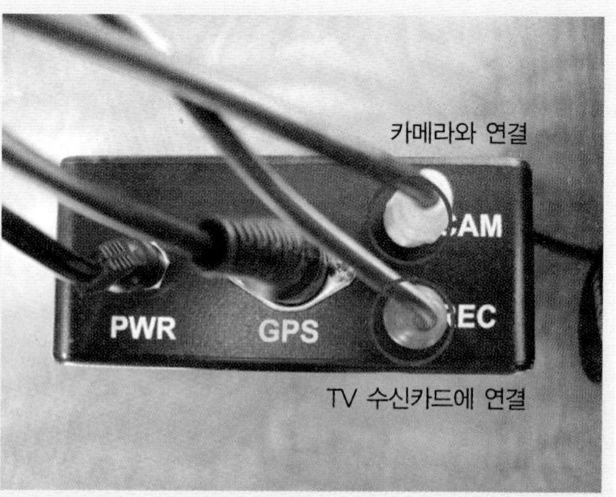

그림 16.8 GPS 18수신기(좌), 망원경에 GPS 18을 붙여 둔 모습(우)

18을 추천할 만하다. 그림 16.7은 시각기록장치(time stamp)의 모습이고, 그림 16.8은 GPS 18을 망원경에 자석을 이용하여 부착시켜 놓은 모습이다. GPS 18은 백만분의 1초의 정확도까지 시각기록장치로 보낸다.

TV 카드와 외장 하드디스크

카메라로 얻은 비디오 영상을 PC에 저장하기 위해서는 PC에 TV 카드를 설치해야 한다. 이 TV 카드는 시중에서 출시되고 있는 어떤 카드라도 괜찮다. 그리고 달 유성체 관측은 대용량의 하드디스크도 필요하다. 이를 위해 1테라(1000Gb) 정도 되는 외장 하드디스크를 준비하여 활용하는 것이 좋다.

관측

달 유성체 관측을 하기 위해서는 먼저 달 유성체 관측 가능일을 정한 다음, 관측을 수행해야 한다. 그 구체적인 과정에 대하여 알아보자.

① 관측일 정하기 : 달 표면에 낙하하는 유성체는 여러 면, 여러 각도에서 떨어진다. 그런데 달이 동주기 자전을 하기 때문에 달의 뒷면에 낙하하는 유성체는 관측할 수가 없다. 또 지구상에서 관측 가능한 달의 앞면도 태양빛을 받아 밝게 드러나 있는 부분에는 유성체가 낙하해도 확인하기가 어렵다. 따라서 반달보다 작은달이 나타나는 날짜(약 하현에서 상현까지) 동안이 달 유성체 관측기간으로 적당하다. 이를 위해 매달 달-캘린더를 그림 16.9처럼 얻어두어 시각적으로 달 관측일을 확인할 수 있도록 하는 것이 좋다. 즉 날씨가 좋은 날, 달의 위상이 약 10~50% 사이일 때가 좋다. 반달과 보름달 사이에서는 섬광을 볼 수 있는 영역이 줄어들기 때문이다. 달의 위상이 10% 이하일 때는 달과 태양이 가깝게 위치하기 때문에 관측자료를 충분히 얻을 수 없다. 또 이때는 달의 고도가 매우 낮아 대기의 소광효과 때문에 희미한 섬광을 찾아내기 힘들다.

한편 사자자리 유성우처럼 유성우가 집중적으로 떨어지는 시기가 있다. 이러한 시기에는 달 표면에도 유성우가 떨어질 가능성이 많다(유성우 집중 시기 자료 제공 사이트 : http:// stardate.org/nightsky/meteos). 그리고 저녁 시간대보다는 새벽에 많이 관측할 수 있으므로 이런 점을 고려하여 관측 시간대를 정하여 관측하도록 한다(그림 16.10 참조).

그림 16.9 달 캘린더

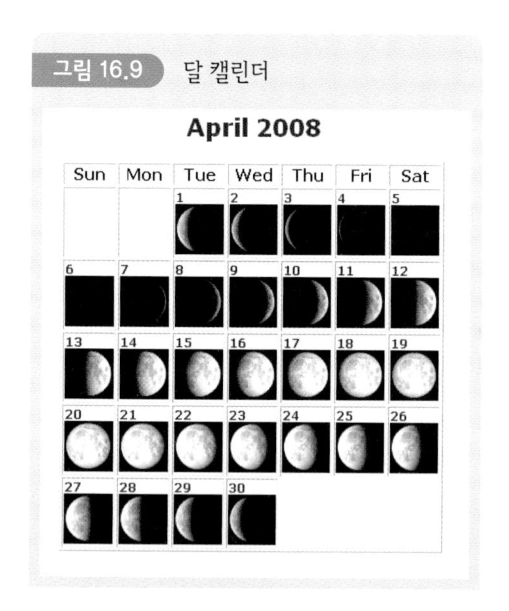

그림 16.10 유성체를 많이 만날 수 있는 시간대

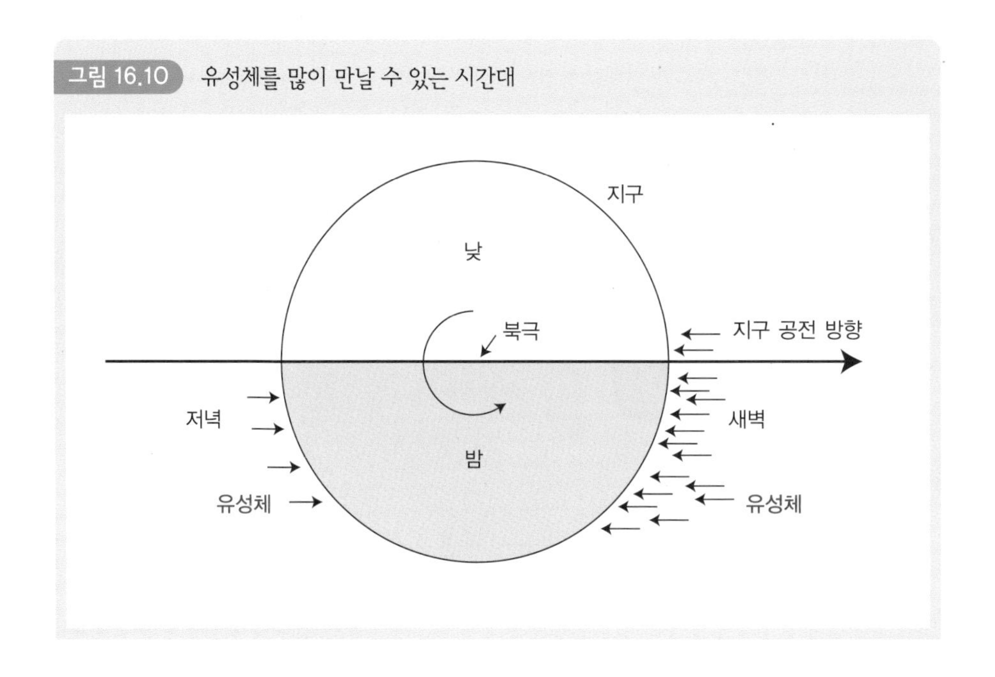

② 반달보다 작은 조각달일 때, 달을 찾아 망원경 중앙에 잘 위치시켜 초점을 맞춘다.

③ 실제의 촬영 과정에서는 망원경을 달의 어느 부분에 맞추어야 할까? 달 유성체를 관측하려면 그림 16.11처럼 달에 햇빛이 닿지 않은 어두운 부분에 맞추어야 한다. 가능하면 밝은 곳에서 멀리 떨어질수록 좋다.

④ 카메라의 게인과 밝기 조정 : 달의 어두운 영역에서 매우 희미한 빛을 찾아내야 하기 때문에 카메라 메뉴의 게인을 적절히 조정해 준다. 또 달 표면의 어두운 영역과 유성체에 의한 희미한 섬광이 구분될 수 있도록 밝기도 적절히 맞추어 준다. 이를 위해 망원경의 방향을 관측하려는 달 표면의 어두운 위치로 이동한 다음, 카메라 후면의 'SET' 버튼을 눌러 게인과 밝기 등을 조정한다.

그림 16.11 망원경의 시야를 맞추어야 하는 곳

그림 16.12 SHC-745 CCTV 카메라 뒷면과 노출보정 장면

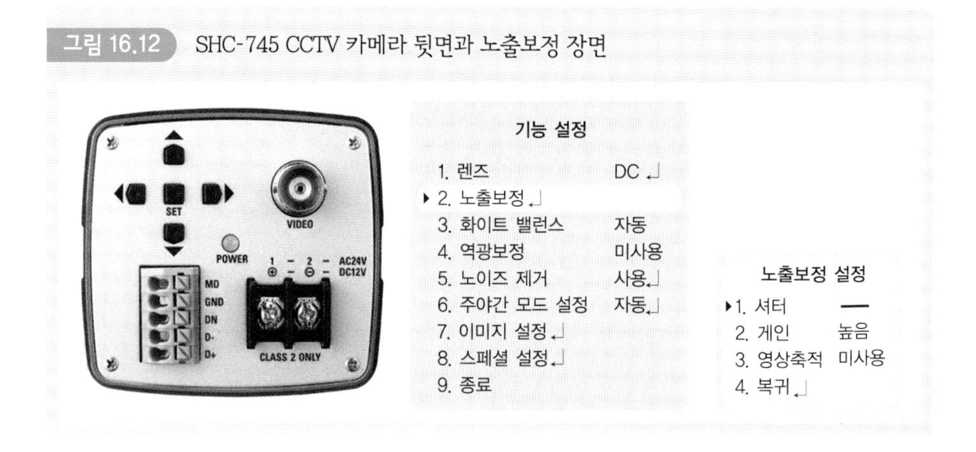

- 게인 : '기능 설정' 메뉴 화면이 표시되면 화살표를 그림 16.12처럼 '노출보정' 항목을 가리키도록 하고, 가운데 'SET' 버튼을 누른다. '게인' 메뉴에서 '미사용', '낮음', '높음' 중에서 적당한 게인 값을 선택한다. 게인 값을 높여 주면 더 밝은 상을 얻을 수 있지만 그만큼 노이즈도 증가하므로 유의해야 한다.
- 밝기 : '기능 설정' 메뉴 화면이 표시되면 그림 16.13처럼 화살표가 '렌즈' 항목을 가리키도록 하고, 좌우 버튼을 눌러 카메라와 연결된 렌즈 종류를 선택한다. 그리고 PC에 나온 영상을 보면서 명암과 밝기를 조절한다. 밝기가 너무 어둡게 설정되면 희미한 섬광을 찾기 힘들고, 또한 너무 밝게 설정되면 달이 너무 밝아져 암부에 빛이 번지게 되므로 적절한 밝기조정이 필요하다.

그림 16.13 밝기조정

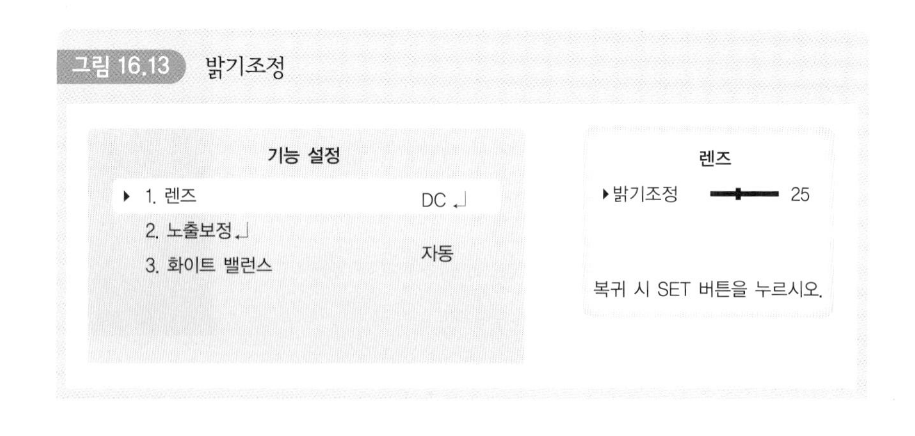

그림 16.14 영상 녹화 프로그램의 실행

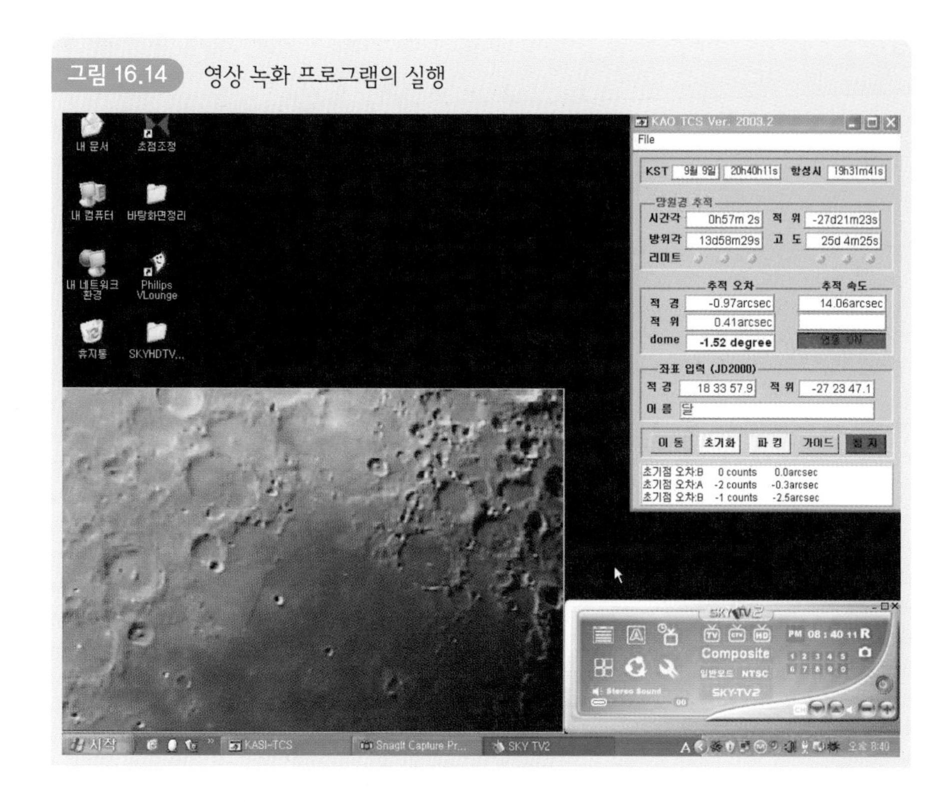

'DC/Video'는 자동조리개 렌즈를 선택하는 것인데, DC 선택 시에는 화면 밝기 조정이 가능하다. 밝기의 조정 범위는 1~70인데, 화면을 보면서 적당하게 조절해 준다.

⑤ 영상 녹화 프로그램을 가동한다 : 고감도 CCTV 카메라에서 나온 영상을 확인하기 위해 TV 가동 프로그램을 실행시킨다. 이때 영상의 화질이 깨끗한지, 초점은 잘 맞았는지 다시 한번 확인한다. 그림 16.14는 달의 표면 일부를 PC의 영상 취득 프로그램으로 보고 있는 장면이다.

⑥ 녹화 프로그램 환경 설정 : PC의 영상 녹화 프로그램을 가동시켜 밝기, 명암 그리고 비디오 저장 방식 등 세부사항을 설정한다. 그림 16.15는 녹화 프로그램 환경 설정 장면 예이다.

- 비디오 영상 설정 : 달 관측에 적합한 영상을 얻어내기 위해 그림 16.15의 좌측 그림처럼 밝기, 명암, 외부 입력 방식, 화면 해상도 등을 적절하게 조

그림 16.15 비디오 영상 설정 화면(좌), 동영상 저장 설정 화면(우)

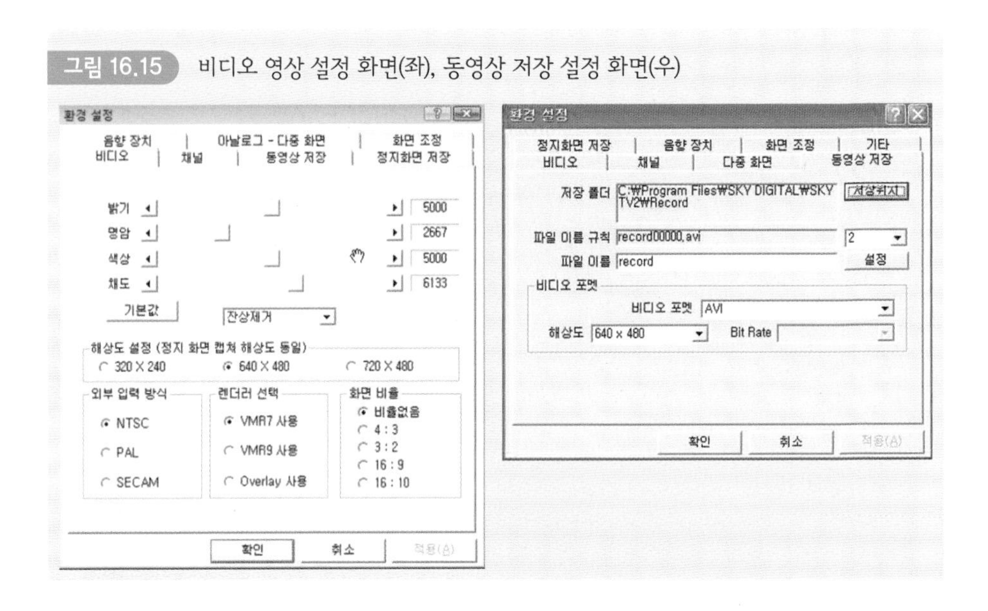

절한다.

- 동영상 저장 설정 화면 : AVI 파일만을 불러들이는 분석 프로그램의 원활한 이용을 위해 그림 16.15의 우측처럼 AVI 파일 형태로 저장하도록 한다.

⑦ 달 영상을 녹화한다 : 영상이 화면에 잘 보이면 본격적으로 녹화를 시작한다. 이때 달의 어두운 부분만을 관측하면 달의 어느 곳을 촬영하고 있는지 구분하기 어렵다. 따라서 달의 밝은 부분을 조금만 영상에 넣고 어두운 부분을 많이 넣어 관측을 실시한다. 또 위치를 약간씩 바꾸어 가면서 관측하기도 한다. 그림 16.16은 관측결과 예로서 동그라미 안에 달 유성체에 의해 발생한 작은 섬광이 보인다. 하단에는 관측시각이 백만 분의 1초의 정확도로 기록되었다.

그림 16.16 관측자료 예 : 달의 어두운 부분이 많으며, 화면 하단에는 관측시각이 기록됨

관측결과의 분석

달 영상 관측자료는 대용량이며, 달 유성체는 희미한 빛으로 검출되기 때문에 달 영상 자료를 맨눈으로 보아가면서 유성체를 찾기란 쉽지 않다. 이에 대용량의 프로그램을 작은 크기로 나누는 프로그램, 유성체를 찾아내는 프로그램, 유성체의 달 표면상에서의 위치를 찾는 프로그램 등이 필요하다. 이들 프로그램을 살펴보면 다음과 같다.

VirtualDub

VirtualDub은 동영상 편집 툴로 비디오와 사운드를 서로 합치거나 나눌 수 있으며 컴퓨터에 설치된 DivX 등의 각종 코덱을 이용해서 새로운 동영상 파일로 저장할 수 있다. 실제 달 관측자료는 AVI 형식으로 저장되기 때문에 대용량이다. 그리고 달 표면의 유성체를 찾는 프로그램인 Lunascan에서 읽어서 분석할 수 있는 영상의 크기는 8000프레임 이하이고, 1Gb 이하여야 한다. 따라서 VirtualDub을 이용하여 관측된 영상의 크기를 1Gb 이하로 나누어 저장해야 한다. 그림 16.17은

그림 16.17 VirtualDub에서 동영상을 불러들인 장면

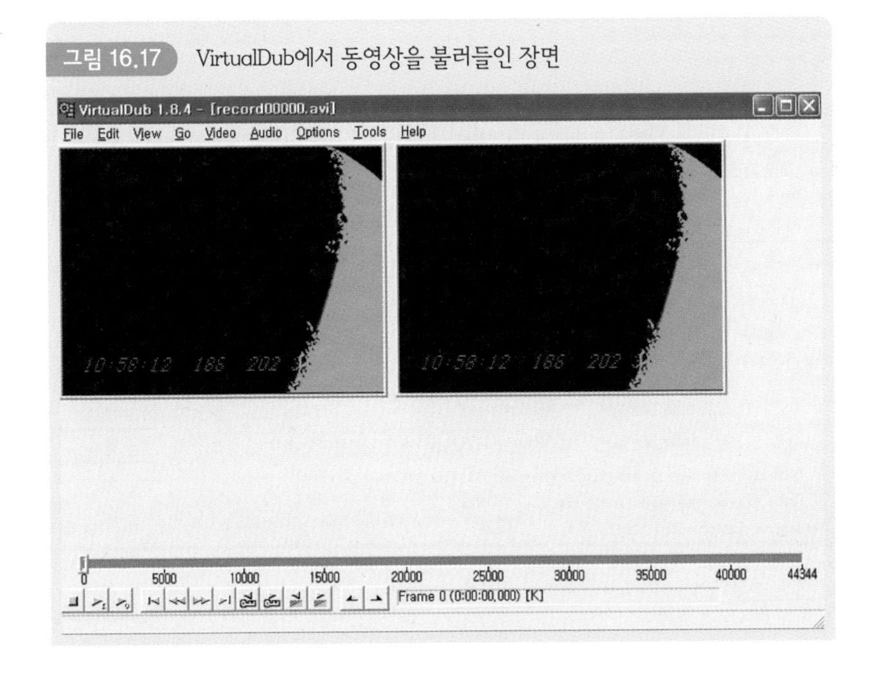

그림 16.18 VirtualDub에서 동영상을 저장하기 위한 옵션 설정

VirtualDub 1.8.4 - [record00000.avi]
File Edit View Go Video Audio Options Tools Help
Filters... Ctrl+F
Frame Rate... Ctrl+R
Color Depth...
Compression... Ctrl+P
Select Range...
Direct stream copy
Fast recompress
Normal recompress
Full processing mode
Smart rendering
Preserve empty frames
Copy source frame to clipboard Ctrl+1
Copy output frame to clipboard Ctrl+2
Scan video stream for errors....
Error mode...
0 5000 10000 15000 20000 25000 30000 35000 40000 44344
Frame 0 (0:00:00.000) [K]
Copy source video data directly to destination unaltered.

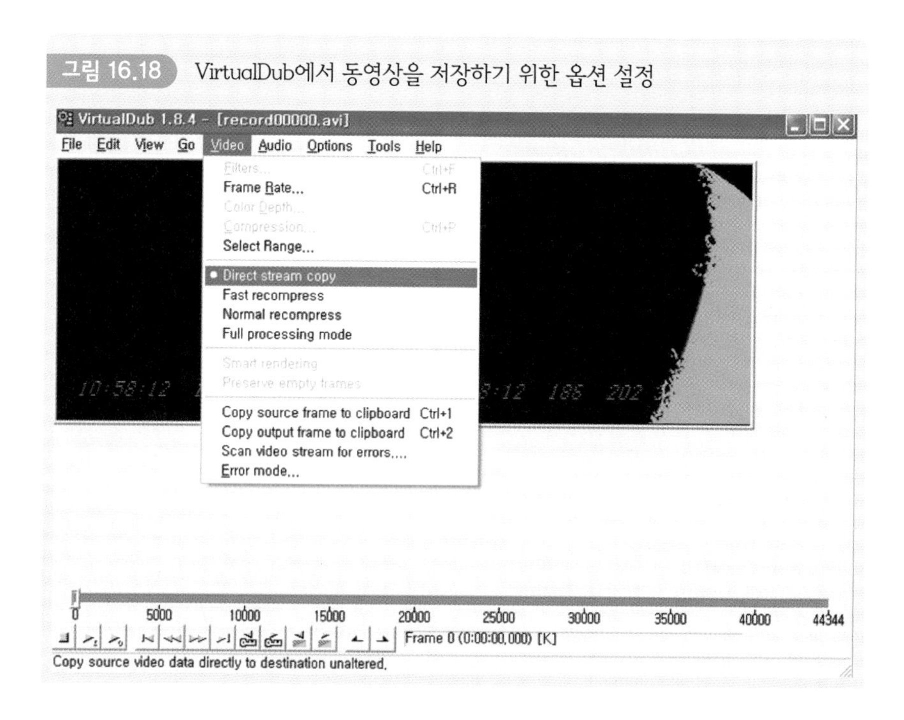

그림 16.19 Save segmented AVI에서 저장 옵션 설정하기

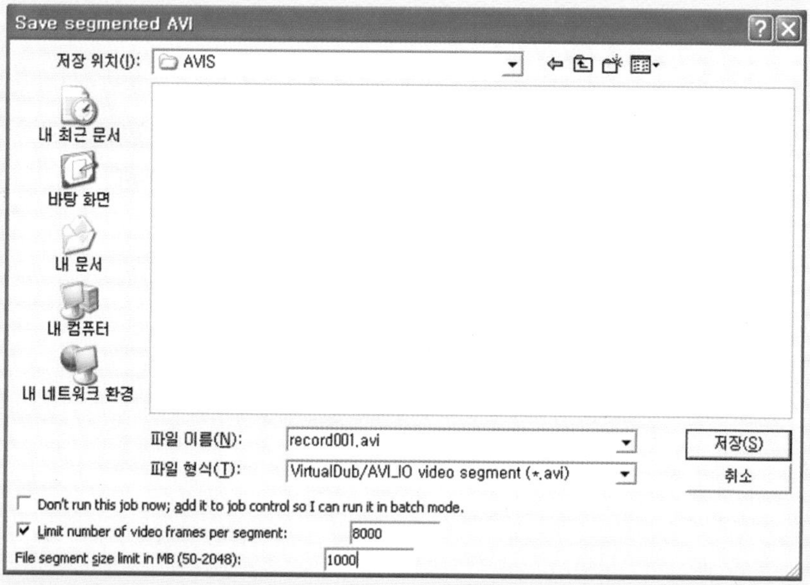

Save segmented AVI
저장 위치(I): AVIS
내 최근 문서
바탕 화면
내 문서
내 컴퓨터
내 네트워크 환경
파일 이름(N): record001.avi
파일 형식(T): VirtualDub/AVI_IO video segment (*.avi)
저장(S)
취소
Don't run this job now; add it to job control so I can run it in batch mode.
Limit number of video frames per segment: 8000
File segment size limit in MB (50-2048): 1000

달 동영상 파일을 불러들인 장면이다.

VirtualDub에서 보다 작게 나눈 동영상을 저장하기 위해서는 그림 16.18처럼 'Video' 메뉴에서 'Direct stream copy' 를 선택한다.

그리고 'File' 메뉴에서 'Save segmented AVI' 를 선택하면 그림 16.19와 같은 창이 뜨는데, 하단부의 'Limit number of video frames per segment' 을 체크하고, '8000' 이하의 값을 입력한다. 또 'File segment size limit in MB (50－2048)' 에서 텍스트 박스에 '1000' 이하의 값을 입력한다.

Lunarscan

Lunarscan은 달 표면에 유성체가 낙하했는지의 여부를 확인하는 프로그램이다. VirtualDub으로 분할한 동영상 자료를 Lunarscan으로 불러들여 유성체 낙하 시각, 낙하된 프레임의 순서, 자료상에서 낙하 위치 등을 분석한다. Lunarscan을 활용하여 분석하는 과정은 다음과 같다.

- AVI 파일 준비하기 : VirtualDub으로 분할한 파일들을 'Lunarscan\AVIS' 폴더 안에 저장되었는지 확인한다. 다른 폴더에 저장되었다면, 파일들을 이 폴더로 옮겨놓는다.
- 옵션 설정하기 : LUNAR_SETTINGS.txt 파일을 열어 초기값을 설정해 준다. 그림 16.20은 초기값을 설정해 둔 예이다.

그림 16.20 'LUNAR_SETTINGS.txt' 파일을 불러 초기값 맞추기

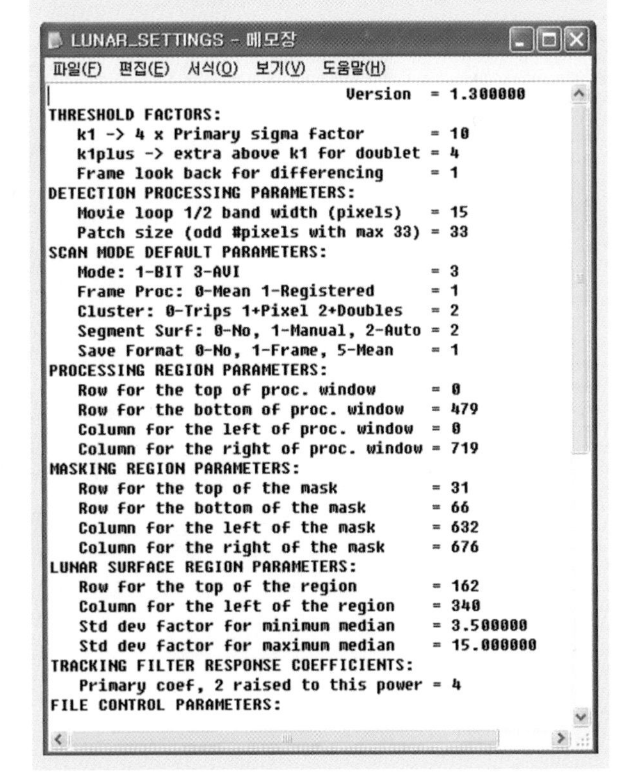
LUNAR_SETTINGS - 메모장
파일(F) 편집(E) 서식(O) 보기(V) 도움말(H)

```
                                        Version  = 1.300000
THRESHOLD FACTORS:
   k1 -> 4 x Primary sigma factor        = 10
   k1plus -> extra above k1 for doublet = 4
   Frame look back for differencing      = 1
DETECTION PROCESSING PARAMETERS:
   Movie loop 1/2 band width (pixels)    = 15
   Patch size (odd #pixels with max 33) = 33
SCAN MODE DEFAULT PARAMETERS:
   Mode: 1-BIT 3-AVI                     = 3
   Frame Proc: 0-Mean 1-Registered       = 1
   Cluster: 0-Trips 1+Pixel 2+Doubles    = 2
   Segment Surf: 0-No, 1-Manual, 2-Auto = 2
   Save Format 0-No, 1-Frame, 5-Mean     = 1
PROCESSING REGION PARAMETERS:
   Row for the top of proc. window       = 0
   Row for the bottom of proc. window    = 479
   Column for the left of proc. window   = 0
   Column for the right of proc. window = 719
MASKING REGION PARAMETERS:
   Row for the top of the mask           = 31
   Row for the bottom of the mask        = 66
   Column for the left of the mask       = 632
   Column for the right of the mask      = 676
LUNAR SURFACE REGION PARAMETERS:
   Row for the top of the region         = 162
   Column for the left of the region     = 340
   Std dev factor for minimum median     = 3.500000
   Std dev factor for maximum median     = 15.000000
TRACKING FILTER RESPONSE COEFFICIENTS:
   Primary coef, 2 raised to this power = 4
FILE CONTROL PARAMETERS:
```

그림 16.21 Lunarscan 실행한 후 초기 메뉴 선택화면

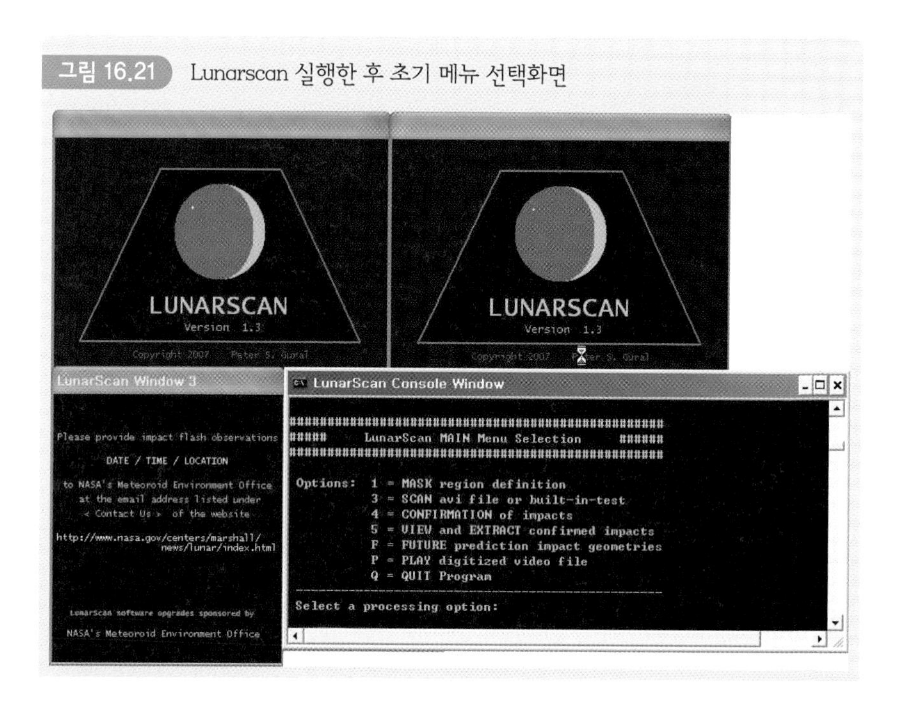

그림 16.22 분석할 파일의 분할 유무와 파일명을 입력해 준 후의 화면

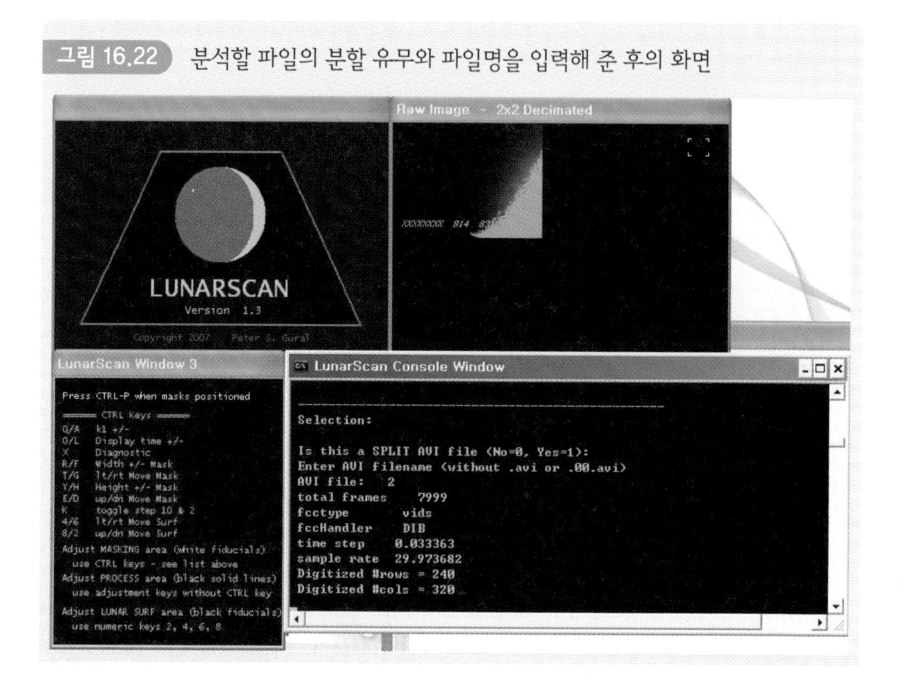

- 달 표면 분석 처리 : Lunarscan을 실행하면 그림 16.21과 같은 화면이 뜬다. 본격적으로 분석을 시작하기 위해서는 메뉴에서 '3'을 입력(scan avi file)한다. 이때 다음 화면으로 넘어가면 현재 설정된 옵션이 나온다. 'Enter'를 눌러 다음으로 진행한다. 다음 화면에서는 분할된 파일인지 아닌지를 선택할 수 있는데, 분할된 파일일 경우, '1'을 입력하고, 아닌 경우에는 '0'을 입력한다(그림 16.22 참조). VirtualDub에서 동영상 파일을 분할하면 '파일명.xx.avi' 형식으로 파일이 생성되는데 '1'을 선택하고 뒤에 붙은 분할된 번호를 제외하고 동영상의 파일명만 입력하면 자동으로 분할된 파일 전부를 분석한다.

  AVI 파일의 기본 정보가 나오면 분석결과를 저장할 파일 이름을 입력하고 'Enter'를 누른다. 분석 파일 첫 줄에 기록할 정보를 입력하고 'Enter'를 누른다. 동영상 파일의 관측 날짜와 시간을 세계시(UT) 기준으로 입력하고 'Enter' 키를 눌러 준다(그림 16.23 참조).

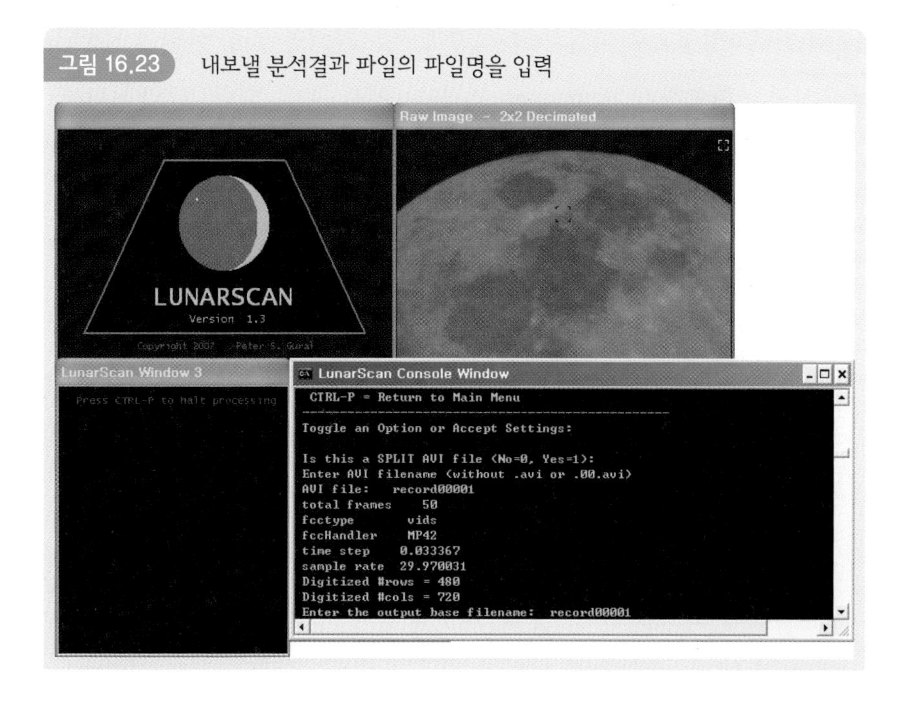

그림 16.23 내보낼 분석결과 파일의 파일명을 입력

그림 16.24 촬영한 동영상 분석결과를 확인

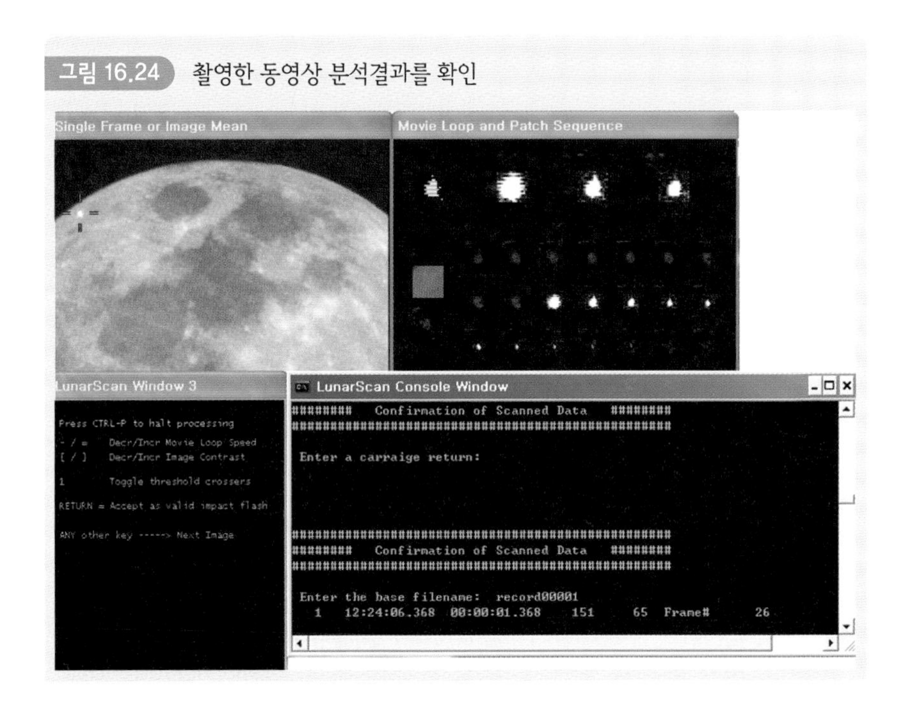

이 단계에서 AVI 파일의 분석이 끝나면 'Lunarscan\Data' 폴더에 '분석결과 저장 파일명.sus' 파일과 '분석결과 저장 파일명.sum' 파일이 생성된다.

- 분석결과 확인하기 : Lunarscan 초기메뉴에서 '4' 를 입력(CONFIRMATION of impacts)하고 저장한 분석결과의 파일명을 입력해 준다. 분석했던 동영상 파일에서 밝기의 변화가 있었다면 변화가 있었던 프레임과 위치가 나오고 'Enter' 를 누르면 다음으로 넘어가면서 결과가 그림 16.24처럼 나온다.
- 자료분석 : Lunarscan 초기메뉴에서 '4' 번 메뉴(CONFIRMATION of impacts)와 '5' 번 메뉴(VIEW and EXTRACT confimed impacts)를 통해 분석결과 파일을 확인하면 '*llg', '*.lun' 파일이 생성되는데 그중에 '*.llg' 파일을 note pad 등으로 읽어서 결과를 확인한다.

달표면에 유성체가 떨어진 동영상의 데이터는 그림 16.25와 같다.

Lunarscan을 이용하여 자료를 분석한 결과의 내용은 다음과 같다.

그림 16.25 유성체가 떨어진 결과 데이터

```
Scan processed w/version 1.3

Scan  date & time: Fri Nov 21 11:51:40 2008

Video information:
Video date & time: 11/5/2008   0:00:00.000  UT
AVI filename 3


Options:                      Scan Settings Used:
-------------------           --------------------
Scanning Mode                 Digifile  AVI
Frame processing              Register Mean
Clustering                    Trips + Doubs
Segment Lunar Surface         Auto Histogrm
Save Format                   Single Frame

Primary filter coef          = 2**4
Primary threshold factor     = 10
Primary plus extra thresh    = 4
Number of frames lookback    = 1
=========================================

Flash  Frame       UT           Elapsed       Row    Col
 No.   Number  Hr:Mi:Second  Hr:Mi:Second   pixel  pixel
-----  ------  ------------  ------------   -----  -----
   1       26  00:00:01.368  00:00:01.368     151     65
   2       27  00:00:01.401  00:00:01.401     153     65
   3       28  00:00:01.434  00:00:01.434     153     64
   4       29  00:00:01.468  00:00:01.468     153     64
```

- Flash No : 섬광의 횟수
- Frame Number : 자료상에서의 섬광이 찍힌 Frame의 순서
- UT : 유성체가 찍힌 시작 시각
- Elapsed : 유성체가 찍힌 종료 시각
- Row pixel : 자료상에 x축에 해당하는 pixel number
- Col pixel : 자료상에서 y축에 해당하는 pixel number

연속된 Frame의 거의 같은 위치에서 섬광이 나타났음을 알 수 있다.

Virtual Moon Atlas

Virtual Moon Atlas는 달에 대한 상세한 정보를 제공하는 프로그램이다. Lunarscan을 통해 유성체의 낙하 여부가 확인되면 Virtual Moon Atlas를 통하여 유성체 낙하지점을 찾고 낙하지점의 위도 및 경도 등 여러 정보를 알 수 있다. 그림 16.26은 Virtual Moon Atlas의 시작화면이다. 이 프로그램의 활용 방법에 대하여 알아보자.

- 지형 라벨 없애기 : 메뉴에서 'Configuration' 을 누른 후 'Display' 를 선택한 후 'Show label' 을 눌러 라벨을 보이지 않게 한다. 이렇게 하면 화면이 더 깔끔해져 충돌 위치를 찾는 데 편리하다.
- 충돌시간 대 달의 위상 찾기 : 'Ephemeris' 메뉴에서 'Date' 와 'Tme' 를 입력하고 'Compute' 를 클릭한다(그림 16.27 참조).
- 자료와 비슷한 위상 설정하기 : 자료를 보고 Virtual moon atlas에서의 밝기

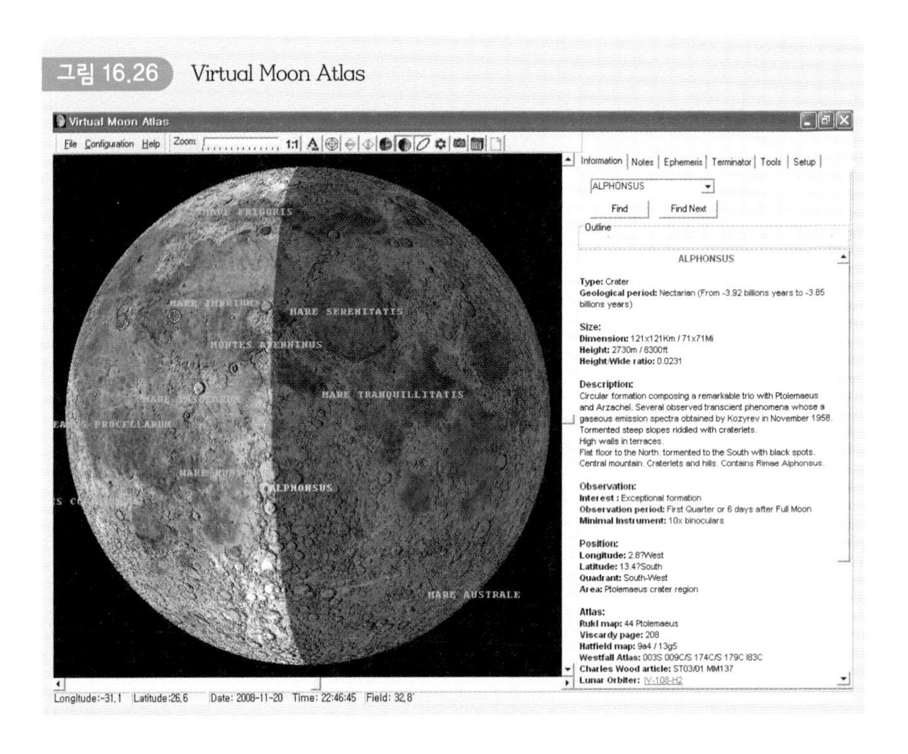

그림 16.26 Virtual Moon Atlas

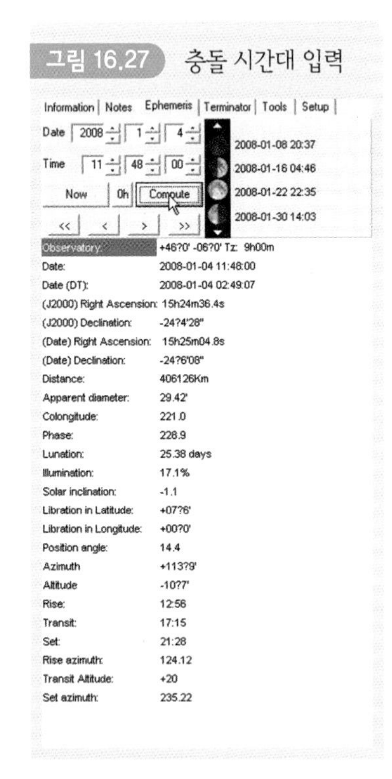

그림 16.27 충돌 시간대 입력

와 위치를 자료와 최대한 비슷하게 만든다.

'Setup'를 클릭한 다음 'Ligting'에서 'Penumbra'와 'Diffuse', 'Specular'를 조절하여 밝기를 맞춘다. 'Tools'를 클릭한 후 'Rotation'에서 'west'와 'east'를 조절해서 방위를 자료와 비슷하게 맞춘다(그림 16.28 참조).

- 유성체 충돌 위치(위도, 경도) 찾기 : 관측자료와 Virtual Moon Atlas와 비교해 가면서 충돌 지점을 클릭한다.

그림 16.29와 같이 유성체가 떨어진 곳에 빨간 점이 찍히면 'Information'을 클릭하여 충돌 지점의 정보를 확인한다.

우측 화면의 'Position'에 충돌 지점의 위도와 경도가 나오게 된다.

한편 고감도 CCTV 카메라를 이용하면 초신성과 같은

그림 16.28 밝기 조절(좌), 방위 조절(우)

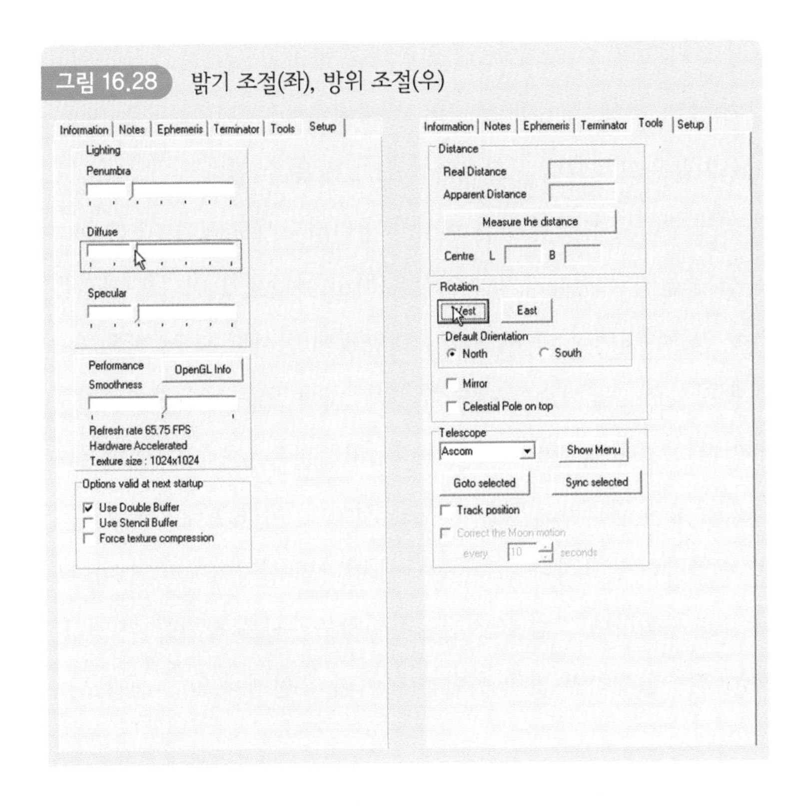

그림 16.29 충돌 지점의 정보

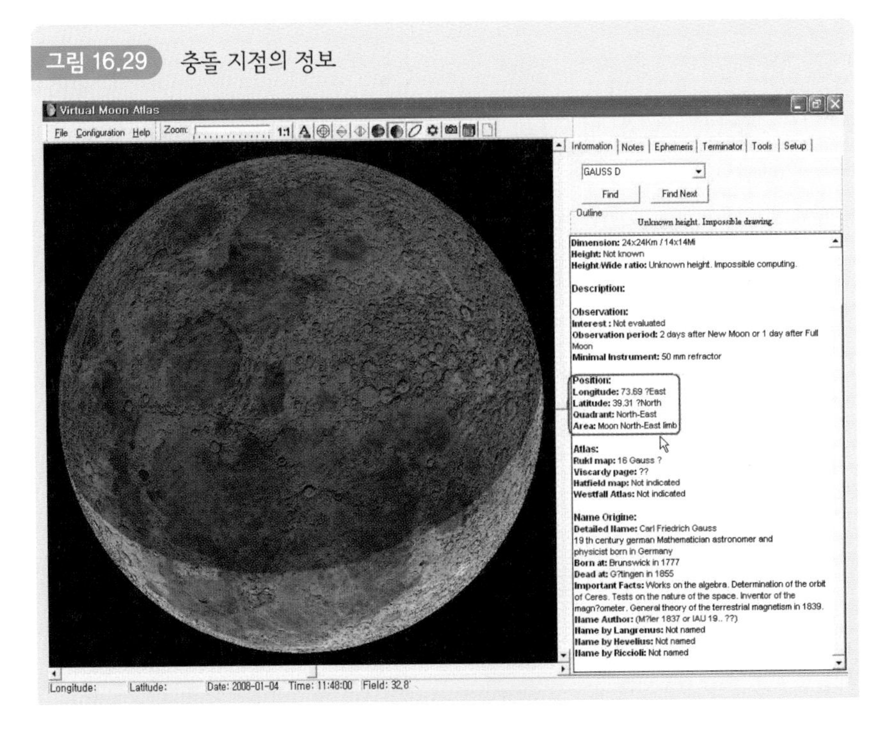

폭발변광성 찾기도 할 수 있다. 초신성 찾기를 하려면 관측지점 부근의 위치(적경, 적위)를 기록해 두거나 파일의 헤더에 넣어 두어야 나중 Pinpoint Astrometry와 같은 프로그램을 활용하여 쉽게 찾을 수 있다.

가끔 유성체 충돌과 유사한 충돌 현상들이 나타나기도 한다. 즉 CCD 검출기에 우주선 충돌이나 전자기기의 열잡음(특히 아날로그 비디오 자료를 활용한 경우), 인공위성이나 그 찌꺼기가 태양빛에 반사된 경우, 작은 유성이 관측자에게 직선으로 날아오는 경우 등이다. 만약 10km 이상 떨어진 다른 관측자가 같은 시간에 달 위의 같은 지점에서 섬광을 보았다면 기타 현상이 아니라 확실한 충돌 결과라고 말할 수 있을 것이다. 이를 위해 다른 관측자들과의 공조나 연락이 필요하다. 또한 섬광이 밝다면 섬광이 나타난 비디오의 여러 프레임을 분석하여 그림 16.30과 같은 광도곡선을 작성할 수 있다. 즉 밝기 변화가 지수함수적인 빛의 변화를 보이면 유성체에 의한 섬광으로 볼 수 있을 것이다.

- 관측결과 NASA에 보내기 : Marshall Space Flight 센터에 있는 NASA의 유성

그림 16.30 달 표면에 떨어진 유성체에 의한 광도곡선

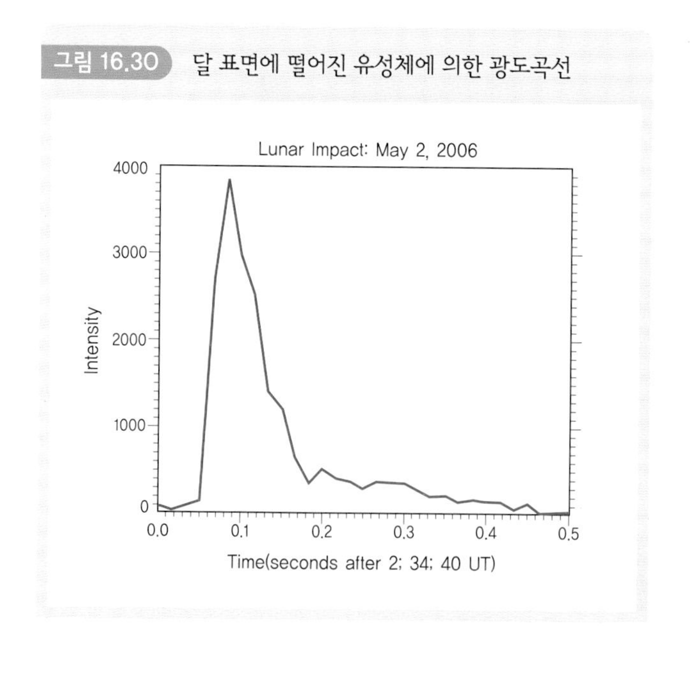

환경 연구실 연구자들은 유성 환경에 대한 연구를 수행해 오고 있다. 이와 아울러 달에 세울 우주 기지의 안전과 우주선 및 우주인의 안전을 도모하기 위하여 세계 여러 나라에서 관측한 달에 낙하하는 유성체 자료들을 모으면서 연구하고 있다. 즉 이들은 달에 충돌하는 유성체의 플럭스, 크기, 속도, 밝기, 분포 등에 대한 심도 있는 연구를 진행해 오고 있다. 따라서 달 유성체가 발견되면 발견된 날짜, 시간, 관측소 위치 그리고 달 위의 충돌 위치 등을 NASA의 유성환경 사무실로 이메일(.gov/centers/marshall/news/lunar/index.html)을 보내어 연구에 참고하도록 한다. 일반적으로 충돌 섬광이 일어난 시간대 주변의 여러 비디오 프레임을 정확도 0.1초의 정확도의 시간을 결정하여 보내는 것이 좋다. 측광학적으로 섬광 결과를 정리하기 위하여 충돌섬광이 나타난 시간대의 비디오 자료 함께, 달 부근에 찍힌 별이 있는 비디오 프레임 몇 개도 필요하다.

CCD 카메라를 활용한 소행성 관측

소행성은 단단한 암석덩어리로 그 모양이 불규칙하고 완전한 행성으로 자라지 못한 1000km 이내의 작은 천체들이다. 소행성은 주로 화성과 목성 궤도 사이에 많이 분포하고 있다. 이러한 소행성들은 그 크기가 매우 작아 맨눈으로는 볼 수 없고 망원경으로 보면 별과 비슷하게 보여 윌리엄 허셸(William Herschel)은 이를 starlike(별 같은)라는 의미의 asteroid라고 불렀다. 1801년 이탈리아의 천문학자 피아치에 의해 소행성 세레스가 처음 발견된 이후 현재까지 발견된 것만 해도 20,000개가 넘는다.

소행성은 그 위치에 따라 크게 '지구 부근 소행성'과 '소행성대의 소행성' 그리고 소행성대 바깥의 '먼 소행성'으로 나눌 수 있다. 이들 중 '지구 부근 소행성'은 혜성과 함께 지구 접근 천체(Near-Earth Object : NEO)로 분류되어 사회적 관심을 받고 있다(참고 : NEO 중 소행성만을 지칭할 때 Near-Earth Asteroids : NEA라 한다.). 그 이유는 1994년 슈메이커 레비 9혜성이 목성을 강타하여 목성 표면에 엄청난 충격을 주어 그 충돌 흔적이 명확히 보였기 때문이다. 이에 따라 최근 세계의 각 천문대에서는 지구 접근 천체들에 대한 추적이 활발히 이루어지고 있다. 특히 유엔 COPUOS(우주의 평화적 이용을 위한 위원회) 회의에서 영국의 소행성 전문가 크라우더 박사는 OECD 30개 국가 중 우리나라에 충돌할 확률이 10위권 이내에 속한다고 하였다. 만약 소행성이 우리나라의 육상에 낙하할 경우, 한국은 사회적 위험률이 '국가 관용 한계(National Tolerability Criteria : 재난이 닥쳤을 때 국가 유지 여부의 경계점)'를 초과하는 것으로 보고하고 있다. 그래서 우리나라에서도 최근에 지구 접근 소행성 탐사에 많은 관심이 집중되고 있다. 참고로 잠재적 위험 천체는 현재 855개 정도로 알려져 있다(http://neo.jpl.nasa.gov/neo/groups.html).

소행성의 관측은 전통적으로는 사진 건판을 이용하여 수행되어 왔으나 최근에는 CCD 카메라를 이용한 관측이 수행되어 많은 소행성들이 발견되고 있다. 여기에서는 CCD 카메라를 활용한 소행성 관측방법 및 과정에 대하여 알아보자.

준비물

소행성 관측은 크게 측성학 및 측광학의 두 가지 측면에서 관측준비를 할 수 있을 것이다. 여기서는 두 가지 모두에 해당하는 공통 준비물과 그 용도에 대하여 알아보자.

① 소행성 목록 : 소행성 관측은 이미 알려진 소행성 관측하기와 새로운 소행성 찾기로 나누어 볼 수 있다. 새로운 소행성 찾기를 한다 하더라도 이미 발견된 소

그림 17.1 궤도가 알려진 소행성들의 데이터베이스 자료들

Index of /mpcorb

Name	Last modified	Size	Description
Parent Directory	16-Feb-2001 10:04	-	
COMET.DAT	29-Apr-2007 08:40	24k	
DAILY-01.DAT	29-Apr-2007 08:40	136k	
DAILY.DAT	29-Apr-2007 08:40	81k	
DAILYcr-01.DAT	29-Apr-2007 08:40	137k	
DAILYcr.DAT	29-Apr-2007 08:40	81k	
DistantObjects.DAT	29-Apr-2007 08:40	182k	
DistantObjectsCR.DAT	29-Apr-2007 08:40	183k	
MPCORB.DAT	29-Apr-2007 09:04	65.1M	
MPCORB.ZIP	29-Apr-2007 09:08	19.2M	
MPCORBcr.DAT	29-Apr-2007 09:07	65.4M	
MPCORBcr.ZIP	29-Apr-2007 09:09	19.2M	

행성들의 목록은 필수적으로 준비해 두어야 할 것이다. MPC(Minor Planet Center)에서는 궤도가 이미 알려진 소행성 자료뿐만이 아니라 궤도가 불확실하여 보충적인 관측이 필요한 목록도 함께 제공하고 있다.

- 궤도가 알려진 소행성 데이터베이스 사이트(http://www.astro.cz/ mpcorb) : 이곳에서는 그림 17.1과 같이 MPCorb.dat, COMET.dat 등과 같은 자료를 다운받아 TheSky에서 쓸 수도 있고, Astrometrica를 가동할 때 미리 불러들여 쓸 수도 있다.

특히 MPC에서는 지구접근 천체(주로 소행성과 혜성들임)들 중, 새로운 천체가 발견되면 그 천체의 위치변화와 궤도요소 등을 함께 추적 관측할 수 있도록 NEOCP(NEO Confirmation Page, http://cfa-www.harvard.edu/iau/NEO/ToConfirm.html)에 올려 여러 정보들을 제공하고 있다. 다음은 2007년 4월 30일에 제공된 예이다.

7HAB0E0 [2007 Apr. 26.1 UT. R.A.=13 34.4, Decl.=+00 41, V=20.3] Updated Apr. 28.88 UT
7HA774C [2007 Apr. 22.2 UT. R.A.=14 15.3, Decl.=−15 10, V=21.7] Added Apr. 23.08 UT [1 nighter]

위의 내용을 상세하게 설명하면 다음과 같다.

- 7HAB0E0 : 발견자가 부여한 이름
- [2007 Apr. 26.1 UT. R.A. = 13 34.4, Decl. = +00 41, V = 20.3] : 발견된 날짜와 대략적인 현재 위치와 등급
- Updated Apr. 28.88 UT : 갱신된 월, 일
- [1 nighter] : 한 관측소에서 3 관측점만 얻어진 소행성을 나타내며 궤도가 불명확함

그림 17.2 NEA 자료 미러 사이트

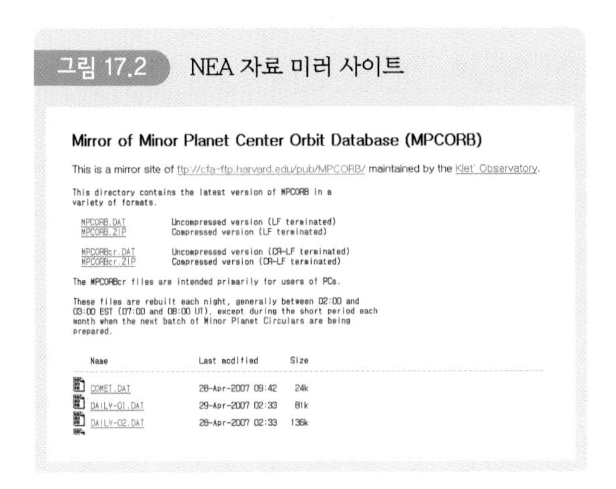

Updated로 표시된 천체는 비교적 궤도가 정확히 알려진 것인 반면 Added라고 표시된 것은 아직 확인이 안 된 것을 의미한다. 여기에 제공된 소행성 자료들 중 대략 5일 정도 지나면 궤도요소가 비교적 정확하게 정해지기 때문에 제외된다.

- NEA 자료 사이트(http://mpcorb.klet.org/) : 이 사이트(그림 17.2 참조)는 지구접근 소행성(Near Earth Astroid : NEA) MPCORB의 미러 사이트로서 지구 부근 소행성 자료들이 다수 포함되어 있다.

한편 TheSky나 Starry Night과 같은 천체 소프트웨어에도 비교적 큰 소행성들이 포함되어 있다. 따라서 해당 날짜와 시간대에 볼 수 있는 소행성들을 성도에 나타내어 그 위치들을 확인할 수 있다. 또 지구 부근 천체인지를 확인하기 위해서는 'http://cfa-www.harvard.edu/iau/NEO/ToConfirm.html' 사이트에 접속하여 확인할 수 있다.

② 별 목록 : 관측된 영상에서 소행성을 구분해내기 위해서는 이미 알려진 성도나 별 목록에 관측 영상을 맞추어야 한다. 즉 관측 영상을 이미 알려진 별 목록의 별들의 위치에 맞추어야 한다. 이러한 과정을 통해 별 목록에 없는 새로운 천체를 찾을 수도 있고, 별들 사이를 움직이는 소행성들을 확인할 수도 있다. 이러한 별 목록의 예로는 GSC(General Star Catalogue), USNO 목록 등이 있다.

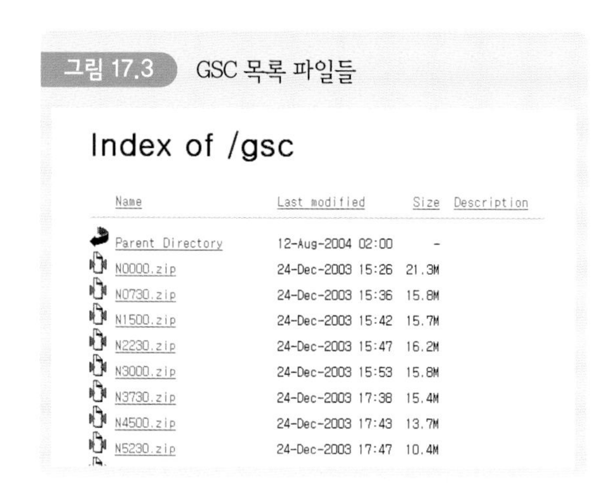
Index of /gsc

Name	Last modified	Size	Description
Parent Directory	12-Aug-2004 02:00	-	
N0000.zip	24-Dec-2003 15:26	21.3M	
N0730.zip	24-Dec-2003 15:36	15.8M	
N1500.zip	24-Dec-2003 15:42	15.7M	
N2230.zip	24-Dec-2003 15:47	16.2M	
N3000.zip	24-Dec-2003 15:53	15.8M	
N3730.zip	24-Dec-2003 17:38	15.4M	
N4500.zip	24-Dec-2003 17:43	13.7M	
N5230.zip	24-Dec-2003 17:47	10.4M	

그림 17.3 GSC 목록 파일들

이 목록들은 다음과 같은 사이트에서 다운받을 수 있다.

- GSC 자료(http://gsc.dc3.com/gsc) : 이 사이트에는 그림 17.3과 같이 별들의 위치별로 많은 파일을 제공하고 있다.
- USNO 자료(http://www.usno.navy.mil/USNO) : USNO 별 목록 자료는 미국 해군천문대에서 제공하는 자료로서 무료로 다운받아 활용할 수 있다.

③ 소행성 위치를 확인하는 소프트웨어 : 소행성을 성도상에 나타내어 그 위치를 눈으로 확인하기 위해서는 성도 소프트웨어가 필요하다. 이때 자주 활용되는 성도로는 TheSky와 Starry Night 등이 있다.

④ 소행성 관측 프로그램 : 성도상에 나타난 소행성을 망원경 중앙에 위치시키고 나서 일반 디지털카메라로 찍을 때는 직접 카메라의 셔터를 눌러 찍거나 해당 카메라의 촬영용 프로그램을 활용하기도 하며, SBIG ST-8XE와 같은 CCD 카메라를 활용하는 경우에는 CCDSoft와 같은 소프트웨어를 이용하여 찍기도 한다.

⑤ 소행성 관측자료 분석 프로그램 : 관측된 소행성 영상을 분석할 때 일반적으로 활용되는 소프트웨어는 Astrometrica이다. 이 외에 CCDSoft나 MaxImDL이 이용되기도 한다.

⑥ 망원경과 CCD 카메라 : 망원경은 추적 장치가 달려 있는 것이 유리하다. 그리고 사진을 찍기 위해서는 렌즈 교환이 가능한 디지털카메라가 유리하고, ST-

그림 17.4 16인치 반사망원경(좌)과 ST-8XE CCD 카메라(우)

8XE와 같은 CCD 카메라로 찍으면 더 좋은 영상을 얻을 수 있다. 그림 17.4는 16인치 반사망원경과 CCD 카메라(ST-8XE 모델)의 예이다.

소행성 관측

소행성 관측지 인가 받기

관측지 인가를 받으려면 동일한 소행성의 관측자료가 최소 이틀치 있어야 한다. 하루에 20분 정도의 시간 간격으로 3개 파일이 있어야 한다. 그래서 총 6개 정도가 되어야 하며 적경 적위의 이동 변화율의 경향성이 이틀치 모두 같아야 한다. 관측된 자료는 Astrometrica로 불러들여 기본적인 리덕션을 한 다음, 그 '소행성의 이름-언제 관측했는지-위치 변화-JD' 등의 결과를 얻어야 한다. 정리된

표 17.1 MPC 인가를 위한 보고 서식

I request observatory code.

COM Long. 127 08 36.6 E, Lat. 36 28 14.22 N, Alt. 61.5m
[관측지의 경도, 위도, 해발고도]
CON KOPEC, 314-701, Kongju National Univ. Observatory, 182 Kongju city, Choongnamdo, KOREA [jungjjhh@kongju.ac.kr] [보고사항 요약]
OBS Ji-Ho Jung [관측자 이름]
MEA Ji-Ho Jung [측정자 이름]
75mm F/8.0 reflector + SBIG ST8XM CCD [망원경과 CCD카메라의 제원]
ACK MPCReport file updated 2007.04.17 17:02:34
AC2 jungjjhh@kongju.ac.kr [관측자 E-mail]
NET USNO-A1.0
27euterpe * C2007 10 05. RA : 20h 53m 51s Dec : −19°18′32″ 15.2 V XXX
27euterpe * C2007 10 06. RA : 20h 54m 00s Dec : −19°17′37″ 15.2 V XXX
27euterpe * C2007 10 06. RA : 20h 54m 00s Dec : −19°17′34″ 15.2 V XXX
27euterpe * C2007 10 08. RA : 20h 54m 23s Dec : −19°15′20″ 15.2 V XXX
27euterpe * C2007 10 09. RA : 20h 54m 38s Dec : −19°13′52″ 15.2 V XXX

32pomona * C2007 10 05. RA : 20h 03m 08s Dec : −13°38′36″ 15.2 V XXX
32pomona * C2007 10 06. RA : 20h 03m 40s Dec : −13°39′33″ 15.2 V XXX
32pomona * C2007 10 06. RA : 20h 03m 41s Dec : −13°39′35″ 15.2 V XXX
32pomona * C2007 10 08. RA : 20h 04m 49s Dec : −13°41′13″ 15.2 V XXX
32pomona * C2007 10 09. RA : 20h 05m 29s Dec : −13°42′00″ 15.2 V XXX
[소행성의 적경 · 적위 변화값]

MPC로 보낼 때는 학교 등의 메일 주소를 활용해야 한다. 그렇지 않으면 MPC에서 SPAM 메일로 자동처리되어 편지를 받지 않는 경우가 많다. 그래서 요즘은 MPC에 대한 불만이 많아 MPML 야후그룹을 많이 활용한다. MPC에 메일을 보내는 양식과 그 예는 표 17.1과 같으며 Astrometrica의 것을 쓰면 된다.

관측지를 배정받으면 소행성 관련 많은 정보를 얻을 수 있을 수 있으므로 이를 배정받으면 그림 17.5와 같은 Astrometrica 세팅 메뉴에 MPC code도 포함시켜 준다. MPC에 보낼 관측자료는 이미 알려진 여러 소행성들을 2×2 binning 상태에서 100~200초 정도의 노출로 찍으면 적당하다.

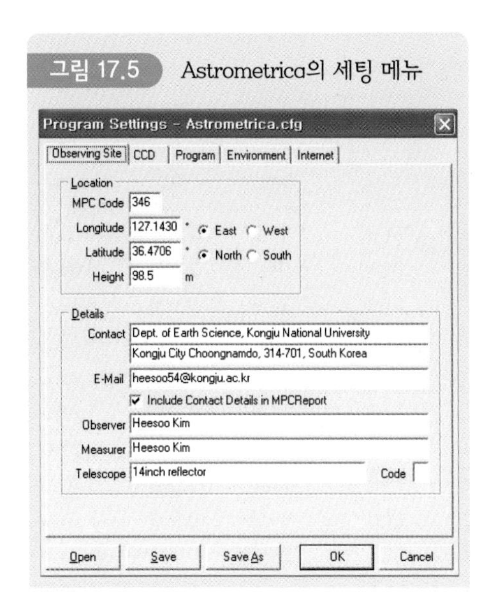

그림 17.5 Astrometrica의 세팅 메뉴

관측

관측할 소행성 정하기

관측하려는 소행성은 관측하려는 날짜와 시간대의 밤하늘에 떠 있어야 하고, 망원경 등 주어진 관측시스템으로 관측이 가능해야 한다. 다음은 '지구 부근의 소행성들 중 이심률이 큰 소행성' 을 관측하기 위해 정한 기준 예이다.

- 관측하려는 계절(2007년 5월~11월)에 뜨는 소행성
- 18등성보다 밝은 소행성
- 0.7~1.5AU(금성과 화성 사이) 안쪽에 위치한 지구 부근의 소행성
- 충의 위치 부근에 오는 소행성
- 이심률이 큰 소행성
- 국제 소행성 연맹에서 그 궤도가 불확실하여 보충관측자료를 요구하는 소행성

표 17.2 관측할 소행성 후보

Opposition			Closest		Brightest		
Name	Date	Mag	Date	AU	Date	Mag	Dec
Amytis (F)	5 05.6	14.9	5 07.9	1.057	5 04.6	14.8	−10
Malautra (F)	5 03.2	14.1	5 04.9	1.029	5 04.8	14.1	−22
Hemingway (F)	5 10.1	14.9	5 14.6	0.908	5 10.5	14.9	−19
Grano (F)	5 19.4	14.3	5 17.3	0.941	5 17.3	14.3	−10
1991 ST (F)	5 22.0	14.9	6 03.0	0.910	5 23.1	14.9	−16
Ambiorix (F)	5 23.1	14.3	5 31.8	0.885	5 23.2	14.3	−21
Otila (F)	5 25.8	13.3	5 31.7	0.874	5 25.6	13.3	−14
1978 VS5 (F)	5 26.2	15.0	5 27.1	1.046	5 26.1	15.0	−20
berndorfer (F)	5 26.0	14.6	5 25.9	0.902	5 26.3	14.6	−27
Zwicky (F)	5 19.9	14.1	5 25.7	0.915	5 26.7	14.1	−66
Belisana (F)	5 27.9	11.9	5 29.1	1.343	5 28.0	11.9	−22

(F) : 충의 위치에 다가오는 소행성

표 17.2는 이러한 기준에 따라 잠정적으로 정한 관측할 후보 소행성 예이다.

이러한 후보들 중, 'Planet's Orbits' 라는 소프트웨어를 활용하여 그림 17.6과 같이 이심률이 큰 천체를 확인하여 그림 17.7과 같이 그려본 다음 최종적인 관측 후보를 정한다.

그림 17.6 이심률이 큰 소행성 찾기

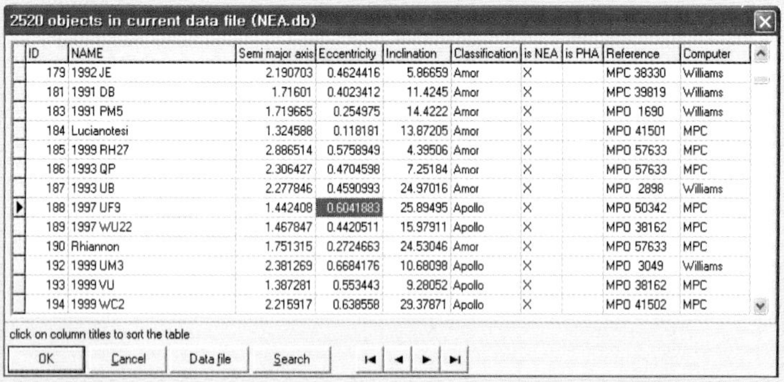

2520 objects in current data file (NEA.db)

ID	NAME	Semi major axis	Eccentricity	Inclination	Classification	is NEA	is PHA	Reference	Computer
179	1992 JE	2.190703	0.4624416	5.86659	Amor	X		MPC 38330	Williams
181	1991 DB	1.71601	0.4023412	11.4245	Amor	X		MPC 39819	Williams
183	1991 PM5	1.719665	0.254975	14.4222	Amor	X		MPO 1690	Williams
184	Lucianotesi	1.324588	0.118181	13.87205	Amor	X		MPO 41501	MPC
185	1999 RH27	2.886514	0.5758949	4.39506	Amor	X		MPO 57633	MPC
186	1993 QP	2.306427	0.4704598	7.25184	Amor	X		MPO 57633	MPC
187	1993 UB	2.277846	0.4590993	24.97016	Amor	X		MPO 2898	Williams
188	1997 UF9	1.442408	0.6041883	25.89495	Apollo	X		MPO 50342	MPC
189	1997 WU22	1.467847	0.4420511	15.97911	Apollo	X		MPO 38162	MPC
190	Rhiannon	1.751315	0.2724663	24.53046	Amor	X		MPO 57633	MPC
192	1999 UM3	2.381269	0.6684176	10.68098	Apollo	X		MPO 3049	Williams
193	1999 VU	1.387281	0.553443	9.28052	Apollo	X		MPO 38162	MPC
194	1999 WC2	2.215917	0.638558	29.37871	Apollo	X		MPO 41502	MPC

click on column titles to sort the table

OK | Cancel | Data file | Search

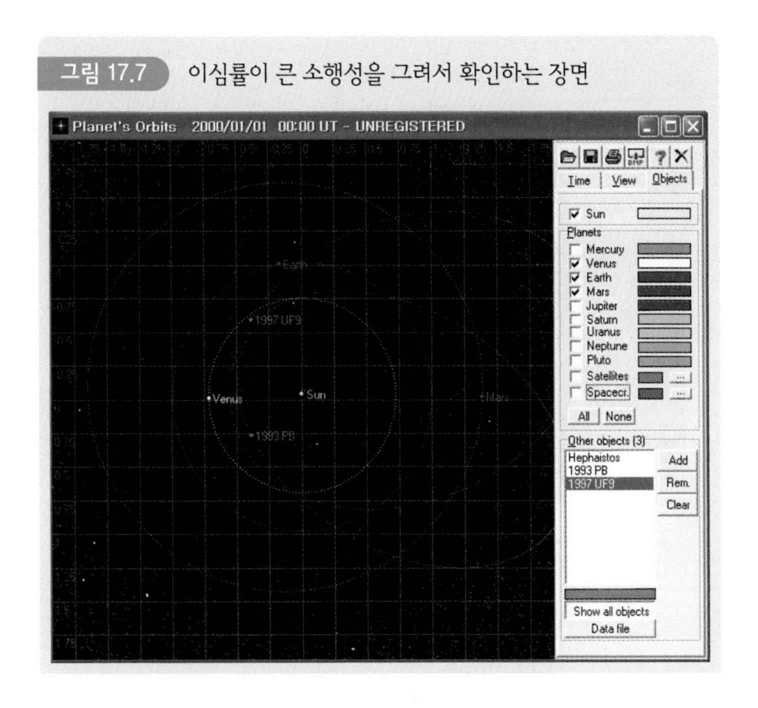

그림 17.7 이심률이 큰 소행성을 그려서 확인하는 장면

그림 17.7은 금성과 화성 사이를 지나가는 비교적 이심률이 큰 소행성들의 궤도를 확인해 본 결과이다. 그림의 우측까지 뻗어 있는 궤도가 해당 소행성들이다.

소행성 관측하기

관측할 소행성이 정해지고 난 후에는 성도 화면상에서 소행성들의 위치를 확인한다. 이를 위해 먼저 소행성을 관측하기 전에 한국표준연구원에서 표준시간 소프트웨어를 다운받아 설치하여 컴퓨터의 시간을 정확히 맞추어 준다. 여기서는 TheSky 프로그램을 활용한 예를 보이고자 한다. 'TheSky'를 가동시켜 메뉴의 'Data-Comet and Minor Planets' 항목을 누르면 소행성 목록이 나온다. 여러 소행들 중 관측하려는 소행성을 지정하면 그림 17.8에서처럼 별자리 화면에 빨간 점으로 나타난다(화살표 방향의 빨간 점). TheSky 화면상에서 소행성을 보다 많이 보려면 소행성센터(http://www.cfa. harvard.edu/iau/MPCORB.html)에서 MPCORB.dat라는 소행성 자료를 다운받아 'TheSky' 프로그램의 해당 폴더에 설

그림 17.8 TheSky 화면상에서 소행성 확인하기

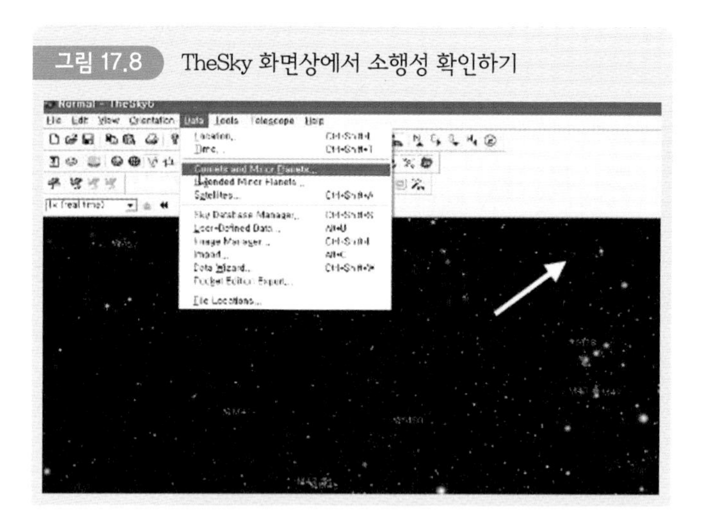

치해 둔 후 '소행성 자료 연결하기' 에서 연결해 주면 보다 많은 자료가 화면에 빨간 점으로 나타난다.

이때 CCD 카메라를 구동하는 CCDSoft와 같은 프로그램을 가동시킨다. 그리고 관측 조건 등을 설정하는 메뉴에서 망원경의 종류 및 초점 길이, CCD 카메라의 종류, 관측자 등 필요한 사항을 정확히 입력해 둔다.

관측을 본격적으로 수행할 때는 관측 영상의 중심 좌표를 헤더에 기록해 두거나 따로 관측 노트 등에 기록해 두어야 한다. 그렇게 해야 나중 자료 보정을 할 때 그 설정사항들을 불러와 USNO 또는 GSC 별 목록 등에 맞추어 소행성의 위치를 알 수 있게 된다. 실제 관측과정에서는 소행성이 위치한 관측영역을 일정 시간 간격으로 계속 여러 장 반복적으로 찍는다. 소행성은 시간에 따른 위치변화가 크기 때문에 나중 관측결과를 연속적인 애니메이션으로 보면 별들 사이를 왔다 갔다 하는 것으로부터 소행성을 쉽게 확인할 수 있다.

소행성의 위치측정이 관측목적이라면 측성학적 접근이므로 필터를 활용할 필요가 없지만, 소행성의 밝기를 측정하는 측광학적 목적이라면 BVI 등의 필터를 활용하여 필터별로 관측해야 할 것이다. 두 경우 모두 플랫 영상과 암영상은 필요하다.

관측결과의 처리

일반적으로 소행성 관측결과의 보정에 많이 활용되는 소프트웨어는 Astrometrica이다. 이에 여기서는 Astrometrica를 이용하여 소행성 관측결과의 보정방법에 대하여 알아보자.

전처리

관측된 영상은 크게 소행성 영상, 플랫 영상, 암영상으로 나눌 수 있다. 소행성 영상에 플랫 영상과 암영상을 보정하려면 Astrometrica의 File 메뉴에서 관측된 소행성 영상을 먼저 불러낸 후 플랫 영상과 암영상을 불러만 주면(Load Dark Frame, Load Flat Field) 자동적으로 보정이 된다. 그림 17.9는 2007년 6월 18일과 19일에 찍은 소행성 Vesta의 자료보정이 끝난 결과이다. 소행성은 행성처럼 천구상에서의 겉보기 움직임이 빠르다. 또 순행-유-역행의 겉보기 운동도 잘 보여준다.

소행성 확인하기

전처리가 끝난 여러 영상자료를 보면 어떤 것이 소행성인지 분간하기 어렵다. 왜냐하면 대부분의 소행성은 매우 희미하기 때문에 일반 낱별과 구분이 잘되지 않

그림 17.9 소행성 Vesta 자료보정 결과(좌 : 2007년 6월 18일 1시 49분, 우 : 2007년 6월 19일 0시 26분)

그림 17.10 Blink 기능을 활용하여 소행성 찾기

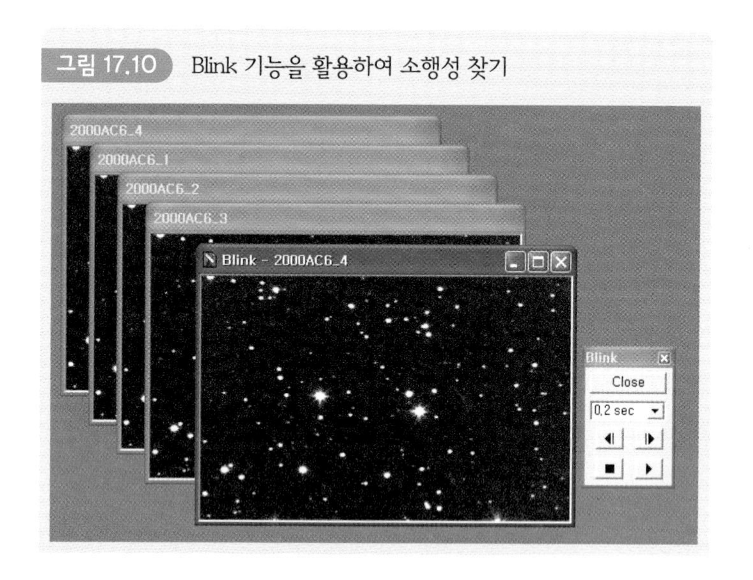

기 때문이다. 그런 경우 소행성을 빨리 확인하려면 메뉴의 'View-Blink'를 누른다. 그러면 그림 17.10과 같이 여러 화면이 합쳐진 동영상이 제일 앞면에 나타난다. 이때 Blink의 play 버튼을 누르면 배경 별들은 고정되어 있는 상태에서 소행성의 움직임이 나타난다. 이때 미확인 천체도 발견할 수 있다.

만약 미확인된 천체가 발견되었다면 국제소행성 센터에 보고하여 이미 발견된 것인지 본 연구에서의 관측자가 처음 발견한 것인지를 확인받는다. 이를 위해 국제소행성확인센터(MPCheck)에 미확인 천체를 보고할 때는 자료를 다음의 순서에 따라 정리하여 MPC(mpc@cfa.harvard.edu)에 메일을 보낸다. MPC에서는 자동으로 메일을 확인하기 때문에 다음과 같은 정해진 양식에 따라 보낸다. 이때 사진자료는 보내지 않는다.

[미확인 천체 확인 요청 양식]

COD 346

COM Long. 127 08 36.6 E, Lat. 36 28 14.22 N, Alt. 61.5m

CON KOPEC, 314 – 701, Kongju National Univ. Observatory, 182 Kongju city, Choongnamdo, KOREA [heesoo54@kongju.ac.kr]

OBS Hee-Soo Kim

MEA Hee-Soo Kim

TEL Meade 14″ + SBIG ST8XM CCD

ACK MPCReport file updated 2007.04.17 17:02:34

AC2 heesoo54@kongju.ac.kr

NET USNO – A1.0

KHL001 * C2003 10 04.71869 01 34 56.04 + 30 42 01.5 15.2 V 346

KHL001 * C2003 10 04.78617 01 34 52.96 + 30 41 46.3 15.7 V 346

한편 새롭게 발견된 소행성으로 확인되면 고유번호를 얻게 되고, 발견자는 이를 토대로 그 소행성의 이름을 지을 수 있다. 새로운 소행성의 이름을 지을 때 다음과 같은 원칙에 따라 이름을 짓는다.

소행성 이름짓기 원칙

- 영어글자로 16자 이내여야 한다.
- 완전한 한 단어여야 한다.
- 발음이 가능해야 한다.
- 공격적인 의미는 피한다.
- 기존의 소행성이나 행성의 위성 등의 이름과 너무 비슷하면 안 된다.

- 군사나 정치적 행위에 대한 사건이나 사람들을 위한 이름은 가능하나 사람이면 죽은 지 100년이 지나야 하고, 발생한 사건 또한 100년이 지난 것이어야 한다.
- 애완동물 이름은 피한다.
- 상업적 성격을 갖고 있는 이름은 허락하지 않는다.

소행성 이름이 지어지면 그 이름과 함께 이름에 대한 핵심내용을 2~4줄 정도로 요약하여 국제소천체명명위원회(Committee on Small Body Nomenclature : CSBN)에 보낸다. 다음은 '무령왕 소행성' 이란 이름을 얻기 위해 국제소천체명명위원회에 보내어 승인받았던 예이다.

31095 Buneiou Discovered 1997 Feb. 27 by N. Sato at Chichibu.
King Muryeong, known in Japanese as Buneiou, (462-523) was the 25th king of Baekje, an ancient kingdom located in the southwest of the Korean peninsula. According to the historical record found in *The Chronicles of Japan*, King Buneiou's birthplace was on Kakara Island, the northernmost part of Saga Prefecture.

국제소천체명명위원회는 천문학 전문가 15명으로 구성되어 있으며 소행성 발견자로부터 그 이름을 얻기 위한 제안서를 받으면 두 달에 걸쳐 확인하여 그 결과를 발견자에게 보내준다. 만약 국제소천체명명위원회 내에서 반대의견 등이 있으면 시간이 더 늦어질 수도 있다.

참고로 소행성 관련 내용들이 게재되어 있는 홈페이지이다.

- 소행성 관련 질문
  http://www.minorplanetcenter.net/iau/info/Astrometry.html#HowObsCode
- 이름짓기 원칙 등이 게재되어 있는 곳
  http://www.minorplanetcenter.net/iau/info/HowNamed.html
- 기존 소행성 이름과 겹치는지 확인?
  http://www.minorplanetcenter.net/iau/lists/MPNames.html#K

18 간이적도의를 활용한 은하수 관측

은하수와 같이 비교적 시야가 넓은 천체를 관측하려면 천체 추적이 가능한 적도의에 넓은 시야를 확보할 수 있는 카메라를 연결하여 관측을 수행해야 한다. 이때 천체 추적에 활용되는 적도의는 망원경용 적도의나 망원경이 달려 있지 않은 적도의를 활용할 수 있다. 망원경용 적도의를 활용하는 경우에는 망원경 경통에 피기백 방식으로 카메라를 연결하여 촬영을 할 수 있고, 적도의만 활용하는 경우에는 적도의 자체에 카메라를 직접 연결하여 촬영할 수 있다. 여기서는 비교적 가격도 저렴하고 휴대가 간편한 SkyTracker 간이적도의를 활용하여 은하수를 관측하는 방법에 대하여 알아보자.

그림 18.1 간이적도의를 활용한 천체촬영 준비물

준비물

간이적도의, 삼각대, 볼헤드, 카메라, 릴리즈, 카메라 보호백, 핫백

관측방법 및 과정

① 간이적도의를 삼각대에 설치한다 : 먼저 그림 18.2와 같이 간이적도의를 삼각대에 튼튼하게 연결한다. 이때 간이적도의에 볼헤드를 연결하는 부분이 헐렁거리지 않도록 단단하게 고정시킨다.

그림 18.2 간이적도의를 삼각대에 연결하는 장면

② 극축망원경을 간이적도의에 연결한다 : SkyTracker 간이적도의에는 극축망원경을 연결하는 부분이 있다. 따라서 이 간이적도의에 극축망원경을 단단히 연결한다. 이 극축망원경은 북극성을 찾아 극축을 맞출 때 활용되며, 그 안에는 여러 개의 동심원과 십자가(reticle)가 표시되어 있다.

그림 18.3 극축망원경을 간이적도의에 연결하기

③ 대략적인 극축을 맞춘다 : 간이적도의의 방향을 진북 방향으로 향하게 한 다음, 적도의의 고도가 그 지방의 위도값이 되도록 그림 18.4와 같이 고도 숫자값을 보면서 조정한다.

그림 18.4 간이적도의의 대략적인 극축 맞추기

④ 볼헤드를 간이적도의에 연결한다 : 볼헤드는 카메라의 방향을 자유롭게 하기 위한 도구이다. 이를 위해 그림 18.5와 같이 볼헤드를 간이적도의에 튼튼하게 연결한다.

그림 18.5 볼헤드를 간이적도의에 연결하는 장면

⑤ 카메라를 볼헤드 위에 연결한다 : 촬영에 활용할 카메라를 그림 18.6과 같이 볼헤드 위에 연결한다. 이때 카메라가 볼헤드에서 빠져나와 바닥에 떨어지지 않도록 단단하게 연결한다. 카메라를 연결한 후 카메라의 방향을 자유롭게 움직일 수 있는지 볼헤드 조임나사를 풀거나 조이면서 시험해 본다.

그림 18.6 카메라를 볼헤드에 연결하는 장면

⑥ 극축망원경을 보면서 극축을 정확히 맞춘다 : 간이적도의의 극축을 정교하게 맞추기 위해서는 간이적도의의 극축망원경 방향을 북극성이 아닌 북극 방향으로 정확히 맞추어야 한다. 이를 위해 먼저 북쪽 하늘의 북극성을 극축망원경의 극망상에서 보이게 찾아 넣는다. 북극성은 북극에 대하여 카시오페이아 별자리 ε별 방향으로 약 50′ 정도 떨어져 북극성을 중심으로 일주 운동을 한다. 즉 북극성은 시각에 따라 그 위치가 달라진다. 따라서 관측자는 관측시각에 따른 북극성의 위치를 확인하여 극축망원경 극망상의 해당 위치에 정확히 위치하도록 적도의의 방향을 조정해야 한다.

북극성의 시각에 따른 극망상의 위치 확인은 스마트폰 어플을 활용할 수 있다. 앞서 보인 SkyTracker 간이적도의는 iOptron사에서 제공한 것으로 이 적도의의 극축망원경 극망에는 그림 18.7의 왼쪽 그림의 모습이 그려져 있다. iOptron사에서는 이 모습을 활용하여 극축을 맞출 수 있도록 PolarFinder라는 어플을 제공하고 있다. 그림 18.7의 왼쪽 그림에 나타난 초록색 점은 현재 시각에 해당한 극망상에서의 북극성의 위치를 나타낸 것이고, 그림 18.7의 오른쪽 그림은 영상 방향, 극망의 표시 방법 등을 설정하는 장면이다.

그림 18.7 PolarFinder라는 북극성 위치 확인 어플 활용 모습과 화면 설정 장면

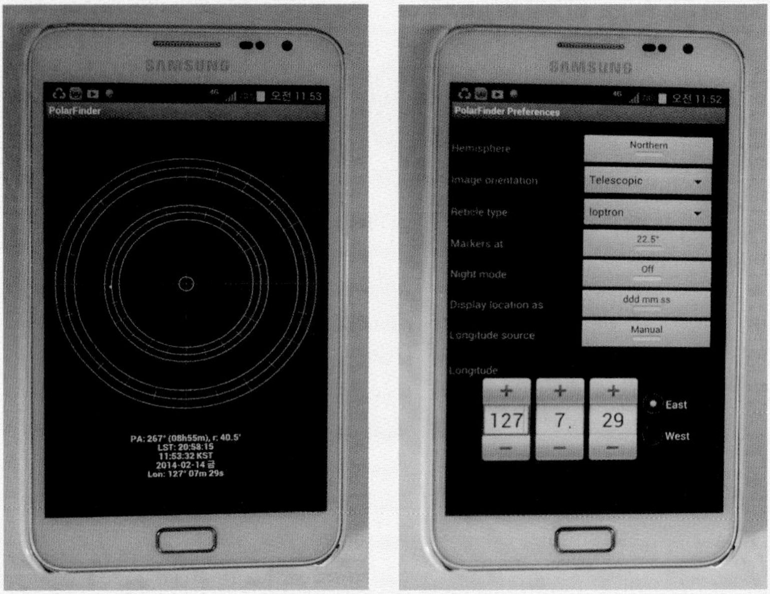

그림 18.8은 위의 어플을 이용하여 극축망원경 극망상에 북극성이 위치하도록 맞추고 있는 장면이다. 극축을 맞춘 후에는 극축이 흐트러지지 않도록 삼각대나 카메라 조작 등을 조심스럽게 해야 할 것이다.

그림 18.8 극축 맞추기 어플을 이용하여 극축을 맞추고 있는 장면

⑦ 은하수를 찾아 사진촬영을 해 보자 : 은하수를 찾아 카메라의 뷰파인더상에 적절히 들어오도록 구도을 맞추어 보자. 그리고 전원을 넣어 간이적도의의 추적 장치가 가동되도록 하자. 이제 본격적으로 은하수를 촬영하기 위해 카메라 모드를 수동으로 맞추고 조리개는 f/2.8 정도, ISO 감도는 800 정도, 초점은 무한대, 노출시간은 3~5분 정도로 설정한 후 촬영을 시작해 보자. 이때 셔터는 카메라의 움직임이나 진동을 막기 위해 그림 18.9와 같이 가능하면 유선 또는 무선 릴리즈를 활용하자. 배터리도 충분히 준비하여 촬영에 어려움이 없도록 하자. 그림 18.10은 Canon T3i 카메라에 20mm 렌즈를 연결하여 조리개 3.5, ISO 800을 설정하고 4분 동안의 노출을 주어 촬영한 은하수 사진이다. 만약 만족할 만한 결과가 나오지 않으면 촬영 조건을 달리하여 촬영해 보자.

그림 18.9 간이적도의를 활용하여 천체촬영을 하고 있는 장면

그림 18.10 은하수 : 카메라 Canon T3i, 20mm 렌즈, f3.5, 노출시간 4분, ISO 800

19 CCD 카메라를 활용한 산개성단 관측

성단은 별들이 중력에 의해 묶여 있는 집단으로서 산개성단(open cluster)과 구상성단(grobular cluster)이 있다. 산개성단은 비교적 밝은 별들로 구성되어 있으나, 구상성단은 희미한 별들로 구성되어 있다. 산개성단은 비교적 젊은 별의 집단인바, 별의 탄생과 진화에 대한 정보를 많이 가지고 있다. 따라서 이와 관련된 탐구활동을 할 때 산개성단 관측을 하게 된다. 여기서는 산개성단을 관측하여 성단 구성원들의 등급을 얻는 방법 및 과정에 대하여 알아보자.

준비물

- 망원경 : 산개성단 관측용 망원경은 관측할 성단의 크기에 따라 적절히 선택되어야 할 것이다. 즉 성단이 크면 망원경 시야가 큰 망원경이 유리하고, 작으면 작은 시야의 망원경이 유리하다. 여기서는 일반 사진관측용으로 널리 활용되는 152mm 굴절망원경(그림 19.1 참조) 중심으로 설명해 보겠다.
- CCD 카메라 : 산개성단 관측용 CCD 카메라는 카메라의 핵심 부품인 CCD 칩의 크기가 큰 것이 좋다. 왜냐하면 CCD 칩의 크기가 크면 클수록 보다 넓은 영역을 확보할 수 있기 때문이다. 그림 19.2는 ST-8XE 모델(가로 13.8×세로 9.2 mm, 1530×1020pixels, 픽셀크기 9×9μ)의 CCD 카메라이다.

  이 카메라를 앞서의 망원경에 연결하면 그 시야는 가로 38. 96′, 세로 25. 97′ 이 된다.
- 필터 : 필터는 관측목적에 따라 다양하게 선택할 수 있다. 일반적으로

그림 19.1 152mm 굴절망원경(5/8, F=1216mm)

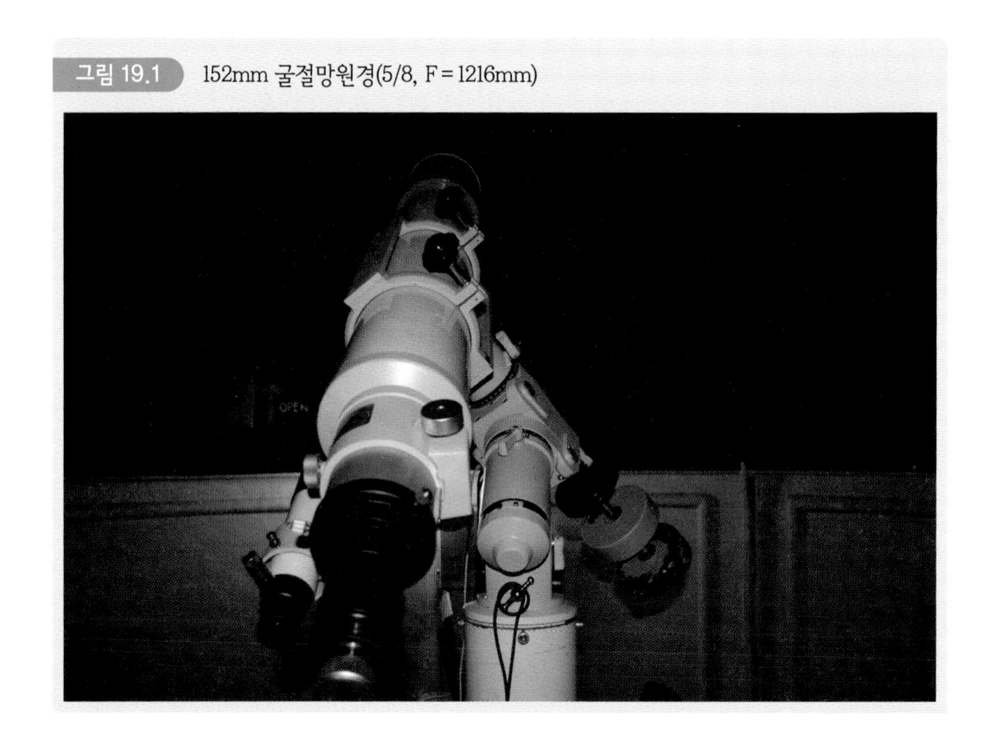

그림 19.2 CCD 카메라(ST-8XE 모델)

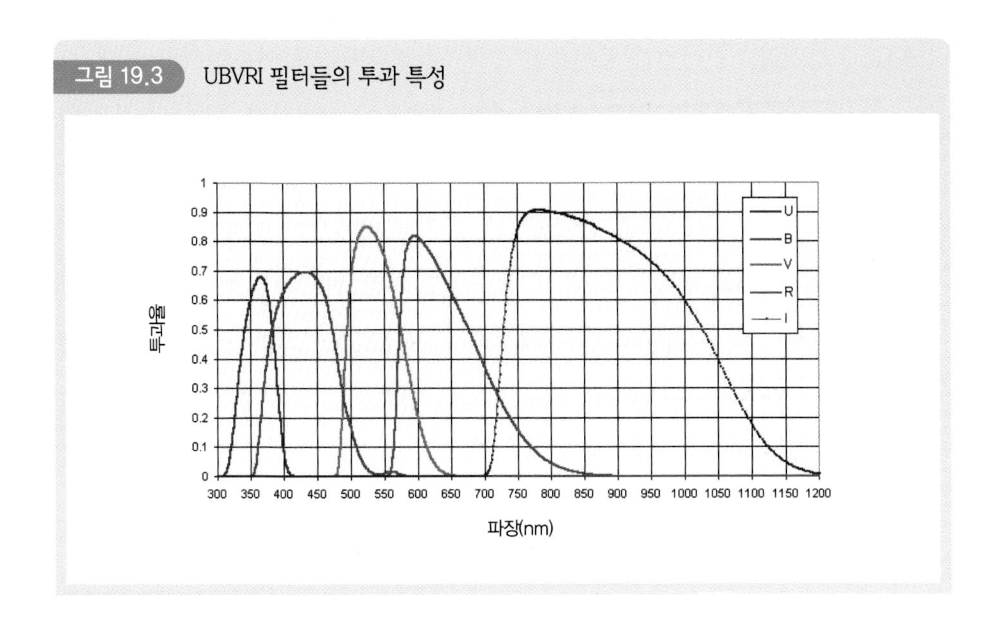

그림 19.3 UBVRI 필터들의 투과 특성

UBVRI 시스템을 활용한다. 이 필터시스템에 대한 각 필터의 투과 특성은 그림 19.3과 같다.

미리 알아두기

- 카메라를 망원경에 연결했을 때의 시야 : 망원경에 CCD 카메라를 연결한 상태에서 사진을 찍을 때, 그 시야는 다음의 식처럼 망원경의 초점거리와 CCD 카메라의 칩의 크기와 관련된다.

$$\text{시직경}('') = 20626.5'' \times \frac{\text{칩 크기 } d(\text{mm})}{\text{망원경의 초점거리 } F(\text{mm})}$$

따라서 CCD 카메라를 망원경에 연결하여 사진을 찍을 때, 그 시야를 미리 계산해 두어야 적절한 크기의 관측천체를 선택하여 찍을 수 있다. 예를 들면 관측시스템의 최대 시야가 40′(240″) 정도될 때, 이보다 다소 작은 20~30′ 정도되는 크기의 천체를 선정하여 찍으면 한 프레임에 딱 들어오기 때문에 보기 좋을 것이다.

- CCD 카메라 : 최근의 천체관측은 주로 CCD 카메라로 이루어지고 있다. 그 까닭은 무엇일까? 첫째, CCD가 기존의 광전측광이나 사진측광보다 적은 양의 빛에도 민감하게 반응하는 높은 양자효율을 가지기 때문에 관측 효율을 높일 수 있고, 둘째, 검출기가 상당히 넓은 범위에서 선형성이 좋기 때문이며, 셋째, 시간과 파장 변화에 대한 반응도 민감하여 어두운 천체를 관측할 때 유리한 특성을 지니고 있기 때문이다. 또 CCD 카메라 장치를 컴퓨터에 연결하여 작동시키면, 관측천체를 디지털 영상으로 얻을 수 있기 때문이다. 이러한 CCD 카메라의 특징들을 살리면 기존의 천체관측보다 정확한 관측자료를 얻을 수 있고, 망원경의 관측 한계를 상당히 극복할 수 있다.

방법 및 과정

관측천체의 선정

목적성과 표준성 정하기

관측천체를 선정하려면 우선 관측하려는 계절에 떠야 하고, 망원경 접안부에 설치된 CCD 카메라의 시야에 상 전체가 들어올 수 있는 크기의 천체가 좋다. 또 성단이나 그 주변에 표준성으로 활용할 수 있는 밝은 천체가 있으면 좋다. 그림 19.4

그림 19.4 산개성단 NGC7235 찾기(좌측 : 케페우스 오각형, 우측 : NGC7235)

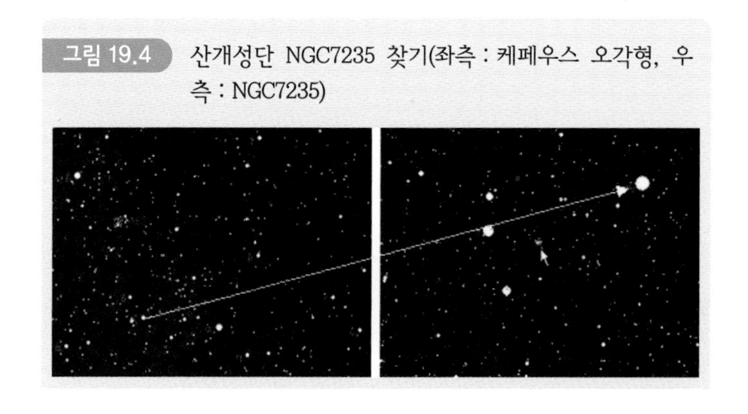

표 19.1 표준성의 등급과 색지수

NGC7235	B	V	I	B-V	V-I
Ref1	9.765	8.774	5.876	0.991	2.898
Ref2	12.298	10.111	5.14	2.187	4.971
Ref3	11.447	10.568	7.964	0.879	2.604
Ref4	11.091	10.426		0.665	
Ref5	11.829	10.231		1.598	

는 이런 점들을 고려하여 선정한 예로 NGC7235 산개성단이다.

관측할 성단이 결정되었으면 그 성단에 대한 보다 구체적인 정보를 정리해 둔다. 이와 함께 나중에 관측된 산개성단 구성원들의 등급을 정하려면 성단 주변에 분포한 밝은 별들 중에서 표준성을 선정해야 한다. 표준성은 많으면 많을수록 성단 구성원들의 등급을 정확히 정할 수 있다. 여기서는 5개의 표준성을 선정하여 표 19.1과 같이 정리하였다. Ref1~Ref3은 NGC7235 성단 구성원이며, Ref4와 Ref5는 성단 주변의 밝은 별 중 광전 관측으로 등급과 색지수가 잘 알려진 별들이다.

파인딩 맵 작성

망원경으로 밤하늘 별자리 등의 모습을 보면 맨눈으로 보았을 때나 성도에 제시된 모습과는 다르게 보인다. 그것은 밤하늘 천체들의 모습이 망원경으로 들어오면서 망원경의 거울이나 렌즈에 의해 빛이 꺾여 들어오기 때문이다. 따라서 관측자는 성단 주변의 별들의 분포를 그린 다음, 이를 180° 뒤집어서 파인딩 맵으로 활용하는 것이 좋다. 그래야 관측자가 찾으려는 목적천체를 정확히 찾을 수 있다.

관측과정

관측 전에 망원경과 컴퓨터 및 각종 기기 간의 배선 접속을 확인하고 전원을 연결시켜 충분히 워밍업(warming up)을 시켜 관측기기의 안정도를 높인다. 또 망원경의 극축과 CCD 카메라의 동작 상태 및 카메라 제어 프로그램의 정상 작동 여부도 미리 확인해 두고 관측을 수행한다. 다음은 그 구체적인 과정이다.

CCD 카메라를 망원경에 연결하기

ST-8XE CCD 카메라를 망원경 접안부에 그림 19.5처럼 연결한다. 연결했을 때 흔들거리거나 불안정하게 연결되는 경우도 있으므로 튼튼하게 연결하도록 한다. 이때 CCD 카메라의 앞부분에는 필터 박스가 연결되어 있어야 한다. 왜냐하면 성단 관측은 여러 개의 필터를 활용하기 때문이다. 한 가지 주의할 점은 관측 도중 CCD 카메라의 위치를 처음 위치와 다르게 돌려 그 위치가 바뀌면 앞뒤 관측결과를 비교하기 어려우므로 카메라의 위치는 특별한 일이 없는 한 꼭 고정시켜 놓고 관측 과정을 수행해야 한다. 즉 위치각(position angle)을 일정하게 해 두고 관측을 수행해야 여러 관측자료를 보다 쉽게 비교할 수 있고, 자료의 처리도 용이하다.

한편 카메라 때문에 망원경의 균형이 달라졌을 것이므로 망원경의 동서 및 남북 평형을 재조정하도록 한다.

그림 19.5 CCD 카메라를 망원경 접안부에 연결하는 장면

CCD 관측용 프로그램 설치

CCD 관측을 하기 위한 관측용 프로그램을 설치하기 전에 CCD 카메라, 필터시스템, 전원 연결선, CCD 카메라와 PC 연결선 등을 모두 연결한다(그림 19.6 참조). 그리고 나서 관측용 프로그램 CCDSoft를 설치한다. 이 프로그램은 카메라와 함께 제공된다. ST-8XE CCD 카메라는 USB 포트를 사용하므로 SBIG사의 USB 드라이브를 설치해야 한다. 보통 ST-8XE CCD 카메라를 컴퓨터와 연결하여 전원을 올리면 자동으로 인식하여 USB 드라이브를 설치한다. 그렇지 않으면 내컴퓨터 제어판-새하드웨어 추가에 들어가서 SBIG사의 USB 드라이브를 설치해 주면 된다.

그림 19.6 CCD 카메라와 연결선 : 카메라를 접안부에 안정적으로 연결하기 위하여 철사줄로 연결해 두었음

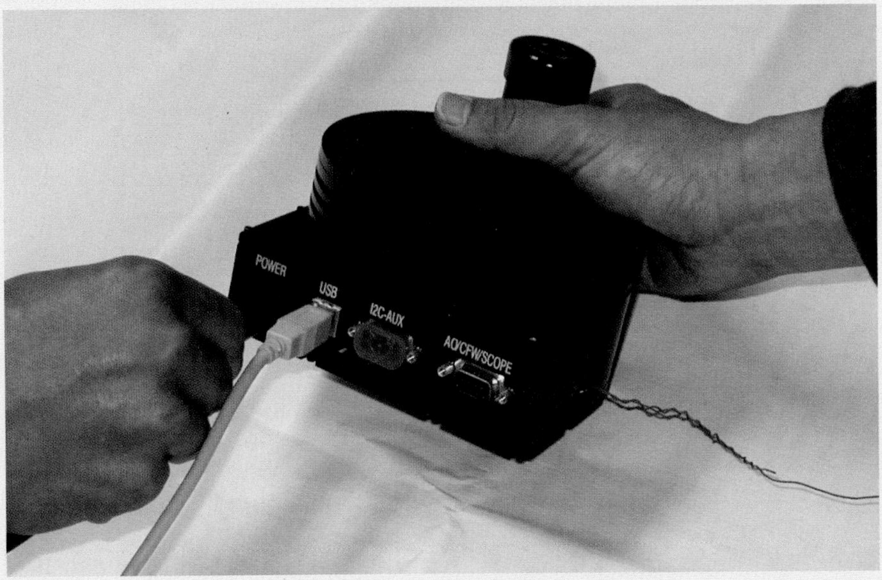

관측 프로그램(CCDSoft)의 실행

CCD 카메라에 전원을 넣는다. 그리고 CCDSoft를 실행시킨다. 이때 Camera 메뉴로 들어가면 그림 19.7과 같은 화면이 뜬다. Setup을 눌러 CCD Camera의 기종을 선택하고 Settings를 눌러 USB 포트를 지정한다. 그 다음 Connect를 눌러 컴퓨터와 CCD를 서로 연결해 주며, File Defaults를 눌러 관측된 영상을 저장할 위치를 지정해 준다. 그리고 CCD 카메라의 온도를 낮추어 암잡음의 발생을 줄이기 위해 Temperature를 눌러 −25∼−30℃ 정도로 지정해 준다. CCD 카메라를 너무 급하게 냉각시킬 경우에는 성애가 끼어 이미지가 이상하게 나올 수도 있으므로 서서히 냉각을 시킨다. 실제 관측은 충분히 냉각이 이루어지고, 성애가 없어진 후에 수행한다.

그림 19.7 CCD 카메라의 설정 장면

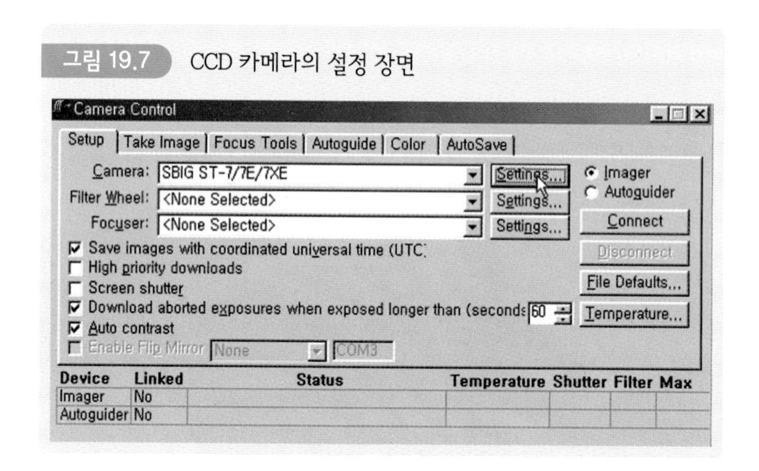

초점 맞추기

망원경으로 밝은 별을 하나 찾아 망원경 중앙에 위치시킨 다음, Camera Control-Focus Tools 메뉴를 누르면 초점을 맞추는 화면이 그림 19.8처럼 나타난다. 이때 노출시간은 보통 0.5∼1초 정도, Bin은 2 또는 3, Graph는 Sharpness로 하고, Continuous에 체크하여 연속적으로 이미지가 촬영되도록 지정한 후 Take Image 버튼을 눌러 촬영을 시작한다. 접안부를 아주 조금씩 조정하면서 그래프가 가장

그림 19.8 초점 맞추기

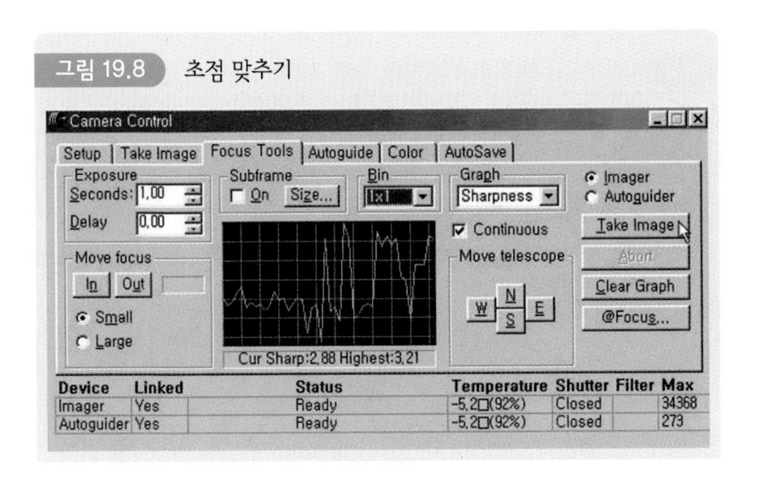

뾰족해질 때를 찾는다. 그래프는 밝기 수치를 나타내므로 가장 뾰족할 때가 초점이 가장 잘 맞을 때이다. 초점이 잘 맞았으면 관측을 시작한다.

플랫 영상의 관측

CCD 카메라는 각 화소들의 양자효율이 완전히 같지 않기 때문에 화소별 양자효율의 차이를 보정해 주어야 한다. 이러한 보정을 위해 균일 광원이 필요하다. 균일 광원으로는 해가 진 후 약 30분 동안 동쪽 하늘 고도 60~80° 부근이 좋다. 따라서 망원경을 그곳에 맞추고 관측에 이용하고자 하는 필터별로 포화가 되지 않은 범위에서의 ADU(Analig to Digital Unit : 최댓값의 70~80% 정도면 적당) 값을 고려하여 찍는다. 노출시간은 처음에는 짧게 1초 정도로 하다가 차츰 하늘이 어두워짐에 따라 약 20초까지 다양한 시간으로 여러 장 찍어서 나중에 평균하여 이용하도록 한다. 만약 해가 진 후 플랫 영상을 얻지 못했을 경우 새벽녘이나 다음 날에 얻어 사용할 수 있다. 카메라를 1시간 전 정도에 미리 냉각시켜 두면 급냉각에 의한 이슬 등이 없어져 좋은 플랫 영상을 얻을 수 있다.

성단의 관측

관측할 성단을 망원경 중앙에 위치시킨다. 그리고 관측에 활용할 필터는 BVI 정

그림 19.9 산개성단 NGC7235(B 필터, 노출 30초)

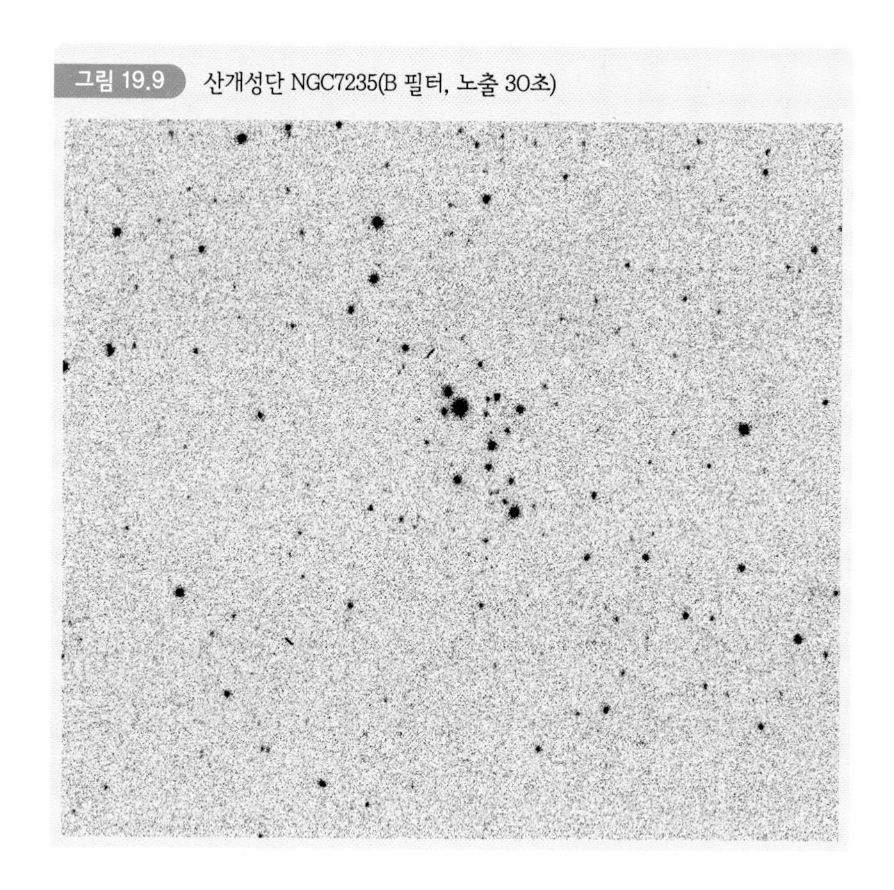

도면 적당하므로 이들 필터만 활용한다. 이러한 필터들을 활용하여 30초, 60초, 90초의 노출시간별로 촬영한다. 필터별 성단관측 시간만큼 암화면도 함께 찍어 두어 나중 보정에 활용하도록 한다. 또 가끔 바이어스 화면도 찍어 둔다. 바이어스 화면은 노출시간이 0초인 영상으로, 시간과 주변 조건에 따라 달라질 수 있다. 성단의 촬영은 가능하면 많이 해 두도록 한다. 그림 19.9는 B 필터로 찍은 NGC 7235의 예이다.

전처리

일반적으로 CCD 관측결과는 카메라의 특성이나 주변 온도 등 여러 요인에 의한 효과가 포함되어 나타난다. 따라서 별빛 이외의 다른 효과들을 제거해 주어야 순수한 별에 의한 결과만을 얻을 수 있게 된다. 이와 같이 별빛에 의한 결과만을 얻어내기 위한 작업을 전처리라 한다. 전처리를 정교하게 수행하려면 CCD 카메라의 각 픽셀들의 특성이 똑같지 않기 때문에 이를 보정하기 위한 평탄화 작업, 암전류를 보정하기 위한 작업, 바이어스 보정 작업 등이 필요하다. 여기서는 CCD 측광자료 분석 프로그램인 MaxImDL을 이용하여 전처리하는 과정에 대하여 알아보자.

관측 영상의 정리

관측된 목적 영상에 대한 전처리 작업을 하기 위해 목적천체 영상 및 이와 관련된 플랫 영상, 암영상 그리고 바이어스 영상 등을 준비한다.

① 목적천체 영상 : 목적천체 영상은 관측자가 관측목적을 달성하기 위해 얻는 영상이다. 그림 19.10은 산개성단 NGC7235로 아직 아무런 처리가 되지 않는 영상이다.

② 플랫 영상 : 바닥 고르기 영상은 CCD의 각 화소 간의 양자효율의 차이를 균일하게 맞추어 주기 위한 영상이다. 그림 19.11은 바닥 고르기 영상(flat frame)으로 여러 장을 median 평균한 결과이다. 만약 관측일에 바닥 고르기 영상을 얻지 못했을 경우에는 관측일로부터 가장 가까운 날의 찍어 두었던 바닥 고르기 영상을 활용한다.

③ 암영상 : CCD 칩은 온도가 −100℃ 이하에서는 암전자가 거의 발생하지 않지만 이보다 높은 온도에서는 온도에 따라 지수함수 꼴로 암전자가 생성된다. 액체질소를 냉각매체로 사용할 경우에는 암전자가 거의 발생하지 않아 암영상을 따로 얻을 필요가 없지만, ST-8XE와 같은 CCD 카메라의 경우 전기냉각방식을 사용하므로 암전자가 발생하여 이를 보정해 주어야 한다. 이를 보정하기 위한 암영상은 카메라 셔터가 닫혀 있는 상태에서 별을 찍을 때의 시간과 같은 노출시간으로 하여 얻는다. 그림 19.12은 1분 노출로 찍은 암영상 결과이다.

그림 19.10 NGC7235 V 필터 영상(전처리가 안 된 영상)

그림 19.11 평균한 플랫 영상

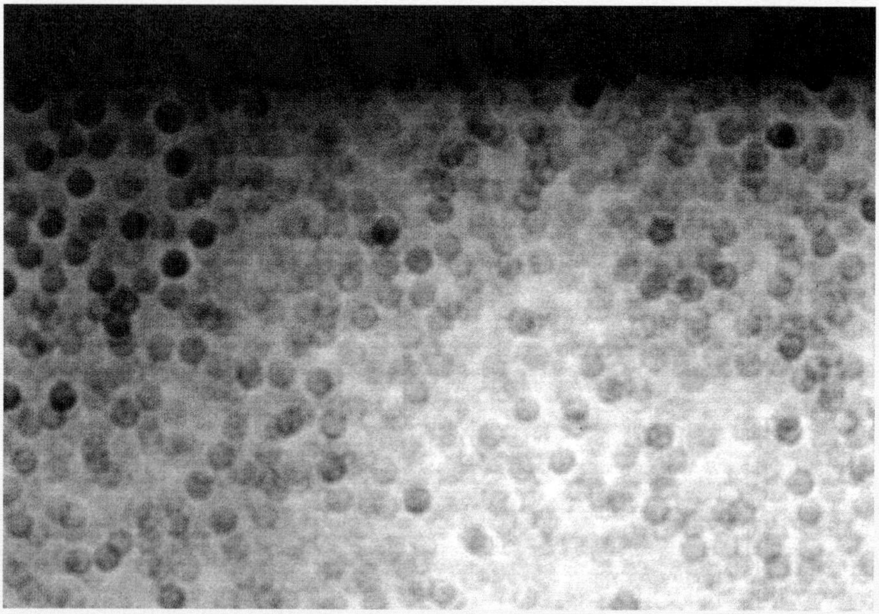

그림 19.12 암영상

그림 19.13 바이어스 영상

④ 바이어스 영상 : 바이어스 영상은 노출시간이 0초인 영상으로 광전 관측에서 영점조정하는 것처럼 모든 관측 영상에 보정해 주기 위한 영상이다. 바이어스 영상은 한 천체를 찍고 난 후에 다른 천체를 찾는 동안에 얻으며, 여러 장을 찍

어 평균하여 활용한다. 그림 19.13은 여러 장의 바이어스 영상을 얻어 median 평균한 결과이다.

헤더 편집

일반적인 CCD 영상파일의 확장자는 fit이다. fit 영상은 영상정보를 헤더에 텍스트 형태로 입력 및 편집할 수 있다. 그림 19.14는 MaxImDL 프로그램에서 관측 영상을 불러낸 후, 메뉴의 'View-Fits Header'를 클릭하여 헤더의 내용을 확인하고 편집하는 장면이다. 즉 관측 관련 주요 자료인 관측천체(Object), 활용한 망원경(Telescope), 카메라(Instrument), 관측자(Observer) 등을 입력한다.

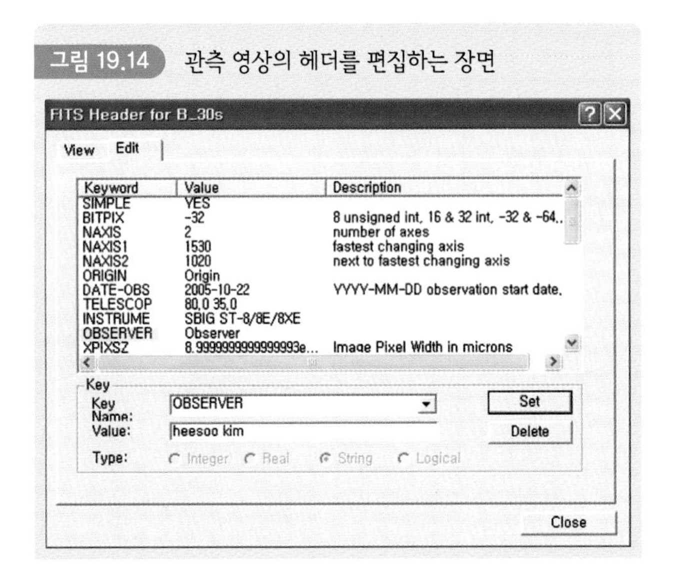

그림 19.14 관측 영상의 헤더를 편집하는 장면

관측 영상 일치시키기

관측 시 CCD 카메라는 가능하면 움직이지 않도록 위치각(position angle)을 고정시켜 두고 관측한다. 그래야 여러 영상을 서로 직접 비교하고 정리해 나갈 수 있다. 그런데 첫 번째 관측 후 CCD 카메라를 망원경에서 떼어내어 다른 곳에 보관해 두었다가 두 번째 관측을 위해 그 CCD 카메라를 다시 설치하면 위치각이 약간 달라지게 된다. 이와 같이 동일한 천체를 관측한다 하더라도 관측 시마다 카메라 위치가 바뀌게 되면 그 관측결과들을 직접 비교하기 어렵다. 관측 영상들의 방향을 일치시키고자 할 때는 메뉴의 'Process-align' 을 활용한다.

자료보정

이제 본격적인 전처리를 하기 위해 보정하고자 하는 CCD 이미지를 불러오자. 그리고 Process 메뉴의 Set Calibrate를 클릭하면 전처리 화면이 그림 19.15처럼 나타난다. 이때 Dark Frame Scaling을 None으로 놓고, 아래쪽에 Bias Frame, Dark Frame, Flat Frame을 Select Files를 통해 각각 지정해 준다. Bias는 같은 날짜에 찍어 평균 합성한 사진을 지정한다. Dark도 같은 날짜에 찍어 평균 합성한 이미지를 지정하는데 목적천체 CCD 영상의 노출시간과 일치시켜 선택한다. Flat Frame까지 모두 선택했으면 OK를 눌러 보정하고 그 결과를 저장해 둔다. 같은 방법으로 각 필터별, 노출시간별로 관측자료를 보정한다.

그림 19.15 전처리 화면

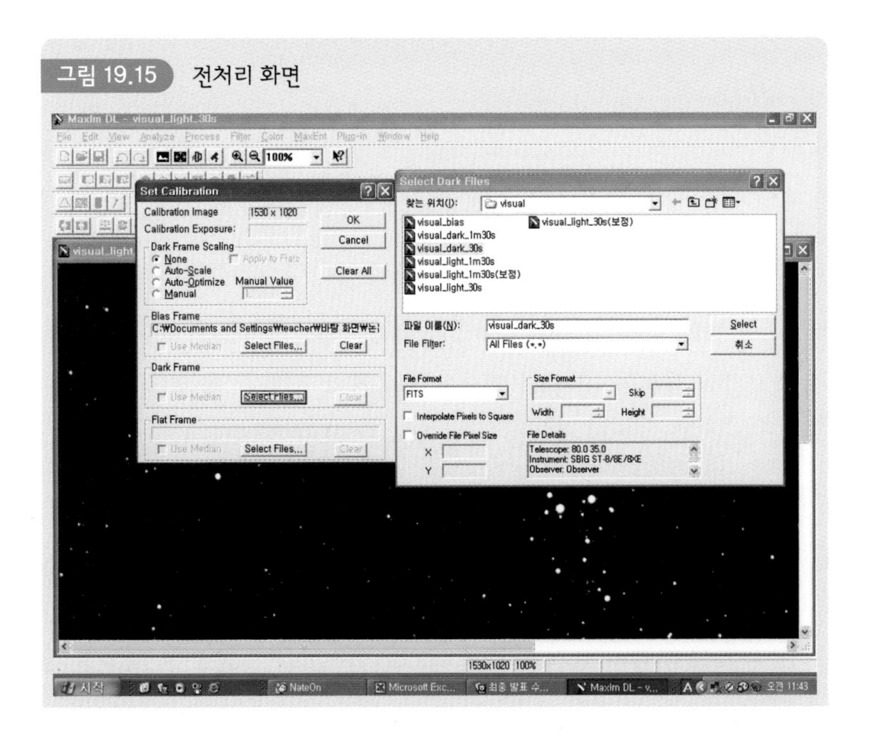

그림 19.16 NGC7235의 전처리 결과(V 필터, 노출 1분 30초)

그림 19.16은 그림 19.10을 보정한 결과 화면이다. 보정 전보다 깨끗해져 있음을 알 수 있다.

측광

전처리가 끝나면 관측자료들에 대한 측광을 실시한다. 즉 전처리가 완료된 자료를 토대로 각 별들에 대한 등급을 구한다. MaxImDL 메뉴의 Photometry를 이용하면 노출시간이 다른 여러 장의 영상을 동시에 측광할 수 있다. 이 작업을 하기 위해 먼저 목적천체 CCD 영상의 배경을 밝게 하여 프린트해 놓는 것이 좋다. View의 Screen strech window에서 Minimum의 수치를 높여 음영이 반대가 되게 한 다음 Maximum의 수치를 적절히 낮추어서 음영이 전환된 밝은 배경의 이미지를 얻는다(그림 19.17 참조).

여기서, 관측한 자료가 측광 작업을 할 수 있을 정도로 자료의 질이 좋은 것인

그림 19.17 배경을 밝게 한 CCD 영상

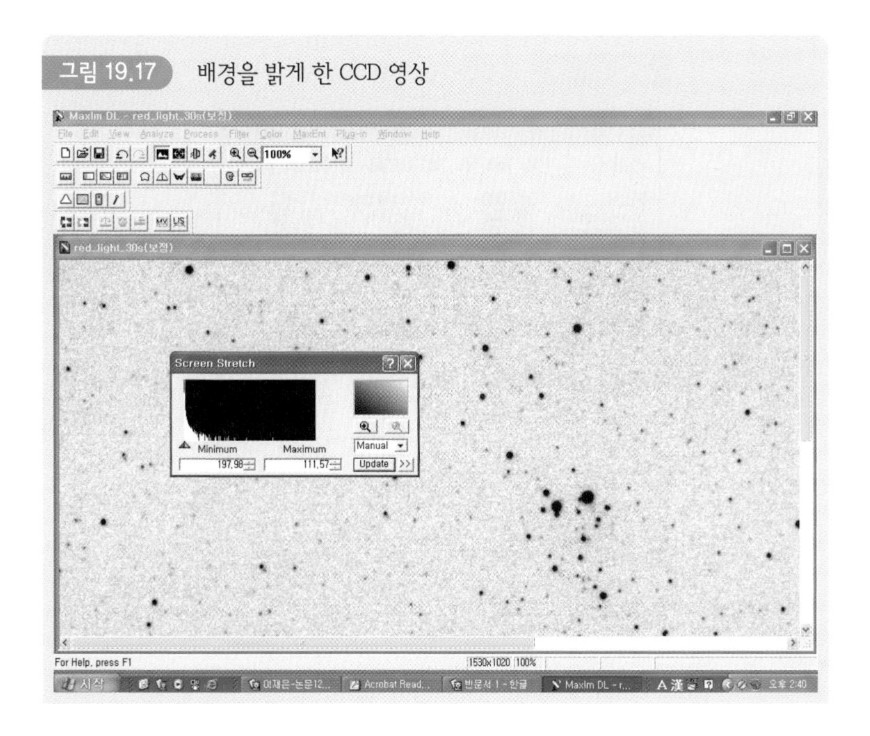

지 아닌지를 판별하기 위해 그림 19.18과 같이 별들이 3차원 대칭 분포를 보이는지 확인해 볼 필요가 있다.

본격적인 측광을 하기 위해 측광하고자 하는 필터의 CCD 영상을 모두 불러 온다. 그 다음 Analyze 메뉴의 Photometry를 클릭하면 Analyze Photometry 창과 Information 창이 뜬다. 여기에서는 구경측광을 하기 위해 그림 19.19와 같은 Information 창에서 Mode영역에 Aperture로 지정한 다음 측광을 실시한다. 관측 영상에 마우스를 두면 마우스의 움직임에 따라 Information 창의 내용이 달라짐을 확인할 수 있다. 특히 영상을 찍을 때 날씨를 예상해 볼 수 있는 FWHM과

그림 19.18 관측된 별의 3차원적 빛의 분포

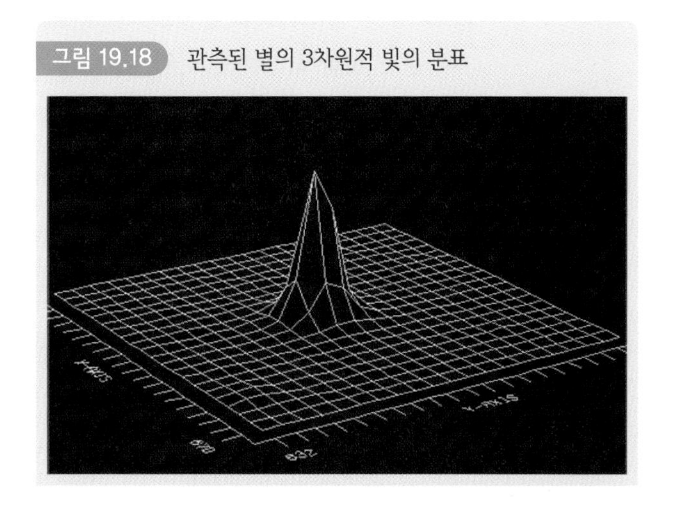

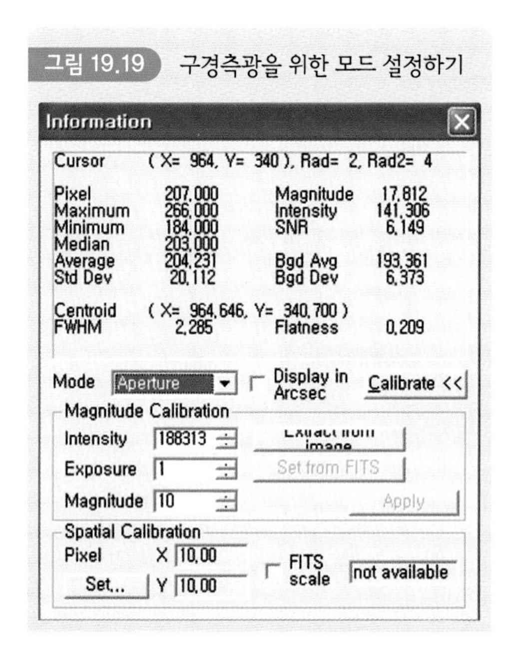

그림 19.19 구경측광을 위한 모드 설정하기

관련 정보를 확인할 수 있다.

Image List에 있는 하나의 파일을 클릭한 후, Mouse Click Tag에 New Reference Star를 지정한다. MaxImDL 프로그램에서는 Object 별의 등급을 Reference Star의 등급에 대한 상대적인 밝기로 측광을 한다. 이에 Reference Star는 목적천체와 동일한 영상에서 관측될 수 있는 별 중에서 이미 잘 관측된 밝은 별을 사용하는 것이 좋다. 또한 측광의 정확도를 높이기 위해서 Reference Star는 다양한 분광형의 많은 별을 활용하는 것이 좋다. Reference Star를 지정하면 화면에 Ref 1, Ref 2, Ref 3…이라는 표시가 나타나고, 그때마다 Ref Mag에 그 별의 등급을 적으라는 커서가 깜빡이면 그 별의 등급을 입력한다. Reference Star의 등급은 표준성 목록에서 준비해 둔 자료를 활용한다. 이때 활용할 Reference Star가 CCD 표준성 목록에 나와 있으면 그 목록에 나와 있는 대로 활용한다. 하지만 CCD 표준성 목록을 가지고 있지 않은 경우에는 광전측광 결과로 얻어진 표준성 목록을 활용한다. 이때 각 필터별로 Reference Star의 등급을 구분하여 정확히 모두 입력한다(그림 19.20 참조).

그림 19.20 측광작업(Reference Star 지정하기)

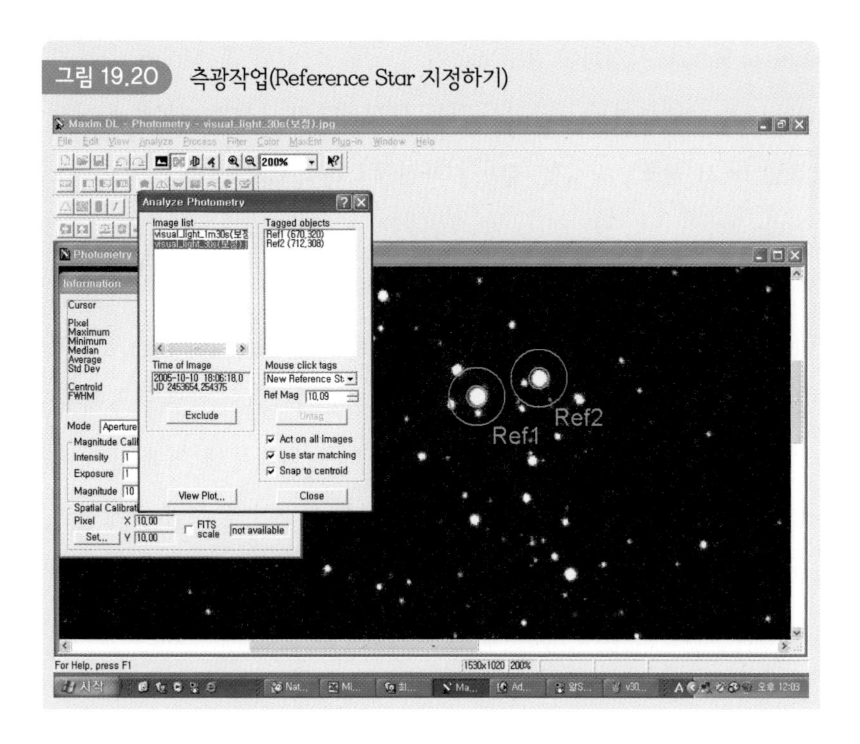

그림 19.21 측광작업(Object 별 지정하기)

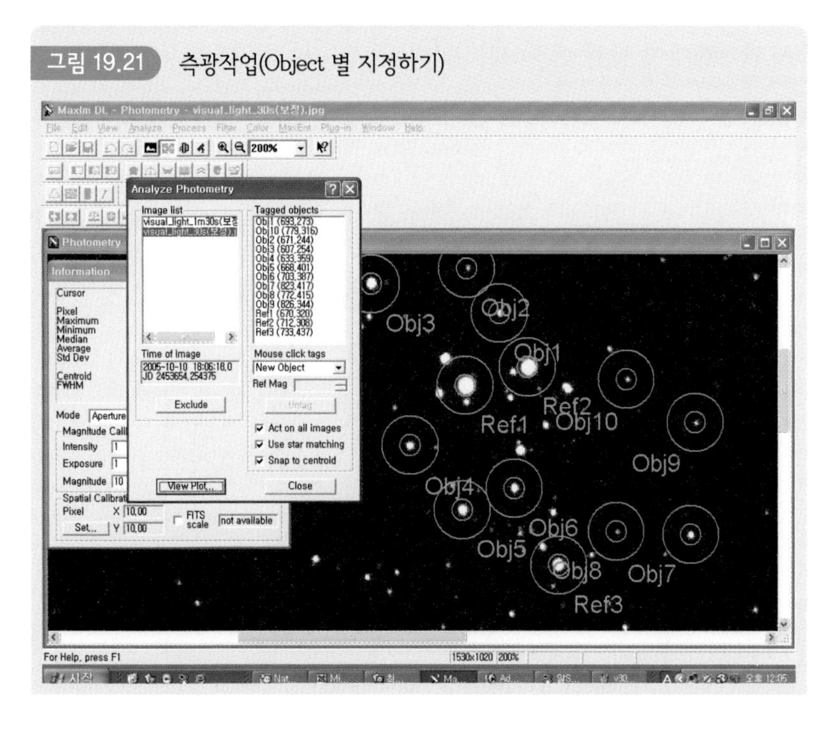

Reference Star를 지정하고 Ref Mag에 등급을 기입한 후 Mouse Click Tags에 New Object를 선택하여 측광하고자 하는 산개성단의 구성원 별들을 하나씩 지정한다(그림 19.21 참조). 지정할 때마다 화면에 Obj 1, Obj2, Obj3,… 순으로 숫자가 쓰인다.

이와 같이 목적성의 구성원을 지정할 때 어떤 별들이 성단의 구성원인지 미리 확인해 두어야 한다. 이 과정에서 CCD 관측 영상을 프린트 해 놓은 종이에도 똑같이 번호를 기입해 두어야 번호의 중복을 방지할 수 있다. 너무 근접해 있는 별들을 측광할 경우에는 클릭이 되지 않고 손이 나타나는데 이땐 먼저 측광한 Object의 원을 조금 옮겨놓고 지정한다. Object를 지정한 후 조금 전에 옮겨둔 다른 별의 원을 제자리로 갖다 둔다. 이와 같이 New Object는 Reference Star를 포함해서 30개까지만 지정된다. 모든 지정이 완료되면 View plot을 클릭하여 그림 19.22와 같은 그림을 통하여 측광의 안정성 여부를 확인한다. 즉 동쪽 하늘의 성단을 관측했으면 시간이 흐름에 따라 점점 밝아진 결과를 보일 것이고, 서쪽 하늘의 것을 관측했다면 점점 어두워진 경향을 보일 것이다. 만약 동일한 필터의 2개의 영상을 불러내어 작업을 하는 중이라면 2개의 점이 시간의 흐름에 따른 결과

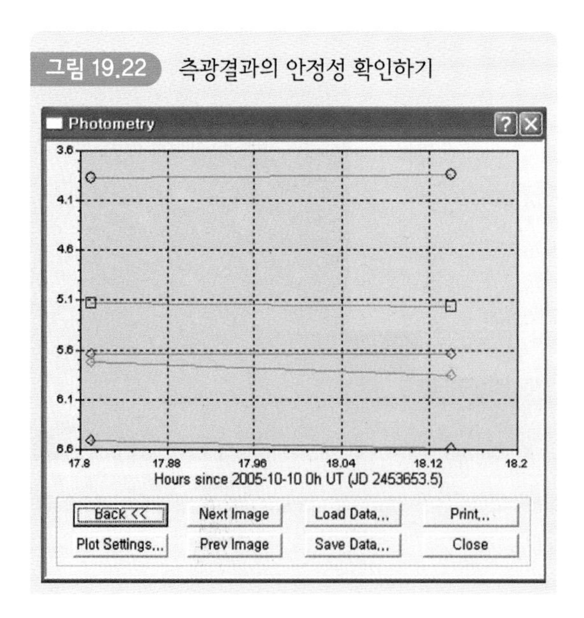

그림 19.22 측광결과의 안정성 확인하기

그림 19.23 Excel에 저장된 측광결과

	A	B	C	D	E	F
1	10/10.30s	B	U	V	B-V	U-B
2	ref1	10.189	11.097	9.106	1.083	0.908
3	ref2	11.526	13.628	9.469	2.057	2.102
4	ref3	11.84	12.42	10.916	0.924	0.58
5	ref4	11.645	13.155	10.119	1.526	1.51
6	1	12.381	13.146	11.363	1.018	0.765
7	2	14.33	14.972	13.313	1.017	0.642
8	3	15.752	15.91	14.379	1.373	0.158
9	4	16.394	17.629	15.258	1.136	1.235
10	5	17.218	16.136	15.296	1.922	-1.082
11	6	12.853	14.066	11.496	1.357	1.213
12	7	15.242	16.173	13.961	1.281	0.931
13	8	16.081	16.712	15.001	1.08	0.631
14	9	15.926	15.822	14.819	1.107	-0.104
15	10	13.531	14.165	12.65	0.881	0.634
16	11	12.918	13.726	11.946	0.972	0.808
17	12	15.612	17.192	14.869	0.743	1.58
18	13	17.298	61.669	15.818	1.48	44.371
19	14	11.971	12.481	11.152	0.819	0.51
20	15	16.278	16.654	14.822	1.456	0.376
21	16	16.846	17.397	15.22	1.626	0.551
22	17	15.134	15.89	14.166	0.968	0.756
23	18	12.112	13.534	10.639	1.473	1.422
24	19	16.695	16.797	14.419	2.276	0.102
25	20	15.598	18.244	15.245	0.353	2.646
26	21	16.151	17.334	14.961	1.19	1.183
27	22	15.062	16.893	13.484	1.578	1.831
28	23	15.627	19.016	13.857	1.77	3.389
29	24	16.353	18.69	14.256	2.097	2.337
30	25	16.787	16.453	15.624	1.163	-0.334

를 보일 것이다. 만약, 그래프에서 plot이 일관성을 벗어날 경우, 그 부분을 클릭하면 해당 이미지의 화면이 제일 위로 나타나며 그 별의 원 마크만 색이 옅게 표시된다. 그곳으로 마우스를 가져가면 손 모양이 나타나는데 위치를 옮길 수 있음을 뜻하는 것으로서 마우스로 클릭 후 드래그하여 정위치에 옮기면 그래프의 plot 위치도 변하게 된다. 규칙적이고 안정된 결과를 보일 경우, 'save data'를 누르면 자동으로 Excel 형식으로 저장된다. 그림 19.23은 이를 정리한 예이다.

Save data 후 Back을 눌러 Tagged Objects에서 각 별을 선택해 untag를 누르면서 앞서 지정했던 별들을 지우고 새로운 New Object를 지정한다. New Reference Star는 지우지 말고 그대로 두고 나머지 별들을 모두 측광한다. 측광 자료의 정확성을 위해 2~3회 반복하여 측광을 한다.

정리 및 분석

측광결과가 정리되면 이를 통해 그림 19.24와 같은 NGC7235의 색-등급도를 얻을 수 있다.

또 측광결과를 토대로 표준화, 색-색도, 성간적색화량 등을 얻게 되며 성단의 거리, 성단구성원들의 질량, 성단 나이 등의 천체물리량도 구하게 된다.

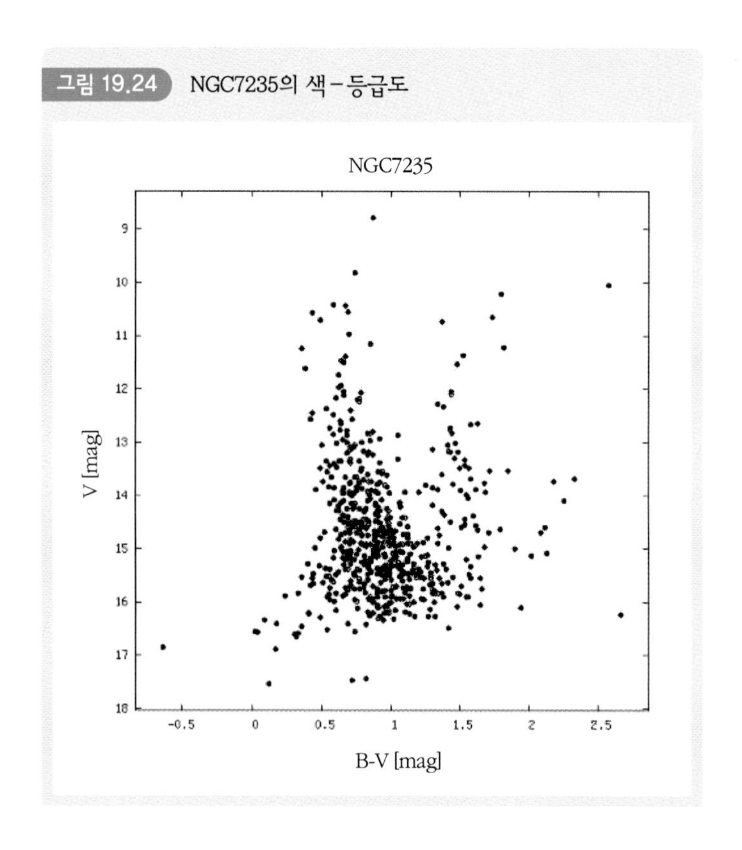

그림 19.24 NGC7235의 색-등급도

20 LRGB 필터를 활용한 성운 관측

일반적으로 천문학자들은 필터(파장대, 색깔)별로 천체사진을 얻어 여러 물리량을 구한다. 그 까닭은 처음부터 컬러 사진을 얻어 파장대별로 분해하는 것보다 애초부터 파장대별로 사진을 얻어 물리량을 구하는 것이 훨씬 더 정확하기 때문이다. 물론 필요에 따라 파장대별로 얻은 사진을 합성하여 컬러 사진으로 얻기도 한다. 여기서는 M57(고리성운) 컬러 사진을 얻기 위하여 CCD 카메라에 LRGB 필터를 장착하여 관측한 다음, 그 결과를 합성하여 컬러 M57 사진을 얻는 방법에 대하여 알아보자.

준비물

LRGB 필터, CCD 카메라, 필터 박스, 망원경, PC, 천체관측용 소프트웨어(MaxIm DL, CCDSoft, CCDOPS 등), 포토샵

미리 알아두기

비닝(binning)은 묶기를 의미한다. CCD 관측에서 종종 관측결과를 보다 빠르게 얻기 위하여 2비닝 또는 3비닝 모드를 활용한다. 2비닝(2×2비닝)의 의미는 가로 픽셀 2개와 세로 픽셀 2개를 하나의 픽셀로 간주하여 사진을 찍는다는 의미이다. 결과적으로 관측시간을 4배 줄일 수 있게 된다.

즉 그림 20.1과 같이 2비닝의 경우 1비닝 때보다 빛을 4배로 받았기 때문에 감광도는 4배 증가한다. 하지만 2배만큼 거칠은 픽셀 단위로 빛을 받았기 때문에 분

그림 20.1 비닝

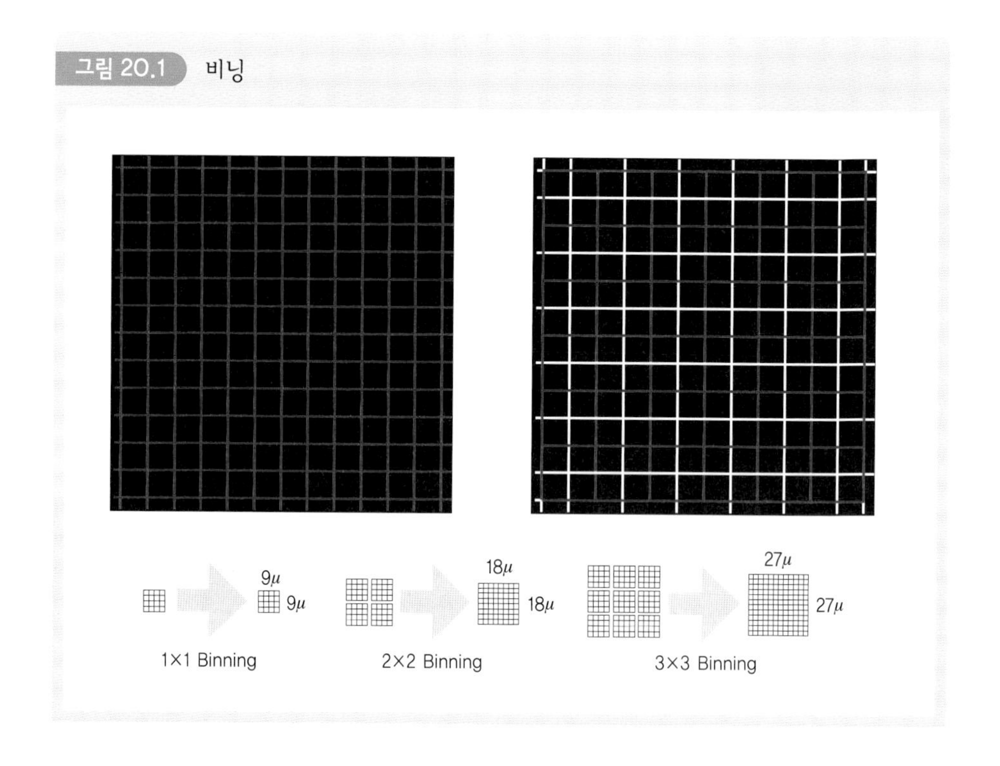

해능은 2배 줄어든다. 비닝의 활용은 관측 시작 시 전체 영상의 초점을 맞출 때 자주 활용된다. 예를 들면 3비닝 모드에서 별을 맞추면 9배의 감광도가 되면서 9배나 빠른 시간으로 초점이 잘 맞았는지의 여부를 판단할 수 있다.

방법 및 과정

M57의 관측

① 그림 20.2와 같이 CCD 카메라, 전원코드, CCD 카메라와 PC와의 연결선 등을 확인한다.

② LRGB 필터를 준비하여 필터휠에 장착하고 이를 CCD 카메라에 연결한다. 그림 20.3은 LRGB 필터의 모습이다.

이 필터들의 투과특성 커브는 그림 20.4와 같다. 이 그림에서 확인할 수 있

그림 20.2 CCD 카메라와 연결선들

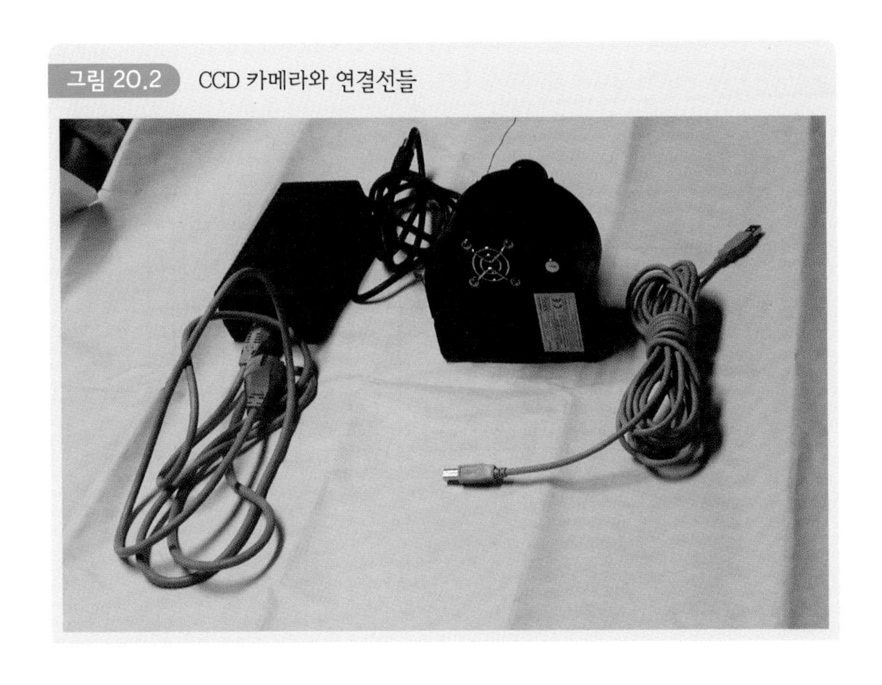

그림 20.3 LRGB 필터

듯이 B 필터는 푸른색 영역, G 필터는 초록색 영역, R 필터는 빨간색 영역을 검출한다. 그리고 L 필터는 Clear 필터로 가시광선의 대부분의 파장대의 빛을 검출한다.

그림 20.4 LRGB 필터의 투과특성 곡선

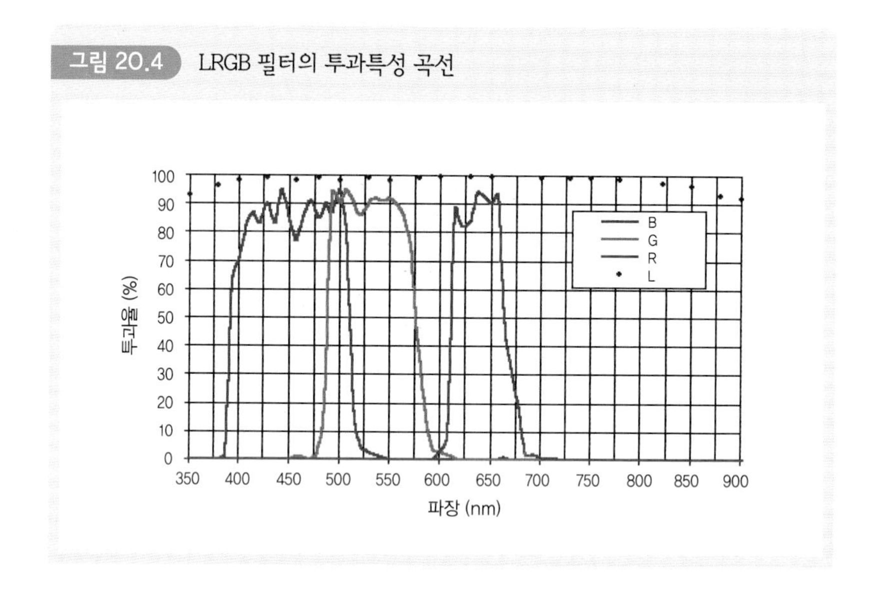

③ 망원경의 극축 맞추기와 주망원경과 파인더의 방향 일치가 잘되어 있는지 확인한다. 잘되어 있지 않으면 정교하게 다시 맞춘다.

④ LRGB 필터를 장착한 CCD 카메라를 망원경에 연결한다. 이때 망원경의 접안부와 카메라의 연결부 크기가 맞아야 한다. 만약 맞지 않으면 이를 연결할 수 있는 적절한 중간 어댑터를 활용해서 연결한다. 카메라를 망원경에 연결하여 수평이 맞지 않은 상태일 것이다. 따라서 수평 맞추기를 정교하게 실시한다.

⑤ CCD 카메라 제어 프로그램인 CCDSoft를 실행시킨다. 그리고 이 프로그램에서 CCD 카메라의 종류, 활용할 필터, CCD의 온도 등을 설정해 주고 나서 CCD 카메라와 프로그램을 연결한다.

⑥ 황혼녘에 동쪽 하늘을 보고 필터별로 플랫 영상을 얻는다. 만약 황혼녘에 플랫 영상을 얻을 수 없었다면 새벽녘에 서쪽 하늘을 보면서 얻는다.

⑦ 밝은 별 하나를 찾아 망원경 중앙에 위치시킨다. 그리고 2비닝 또는 3비닝 모드로 설정하여 접안부의 초점조절 노브를 조금씩 돌려가면서 CCDSoft 프로그램상의 그래프가 뾰족해지는지 확인한다. 그래프가 뾰쪽해질 때가 초점이 잘 맞은 상태이다.

⑧ 망원경 중앙에 관측할 목적천체(여기서는 M57 고리성운)를 위치시킨다. 만약 TheSky나 Starry Night와 같은 프로그램으로 망원경 가대를 제어할 수 있는 경우, '별-망원경-프로그램' 을 일치(Sync)시키면 보다 빠르게 관측할 천체를 찾을 수 있을 것이다.

⑨ 흑백용 CCD 카메라는 자동적으로 피사체(천체)의 색깔을 구분하지 않는다. 즉 단순히 카메라의 CCD 센서에 들어온 광량만 검출한다. 따라서 흑백용 CCD 카메라를 이용하여 컬러 천체사진을 얻기 위해서는 먼저 천체의 색깔(파장대)별로 영상을 얻은 다음 이를 합성하여야 컬러 사진을 얻을 수 있다.

이를 위해 LRGB 필터별로 정해진 노출시간을 주어 천체사진을 찍는다. 이때 L 필터는 1비닝으로, RGB 필터는 2비닝으로 찍는다. 처음부터 똑같이 모든 필터에 대하여 1비닝으로 찍지 않은 까닭은 무엇인가? 그 까닭은 시간을 절약하기 위해서이다. 다음은 M57을 관측한 예이다.

L 이미지만 1비닝으로 분해능을 높게 하여 5분 노출을 주어 매우 희미한 별까지 4장을 찍는다. 그리고 R 필터와 G 필터 각각 1분씩 노출을 주어 5장씩 찍고, B 필터는 2분의 노출을 주어 5장 찍는다. B필터에서 노출을 더 주는 이유는 CCD가 푸른 파장에 둔감하기 때문이다. 이와 같이 각 필터별로 여러 장의 사진을 찍는 까닭은 망원경의 추적이 용이하지 않을 수 있기 때문이다. 망원경의 추적이 정확하다면 긴 노출시간에 1장씩의 사진만 얻어내도 된다. 즉 1분 노출로 얻어낸 5장의 사진을 합성하여 1장의 사진으로 얻어낸 것이나 5분 노출로 1장의 사진을 얻어낸 것이나 같은 결과로 얻을 수 있다는 의미이다.

M57 성운 사진을 얻는 데 총 시간은 40분 소요될 것으로 계획하여 촬영을 해보자.

한편 각 필터별로 관측 천체를 찍은 다음, 암화면도 같은 노출시간으로 찍어 둔다. 바이어스 화면도 가끔 얻어 둔다.

전처리

관측 영상 확인하기

그림 20.5는 모든 색깔을 투과시켜 검출한 L 필터(Luminance filter)로 얻은 관측 결과이다. 그리고 그림 20.6~그림 20.8은 RGB 필터별로 M57(Ring Nebulae)을 찍은 결과이다. 이러한 영상들은 흑백 사진의 모습이다. 하지만 나중에 이들 영상을 합성할 때, 각각의 필터별 각 영상에 대한 색을 지정해 주면 컬러 영상으로 얻을 수 있게 된다. 이 RGB 영상은 비교적 낮은 해상도인 2×2비닝 모드에서 찍은 것들이다. 비교적 낮은 해상도로 얻은 이유은 2비닝 모드로 찍은 것들은 컬러 구

그림 20.5 L 필터(Clear 필터)로 관측한 M57

그림 20.6 R 필터로 관측한 M57

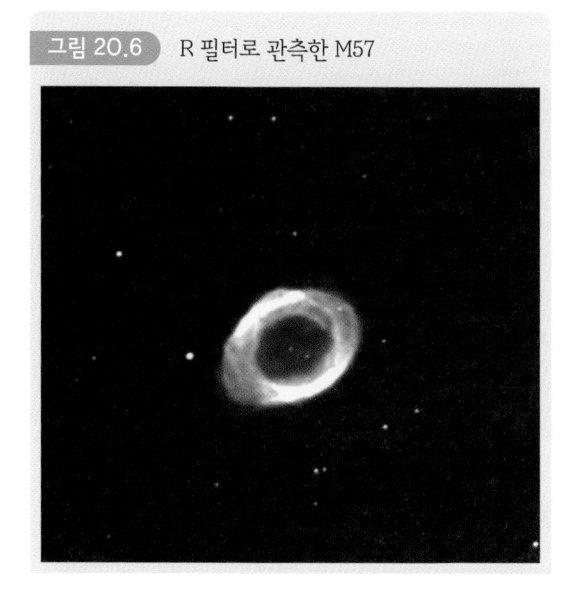

그림 20.7 G 필터로 관측한 M57

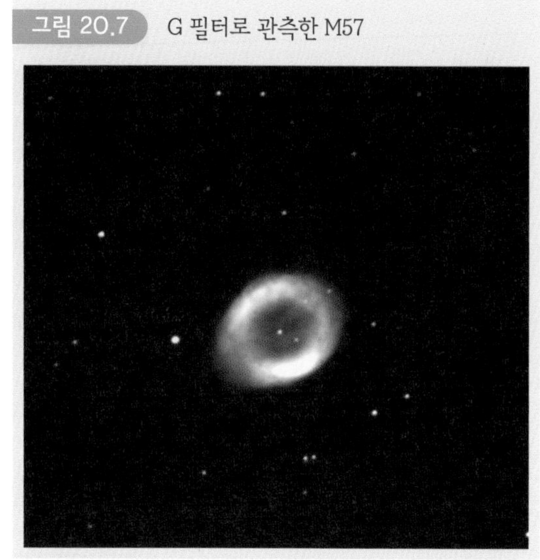

현에 활용하고, 1비닝 모드의 고해상도로 찍은 것과 합성하면 고해상도의 최종 결과를 얻을 수 있기 때문이다. 참고로 이 성운 중심 부근에 있는 별은 푸른색 별이어서 다른 필터에 비교하여 B 필터 영상에서 더 밝게 보인다.

그림 20.8 B 필터로 관측한 M57

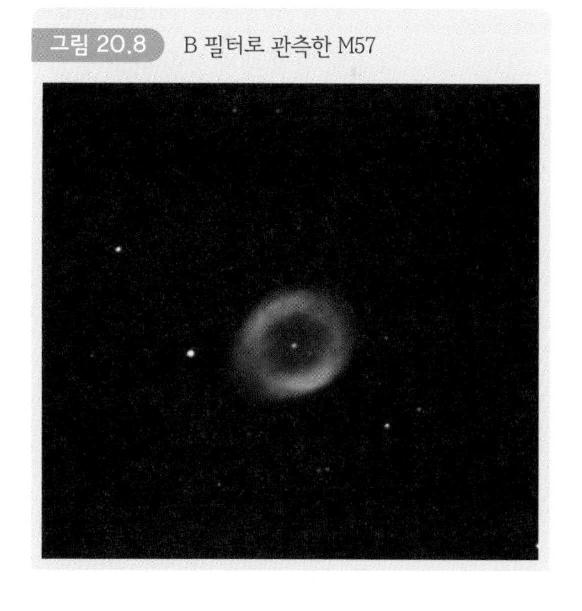

보정하기

MaxImDL에서 각 필터별 영상(예 : R 영상)을 불러온 후, 이와 관련된 보정 영상 파일들(암영상, 플랫 영상, 바이어스 영상)을 그림 20.9와 같이 Process-Set Calibration 메뉴를 통해 지정해 준다. 만약 촬영된 천체 영상이 2×2 비닝으로 찍은 것이면 보정 영상 또한 2×2으로 얻은 것을 활용한다. 암영상은 M57에 노출시켰던 노출시간 값과 같은 시간으로 찍은 영상을 활용한다. 그리고 플랫 영상은 필터별로 여러 장 찍어두었던 것을 median 평균하여 활용한다.

그림 20.9 전처리 화면

해당 파일들을 지정했으면 메뉴의 'Process-Calibration All' 을 눌러 보정한다. 천체 영상의 배경이 다소 깔끔하게 달라졌음을 확인할 수 있을 것이다.

이미지 프로세싱

영상의 필터 적용

보정된 영상에 DDP, Unsharp Mask 등의 필터를 적용하여 각 영상들의 선명도를 높인다.

동일 필터로 찍은 여러 장의 영상의 합성

각 필터별로 여러 장의 사진이 찍어 두었다면 이를 필터별로 합성해 보자. 예를 들어 R 필터로 5장의 사진을 찍고 이를 전처리를 각각 해 두었다면 이 5장의 사진을 합성하여 1장의 사진으로 만들어 보자. 이를 위해 합성할 영상들을 한꺼번에 불러들인 후, 메뉴의 'Process-Combine' 을 누르면 그림 20.10과 같이 각 영상들을 일치시키기 위한 기준 배경별 정하기 화면이 뜬다. 만약 Align의 기준으로 'Manual 2 Stars' 로 지정했다면 각 영상에서 하나씩 하나씩 2개의 별을 지정한다.

그림 20.10 여러 장의 영상을 합성하는 장면

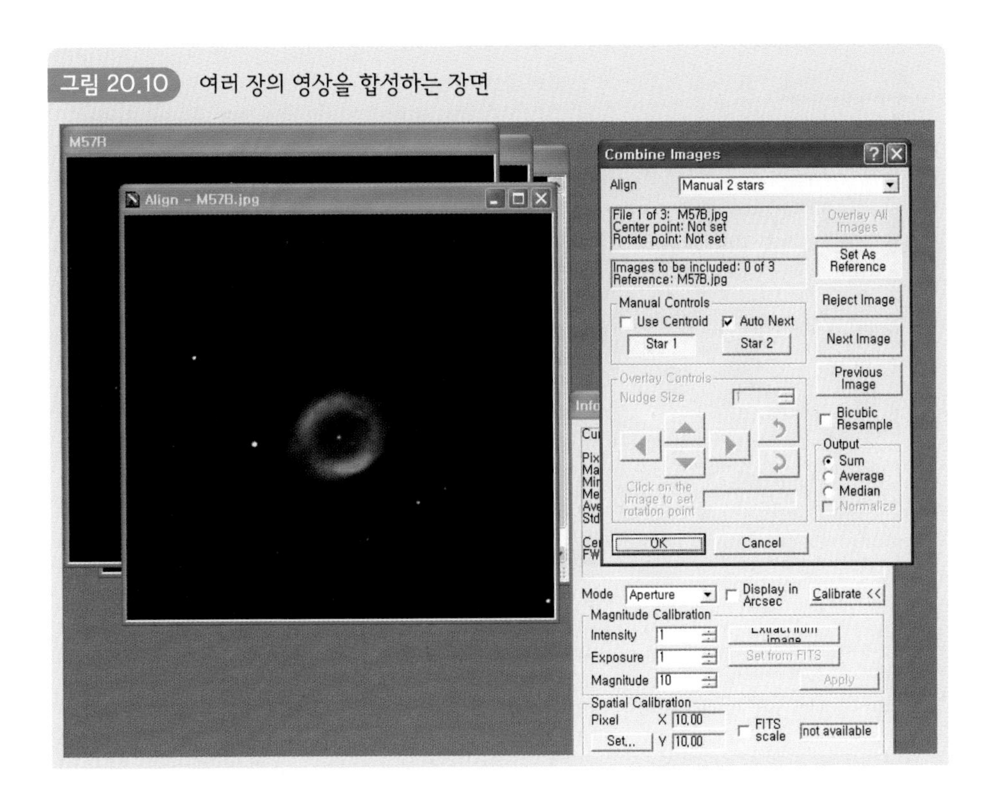

컬러 합성

각 필터별로 합성된 영상이 얻어졌다면 이를 RGB 합성하여 색이 구현되는 영상으로 만들 수 있다. 이를 위해 메뉴의 'Color-Combine Color'을 누르면 그림 20.11과 같은 화면이 뜬다. 이때 Conversion Type은 RGB로 하고 Red, Green, Blue에 RGB 영상 각각의 파일을 지정해 준다. 그리고 Input에는 1 : 0.8 : 1.3 정도로 각 필터 비율을 조정해 준다. B 필터 영역에 1.3으로 그 비중을 높인 것은 앞서 설명한 것처럼 CCD가 B 파장 영역에서 그 감도가 떨어지기 때문에 보다 강조해 주기 위함이다. 만약 RGB의 각 영상이 같은 위치에 있지 않은 경우에

그림 20.11 RGB 영상을 합성하는 장면

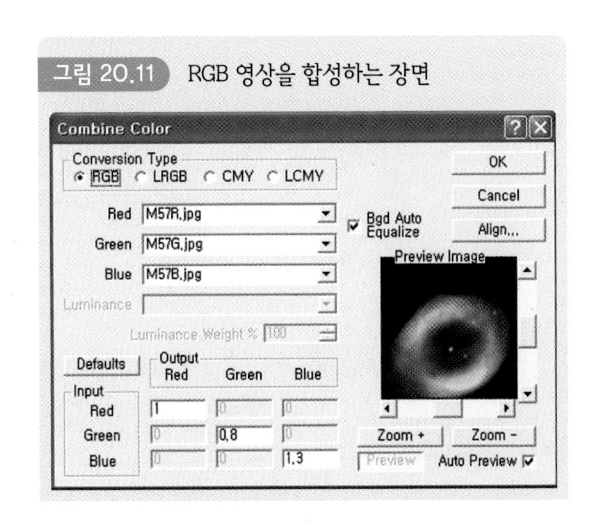

그림 20.12 Screen Stretch를 이용하여 영상 조정하기

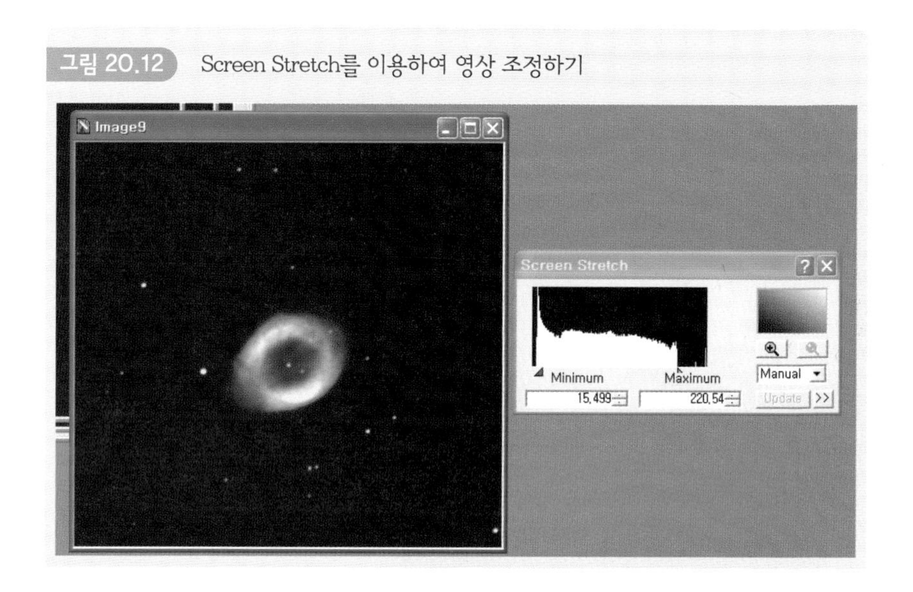

는 화면의 Align을 눌러 앞서와 같은 방법으로 각 영상을 일치시켜 준다.

기본적으로 합성이 되었다고 판단이 되면 OK를 누른다. 그러면 합성된 영상화면이 그림 20.12처럼 뜬다. 이때 합성된 영상의 모습을 보다 좋게 얻으려면 그림 20.12의 우측 그림과 같이 'View-Screen Stretch'를 가동시켜 슬라이더를 좌우로 움직여 가면서 최상의 영상을 얻는다.

L 영상 및 RGB 합성 영상의 TIF 형식으로 저장

1비닝으로 얻은 L 합성 영상과 2비닝으로 얻은 RGB 컬러 합성 영상을 16비트 TIF 형식으로 저장한다. 이를 위해 메뉴의 'File-Save as-Stretch'을 누르면 그림 20.13과 같은 화면이 뜬다. 여기서 16비트로 지정해 주고 OK를 누른 후 TIF 형식으로 저장한다.

포토샵에서 L 영상과 RGB 컬러 영상을 합성하기

포토샵에서 L 영상과 컬러 합성된 RGB 영상을 그림 20.14와 같이 불러온다. L 영상은 1비닝으로 얻은 것이고 RGB 영상은 2비닝으로 얻은 것이어서 그 크기가 다

그림 20.13 RGB 합성 영상을 16비트로 지정한 장면

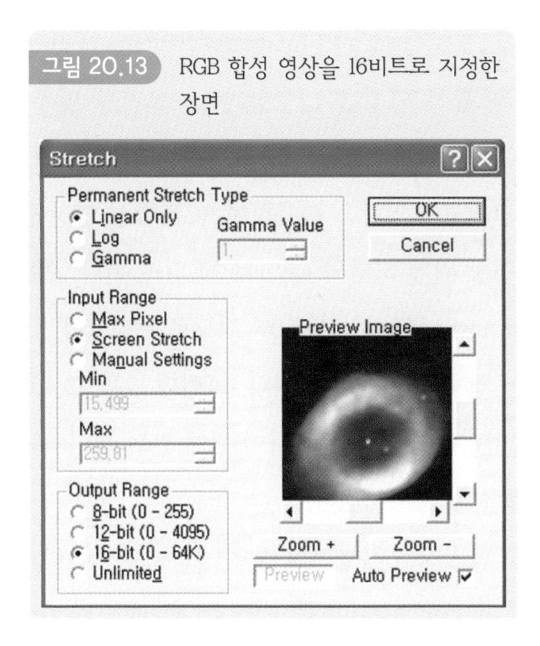

그림 20.14 2비닝의 RGB 합성 영상과 1비닝의 L 영상을 포토샵으로 불러온 장면

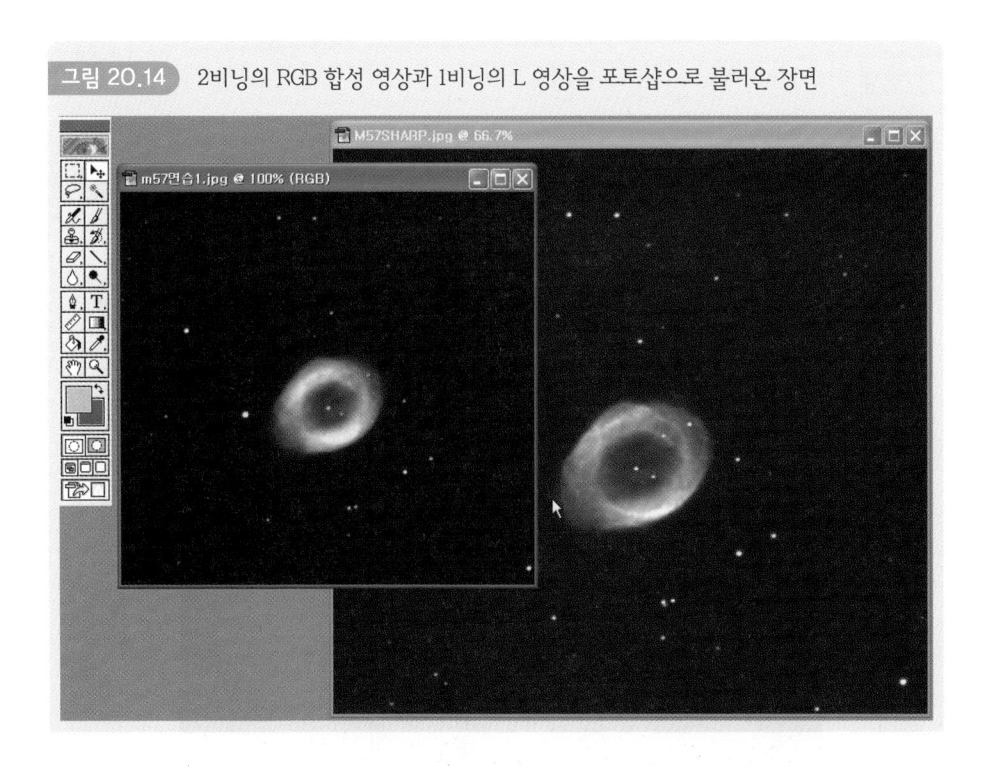

름을 확인할 수 있다. 포토샵 메뉴의 Image로 들어가서 16비트 모드로 맞추어 준다. 또 RGB의 컬러 합성 영상을 L 영상과 그 크기를 맞추기 위하여 메뉴의 'Image-Image Size' 로 들어가 200%로 그 크기를 키워 준다. 또 밝기와 색상 등을 적당히 조정한다. 그리고 L 영상을 복사하여 RGB 합성 영상에 붙인다. 그러면 L 영상은 RGB 합성 영상 위에 하나의 Layer로 떠 있게 된다. 이때 Layer의 옵션 사항에서 모드는 Luminosity, Opacity는 50% 정도로 수정한다.

그러면 두 영상이 겹쳐진 모습이 보인다. 그런데 그림 20.15와 같이 완전히 일치되어 있지 않다. 이때 이동툴은 활용하여 위에 있는 레이어를 이동시켜 가면서 뒤에 있는 화면과 완전히 일치시킨다.

두 화면이 완전히 합쳐지면 흑백으로 보이는 L 이미지의 Opacity를 다시 100%로 수정한다. 그리고 Background를 지정한 후 메뉴의 'Layer' 로 들어가서 Flattened Image를 눌러 완성된 하나의 영상을 얻는다. 그림 20.16은 앞서의 과정을 통해 얻은 최종적인 M57 컬러 영상이다.

그림 20.15 배경 영상과 레이어 영상이 겹쳐진 장면 : 완전히 일치가 되어 있지 않음

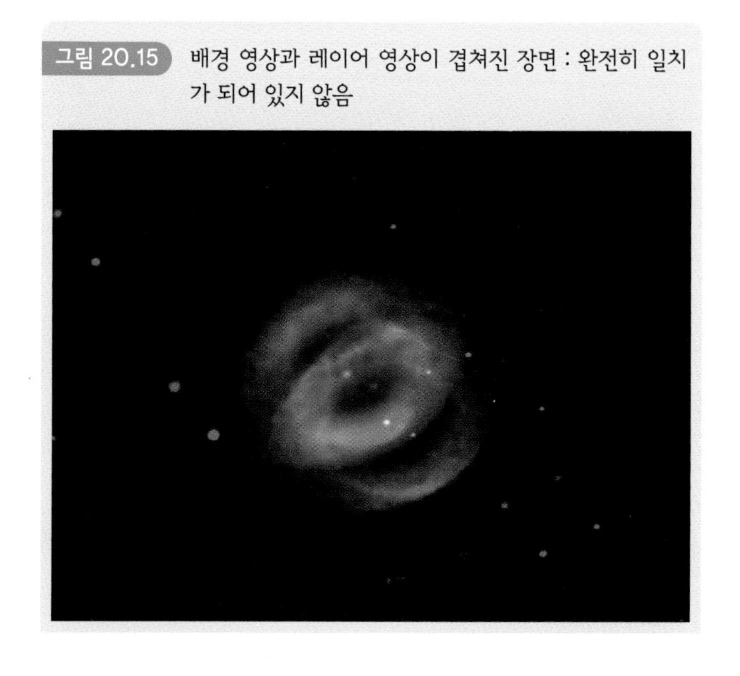

그림 20.16 최종적으로 얻은 M57 성운

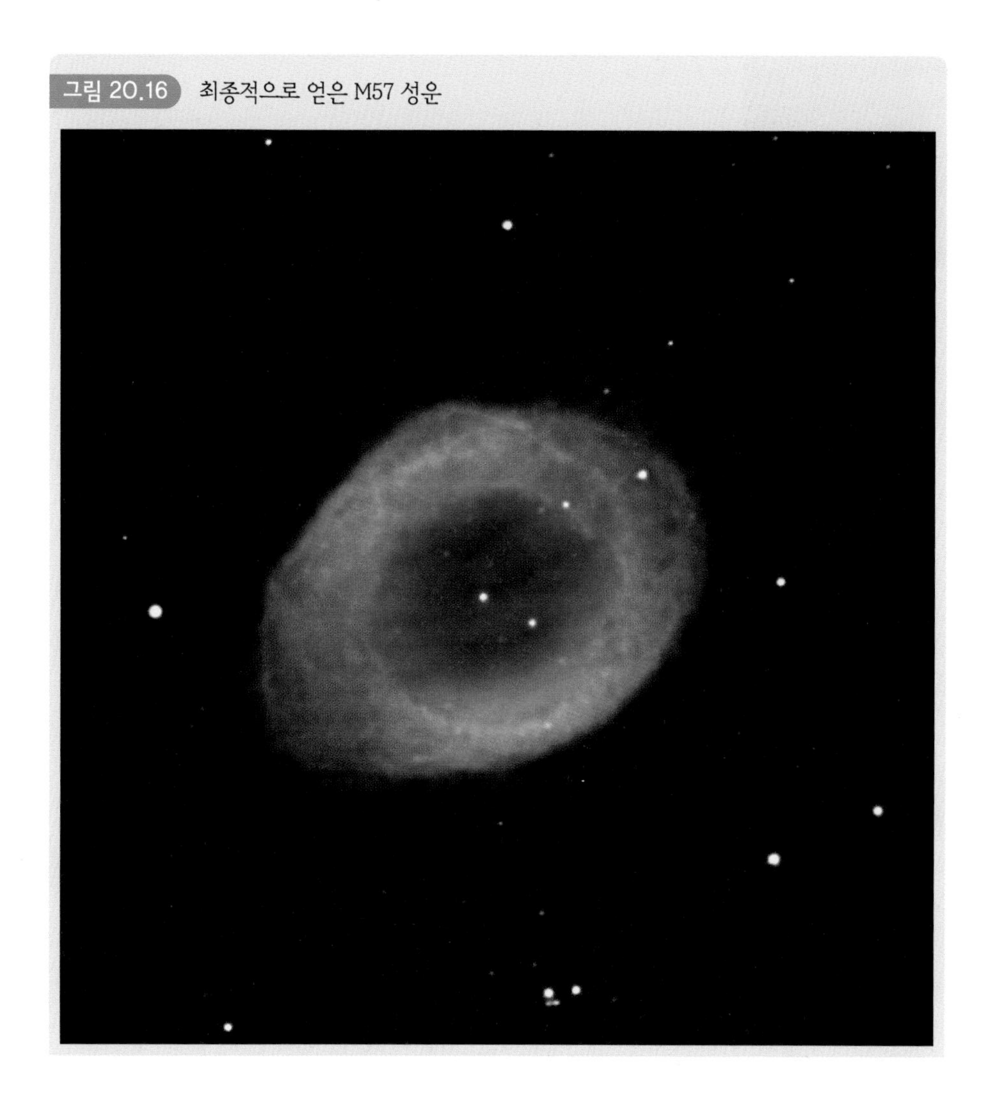

식쌍성 44 i Boo의 광전 관측

측광은 크게 절대측광과 상대측광으로 나눌 수 있다. 절대측광은 별빛의 절대량을 측정하는 관측으로서 성단관측이 그 예가 될 수 있고, 상대측광은 별빛의 상대적인 양을 구하는 관측으로서 변광성 관측이 그 예가 될 수 있다. 여기서는 비교적 주기가 6시간 정도로 짧아 하루 밤 관측결과로 광도곡선을 완성시킬 수 있는 식쌍성 44 i Boo의 광전 관측 및 분석 방법에 대하여 알아보자.

미리 알아두기

광전 관측 : 광전 관측은 빛의 신호를 전류의 신호로 바꾸어 측정하는 관측방법으로서 빛을 광전자로 바꾸면서 증폭까지 함께 해 주는 광전관증배관(Photomultiplier Tube)이 필요하다. 전통적인 광전 관측에서는 광전류를 얻을 때 광전자증배관과 직류증폭기 그리고 차트 레코더를 이용하였다. 현재는 광전류의 신호를 컴퓨터에서 직접 받을 수 있는 SSP5와 같은 광전측광기를 더 선호한다.

광전자증배관은 매우 민감한 기기로서 강한 빛에 노출되면 피로현상에 의해 오래 쓸 수 없게 된다. 따라서 강한 빛에 노출되지 않도록 각별히 주의해야 한다. 즉 낮 시간에 주변 빛에 노출되지 않도록 해야 하며 밤시간에도 전등 등의 빛에 노출되지 않도록 해야 한다. SSP5처럼 R6358 광전자증배관을 사용하는 경우 R영역의 빛이 100배 이상 민감하게 검출되므로 적색의 작은 빛도 주변에 비치지 않도록 한다. 또 SSP5는 미세한 불빛에도 민감하기 때문에 시야한계 바로 바깥쪽의 별, 즉 시야구경 밖에 있는 별조차도 오차의 원인이 될 수 있다. 예를 들어 11

인치 망원경을 사용할 때, 15등급 정도의 별은 반드시 시야 한계 밖에 있어야 측정에 영향을 미치지 않는다. 그런데 만약에 그 별이 시야 구경 안에 들어오게 되면, 12등급의 별을 측정한다고 할 때 그 별빛의 영향으로 약 0.1등급 정도의 오차가 생긴다.

광전 관측 시스템 점검

망원경

광전 관측을 하기 위한 필수기기는 망원경이다. 여기서 망원경은 구경이 큰 반사 망원경이면 좋다. 왜냐하면 광전 관측은 별 1개씩만 망원경 중앙에 위치시켜 관측하기 때문에 집광력이 매우 중요하다. 초점비(f-ratio)는 10～15 정도면 적당하다. 그림 21.1은 광전 관측용 반사망원경 예이다.

측광기

최근의 광전측광용 측광기로는 SSP5가 자주 활용된다. 이 측광기는 그림 21.2처

그림 21.1 50cm 반사망원경(f/11)과 40cm 반사망원경(f/13)

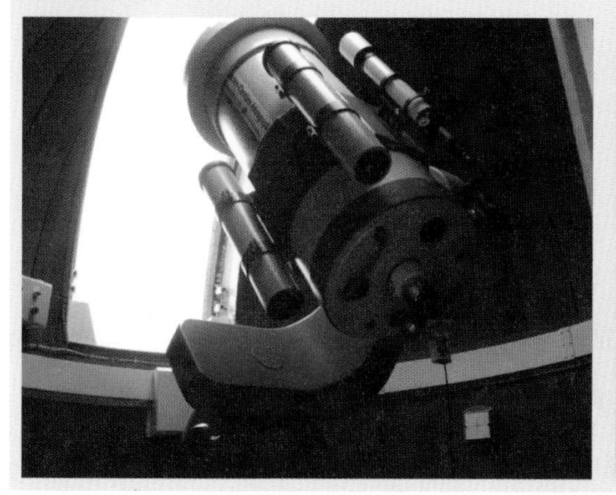

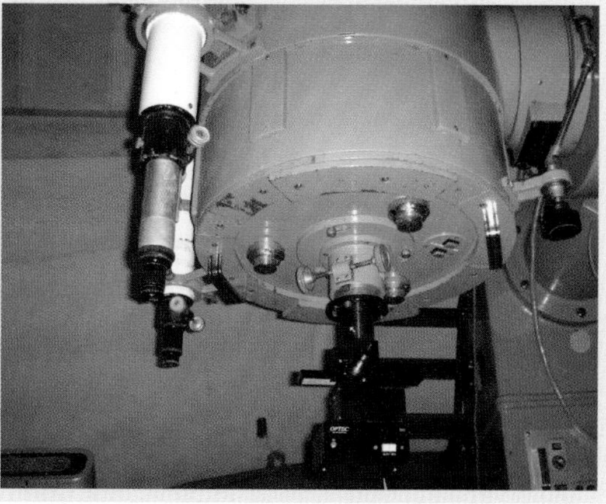

그림 21.2 광전측광기(SSP5)

럼 망원경의 접안부에 연결하여 활용하는 측광기로서 별빛을 전류의 신호로 바꾸고 이를 다시 디지털 신호로 바꾸는 A/D 변환기가 내장되어 있다. 또 PC 프로그램상에서 필터를 바꿀 수 있는 D/A 변환기가 내장되어 있는 PC 제어용 광전측광기이다.

필터

일반적으로 식쌍성 관측에 자주 활용되는 필터는 B 및 V 필터이다. 이 필터들의 특성곡선은 그림 21.3과 같으며 SSP5 광전측광기 내에 내장할 수 있도록 구성되어 있다. 관측과정에서 필터의 교환은 SSP5 제어용 프로그램을 통해서 이루어진다. 이 2개의 필터로 관측하면 광도곡선 또한 B 및 V 별로 2개가 얻어지게 된다. 물론 B-V도 얻을 수 있어 시간대별 합성 색지수의 변화도 함께 알아볼 수 있다.

그림 21.3 SSP5 광전측광기에서 활용되는 B, V 필터의 특성곡선

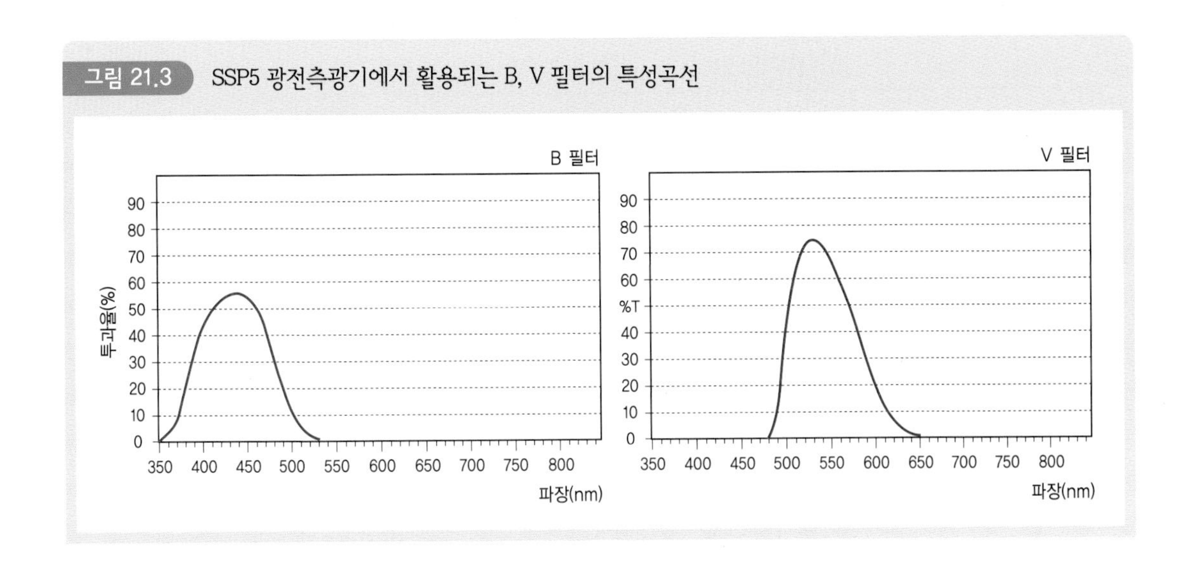

비교성의 선정

여기서 예로 보여 주는 목적성은 우리나라 봄철에 뜨는 목동자리에 위치한 44 i Boo 식쌍성이다. 식쌍성은 2개의 별이 공통 질량 중심점을 중심으로 공전하면서 서로를 가리게 되어 시간에 따라 별빛의 양이 변하는 변광성이다. 이러한 변광성의 빛이 시간에 따라 얼마나 변하는지를 확인하려면 시간에 따라 빛이 변하지 않은 목적성 부근의 비교성이 필요하다. 또 비교성이 변광성일지 몰라 의심이 되는 경우에는 이를 확인할 수 있는 체크성이 필요하다. 관측목적에 따라 비교성을 2개 이상 활용하는 경우도 있다. 체크성이 제2 비교성이 되기도 한다.

비교성과 체크성의 선정 기준은 식쌍성에 가까이에 위치하면서(거의 동일한 대기소광효과를 갖도록 하기 위해 약 1° 이내에 두는 것이 좋다.), 식쌍성의 등급과 색지수가 비슷한 것(오차로 반영될 수 있는 색효과가 덜 나타나도록 하기 위해)을 선정하는 것이 좋다. 그리고 비교성은 변광성이어서는 안 되며, 가능하면 붉지 않은 것이 좋다. 변광성에는 붉은 것이 많기 때문이다. 이러한 기준에 따라 작성한 44 i Boo의 비교성과 체크성 파인딩 맵은 그림 21.4와 같다. 그리고 그 구체적인 내용은 표 21.1과 같다.

그림 21.4 44 i Boo의 파인딩 맵

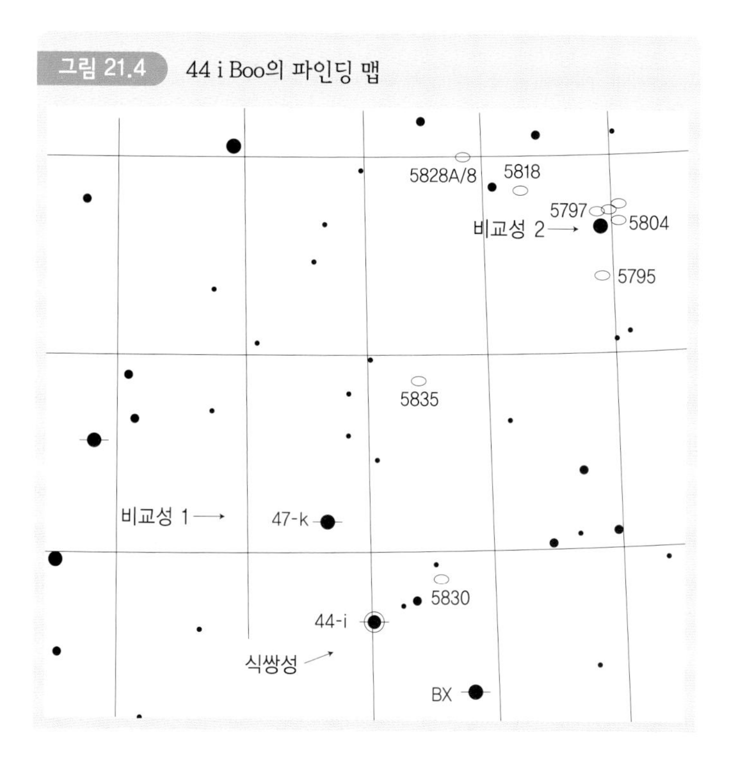

실제 광전 관측 과정에서는 파인팅 맵과 관측 기본 정보 카드를 함께 보아 가면서 정확하게 관측천체를 찾고 관측을 수행해 나간다.

광전 관측

앞서 제시한 광전 관측 시스템으로 식쌍성 44 i Boo를 관측하는 방법 및 과정은 다음과 같다.

관측기기 워밍업과 초점 맞추기

관측 2~3시간 전에 그림 21.5와 같이 천체도움의 슬릿을 열고 망원경과 주변 기기들의 전원을 모두 넣어서 워밍업을 실시한다. 그리고 망원경의 극축 맞추기, 수평 맞추기, 추적 장치 점검, 탐색경과 주망원경과의 방향 일치, 광전측광기의 점

표 21.1 44 i Boo 식쌍성과 비교성의 기본 정보

별이름	HR No	α(2000)			δ(2000)			Sp	V	B−V
쌍성	5618	15	03	47.3	+47	39	16	F9−G1V	4.76	+0.65
비교성 1	5581	14	56	22.9	+49	37	43	F7V	5.63	+0.50
비교성 2	5627	15	02	07.1	+48	32	14.0	A1V	5.57	+0.00

검, PC에서 망원경과 광전측광기의 제어가 원활하게 되는지 등을 점검한다.

그리고 광전측광기의 스위치를 켠다. 이때 주의해야 할 점은 측광기에 너무 강한 빛이 들어가거나 전원 공급이 원할치 않으면 그림 21.6처럼 HV = 0이라는 고전원 에러 메시지가 뜬다. 따라서 측광기에 전원이 원활하게 공급될 수 있도록 한다.

워밍업 후, 측광기에 빛이 들어가지 않도록 플립미러를 돌려 두고, 4자리의 작은 디스플레이 화면을 보면서 gain = 1, time = 1로 세팅을 한 후 화면에 2~3 범

그림 21.5 관측 2~3시간 전 돔 문 열기

그림 21.6 광전측광기에 전원을 넣고 점검하기

위의 숫자가 표시되는지 확인한다. 만약 이 영역의 숫자가 아니면 측광기 아래의 두 버튼을 이용하여 이 영역의 숫자가 나오도록 조정을 한다. 그러고 나서 접안렌즈 중앙의 원에 별을 위치시켜 추적이 잘 되는지 확인한다. 접안부 안의 링의 밝기를 조절하려면 Main Circuit Board의 오른쪽 코너 바닥에 위치한 전위차계에 설치되어 있는 Circuit Board를 조절해야 한다. 작은 나사 드라이버로 반시계 방향으로 돌리면 밝아지고 시계 방향으로 돌리면 어두워진다.

망원경의 초기화

망원경의 제어는 직접 손으로 할 수도 있고, 컴퓨터로 제어하면서 할 수도 있다. 식쌍성의 관측의 경우, 일반적으로 비교성이 식쌍성 주변에 위치하기 때문에 식쌍성과 비교성을 번갈아가면서 어렵지 않게 관측할 수 있다. 하지만 보다 빠르고 정확한 관측을 하려면 컴퓨터로 망원경을 제어하면서 하는 것이 좋다. 컴퓨터로 망원경을 제어하는 하나의 예를 보면 다음과 같다.

컴퓨터의 명령이 망원경 컨트롤러에 전달되어야 하고, 컨트롤러의 전기 신호는 망원경 구동부로 전달되어 망원경 경통을 움직이게 되면서 천체관측이 이루어진다. 이를 위해 먼저 컴퓨터와 망원경을 연동시키고 나서 망원경이 위치해야

그림 21.7 망원경의 초기화 프로그램 장면

MENTOR TCS Ver. 2006.3
File 현재하늘 초점&돔 가이드&마운트 모델 시스템점검 Misc
DATE 2008년 6월 19일
KST 14시 37분 7초
항성시 7시 56분 59초
시간각 0h 6m 24s 적 위 2d 39m 35s
방위각 2d 52m 1s 고 도 56d 9m 25s
리미트
DOME LINK
OFF
STOP
파 킹
초기화
경도 E127도 8분 33초
위도 N36도 28분 14초
관측자 목요일조
추적속도 오차
적 경
적 위
추적천체 0000 0000
적 경
적 위
이 동
QUIT

할 시작 위치를 정확히 맞추어 둔다. 그림 21.7은 이를 위한 망원경의 초기화 장면이다.

여기서 '파킹' 버튼과 '초기화' 버튼을 눌러 초기화를 시킨다. 이러한 작업은 망원경 제어 프로그램으로 어떤 별을 찾으라고 명령했을 때, 망원경이 어떤 별을 정확히 찾아가는 'GO TO' 기능 또는 'POINTING' 기능을 정확히 할 수 있도록 하기 위함이다.

SSP5 가동 프로그램(SSPDataq) 설치하기

SSP5 가동 프로그램인 SSPDataq를 설치해 보자. 그러면 다음과 같은 파일들이 생성될 것이다. 이들에 대해 간단히 알아보자.

- Data Editor.tkn : 변광성, 비교성, 변환성(표준성)에 대한 위치, 등급 등의 자료 파일
- Extinction.tkn : 비교성 관측자료로부터 구한 소광계수 K′v와 K′bv.
- Transformation.tkn : 표준성으로부터 구한 표준화변환계수
- Reduction.tkn : 비교성과 변광성의 표준 등급 V와 표준 색지수 B−V를 얻기 위한 파일

- PPparms.txt : 관측자 위치, 소광계수, 변환계수 등이 들어 있는 텍스트 파일
- Star Data.txt : 비교성과 변광성의 위치와 등급이 들어 있는 텍스트 파일
- Transformation.txt : 표준성의 위치와 등급 정보가 들어 있는 텍스트 파일
- Sample Variable Stars.raw : 소광계수와 리덕션 모듈을 설명하기 위한 샘플 파일
- Sample Transformation Stars.raw : 변환 모듈을 설명하기 위한 샘플 파일

관측천체 찾기

식쌍성 관측은 식쌍성과 비교성을 번갈아 가면서 관측을 수행해 나간다. 이때 비교성은 식쌍성 가까이에 위치하기 때문에 거의 파인더에 동시에 보인다. 따라서 이들을 파인더 중앙에 찾아두고 망원경을 조금씩만 움직이면서 교대로 관측할 수 있다. 또 망원경과 TheSky를 연동(sync)시켜 두고 TheSky 성도상에서 식쌍성과 비교성을 반복적으로 지정하여 GO TO 명령을 내려도 빠르고 정확히 찾을 수 있

그림 21.8 TheSky 화면상에서 44 i Boo를 찾아 확인하는 장면

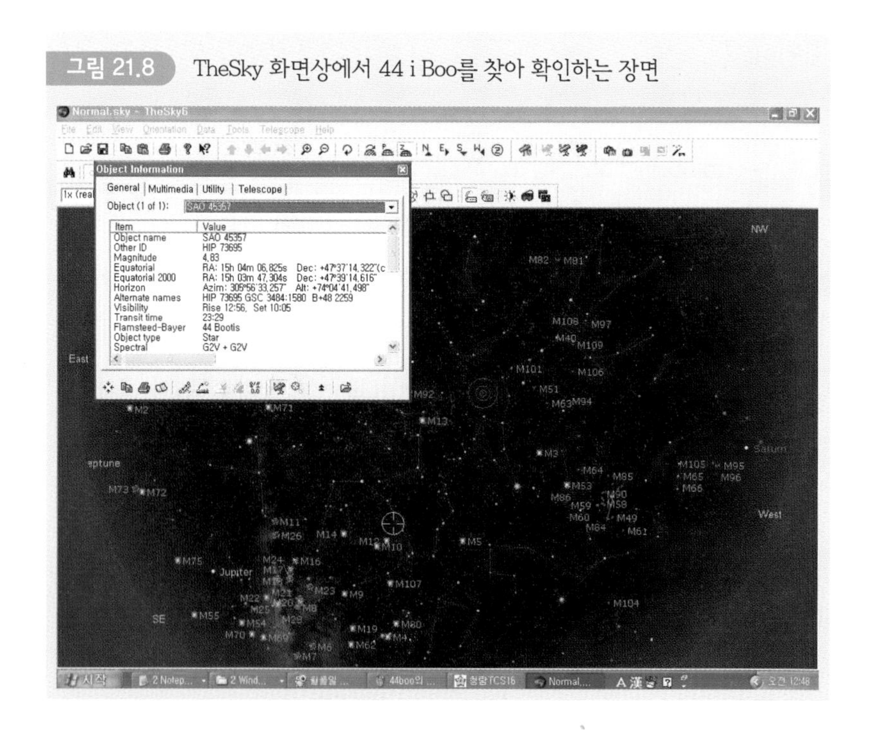

다. 물론 이런 경우에도 앞서 작성해 둔 파인딩 맵을 보면서 관측천체를 정확히 찾았는지 잘 확인해야 한다.

관측 시작 시 목적천체인 44 i Boo 식쌍성을 망원경 중앙에 찾아 넣어 보자. 처음 관측자는 44 i Boo가 하늘의 어디에 떠 있는지 알기 어려울 수 있다. 이때 The Sky 프로그램에서 44 i Boo를 찾으려면 TheSky 프로그램 메뉴에서 'Edit-find' 순으로 버튼을 눌러 주면 'find' 창이 뜬다. 이때 44 i Boo를 입력한 후 'find' 를 누르면 44 i Boo를 찾아 준다. 44 i Boo는 그림 21.8처럼 빨간 3개의 원으로 나타난다. 화면에 십자 모양이 들어가 있는 하얀 원은 현재의 망원경이 가리키고 있는 방향을 나타낸다.

이때 망원경 중앙에 44i Boo를 위치시키기 위해 44i Boo를 마우스 오른쪽 버튼을 클릭한 후 메뉴상에 나와 있는 slew 버튼을 누르면 빨간 원이 하얀 원에 접근하면서 겹치게 된다. 이때 망원경의 파인더나 주망원경을 들여다 보면 44i Boo가 들어와 있을 것이다. 측광기 중앙에도 잘 위치하고 있는지 플립미러를 젖혀서 확인

그림 21.9 관측천체를 망원경 중앙에 위치시키는 장면

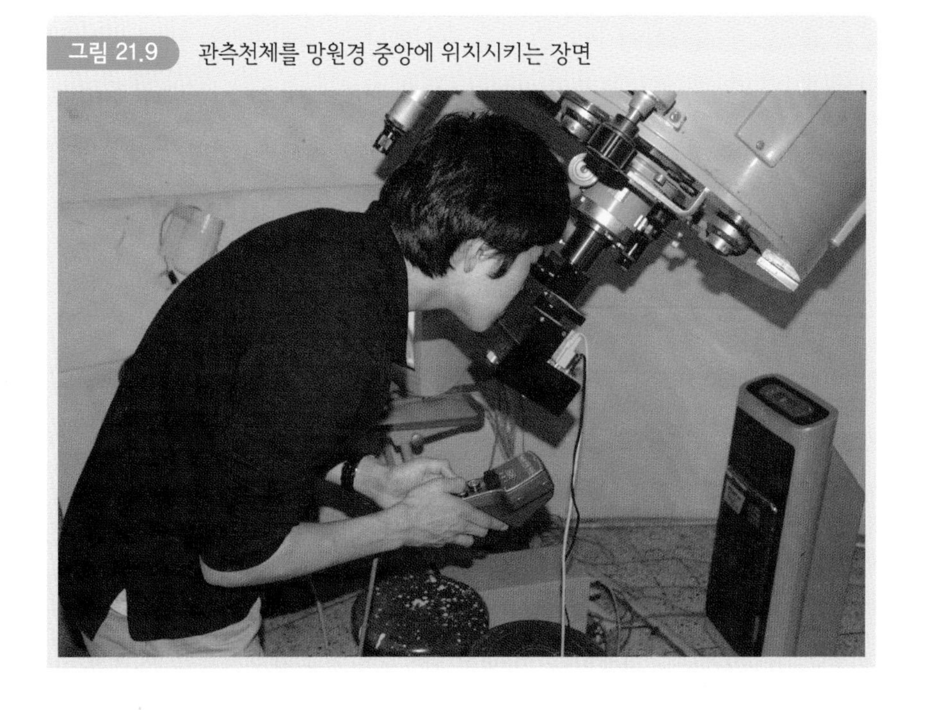

그림 21.10 망원경 중앙에 위치한 별빛을 측광기로 보내기

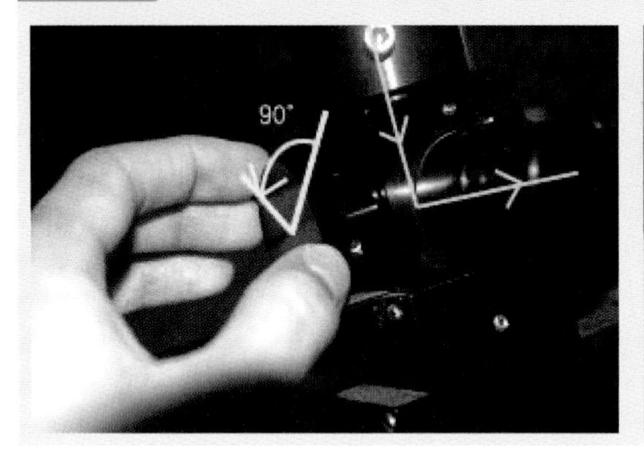

한다. 그림 21.9는 관측자가 주망원경에 달린 측광기의 접안경을 보면서 핸드패들을 이용해 관측 대상을 다이어프램의 중앙부에 위치시키는 장면이다. 다이어프램은 1mm로 고정되어 있다.

천체의 빛을 광전측광기로 보내기

측광기 중앙에 관측대상이 들어온 것을 확인했다면, 플립미러를 내려 빛이 광전관에 닿을 수 있도록 플립미러를 젖힌다. 이를 위해 그림 21.10처럼 플립미러 노브를 위로 젖히면 접안렌즈로 빛이 꺾여 들어오고, 아래로 젖히면 빛이 광전측광기 쪽으로 직접 내려간다.

광전측광

SSP Data Acquistion 프로그램을 가동한다. 처음엔 빈 화면이 나온다. 이 프로그램과 측광기가 서로 통신을 할 수 있도록 그림 21.11과 같이 메뉴의 'Setup-Select Com Port' 을 눌러 적절한 직렬 포트를 지정한다. 대부분의 컴퓨터에는 하나의 직렬 포트만 나와 있다. 이미 직렬 포트를 다른 곳에 이용되고 있는 경우에는 USB 포트에 'USB to Serial' 변환기를 연결하여 활용할 수 있다.

그리고 Time Zone을 지정한다. 한국은 135° E을 표준자오선으로 쓰고 있기 때

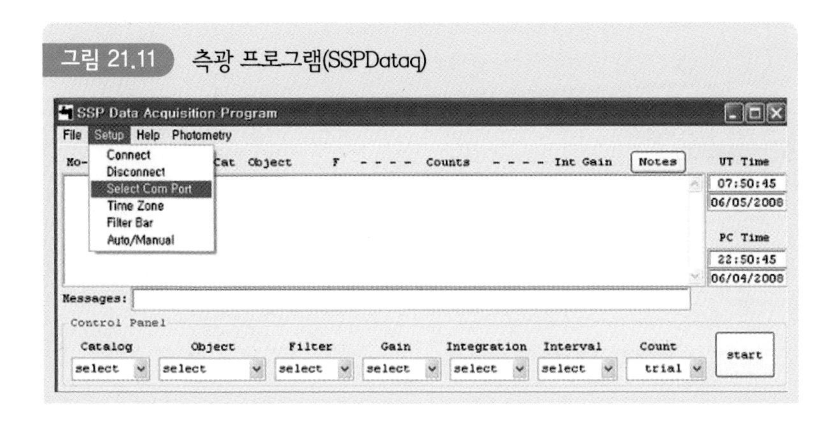

그림 21.11 측광 프로그램(SSPDataq)

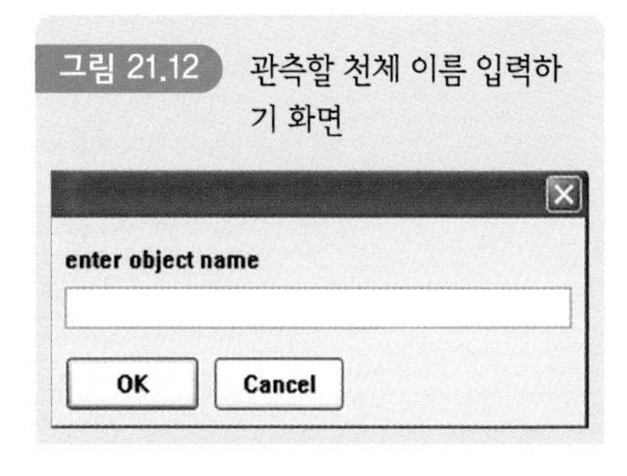

그림 21.12 관측할 천체 이름 입력하기 화면

문에 메뉴의 'Setup-Time Zone' 으로 들어가서 −9를 지정해 준다. 그러고 나서 Setup 메뉴의 Connect를 눌러 컴퓨터와 측광기를 연결한다. 본격적인 관측에 들어가기 전에, 화면 아래를 보면 Catalog, Object 등 여러 선택 사항들이 나온다. 이들을 살펴보면 다음과 같다. Catalog에서 변광성인 경우, Var을 선택하고 비교성인 경우 Comp를 선택한다. Object는 관측할 천체의 이름을 넣는 것으로서 New Object를 누르면 그림 21.12와 같은 창이 뜨므로 해당 천체의 이름을 입력하여 등록해 두고 관측 시 지정하여 활용한다.

예를 들면 Object에서 New Object를 클릭하여 관측할 별들의 이름을 기입한다(예 : HR5581, HR5627, Sky). 그런 다음, File-Open data file을 불러온다(그림 21.13 참조).

관측을 처음 시작하는 경우에는 데이터 파일을 새롭게 만들어야 할 것이다. 그런 경우 파일 이름에 새로운 파일 이름을 넣는다. 만약 기존에 관측했던 자료에 덧붙여 관측하려면 먼저 화면 청소를 하기 위해 'Data Clear' 를 한 후, 기존 관측 데이터 파일을 불러와 관측을 실시한다.

Filter의 지정은 해당 필터를 지정하면 '사르르~~' 소리가 나면서 필터 박스에서 지정한 필터로 교체된다. Gain(이득)은 증폭량을 결정하는 것으로서 10 정도가 알

그림 21.13 파일 불러오기 또는 새로운 파일 만들기

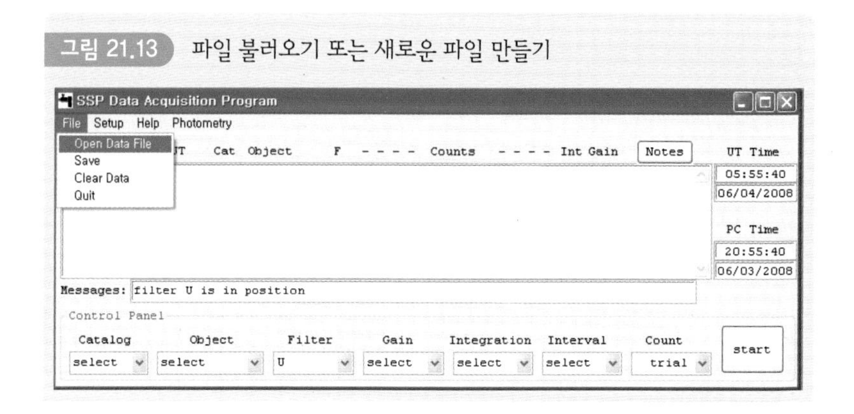

맞다. 별이 희미하면 큰 값을 입력하고, 밝으면 작은 값을 입력한다. Intergration 화살표를 누르면 0.02에서 10초까지의 숫자가 나온다. slow counting mode에서는 1과 10의 적분시간에서만 작동하게 될 것이다. 44 i Boo의 경우, 약 5등성 정도로 비교적 밝으므로 1 정도가 알맞다. Interval 영역을 눌러보자. 그림 21.14처럼 1,3,4,100,1000,2000,5000의 숫자가 펼쳐진다. 여기서 1,3,4는 slow conunting 모드의 기본값이다. slow counting mode가 사용된 경우, 큰 값의 선택은 에러 주의 결과를 가져올 수도 있다. Interval이 100,1000,2000이면 fast counting 모드이다. 적분시간 간격 변수가 100초를 넘는 경우라면 사용자가 선택한 값을 확인하는 내용이 뜬다. 'Very fast counting' 모드는 2000 interval로 세팅한 경우에만 사용한다. 왜냐하면 그것은 2ms의 적분시간의 경우에 사용하기 때문이다(그림 21.14 참조).

그림 21.14 Filter, Gain, Intergration Time 등 설정하기

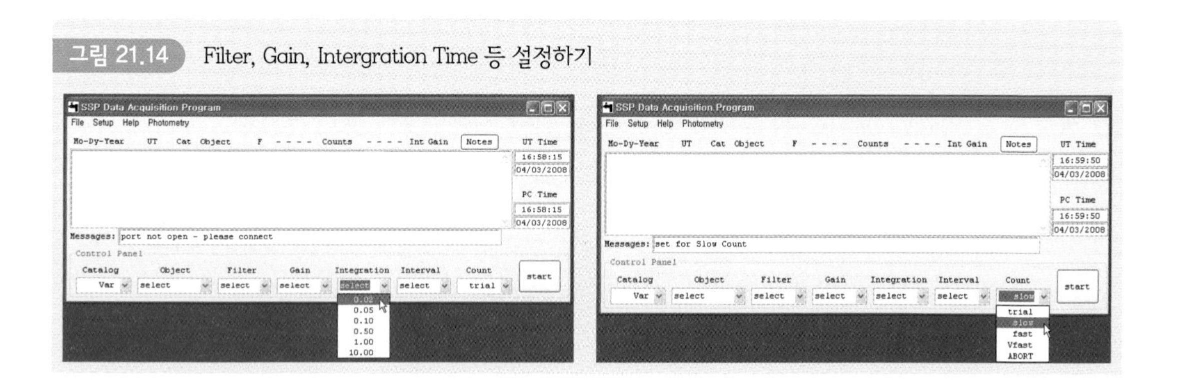

실제 관측에서는 계수 결과가 네 자리가 되도록 Gain을 맞추어 주는 것이 좋다. 만약 계수 결과가 네 자리를 넘는 경우 과대 흐름 경고가 표시될 수 있다. 적분 시간은 여러 가지로 선택할 수 있으나 10(초) 정도로 맞추어 3번씩 관측한다. 이때 주의할 점은 처음 나온 수치는 측광계의 10초가 시작되는 시각과 정확히 맞지 않으므로 무시해야 한다는 것이다.

실제 관측에서 게이트 타임 = 0.001, Gain = 10, Integration = 1, Interval = 3 정도로 놓고 관측한다. Gain을 100으로 할 경우, 너무 큰 값이 나올 가능성이 있다. 또 44 i Boo처럼 별이 밝으면 적분시간을 1초로 정하는 것이 좋다. 관측을 시작할 때 적정하다고 판단하여 설정해둔 값은 관측이 종료될 때까지 수정하지 않도록 한다(그림 21.15 참조).

한편 식쌍성 관측은 B, V 필터를 주로 활용하며 그 일반적인 관측순서는 다음과 같다.

비교성(V)-비교성(B)-하늘(B)-하늘(V)-쌍성(V)-쌍성(B)-하늘(B)-하늘(V)-비교성(V)-비교성(B)…

여기서 하늘의 바탕도 미약하나마 빛이 있기 때문에 정확한 관측결과를 얻기 위해서는 별만 빼어내고 별이 없는 하늘 바탕에 망원경을 맞추어 두고 하늘 바탕

그림 19.15 광전측광 장면

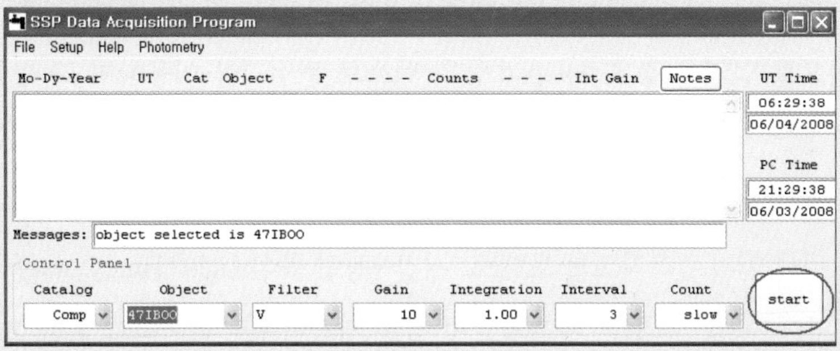

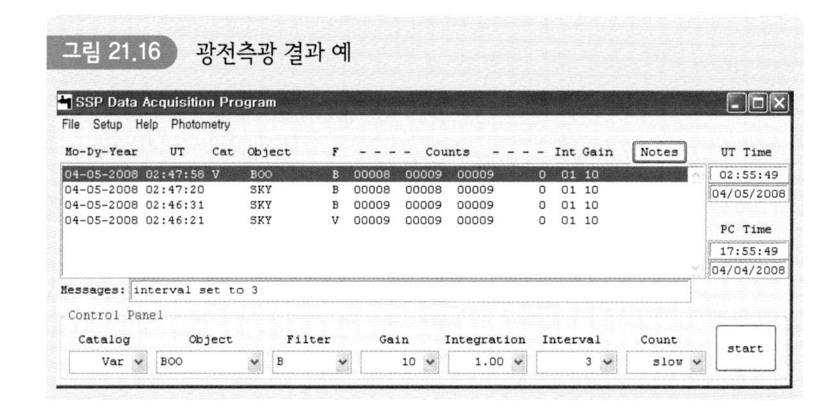

그림 21.16 광전측광 결과 예

의 밝기도 측정한다. 이러한 순서에 따라 광량을 얻어 보자. 광량을 얻을 때는 화면의 'start' 버튼을 누른다.

그림 21.16은 관측결과의 예이다. 이러한 관측결과를 토대로 자료 보정을 실시하게 된다.

자료보정

광전 관측결과의 리덕션(자료보정) 방법은 크게 두 가지가 있다. 즉 계산기를 이용하는 방법과 프로그램을 이용하는 방법이다. 여기서는 프로그램(SSPDataq)을 이용하는 방법에 대하여 알아 보자.

관측자료 정리

광전 관측자료는 SSPDataq 프로그램에서 읽을 수 있는 형식이면 좋다. 하지만 다른 형식으로 얻었을 경우 notepad 등의 텍스트 편집기를 이용하여 그 형식에 맞추어 수정한다. 또 관측결과 중 나쁜 자료는 포함시키지 말아야 하므로 이들을 제거하여 자료를 재정리한다(그림 21.17 참조).

이를 위해 먼저 관측자료를 토대로 '시간-광량 곡선(Light-Time Curve)' 작성해 본다. '시간-광량' 곡선은 관측자료의 질을 시각적으로 확인하기 위한 그래프이

그림 21.17 관측결과의 정리(편집)

```
FILENAME=SAMPLE                    RAW OUTPUT DATA FILE
UT DATE= SEP 21 2001  TELESCOPE= MEADE 10          OBSERVER= JERRY
CONDITIONS=DRY  NO MOON  SOME SMOG  LIGHT CIRRUS NEAR HORI DARK CNTS=
MO-DY-YEAR    UT     CAT  OBJECT     F  ----------COUNTS---------- INT SCLE COMMENTS
09-21-2001  3:37:25       SKYNEXT    B    469    466    469      0  10 10
09-21-2001  3:38:07       SKYNEXT    V    480    479    479      0  10 10
09-21-2001  3:39:50 C     BS 6857    B    711    712    711    712  10 10
09-21-2001  3:41:10 C     BS 6857    V   1359   1356   1344   1348  10 10
09-21-2001  3:44:02 V     BS 6902    B    631    632    630    628  10 10
09-21-2001  3:45:33 V     BS 6902    V   1100   1101   1098   1096  10 10
09-21-2001  3:46:53 V     BS 6902    B    631    632    630    630  10 10
09-21-2001  3:48:05 V     BS 6902    V   1099   1093   1095   1096  10 10
09-21-2001  3:49:22       SKY        B    474    473    469    472  10 10
09-21-2001  3:50:12       SKY        V    484    485    483    486  10 10
09-21-2001  3:52:48 C     BS 6857    B    713    712    710    707  10 10
09-21-2001  3:54:15 C     BS 6857    V   1345   1354   1339   1356  10 10
09-21-2001  3:58:33       SKYLAST    B    472    474    469      0  10 10
09-21-2001  3:59:14       SKYLAST    V    484    484    485    484  10 10
09-21-2001  4:14:00       SKYNEXT    B    474    472    477    473  10 10
09-21-2001  4:14:50       SKYNEXT    V    483    483    482    481  10 10
09-21-2001  4:17:05 C     BS 6444    B    634    633    631    634  10 10
09-21-2001  4:18:18 C     BS 6444    V   1015   1014   1012   1015  10 10
09-21-2001  4:21:33 V     BS 6469    B    777    779    778    772  10 10
09-21-2001  4:22:51 V     BS 6469    V   1249   1244   1246   1251  10 10
09-21-2001  4:25:10 V     BS 6469    B    771    773    770    771  10 10
```

다. 이 곡선은 자료보정 작업을 본격적으로 확인하기 전에 관측자료의 질이 좋은지 나쁜지, 관측자료가 잘못 입력되지는 않았는지 등을 조사하기 위한 것이다. 자료를 제거하는 기준은 일반적으로 기준 곡선에서 2~3σ 이상 벗어난 자료들이다.

식쌍성과 비교성 목록 만들기

식쌍성과 비교성 목록은 자료보정 프로그램을 활용하는 데 필요하다. 이를 위해 SSPDataq 프로그램의 Photometry 메뉴로 들어가서 Variable/Comp Editor를 누른

그림 21.18 식쌍성과 비교성 목록 작성하기 화면

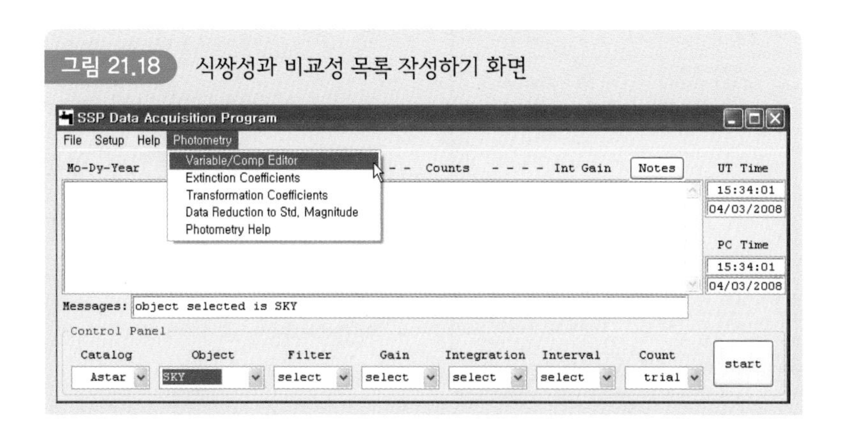

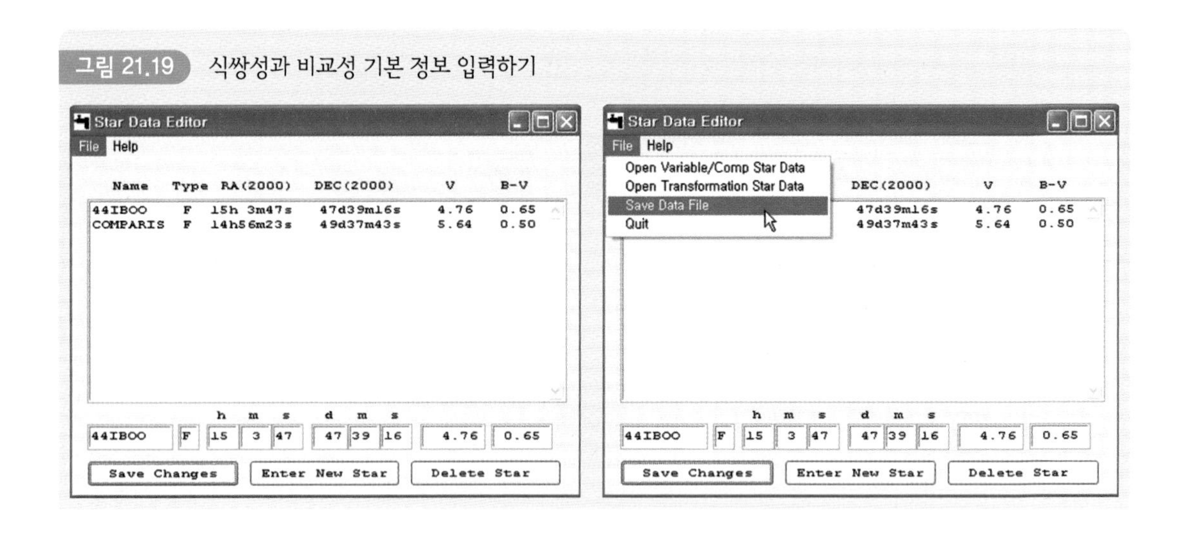

그림 21.19 식쌍성과 비교성 기본 정보 입력하기

다(그림 21.18 참조).

그러면 목적성과 비교성의 적경, 적위 등의 기본적인 값들을 입력할 수 있는 창이 뜬다. 이때 'Enter New Star' 버튼을 먼저 누른 다음, 바로 위 칸에 목적성의 이름, 분광형, 적경, 적위, 등급, 색지수 등을 입력한다. 그리고 나서 'Save Changes'를 누르면 입력한 사항이 창에 나타난다[그림 21.19(좌)]. 만약 잘못 입력한 경우, 큰 창에 입력된 부분을 더블 클릭하면 아래 입력 창에 다시 그 내용이 나타나므로 수정하여 다시 'Save Changes'을 눌러 저장한다. 입력사항이 모두 완성되었으면 이 창에 나타난 File 메뉴의 'Save Data File'을 눌러 입력사항을 파일로 저장해 둔다[그림 21.19(우)].

기존에 만들어 두었던 있는 파일을 불러온 예는 그림 21.20과 같다. 이러한 자료들은 자료보정 과정에서 필요하다.

그림 21.20 관측천체의 기본 정보

소광계수 구하기

그림 21.21 관측자 위치 입력하기

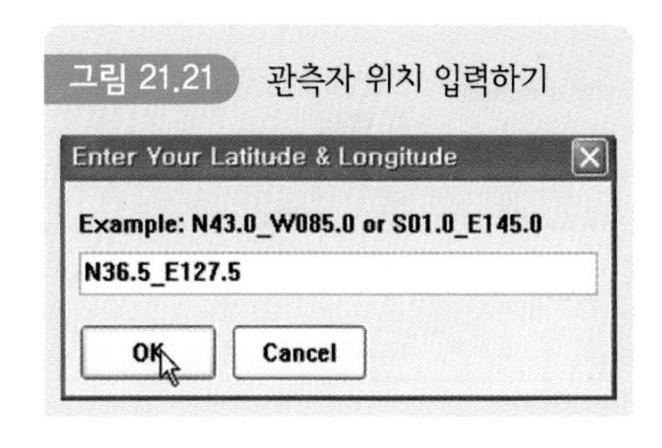

먼저 관측지역의 위도와 경도를 입력하기 위하여 메뉴의 'Setup-Location'을 차례로 눌러 관측지역의 위도와 경도를 입력하자(그림 21.21).

그 다음, 소광계수를 구하기 위해 그림 21.22와 같이 Photometry 메뉴의 Extinction Coefficients를 누른다.

그림 21.22 소광계수 구하기 시작화면

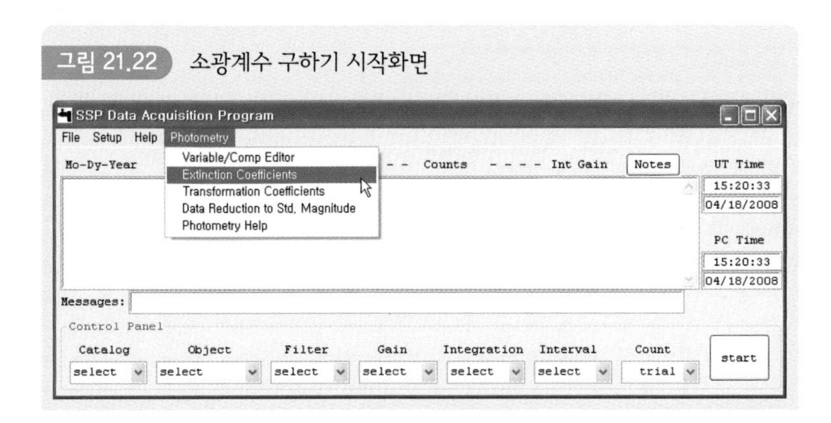

그러면 그림 21.23과 같은 창이 뜬다. 이때 하단의 Raw Data File에 관측 결과로 저장해 둔 파일명을 입력한다.

그림 21.23 Raw Data File 입력하기

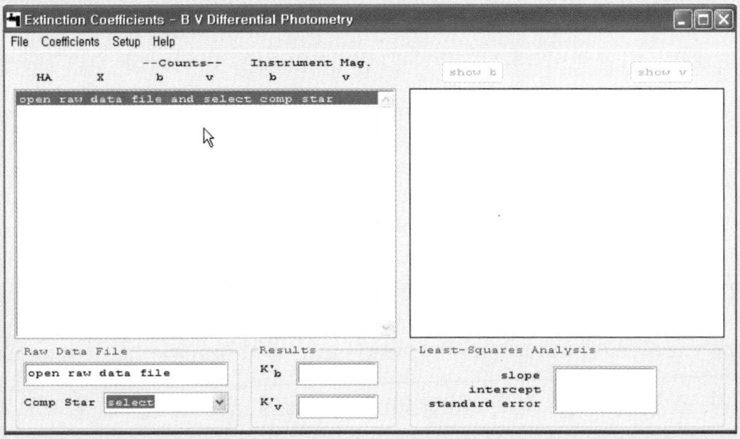

그림 21.24 비교성을 지정하라는 주의 화면

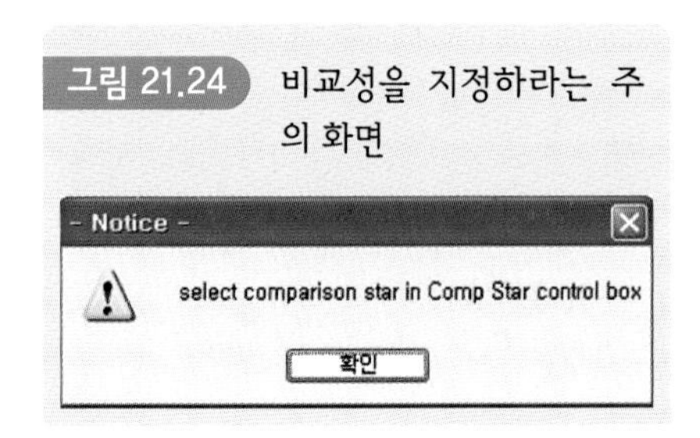

또는 File 메뉴의 'Open File'을 눌러 관측된 파일을 지정해 줄 수도 있다. 해당 파일을 지정하면 그림 21.24와 같은 'Notice' 화면이 뜬다. 이 화면의 내용은 비교성을 지정하라는 뜻이다. 따라서 앞서 입력해 둔 비교성 목록 중 어떤 비교성으로 소광계수를 구할 것인지를 지정하라는 뜻이다.

그림 21.25 비교성 지정하기 화면

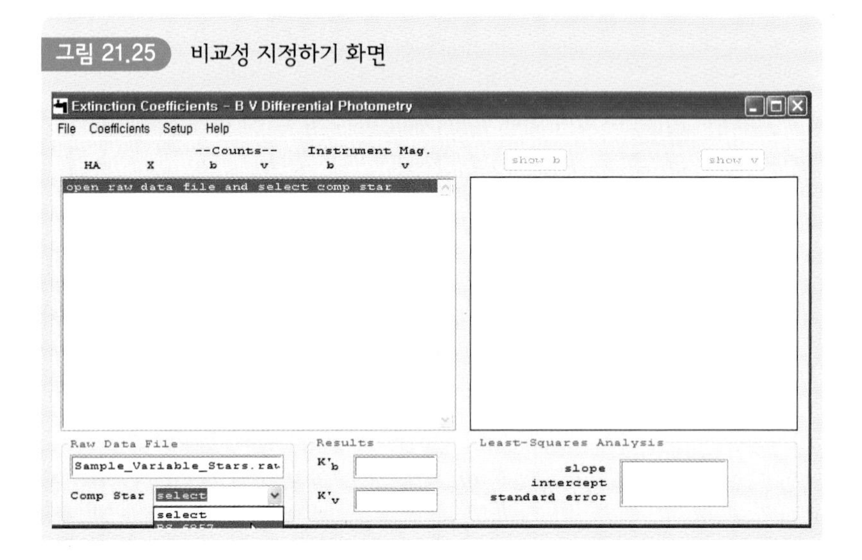

이때 그림 21.25와 같이 하단의 Comp Star를 넣는 칸을 누르면 비교성 목록들이 나타난다. 여기서 비교성을 지정한다.

그러면 해당 비교성의 관측자료가 그림 21.26처럼 나타난다. 이 그림 21.26의 좌측 화면에서 볼 수 있듯이 투과대기량(x)과 V 필터에 대한 값과 B 필터에 대한 값들이 보인다.

이때 우측의 'show b'를 눌러 보자. 그러면 B 필터에 대한 소광계수를 얻는 그림이 그림 21.27처럼 나타난다. 그리고 우측 하단에는 소광계수(slope), 절편(intercept), 표준오차(standerror)가 나타난다. V 필터에서도 마찬가지로 얻는다.

얻어진 소광계수를 좌측 하단의 Results에 넣으려면 그림 21.28처럼

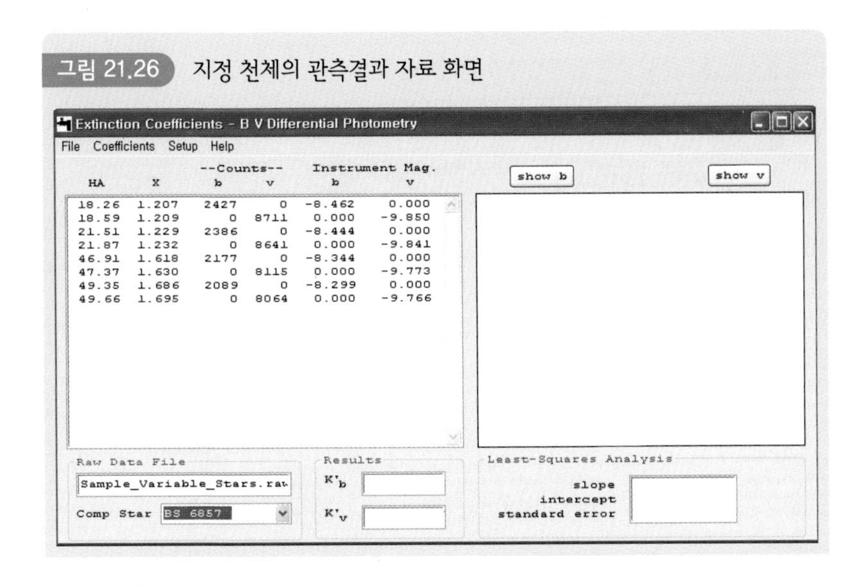

그림 21.26 지정 천체의 관측결과 자료 화면

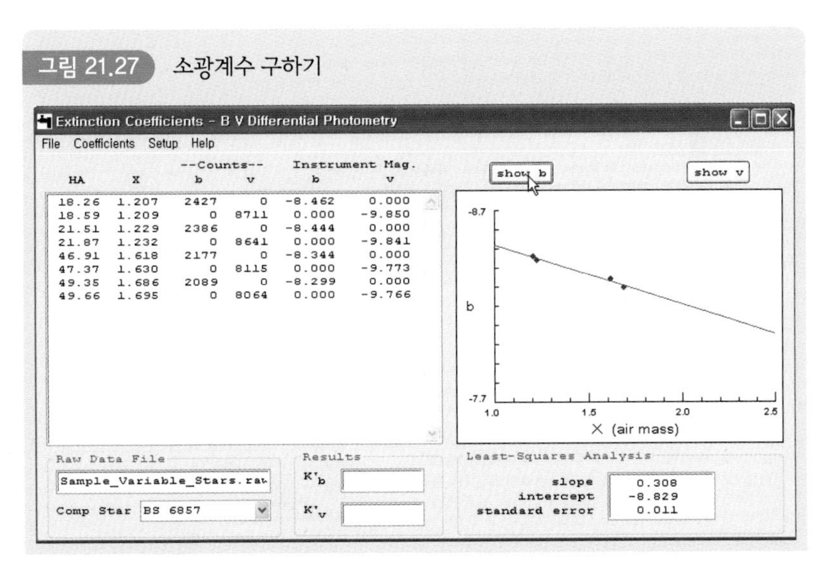

그림 21.27 소광계수 구하기

Coefficients 메뉴의 Send Computed Coefficients Results를 누른다. 그러면 그 값들이 Results에 들어간다.

또 이 소광계수 값을 나중 리덕션에 활용하기 위해 그림 21.29처럼 PPparms.txt에 저장한다.

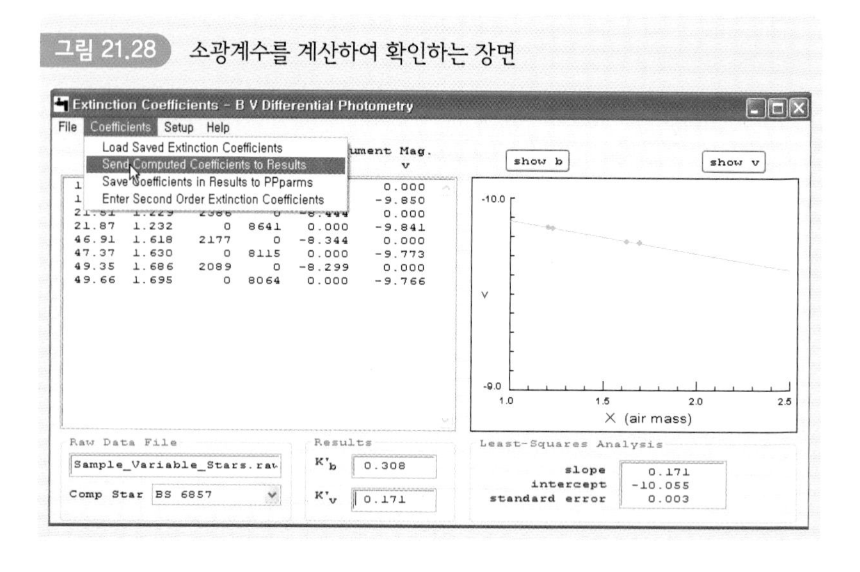

그림 21.28 소광계수를 계산하여 확인하는 장면

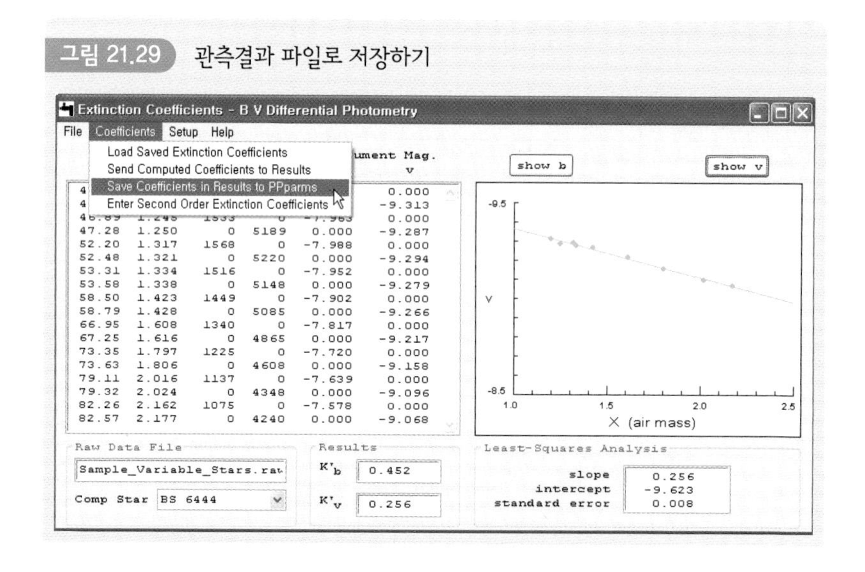

그림 21.29 관측결과 파일로 저장하기

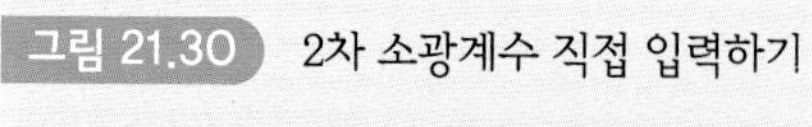

그림 21.30 2차 소광계수 직접 입력하기

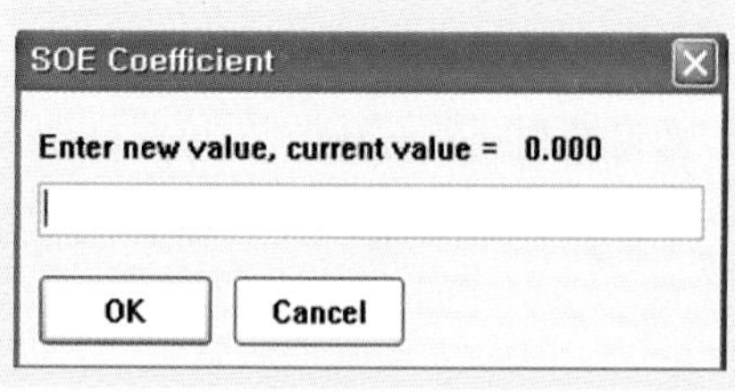

이 프로그램에서 2차 소광계수는 0으로 지정되어 있다. 하지만 다른 방법으로 2차 소광계수를 구했다면 메뉴의 'Enter Second Order Extinction Coefficients'를 눌러 그림 21.30처럼 직접 입력한다.

자료보정 결과 보기

File 메뉴에서 관측자료 파일을 열고, 화면 아래에 비교성과 변광성을 지정해 준 다음, 'start'를 누르면 그림 21.31과 같은 식쌍성의 자료보정 결과를 보여 준다.

그림 21.31 자료보정 결과 화면

Data Reduction - B V Differential Photometry

File Coefficients Help

star	type	UT J2000.0	net count	F	Δv	Δb	ΔV	Δ(B-V)	V	B-V
BS 6902	V	628.65558	1600	B	0.00	-0.76	0.00	0.08	0.00	1.09
BS 6902	V	628.65663	6162	V	-0.91	0.00	-1.02	0.00	4.95	0.00
BS 6902	V	628.65756	1595	B	0.00	-0.76	0.00	0.08	0.00	1.09
BS 6902	V	628.65839	6121	V	-0.91	0.00	-1.01	0.00	4.96	0.00
BS 6444	C	628.67853	1588	B	0.00	0.00	0.00	0.00	0.00	0.00
BS 6444	C	628.67938	5314	V	0.00	0.00	0.00	0.00	0.00	0.00
BS 6444	C	628.68987	1533	B	0.00	0.00	0.00	0.00	0.00	0.00
BS 6444	C	628.69096	5189	V	0.00	0.00	0.00	0.00	0.00	0.00
BS 6444	C	628.70458	1568	B	0.00	0.00	0.00	0.00	0.00	0.00
BS 6444	C	628.70537	5220	V	0.00	0.00	0.00	0.00	0.00	0.00
BS 6444	C	628.70766	1516	B	0.00	0.00	0.00	0.00	0.00	0.00
BS 6444	C	628.70843	5148	V	0.00	0.00	0.00	0.00	0.00	0.00
BS 6444	C	628.72206	1449	B	0.00	0.00	0.00	0.00	0.00	0.00
BS 6444	C	628.72285	5085	V	0.00	0.00	0.00	0.00	0.00	0.00
BS 6902	V	628.73446	1500	B	0.00	0.01	0.00	0.11	0.00	1.12
BS 6902	V	628.73532	5824	V	-0.12	0.00	-0.18	0.00	5.79	0.00
BS 6902	V	628.73616	1477	B	0.00	0.03	0.00	0.13	0.00	1.14
BS 6902	V	628.73690	5822	V	-0.12	0.00	-0.18	0.00	5.79	0.00

Raw Data File: Sample_Variable_Star

Comparison - Variable: BS 6444 - BS 6902

Process: Start

Mean Standard Magnitude
V 5.37?.48
B-V 1.11?.03
UT J2000 628.69681

이 보정 과정에서 활용한 계수를 확인하기 위해 메뉴의 Coefficient를 누르면 그림 21.32와 같은 화면이 나온다. 여기서는 1, 2차 소광계수와 함께 표준화변환계수도 함께 제시된다. 표준화변환계수를 구하기 위해서는 2개 이상의 비교성(표준성)이 필요하다.

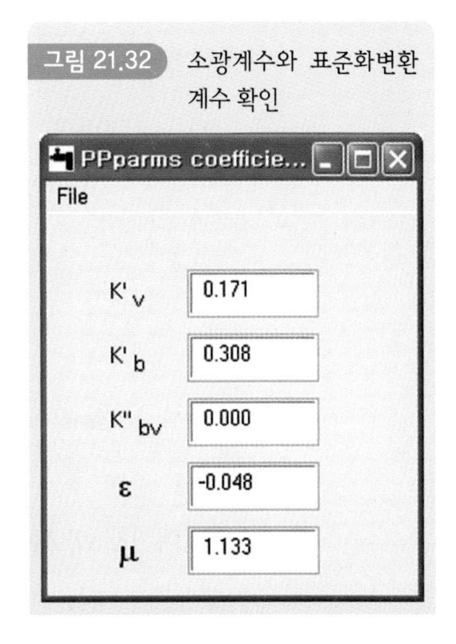

그림 21.32 소광계수와 표준화변환계수 확인

식쌍성의 관측시각을 *HJD*로 정리하기

지구는 태양 주위를 공전하므로 지구의 상대적 위치에 따라 동일한 현상이 감지되는 시각이 달라진다. 이러한 효과를 광로효과(light time effect)라 한다. 이 효과를 없애 주기 위해서는 관측시각을 태양 중심의 시각으로 보정한 태양 중심 율리우스일로 나타내야 한다. 율리우스일은 역서 등에 나와 있는 율리우스일 표를 이용하거나 식을 이용할 수 있다. 다음은 2000년 이후의 어떤 날을 간단하게 율리우스일로 계산하는 식이다.

$$JD = 2451544.5 + 365 \times (\text{천체관측한 해} - 2000) + \text{당해 연도에서 경과한 일수} + \text{2000년 이후 윤년 일수} - 0.5 + \text{관측시각}/24$$

여기서 *JD*는 지구 중심 율리우스일(Geocentric Julian Day : JDgeo)이다. 그런데 쌍성의 위상을 구하는 과정에서 필요한 율리우스일은 태양 중심 율리우스일(Heliocentric Julian Day : *HJD*)이다. *HJD*는 관측별의 각 관측시각에 대한 지구와 태양 사이의 거리를 고려한 광로효과 Δt를 보정하여 얻는다. 즉 *HJD*는 다음과 같이 표현할 수 있다.

$$HJD = JD\,\text{geo} + \Delta \text{t}$$

여기서

$$\Delta \text{t (days)} = -0.0057755\,[(\cos\delta\cos\alpha)\,\text{X} + (\tan\varepsilon\sin\delta + \cos\delta\sin\alpha)\text{Y}]$$

이다. 여기서 α, δ는 별의 적경과 적위이고 ε는 황도 경사각으로 $23^\circ 27'$ 이다. 그리고 X, Y는 다음과 같은 식으로 나타낼 수 있다.

$$
\begin{aligned}
X = {} & 0.99986 \cos L - 0.025127 \cos (G - L) \\
& + 0.008374 \cos (G + L) \\
& + 0.000105 \cos (2G + L) + 0.000063T \cos (G - L) \\
& + 0.000035 \cos (2G - L) \\
Y = {} & 0.917308 \sin L + 0.023053 \sin (G - L) \\
& + 0.007683 \sin (G + L) \\
& + 0.000097 \sin (2G + L) - 0.000057T \sin (G - L) \\
& - 0.000032 \sin (2G - L)
\end{aligned}
$$

여기서

$$
\begin{aligned}
L &= 279^\circ.696678 + 36000.76892T + 0.000303T^2 - P \\
P &= [1.396041 + 0.000308(T + 0.5)]\ [T - 0.499998] \\
G &= 358^\circ.475833 + 35999.04975T - 0.00015T^2 \\
T &= (JD - 2415020)/36525
\end{aligned}
$$

이다.

위상 구하기

앞에서 얻은 *HJD*를 이용하여 식쌍성의 위상을 다음과 같이 구한다. 위상을 구할 때, *HJD*가 기산점보다 크면

$$
H = \text{소수 부분의} \left(\frac{HJD - \text{기산점}}{\text{주기}} \right)
$$

을 이용하여 *H*를 구하고, *HJD*가 기산점보다 작으면

$$H = 1 - \text{소수 부분의} \left(\frac{HJD - \text{기산점}}{\text{주기}}\right)$$

을 이용하여 H를 얻는다. 이와 같이 얻은 H를 이용하여 태양 중심 위상을 다음과 같이 구할 수 있다.

$$\text{위상(태양 중심)} = H + \left(\frac{UT/24\text{시간}}{\text{주기}}\right) \text{이다.}$$

본 식쌍성 관측자료의 시각별 위상을 구하기 위해 이미 알려진 44 i Boo의 광도 요소를 제시하면 다음과 같다.

$$\mathrm{T_{min}} = \mathrm{HJD}\ 2439370.4222 + 0.2678160 \times \mathrm{E}\text{이다.}$$

여기서 $\mathrm{T_{min}}$는 극심시각을 의미하며, *HJD* 2439370.4222는 기산점(epoch)을 의미한다. 또 0.2678160는 이미 알려진 44 i Boo의 주기를 의미하며, E는 그동안 식이 일어난 횟수를 의미한다.

위상(광도)곡선의 작성

대기소광 보정이 끝난 다음, 같은 시간대의 식쌍성과 비교성의 차등등급 Δm을 위상(P)별로 정리한다. 그리고 차등등급 Δm을 위상 P에 따라 그린 그림 21.33과 같은 광도곡선을 작성한다. 광도곡선은 주기변화, 광도의 극심시각, 식쌍성의 반사효과, 중력효과 등을 설명하는 데 이용되며, 분광자료와 함께 궤도요소를 구할 때도 이용된다.

극심시각

식변광성은 주성 또는 반성의 어느 한쪽이 다른 한쪽에 의하여 가리워짐에 따라

그림 21.33 위상(광도)곡선

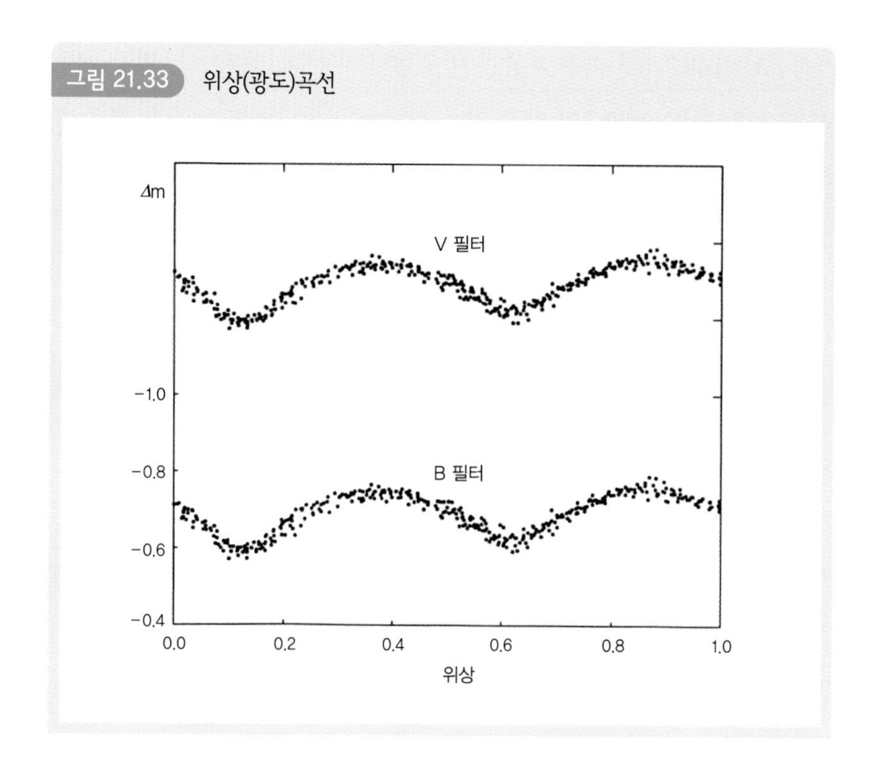

2개의 극소점이 관측된다. 여기서는 식이 일어났을 때의 중심시각을 결정하는 방법 중 하나인 트레이싱지를 활용하는 방법에 대하여 알아보자. 주기를 결정하기 위해서는 동일한 위상의 두 극소점 사이의 시간 간격, 즉 극심시각 간격(Δt)를 구해야 한다. 일반적으로 두 극소점의 광도는 서로 크게 다르기 때문에 제1극소점(min1)과 제2극소점(min2)을 구별하는 데 큰 어려움이 없지만, 44 i Boo와 같은 W-Uma형 식변광성은 2개의 극소점의 광도가 거의 비슷하기 때문에 이를 판별하기 위해서는 세심한 주의가 필요하다. 여기서는 앞서 얻은 위상(광도)곡선을 참고하여 제1극소점과 제2극소점의 극소시각을 구해 보자. 극심시각의 간격은 주기(P)의 정수배이어야 하는 바, 극심시각의 간격(Δt) 및 이미 알고 있는 주기($P_{\circ}$)로부터 다음과 같이 식이 일어난 횟수(진행주기수 : E)를 구할 수 있다.

$$E = \text{int}[\Delta t/P_{\circ}]$$

여기서 int는 [$\Delta t/P_{\circ}$]의 소수 부분을 반올림하여 주는 함수이다. 변광성의 주기가 변하지 않을 경우 [$\Delta t/P_{\circ}$]의 값은 정수로 구해지지만 변화가 있을 경우 정수에 가까운 값이 얻어진다. 극심시각의 간격 및 진행주기수가 결정되면 관측기간 중의 새로운 변광주기(P)는

$$P = \Delta t/E$$

와 같이 간단히 구해진다. 따라서 관측자료를 토대로 얻어진 임의의 위상(광도)곡선을 보면서 관측일별로 극소시간 min1 및 min2를 태양 중심 율리우스일로 작성해 둔다. 이와 같은 방법으로 구한 주기는 두 극심시각 사이의 주기진행수(E)에 따라 차이가 나타난다. 즉 새로 구한 주기의 오차는 극심시각 결정시의 오차를 주기진행수(E)로 나눈 값이 되기 때문에 주기진행수(E)가 커질수록 주기의 오차는 작아지게 된다. 여기서는 이러한 점들을 고려하여 주기를 구해 보자.

한편 광도곡선을 기술하기 위해서는 주기뿐만 아니라 기준극심시각이 필요하다. 따라서 앞서 구한 주기와 관측된 극심시각을 가장 잘 만족시켜 주는 기준극심시각을 구하여 광도곡선 요소를 태양중심 율리우스일로 다음과 같이 표현하게 된다.

$$\text{Minimun}: \text{HJD } 2448333.1711 + 0.2678150 \times E$$

주기 분석

식변광성의 주기는 장기간에 걸쳐 여러 가지 원인에 의해 달라질 수 있다. 이러한 주기 변화의 유무를 판단할 때 (O－C)도가 활용된다(O : Observed Min, C : Calculated Min). (O－C)도는 관측으로부터 얻어지는 극심식각의 관측치(O)와 기준극심시각과 기준주기로부터 계산되는 계산치(C)의 차이로 주기 변화의 누적된 양을 의미한다. 장기간에 걸친 관측으로 얻어지는 극심시각의 자료로부터 (O－

C)도를 작성할 경우, 주기 변화의 양상을 어느 정도 알 수 있다. 일반적으로 (O－C)는 사용한 광도요소에 따라 달라진다. 특히 기준주기($P_{\circ}$)에 매우 민감하다. 기준주기($P_{\circ}$)가 실제주기(P)보다 작은 경우에는 (O－C)는 증가하고(정의 기울기), 큰 경우에는 감소한다(부의 기울기). 한편 특정 기간 동안의 주기 P는 기준주기 $P_{\circ}$와 (O－C)의 기울기로부터 다음과 같은 식을 얻을 수 있다.

$$P = P_{\circ} + \Delta(O - C)/\Delta E$$

이로부터 (O－C)의 기울기가 시간에 따라 변하는 양상을 확인할 수 있게 된다. 또 이러한 결과로부터 주기 변화의 요인을 분석할 수 있다. 주기 변화의 요인으로는 질량교환과 같은 쌍성계의 내적 변화에 의한 것과 궤도운동으로 인한 광로효과(light time effect)와 같은 외적 요인에 의한 것 등이 있다.

22 원격 천체관측

최근의 전자 정보 기술의 발달은 관측 천문학 영역에도 많은 영향을 주고 있다. 사회의 모든 분야에서 급속히 진행되는 정보화의 물결에 맞추어 천체관측도 인터넷을 이용한 원격 관측의 중요성이 크게 부각되고 있다. 원격 관측은 관측자가 일부러 원격지에 있는 천체관측소를 방문하지 않아도 천체관측을 할 수 있기 때문에 시간 및 경비 등을 절약할 수 있고 망원경의 활용도도 높일 수 있다.

그림 22.1 원격 천체관측소(공주대학교 천문대)

또 실시간으로 관측된 결과를 지정된 홈페이지에 올려두면 많은 사람들이 필요에 따라 활용할 수도 있다. 여기서는 원격제어 망원경 시스템 개발 및 활용방법 등에 대하여 알아보자.

원격제어용 망원경 개발

원격제어 천체관측 시스템을 개발하기 위해서는 이와 관련된 기계부, 전자부, 광학부, 돔 자동화, 소프트웨어 등이 개발되어 함께 통합되어야 한다. 여기서 기계부는 망원경을 직접 움직이는 영역을 의미하고, 전자부는 기계부에 신호를 보내는 영역을 의미한다. 광학부는 망원경과 천체 영상의 초점 등을 맞추는 부분이다. 또 천체 돔은 망원경의 움직임에 따라 함께 연동되어 움직여야 한다. 전체적인 천체관측의 과정은 호스트 컴퓨터에 내장된 망원경 제어 프로그램의 명령에 따라

그림 22.2 원격제어 천체망원경 시스템

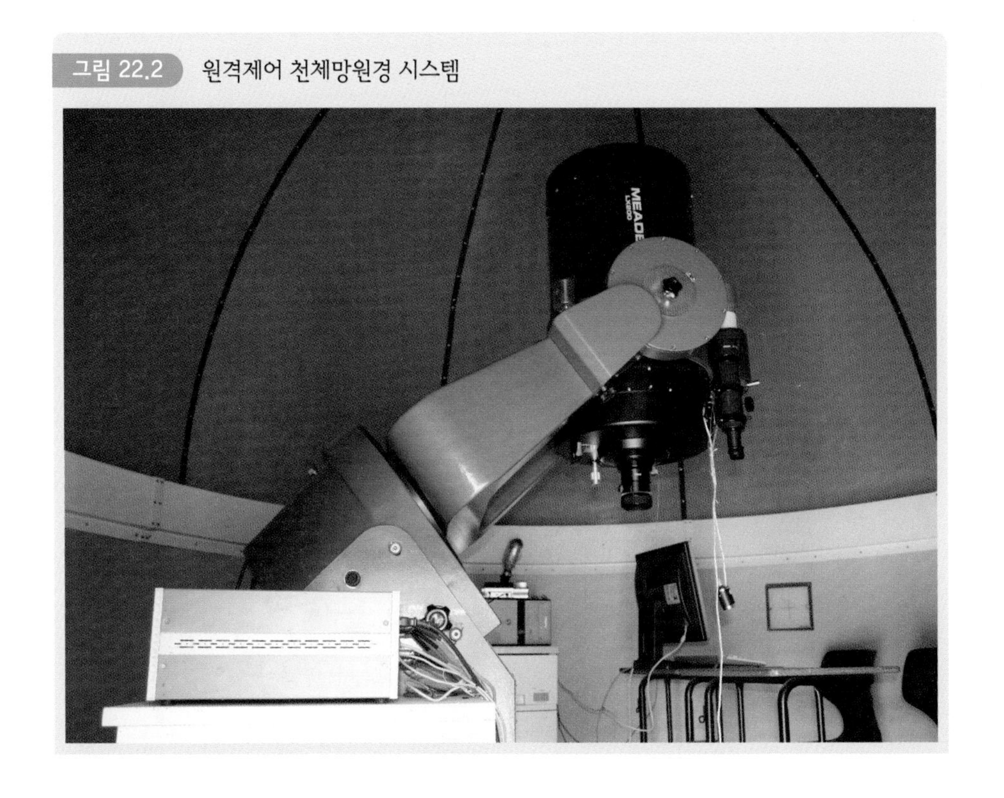

이루어지게 된다. 그림 22.2는 원격 천체관측 시스템의 내부 모습이다.

원격제어용 망원경은 그 경통이 길이가 짧을수록 돔 내에서 회전반경을 줄일 수 있어서 유리하다. 이에 여기서는 포크식 가대 위에 구경 36cm(f/10)인 슈미트 카세그레인식 망원경을 설치하여 개발된 원격제어 천체망원경 시스템의 예를 보이고자 한다.

기계부

망원경의 기계부란 광학부를 지지하고 있는 구조물 전체를 일컫는다. 여기서는 경통을 받쳐 주는 가대, 망원경이 갖고 있는 2개의 회전축을 돌리기 위한 동력원과 그 동력원으로부터 축까지 동력을 전달해 주는 동력전달장치, 홈 스위치 그리고 리미트 스위치를 의미한다.

가대

가대는 망원경의 경통을 받쳐 주는 지지대로서 그림 22.3과 같이 36cm 망원경의

그림 22.3 포크식 적도의

그림 22.4 극축조정장치(좌 : 방위각, 우 : 고도)

크기와 자동화에 유리한 포크식 적도의로 설계 · 개발하였다. 이러한 적도의를 개발하여 처음 극축을 맞출 때는 포크의 방향을 먼저 진북 방향에 맞추고 나서 포크의 고도를 그 지방의 위도로 맞추어 대략적인 극축을 맞추었다. 그러고 나서 사진관측 등을 수행해 나가면서 그림 22.4처럼 가대 받침대에 설치된 방위각과 고도 조절 나사를 이용하여 정밀하게 극축을 맞추었다.

적경축 및 적위축 동력

적경축 및 적위축의 동력을 얻기 위해 스텝핑 모터를 활용하였다. 그리고 동력전달은 디스크 방식을 채택하였다. 디스크 방식은 백래쉬 문제가 없다. 또 스텝핑 모터에서 나온 동력이 망원경에 보다 부드럽게 전달되도록 하기 위해 감속장치를 활용하였다. 그림 20.5는 적경축의 뒷모습으로 오른쪽 원 안에 있는 것은 스텝핑 모터의 모

그림 22.5 적경축의 뒷모습

그림 22.6 적위축 엔코더

습이며, 왼쪽 원 안에 있는 것은 적경 엔코더이다.

엔코더는 망원경이 원하는 위치까지 움직였는지를 확인하는 회전각도 측정장치로 적경축과 적위축 모두에 설치하였다. 그림 22.6은 적위축에 연결되어 있는 엔코더의 모습이다.

또 엔코더의 시작 위치를 알리기 위해 홈 스위치를 설치하였다. 홈 스위치는 망원경이 유일하게 알고 있는 기준 위치이다. 홈 스위치는 시작점을 의미하기 때문에 별을 정확히 찾아가는 데 직접적인 역할을 한다. 홈 스위치로 활용한 센서는 광센서를 활용하였다. 광센서에는 상하 2개씩 4개의 발이 달려 있고 칼날 역할을 하는 작은 막대가 하나 달려 있다. 칼날이 홈에 들어오면 불이 켜지고 들어오지 않으면 불이 켜지지 않는다. 이러한 원리를 이용하여 망원경의 시작 위치를 알게 하였다.

리미트 스위치는 무인 관측이나 원격 관측 과정에서 안정장치의 역할을 한다. 즉 망원경이 일정 각도 이상으로 내려오면 리미트 스위치에 의해 자동적으로 망원경의 모터가 멈추도록 하였다.

망원경의 초점조정은 반사망원경의 경우, 부경을 앞뒤로 조정할 수 있도록 핸드패들에 구성할 수도 있고, 망원경 접안부에 원격 초점조정장치를 설치하여 PC

그림 22.7 원격제어용 초점조정장치(좌 : 2인치용, 우 : 3인치용)

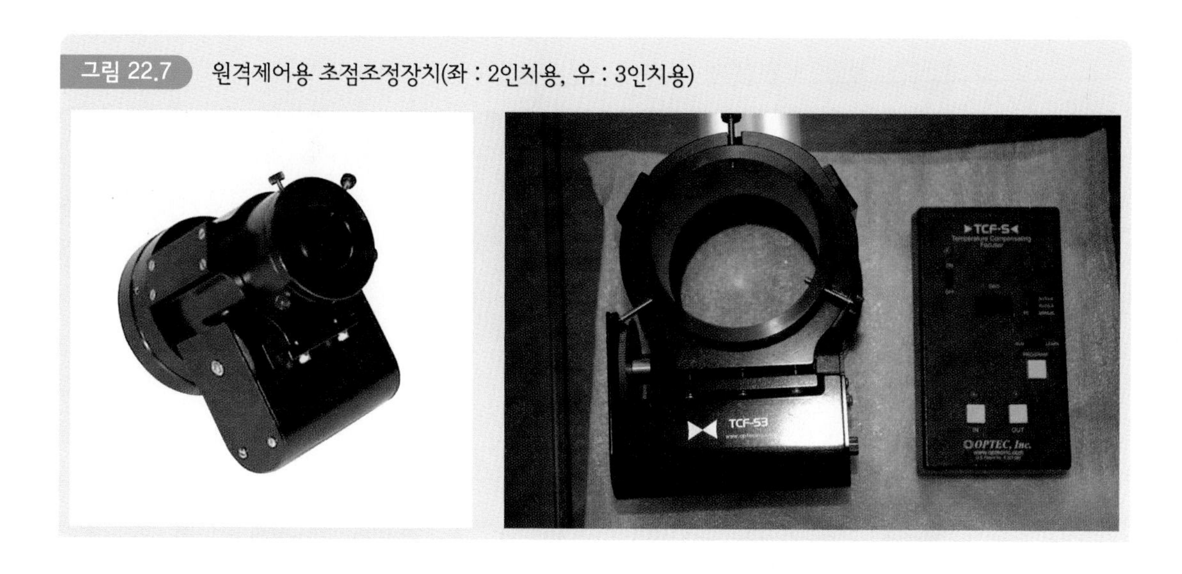

에서 초점을 조정할 수도 있다. 그림 22.7은 망원경 접안부에 연결한 원격제어용 초점조정장치로서 PC에서 그림 22.8과 같은 프로그램을 띄워 놓고 'IN' 또는 'OUT'를 눌러가면서 컴퓨터상의 천체를 보아가면서 초점을 맞춘다. 이 시스템은 초점조정 핸드패들로도 초점을 맞출 수 있다. 이와 같이 원격제어용 초점조정장치는 2인치용과 3인치용이 있다. 따라서 관측자가 보유하고 있는 망원경의 접안부 크기에 맞게 선택하여 적절히 활용하여야 할 것이다.

그림 22.8 초점조정장치를 PC에서 제어하는 프로그램 장면

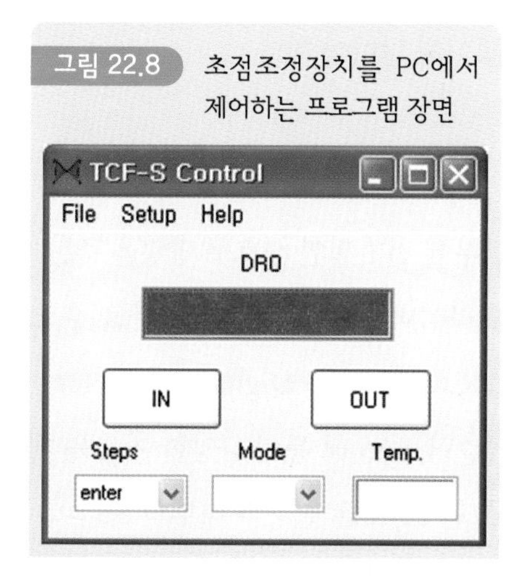

그림 22.9 소형망원경 접안부에 연결된 원격제어 초점조정장치

그림 22.9는 소형망원경 접안부에 PC 제어용 초점장치를 연결해 두고 PC에서 또는 초점조정 핸드패들로 제어할 수 있도록 구성되어 있는 장면이다. 이와 같이 망원경에 원격제어 초점조정장치를 연결해 둔 상황에서는 기존의 초점조정 노브를 무리하게 손으로 움직이지 말아야 한다.

전자부

전자부는 망원경의 기계부에 전기적인 신호로 명령을 주는 영역으로서 크게 컨트롤러와 마이크로스텝 드라이버 그리고 전원부로 나눌 수 있다. 여기서는 컨트롤러는 시리얼 통신, ADC(Analog to Digital Convertor), PWM(Pulse Width Modulation), 디지털 입출력, 카운터 등의 다양한 기능을 제공하는 80C196KC를 활용하여 제작하였다. 그림 22.10은 전자부 내부의 모습이며 이 전자부를 호스트 컴퓨터에서 제어하기 위해 직렬 포트선(RS232C)을 이용하였다.

그림 22.10 전자부 내부

돔과 망원경의 연동

원격 관측을 하려면 망원경의 슬릿을 원격지에서 개폐할 수 있어야 하고, 망원경의 회전에 따라 돔이 함께 연동되어 돌아가야 한다. 그림 22.11은 열려 있는 돔

그림 22.11 슬릿과 망원경 방향이 일치되어 천체를 추적하는 장면

그림 22.12 전자부 안테나와 돔 안테나

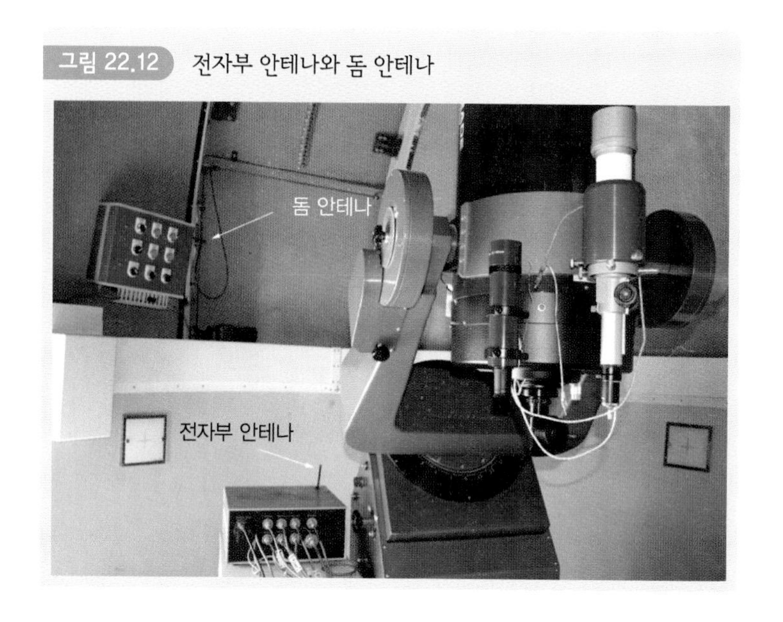

슬릿의 방향과 망원경의 방향이 연동되어 움직이면서 반달의 모습을 추적하고 있는 한 장면이다. 이를 위해 돔 회전 모터에 증분형 엔코더를 부착하여 돔 위치를 계산하면서 망원경과 함께 연동되도록 하였다. 또 그림 22.12처럼 전자부 및 돔에 안테나를 각각 설치하여 망원경과 돔이 서로 신호를 주고 받을 수 있도록 하였다. 관측 시작 시에 돔의 위치는 영점에 머물러 있도록 하였으며, 돔이 영점에 오면 돔 제어 판넬에 빨간불이 들어와 눈으로도 확인할 수 있도록 하였다.

망원경의 감시

원격제어용 망원경은 원격지에서 호스트 컴퓨터로 들어와 망원경을 제어하기 때문에 그 움직임이 매우 정확해야 한다. 이를 위해 그림 22.13처럼 돔 내부에 웹카메라를 설치하였다.

이 웹카메라는 상하좌우로 원격지에서 움직일 수 있으며 그림 22.14처럼 원격지에서 돔 내부의 망원경의 움직임이나 돔의 상하 슬릿의 움직임 등을 감시할 수 있도록 하였다. 또 그리고 캄캄한 밤 시간대에 돔 내부의 불을 켜거나 끄는 일도

그림 22.13 돔 내부의 원격감시 카메라와 주변 기기들

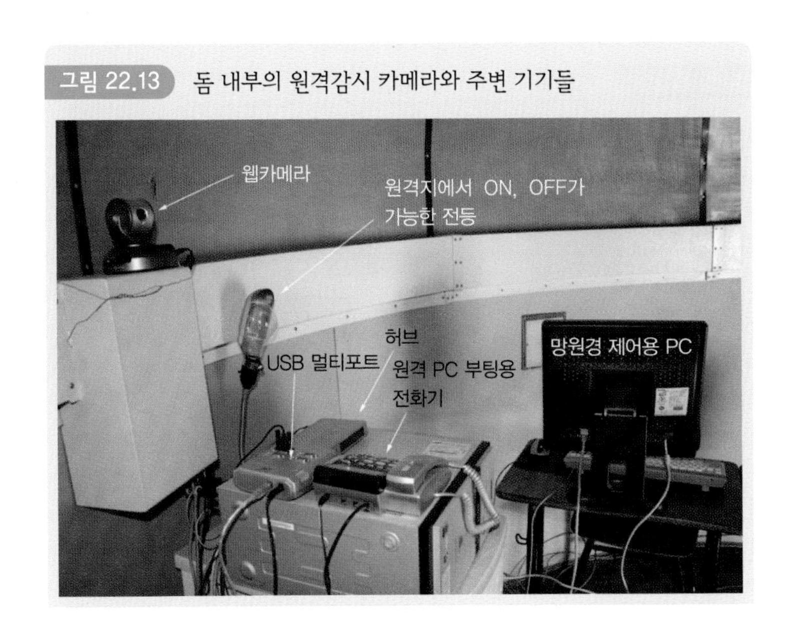

그림 22.14 원격지에서 웹카메라를 제어하면서 본 돔의 내부

할 수 있다. 이를 위해 이 웹카메라에 릴레이를 연결하여 전등을 인터넷상에서 켜거나 끌 수 있도록 구성하였다.

그림 22.15 비센서

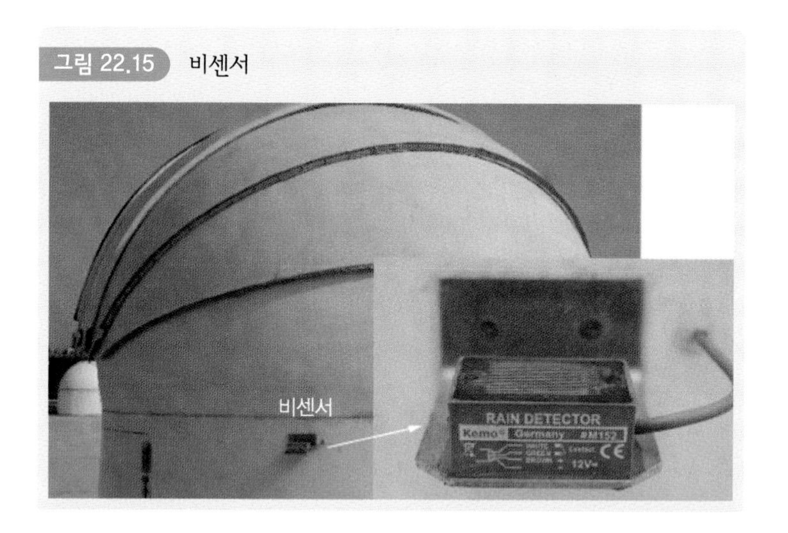

비센서

원격 천체관측은 인터넷 등을 통하여 관측을 실시하기 때문에 관측소가 있는 곳의 기상 상황을 정확히 알기 어렵다. 만약 관측소에 비가 내리고 있는데 그 사실을 모르고 관측자가 원격제어를 통해 돔의 슬릿을 열게 된다면 호스트 PC와 여러 전자장비가 물에 젖게 되어 큰 어려움을 겪을 수도 있을 것이다. 따라서 관측소에 비가 내리면 돔슬릿이 열리지 않게 해야 하고, 또 관측 도중 비가 내리면 저절로 돔슬릿이 닫힐 수 있도록 비센서를 설치할 필요가 있다. 그림 22.15는 또 다른 원격제어 망원경 시스템의 돔 외부에 비센서를 설치해 둔 모습이다. 이 시스템의 돔은 자바라 형태의 직경 2m 크기로 개발하였다. 돔의 개폐는 완전히 열리고 닫히기 때문에 굳이 망원경과 연동시킬 필요도 없이 간단하다.

그림 22.16 컴퓨터 부팅 모듈

원격부팅

원격제어 망원경 시스템은 호스트 컴퓨터에 의해 제어된다. 그런데 관측을 하지 않는 평상시에 컴퓨터를 계속 켜놓는 것은 에너지 낭비이다. 따라서 평상시에는 컴퓨터를

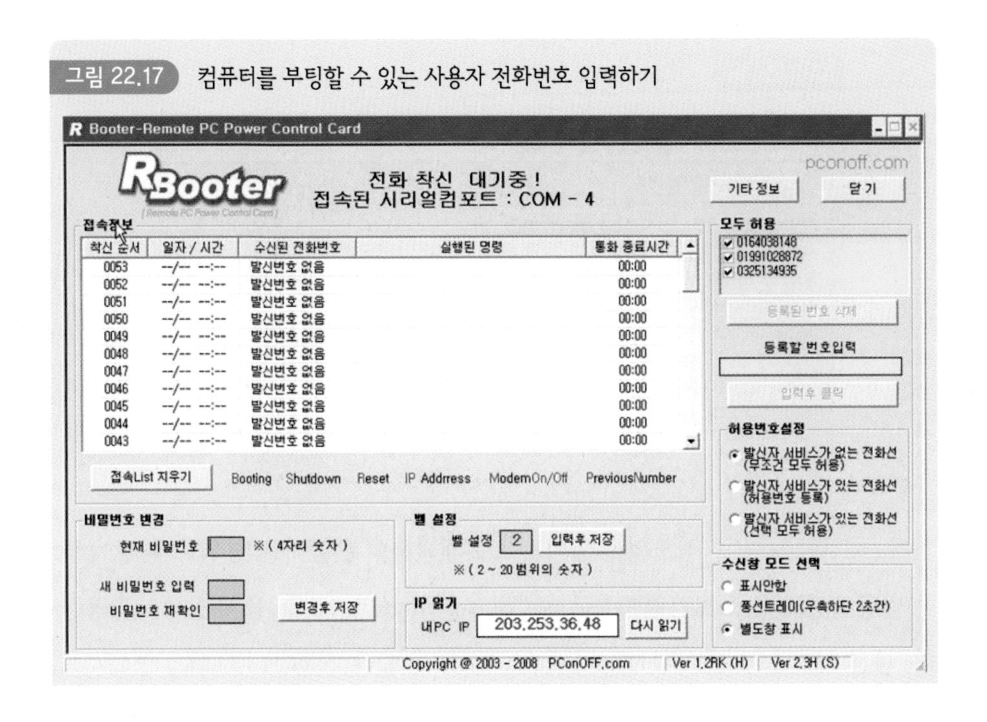

그림 22.17 컴퓨터를 부팅할 수 있는 사용자 전화번호 입력하기

꺼놓는다. 꺼놓은 컴퓨터를 원격지에서 어떻게 켜거나 끌 수 있을까? 이를 위해서는 그림 22.16과 같은 컴퓨터 부팅 모듈과 하나의 전화가 필요하다. 즉 부팅 모듈은 컴퓨터에 장착하고 관련 소프트웨어를 설치한 다음, 이 컴퓨터를 부팅할 수 있는 권한을 부여한 사용자 전화번호 등을 그림 22.17과 같이 입력한다. 그리고 부팅 모듈과 전화를 연결한다.

꺼놓은 호스트 컴퓨터를 원격지에서 부팅할 때는 사용자 위치에서 원격 천체관측소 내에 있는 전화에 전화를 건다. 그러면 ARS 목소리가 나오면서 비빌번호를 묻는다. 이에 답하면 망원경을 제어하는 호스트 컴퓨터의 전원이 켜진다.

망원경 제어 및 천체관측 프로그램

원격관측을 하기 위해서는 망원경을 제어하는 호스트 컴퓨터에 제어용 프로그램이 설치되어 있어야 한다. 일반 상품으로 널리 알려져 있는 적도의의 경우 MaxImDL이나 ASCOM과 같은 적도의 제어용 프로그램을 활용하여 제어할 수

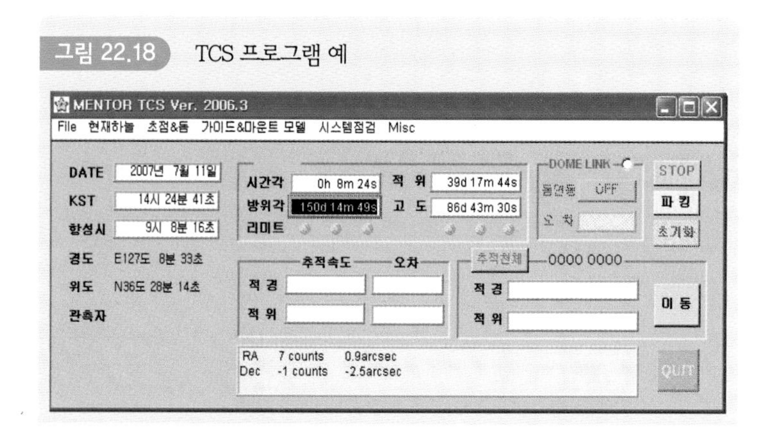

그림 22.18 TCS 프로그램 예

있다. 하지만 보다 큰 적도의를 임의적으로 개발하여 활용하는 경우 그 환경에 맞는 망원경 제어용 프로그램(Telescope Control Program : TCS)을 개발하여 활용한다. 물론 이런 경우에도 TheSky나 Starry Night와 같은 천문 프로그램과 연동시켜 관측을 수행할 수도 있다. 여기서는 한국천문연구원에서 개발한 TCS 프로그램을 재구성한 그림 22.18과 같은 TCS 프로그램을 토대로 알아보자. 이 프로그램을 활용하기 위해서는 먼저 관측지의 위도와 경도, 파킹 및 초기화 과정 등을 간단히 거친다. 그러고 나서 관측하려는 천체의 적경과 적위를 입력하여 '이동'을 누르면 그 천체를 찾아 추적한다. 이때 돔 연동 항목에 체크를 해 두면 돔이 망원경과 함께 연동되어 움직인다. 그림 20.18은 TCS 프로그램의 주 화면이다.

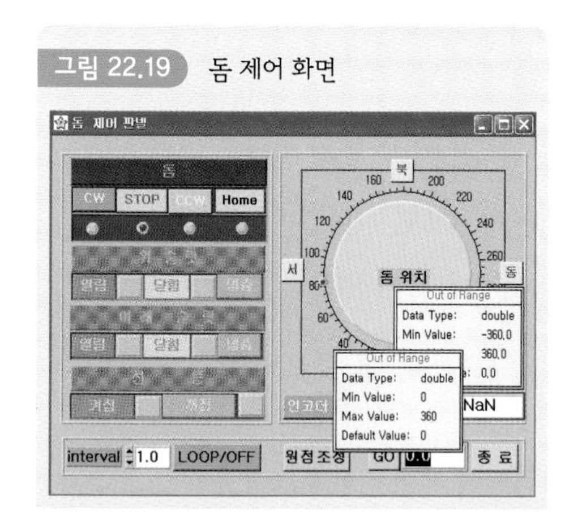

그림 22.19 돔 제어 화면

돔의 상하 슬릿을 열기 위해 메뉴의 '초점&돔' 항목으로 들어가서 '돔'을 누르면 그림 22.19와 같은 돔 제어 창이 뜬다. 이때 돔의 위 슬릿 열기-아래 슬릿 열기 등을 통해 슬릿을 열어 두고 관측을 실시한다.

망원경 접안부에 카메라 연결하기

원격지의 관측자는 직접 망원경의 접안부를 보면서 관측할 수 없다. 따라서 망원경의 접안부에 CCD 카메라, 디지털카메라, 웹카메라, 줌 CCD 카메라 등 카메라를 연결하여 망원경에서 찾은 천체가 카메라를 통해 컴퓨터 화면에 보이면 찍거나 관측하게 된다. 그림 22.20은 디지털카메라를 망원경 접안부에 연결해 둔 모습이다.

그림 22.20 망원경 접안부에 연결된 디지털카메라

완성된 원격 천체관측 시스템

그림 22.21은 완성된 원격제어 망원경 시스템의 모습이다. 여기서 돔은 망원경의 움직임에 따라 함께 연동되어 움직여가도록 구성되어 있다. 그리고 망원경은 컴퓨터가 찾으라고 명령한 천체를 찾아 추적한다. 이때 관측자는 망원경 접안부에 달려 있는 카메라를 통해 들어온 천체를 실시간으로 컴퓨터 화면에서 관측하면서 정지 영상이나 연속 영상으로 찍게 된다. 이와 같은 원격제어용 망원경 시스템은 망원경의 크기가 작으면 작을수록 쉽게 구성할 수 있다. 그림 22.22는 8인치 반사

그림 22.21 원격제어 망원경 시스템 예(좌 : 외부, 우 : 내부)

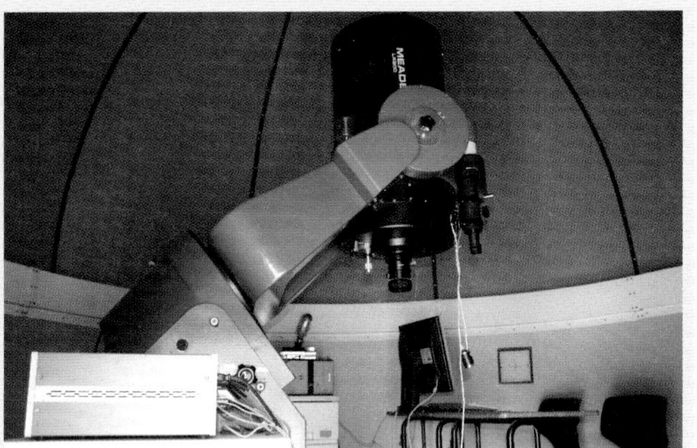

굴절망원경에 원격제어 시스템을 구축한 예이다. 이러한 소형망원경의 원격제어 시스템 구성 원리는 큰 망원경에서와 같다. 이러한 시스템은 별을 찾는 기능이나 추적하는 기능이 아주 우수하기 때문에 가정이나 학교의 옥상 등에 설치하면 태양, 달, 행성은 물론이고 성운, 성단, 외부은하에 이르기까지 다양한 천체를 관측할 수 있다.

그림 22.22 소형 원격제어 망원경 시스템

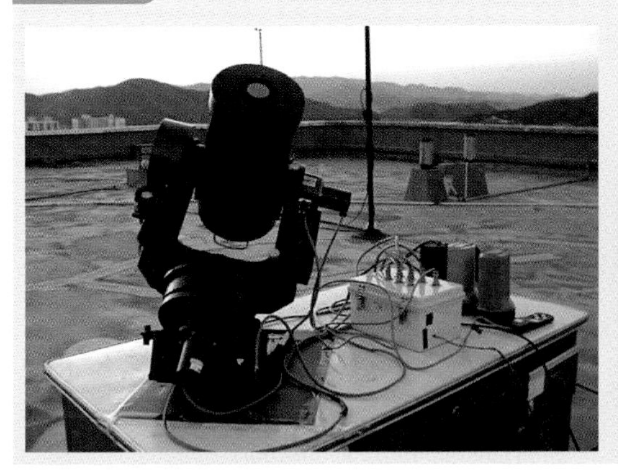

지향정밀도와 추적정밀도

원격제어 천체관측은 원격지에서 관측할 때, 마치 망원경 바로 옆에서 관측하는 것처럼 관측을 수행할 수 있어야 한다. 그러기 위해서는 천체를 정확히 찾는 기능(pointing)과 이미 망원경 중앙에 맞추어 둔 천체를 오랫동안 머물게 하는 추적 기능(tracking)이 매우 중요하다. 그런데 원격제어용 망원경을 안정된 장소에 설치하지 않은 경우, 시간이 지남에 따라 지향정밀도나 추적정밀도가 떨어질 수 있다. 그런 경우 지향정밀도나 추적정밀도를 높이기 위해 마운트 모델링이 필요하다. 이들에 대하여 알아보자.

천문학적인 오차 보정

목록에서 얻는 별의 위치는 목록 위치라고 한다. 그러나 관측자가 실제 보게 되는 별의 위치는 관측 시각과 관측 위치에 따라 영향을 받게 되는데 이를 겉보기 위치라고 하며 목록 위치와는 차이가 있다. 따라서 겉보기 위치를 얻기 위해 목록에서 얻은 적경과 적위값에 세차효과나 대기굴절효과와 같은 요소들을 보정하여 얻는다.

마운트 모델링을 통한 지향정밀도

천문학적인 계산으로 겉보기 위치를 정확히 얻어냈다고 하더라도 망원경을 정확히 그 위치로 지향시키는 것은 또 다른 문제이다. 즉 완벽한 기계는 없기 때문에 기계 또는 전자적인 원인으로 오차가 생기기 마련이다. 기계적으로 생길 수 있는 오차는 마운트 모델링이라는 과정을 통해 보정할 수 있다. 마운트 모델링은 TCS 프로그램상에서 실시할 수 있으며, 마운트 모델링 결과값을 얻으면 그 값을 다시 TCS 프로그램에 적용하여 망원경의 지향정밀도와 추적정밀도를 높이게 된다. 보다 정확한 마운트 모델링을 하려면 동서남북 모든 방향에 위치한 많은 밝은 별들을 이용하는 것이 좋다. 그림 22.23은 마운트 모델을 통해 얻은 결과이다. 여기서 지향정밀도는 적경 및 적위에서 각각 약 10″ 및 20″이다. 이 정도의 결과는 망원

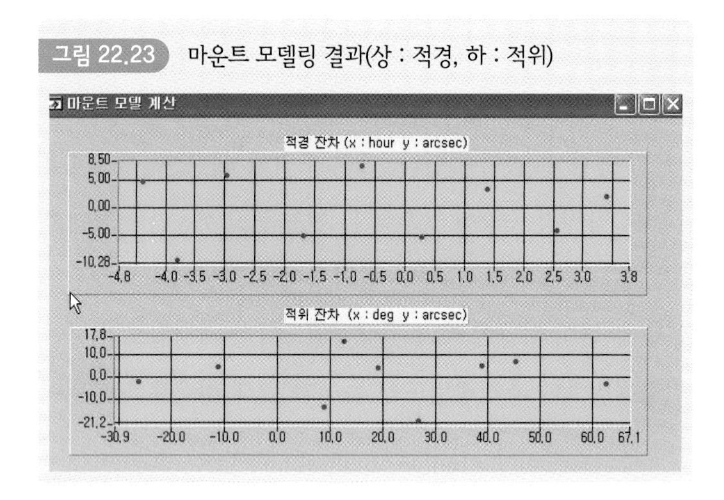

그림 22.23 마운트 모델링 결과(상 : 적경, 하 : 적위)

경이 관측할 천체를 정확히 찾아갈 수 있는 정밀도가 높은 값이다.

추적정밀도

망원경의 추적정밀도를 시험해 보기 위해 십자선 조명장치가 들어 있는 가이드 아이피스 중앙에 하나의 별을 위치시켜 두고 얼마나 오랫동안 머물러 있는지 육안으로 조사해 본다. 관측별이 십자선 중앙에 최소 10분 정도는 머물러 있어야 희미한 천체까지 사진관측을 수행할 수 있을 것이다. 만약 추적정밀도가 너무 낮으면 극축 맞추기와 수평 맞추기 작업을 다시 수행한 후, 마운트 모델링을 다시 수행한다. 육안 조사로 어느 정도 만족할 만한 수준이라고 판단되면 이번엔 사진 관측을 통해 추적정밀도를 다시 알아본다.

인터넷을 통한 원격 천체관측

원격제어 망원경을 원격지에서 활용하려면 인터넷을 통해 망원경 제어용 호스트 컴퓨터에 접속해야 한다. 호스트 컴퓨터에 접속되면 TCS 프로그램을 가동하여 돔 슬릿을 열고 나서 관측할 천체를 찾도록 망원경에 명령을 내린다. 망원경 중앙에 관측천체가 들어오면 본격적인 관측이 시작된다. 물론 1대의 망원경이기 때문에 다수의 사용자가 동시에 사용할 수는 없다. 그래서 망원경 관리자는 사용자들의 관측 요청을 받은 다음, 관측순서를 배정하여 관측을 수행할 수 있도록 한다. 다음은 원격 천체관측 과정이다.

원격지에서 호스트 컴퓨터로 접속하기

원격관측을 하기 위해서는 인터넷을 통해 망원경이 있는 원격지의 호스트 컴퓨터로 접근하는 일이 우선되어야 한다. 이를 위한 방법에는 여러 가지가 있다. 즉 Windows의 '원격데스크탑 연결' 기능을 활용하거나 원격컴퓨터에 연결할 때 많이 활용되는 pc-anywhere나 Radmin을 활용할 수 있다. 여기서는 Radmin이라는 프로그램으로 설명해 보겠다.

Radmin 프로그램을 활용하기 위해서는 호스트용 Radmin과 개인 사용자용 Radmin이 필요하다. 호스트 컴퓨터에는 호스트용 Radmin 프로그램을 설치하여 계정과 비밀번호를 입력해 둔다. 그리고 일반 개인용 컴퓨터에는 개인용 Radmin 프로그램을 설치한다. 개인용 PC에서 Radmin을 활용하여 호스트 컴퓨터에 들어

그림 22.24 Radmin 화면

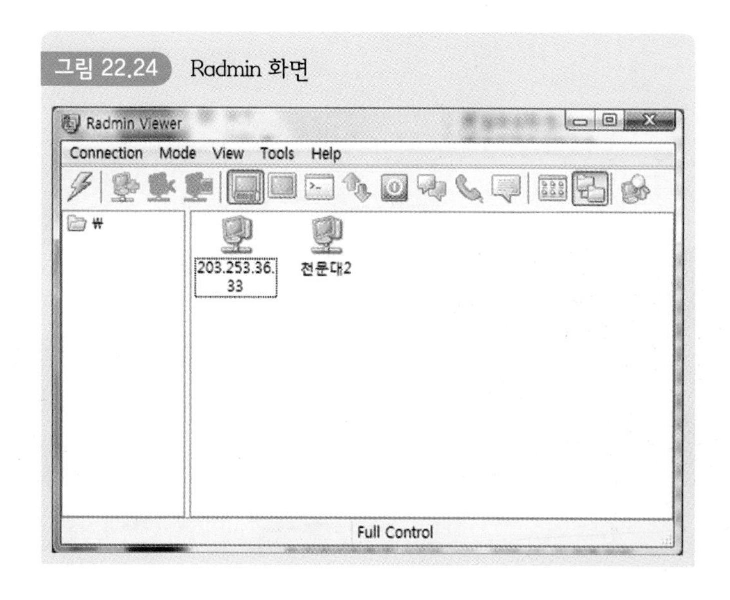

가려면 그 호스트 컴퓨터의 IP 주소, 계정 그리고 비밀번호를 입력해야 한다. 그림 22.24는 Radmin 활용 장면이다.

원격 천체관측

여기서 원격 천체관측을 위한 컴퓨터의 기본적인 운영체제는 Windows 기반으로 하였다. 호스트 컴퓨터에서 망원경을 제어하면서 관측을 할 때 필요한 프로그램은 크게 망원경을 제어하는 프로그램, 망원경의 움직임을 감시하는 프로그램, 관측하려는 천체를 찾는 프로그램 그리고 관측할 천체를 사진으로 찍는 프로그램 등이 필요하다.

그림 22.25는 원격지의 개인용 컴퓨터에서 호스트 컴퓨터로 들어가 원격 천체관측을 하는 장면이다. 이 그림에서 'A' 사용자 개인의 컴퓨터의 배경화면이고, 'B' 영역은 망원경을 제어하는 호스트 컴퓨터의 배경화면이다. 'C' 는 망원경을

그림 22.25 원격제어 천체관측 장면

제어하면서 관측천체를 찾아 주는 TCS 프로그램화면이다. 'D'는 웹카메라로 망원경의 움직임을 모니터링(monitoring)하는 화면이다. 따라서 원격지의 관측자는 마치 망원경 옆에서 망원경을 보면서 관측하는 효과를 얻을 수 있다. 'E'는 'TheSky'라는 프로그램으로서 화면 중간 부근의 둥근 마크는 망원경의 현재 위치를 나타낸다. 이때 관측할 천체를 지정하여 망원경을 이동하라는 명령을 하면 관측할 천체로 망원경이 이동하게 된다. 'F'는 CCDSoft라는 천체사진촬영 프로그램으로 얻은 관측결과 화면이다. 이를 위해 망원경 접안부에 카메라를 연결해 두어야 한다.

관측결과

앞의 원격 천체관측 시스템으로 달, 행성, 성운, 성단, 은하 등 여러 천체를 관측해 보았다. 그림 22.26은 그 예로서 ST-8XE CCD 카메라를 14인치 반사굴절망원경에 연결하여 얻은 M42와 M51이다.

그림 22.26 원격 천체관측 결과(좌 : M42, 우 : M51) 예

제 3 부

IRAF를 활용한 CCD 측광

IRAF(Image Reduction and Analysis Facilities)는 CCD 카메라로 관측한 천체 영상을 처리하는 전문적인 프로그램이다. 이 프로그램은 UNIX, Mac, Linux 등 사용자 환경에 맞추어 활용할 수 있도록 개발되어 보급되고 있다. 따라서 사용자는 자기의 컴퓨터 환경에 맞는 프로그램을 IRAF 홈페이지(http://iraf.noao.edu/)에서 다운받아 활용하면 된다. 여기서는 IRAF를 Linux 서버에 설치한 후, 이를 활용하여 산개성단 NGC7235 CCD 관측결과의 측광 방법에 대하여 알아보자.

23 IRAF를 활용한 CCD 측광

IRAF의 설치

① Linux 서버를 준비한다. 이때 Linux 서버를 관리하기 위한 관리자(administrator)의 계정과 비밀번호를 잘 정리해 둔다.

② IRAF 계정과 사용자 계정을 만든다.

IRAF를 설치하기 위해서는 IRAF 계정이 필요하고, 임의의 사용자가 IRAF를 활용하기 위해서는 사용자 계정이 필요하다. IRAF 계정은 Linux의 '메뉴 → system settings → user and groups' 으로 들어가 홈 디렉토리를 그림 23.1과 같

그림 23.1 IRAF 계정을 등록하는 장면

Create New User
User Name: iraf
Full Name: IRAF
Password: ********
Confirm Password: ********
Login Shell: /bin/csh
Create home directory
Home Directory: /home/iraf/iraf/local
Create a private group for the user
Specify user ID manually
UID: 500
Cancel
OK

이 /home/iraf/iraf/local로 정하여 준다. 이때 로그인 쉘은 cshell 즉 '/bin/csh' 로 지정하도록 한다. 그림 23.1은 IRAF 계정을 등록하는 장면이다. IRAF 계정을 얻은 후 사용자 계정(예 : heesoo)도 만들어 둔다.

③ IRAF 프로그램을 다운받는다.

IRAF 프로그램을 다운받기 위하여 http://iraf.noao.edu 사이트로 들어간다. PC-IRAF가 있는 곳에서 다음과 같은 주요 3 파일들을 다운받는다.

as.pcix.gen.gz, ib.rhux.x86.gz, nb.rhux.x86.gz

그리고 영문판 설치 안내서인 pciraf.ps.gz도 다운받아 IRAF 설치 시 참고한다.

④ Linux에서 관리자 계정으로 들어가 다음과 같은 디렉토리를 모두 만든다.

```
[heesoo@astro]% su        ※ 현재는 astro라는 이름을 갖는 Linux 서버에 heesoo라는
                             사용자 계정으로 들어가 있는 상황
password :

[heesoo@astro#] mkdir /iraf        ※ #는 관리자 계정을 의미함
[heesoo@astro#] mkdir /iraf/iraf
[heesoo@astro#] mkdir /iraf/irafbin
[heesoo@astro#] mkdir /iraf/iraf/local
[heesoo@astro#] mkdir /iraf/irafbin/bin.redhat
[heesoo@astro#] mkdir /iraf/irafbin/noao.bin.redhat
[heesoo@astro#] mkdir /iraf/x11iraf
[heesoo@astro#] mkdir /iraf/extern
[heesoo@astro#] mkdir /iraf/extern/stsdas
[heesoo@astro#] mkdir /iraf/extern/tables
[heesoo@astro#] mkdir /iraf/extern/saoimage
```

위의 디렉토리 소유권을 다음과 같은 명령을 통하여 IRAF 계정에 넘긴다.

```
[heesoo@astro#] chown –R iraf:iraf /iraf
```

⑤ IRAF 계정으로 들어가서 압축파일들을 푼다.

- 다운받아 두었던 IRAF 압축파일들의 위치를 확인한다. 여기서는 다운받은 파일들을 /home/heesoo/IRAFprg/에 받아 두었다고 가정하자.

```
[iraf@astro%]      ※ iraf 계정으로 들어간 상태
[iraf@astro%]pwd
/home/iraf/iraf/local

[iraf@astro%]su iraf
password:
[iraf@astro%]whoami
iraf

[iraf@astro%]cd /iraf/iraf
[iraf@astro%]cat /home/heesoo/IRAprg/as.pcix.gen.gz | zcat | tar –xpf–
[iraf@astro%]cd /iraf/irafbin/bin.redhat/
[iraf@astro%]cat /home/heesoo/IRAFprg/ib.rhux.x86.gz | zcat | tar –xpf –
[iraf@astro%]cd /iraf/irafbin/noao.bin.redhat
[iraf@astroo%]cat /home/heesoo/IRAFprg/nb.rhux.x86.gz | zcat | tar –xpf –
```

⑥ IRAF를 다음과 같은 순서에 따라 설치한다.

```
[iraf@astro#] pwd
/iraf/iraf/bin.redhat/
[iraf@astro#] cd /iraf/iraf/unix/hlib/
[iraf@astro#] setenv iraf /iraf/iraf
[iraf@astro#] source irafuser.csh
[iraf@astro#] ./install
```

설치되는 동안 여러 물음이 나오면 계속 Enter만 친다. 다만 다음 물음이 나오면 사용자 환경에 따라 선택한다.

```
Configure IRAF Networkin on this machine?(yes)? : no
Create a default tapecap file?(yes) : no
```

⑦ xgterm을 설치하자. xgterm은 xterm 대신 사용할 수 있는 터미널로 컬러 작업이 가능하다.

- 다운받기

  http://iraf.noao.edu 사이트의 x11iraf FTP 디렉토리로 들어가 x11iraf-v1.3.1-bin.redhat.tar.gz을 '/home/heesoo/IRAFprg' 에 다운받는다.

```
ftp://iraf.noao.edu/iraf/X11iraf/x11iraf-v1.3.1-bin.redhat.tar.gz
```

● 압축풀기

```
[iraf@astro%] mkdir x11iraf
[iraf@astro%] cd x11iraf
[iraf@astro%] tar xzvf /home/heesoo/IRAFprg/x11iraf-v1.3.1-bin.redhat.tar.gz
```

● 설치

```
[iraf@astro%] su
password:
[iraf@astro#] ./install
```

여기서도 계속 Enter를 쳐 주면 된다.

※ xgterm 패치하기

ftp://iraf.noao.edu/pub/xgterm.fedora에서 xgterm.fedora 파일을 적당한 곳에 다운 받는다.

root 권한으로 바꾼다.

[iraf@astro#]

[iraf@astro#]mv xgterm.fedora /usr/local/bin/xgterm   overwrite? yes

[iraf@astro#]cd /usr/local/bin

[iraf@astro#]chown root.root xgterm

[iraf@astro#]chmod 755 xgterm

● 실행 확인

xgterm이 잘 실행되는지 다음과 같은 명령을 통해 확인한다.

```
[iraf@astro%] /usr/local/bin/xgterm -sb&
```

⑧ ds9의 설치

ds9은 영상을 보여 주는 프로그램으로서 SAOimage의 발전된 프로그램이다.

- 다운받기

  http://hea-www.harvard.edu/RD/ds9/에서 'ds9.Linux.4.0b10tar.gz'을 다운받는다. 주의할 점은 여러 버전이 있으므로 활용하고 있는 OS에 맞게 다운받는다.

- 압축풀기

```
[iraf@astro%]pwd
/home/heesoo/IRAFprg

[iraf@astro%] su
password:
[iraf@astro#] cd /usr/local/bin
[iraf@astro#] tar xzvf /home/heesoo/IRAFprg/ds9.linux.4.0b9.tar.gz
```

- 설치

```
[iraf@astro#] ./ds9 &
```

- 모두가 실행할 수 있도록 설정

```
[iraf@astro#] chmod 777 ds9
```

⑨ SDSTAS와 TABLES의 설치

IRAF v2.12.1이 먼저 설치되어 있어야 한다.

- 다운받기

http://www.stsci.edu/resources/software_hardware/stsdas/download로 들어가서 STSDAS source인 stsdas35.tar.gz과 Binary에 있는 Redhat 파일(stsdas35.bin.rh.tar.gz)을 '/home/heesoo/IRAFprg'에 다운받는다. 또 이곳에서 TABLE source인 tables35.tar.gz와 Binary에 있는 Redhat 파일(tables35.bin.rh.tar.gz)을 다운받는다.

- 설치하기

```
IRAF 계정으로 들어가자.
[iraf@astro%] su iraf
Password:
[iraf@astro%] mkdir /iraf/extern/stsdas/bin.redhat
[iraf@astro%] cd  /iraf/extern/stsdas/bin.redhat
[iraf@astro%] tar xzvf /home/heesoo/IRAFprg/stsdas35.bin.redhat.tar.gz
[iraf@astro%] mkdir /iraf/extern/tables/bin.redhat
[iraf@astro%] cd /iraf/extern/tables/bin.redhat
[iraf@astro%] tar xzvf /home/heesoo/IRAFprg/tables35.bin.redhat.tar.gz
```

- extern.pkg 수정하기

```
[iraf@astro%] vi /iraf/iraf/unix/hlib/extern.pkg
          :           :
reset     tables          = /iraf/extern/tables/
task      tables.pkg      = tables$tables.cl
reset     stsdas          = /iraf/extern/stsdas/
```

```
task          stsdas.pkg         = stsdas$stsdas.cl
reset helpdb       = "lib$helpdb.mip\
                     ,noao$lib/helpdb.mip\
                     ,tables$lib/helpdb.mip\
                     ,stsdas$lib/helpdb.mip\
keep                 "
```

- source 파일 설치

```
[iraf@astro%] cd /iraf/extern/stsdas/
[iraf@astro%] tar xzvf /home/heesoo/IRAFprg/stsdas35.tar.gz
[iraf@astro%] cd /iraf/extern/tables/
[iraf@astro%] tar xzvf /home/heesoo/IRAFprg/tables35.tar.gz
```

IRAF의 시작

IRAF 프로그램이 Linux 서버에 설치되어 있고, 자신의 계정이 'heesoo54' 라고 가정할 때, IRAF를 활용하는 방법에 대하여 알아보자.

IRAF 프로그램의 활용

Linux 서버에 설치된 IRAF 프로그램을 활용하는 방법에는 크게 두 가지가 있다. 첫째는 Linux 서버 앞에서 직접 활용하는 방법이고 다른 방법은 원격지 PC에서 인터넷을 통하여 Linux 서버에 접속하여 활용하는 방법이다. 여기서는 원격 PC에서 Linux 서버로 접속하여 활용하는 방법을 설명하겠다.

① 원격지의 PC에서 Linux 서버로 접속하기 위해서는 자신의 PC에 Xmanager와 같은 Linux 접속용 소프트웨어를 깔아야 한다. 그림 23.2는 PC에서 Linux 서버로 접속하는 장면이다. 실행명령에 'ds9&' 을 입력해 둔 것은 Linux 서버에서 xgterm라는 터미널을 열 때, 'ds9' 이라는 영상 보기 창을 미리 열어놓도록 하기 위함이다. xgterm 터미널을 직접 열 수 없을 때는 xterm 터미널 상태에서 'xgterm&' 명령을 실행시키면 새롭게 xgterm 터미널이 생성된다. IRAF 작업을 위한 모든 명령은 xgterm 터미널에서 수행한다.

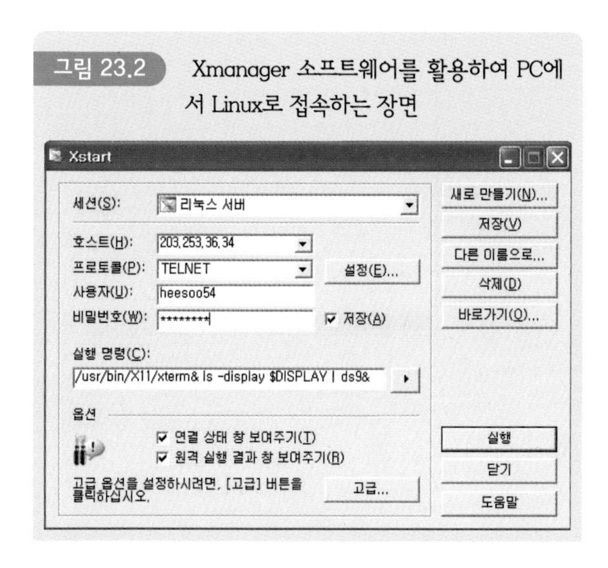

그림 23.2 Xmanager 소프트웨어를 활용하여 PC에서 Linux로 접속하는 장면

이 장면에서 '실행' 버튼을 누른다. 그러면 그림 23.3과 같이 2개의 창이 뜬다. 여기서 왼쪽 창은 여러 명령어를 입력하는 터미널이고 우측 창은 터미널 창의 명령에 따라 영상을 보여 주는 창이다.

그림 23.3 xgterm 터미널(좌)과 영상을 보여 주기 위한 창(SAOimage ds9) (우)

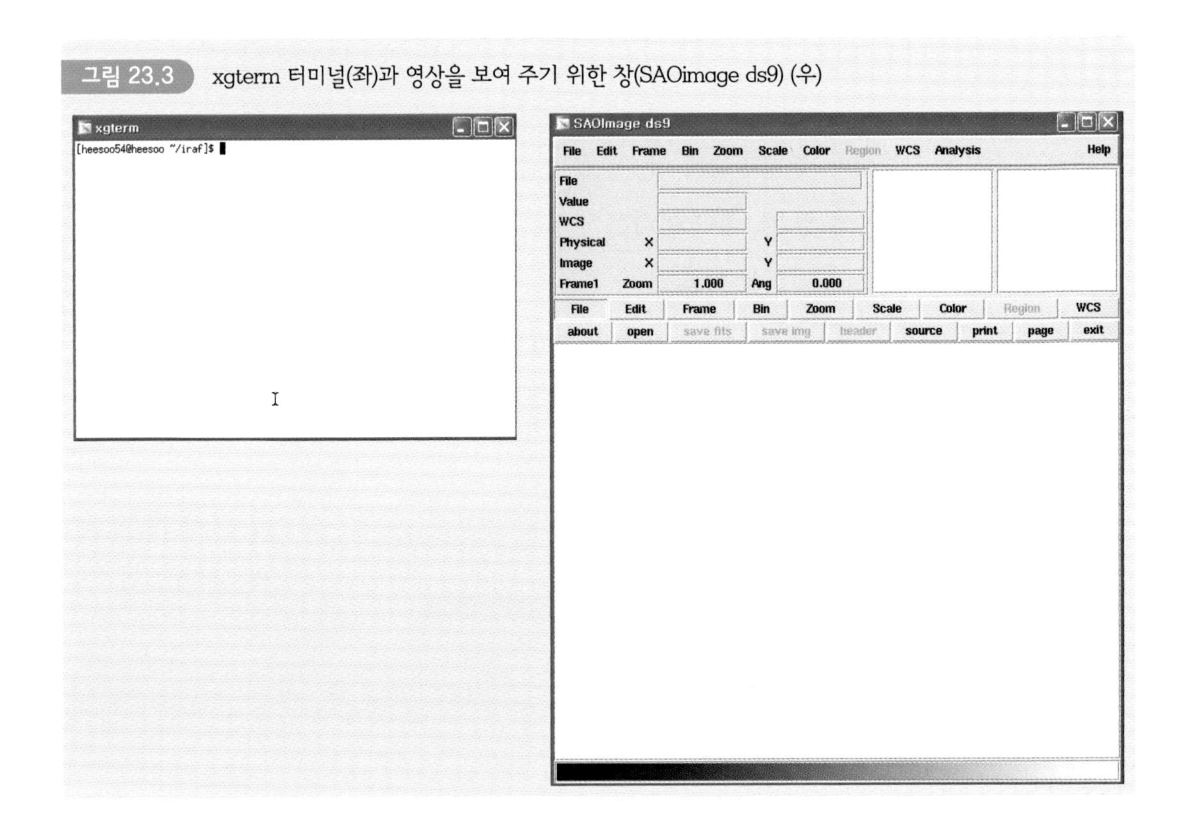

② IRAF 활용을 위한 시작

```
[heesoo54@astro%]$pwd
/home/heesoo54
[heesoo54@astro%]$whoami
heesoo54
[heesoo54@astro%]$ mkdir iraf
[heesoo54@astro%]$ cd iraf
[heesoo54@astro%~/iraf]$
```

③ 터미널 지정해 주기

다음과 같은 명령을 통해 터미널을 xgterm로 지정해 준다.

```
[heesoo54@astro%~/iraf]$ mkiraf

-- creating a new uparm directory
Terminal types : xgterm,xterm,gterm,vt640,vt100,etc.
Enter terminal type : xgterm
A new LOGIN.CL file has been created in the current directory.
You may wish to review and edit this file to change the defaults.
```

'새로운 LOGIN.CL이라는 파일이 현재의 디렉토리에 새로 생겼다' 라는 메시지와 함께 '이 파일을 편집할 수 있다' 는 내용이 나타난다.

④ login.cl 환경 재설정

vi 에디터를 활용하여 login.cl파일을 다음과 같이 편집해 주자.

```
[heesoo54@astro%~/iraf]$vi login.cl

set imdir = "HDR$"
set home = "home/heesoo54/iraf/"
set stdimage = "imt2048" -> # 제거
set imtype = "fits" -> # 제거
:wq
```

⑤ IRAF 프로그램으로 들어가기

IRAF를 본격적으로 활용하기 위해 IRAF 디렉토리에서 cl 명령을 실행시킨다.

```
[heesoo54@astro%~/iraf]$ cl
```

그러면 그림 23.4와 같이 IRAF를 본격적으로 활용할 수 있는 화면으로 바뀌면서 여러 작업꾸러미를 보여 준다. 관련 명령어들을 보려면 '? 또는 ??'를 누르라는 메시지와 help 명령 수행방법이 안내된다.

그림 23.4 IRAF 작업창

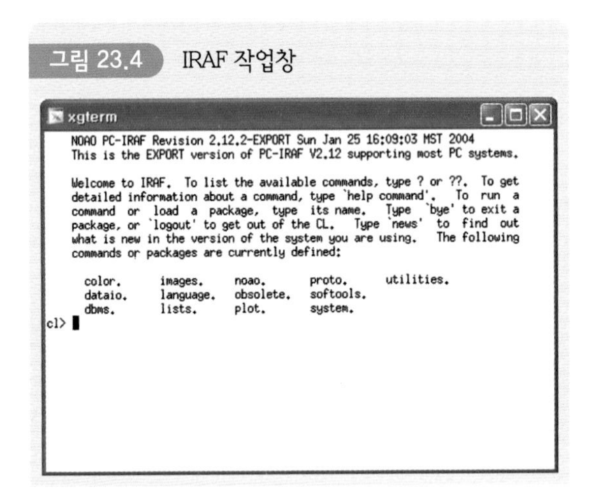

IRAF는 '작업꾸러미(package) – 부작업꾸러미(subpackage) – 작업단위(task)'와 같은 계층구조를 이루고 있다. 가장 상위에 있는 작업꾸러미를 'cl 작업꾸러미'라고 한다. 어떤 작업꾸러미가 가동되면 그 작업꾸러미에 속한 여러 작업단위들이 제시된다. 작업단위는 IRAF의 단위 프로그램이다. 작업단위는 그 작업단위가 속한 작업꾸러미가 가동되어야만 사용할 수 있다. 어떤 작업꾸러미를 가동하려면 그 작업꾸러미 이름을 입력한다. 각 작업단위들에 대한 설명을 보려면 help 다음에 작업단위 이름을 입력한다.

```
cl>ima                ※ images 작업꾸러미를 가동한다.
im>tv                 ※ tv 작업꾸러미를 가동한다.
tv>help               ※ 해당 디렉토리에 있는 작업꾸러미들의 기능을 설명한다.
tv>bye                ※ 해당 작업꾸러미에서 빠져 나올 때
cl>logout             ※ IRAF 프로그램에서 빠져 나올 때
cl>?                  ※ 현재 작업꾸러미 내의 작업단위를 보여 준다.
cl>??                 ※ 모든 작업단위를 보여 준다.
cc>help (task 이름)   ※ 해당 작업단위의 활용 방법을 알려 준다.
```

⑥ IRAF 작업 장면

실제 자료처리 과정에서는 그림 23.5처럼 xgterm 터미널에서는 명령어를 입력하여 실행시키고, ds9 창에는 분석할 영상을 띄워 놓고 작업을 수행해 나간다. 다음과 같은 명령을 통해 예제 파일(M51)을 ds9 창에 띄워 보자.

```
cl>disp dev$pix 1
```

그러면 ds9 창에 M51 영상이 보일 것이다. 이때 다음과 같은 명령을 해 보자.

```
cl>imexam
```

그러면 커서가 ds9 창으로 옮겨졌을 것이다. 이때 커서를 임의의 별 위에 두고 'r' 을 눌러 보자. 새롭게 irafterm 라는 IRAF 터미널 창에 radial 곡선이 보일 것이다. 이와 같이 IRAF 작업은 ds9 창의 영상과 xgterm 터미널의 영상을 보아가면서 작업을 수행해 나간다.

그림 23.5 IRAF 작업 장면

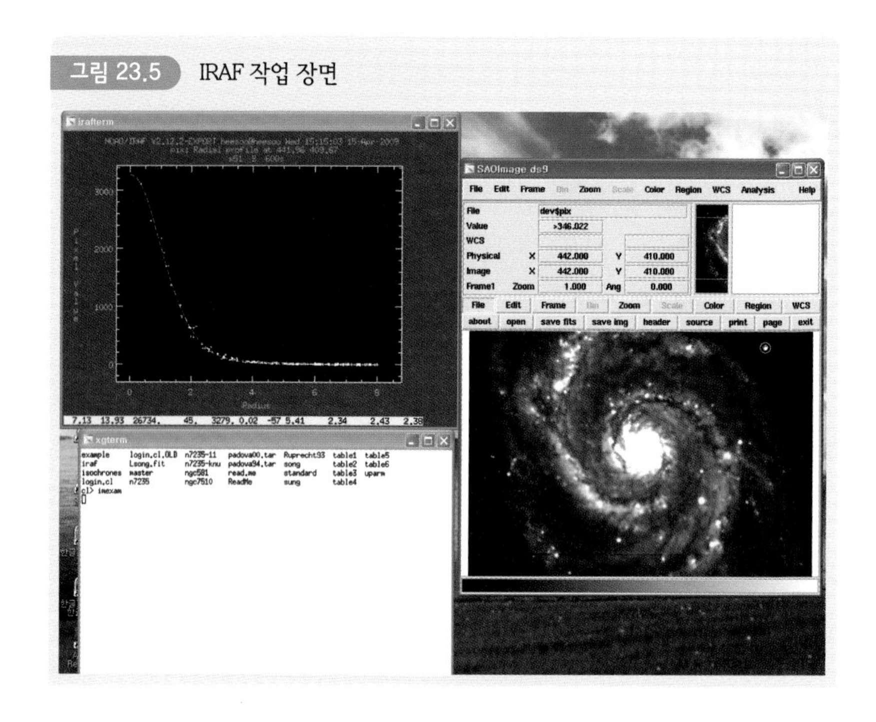

⑦ 영상 조사하기

ds9 창에 보인 영상에 대한 여러 정보를 알아보기 위해 다시 imexam 작업단위를 실행시켜 보자.

```
cl>imexam
```

ds9 창에 보인 M51에 동그라미가 들어가 깜박거릴 것이다. 여기서 여러 문자를 누르면서 살펴볼 수 있는 내용은 다음과 같다.

s : 별의 밝기 분포를 surface plot(3차원)으로 나타낸 그래프
e : 별의 밝기 분포를 contour plot(등고선)으로 나타낸 그래프
h : 별의 밝기 분포의 히스토그램
m : 커서 주변 화소들의 통계

r : radial plot (FWHM), 반경에 따른 별의 밝기 분포 그래프

c : column plot, 행을 따라 plot

l : line plot, 열을 따라 plot

j : line 커서 주변을 fitting, 1차원 가우스 피팅

k : column 커서 주변을 피팅

a : 별의 중심 좌표와 등급 등

z : 커서 주변의 픽셀값 표시

q : 끝내기

이때 's' 를 누르면 IRAF 터미널에 그림 23.6과 같은 그림이 나타난다. 이와 같은 그림을 보아가면서 관측의 정밀도 등을 판단하게 된다.

그림 23.6 별빛의 3차원 분포

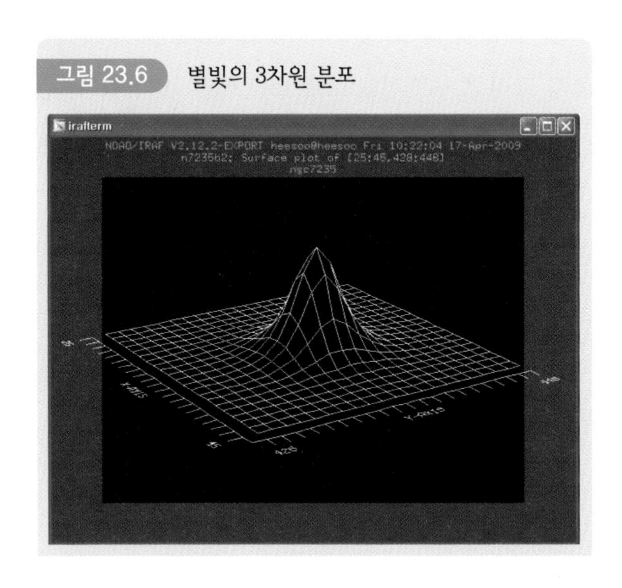

만약 's' 와 같은 커서 명령어가 기억이 나지 않으면 그림 위에 커서를 두고 '?' 을 누른다. 그러면 그림 23.7과 같은 여러 커서 명령어들이 제시된다.

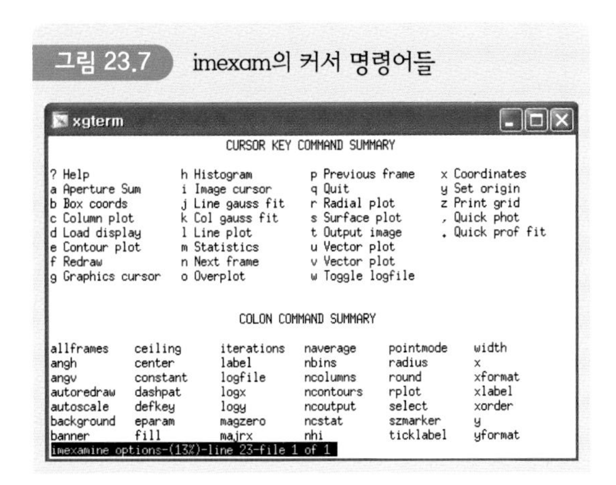

그림 23.7 imexam의 커서 명령어들

전처리

전처리는 관측결과에 포함된 별빛 이외의 기계적 요인에 의해 발생하는 다양한 요인들을 제거하는 과정이다. 전처리의 주요 내용은 바이어스 보정, 암영상 보정, 플랫 영상 보정 그리고 우주선(cosmic ray) 제거 등이 있다. 전처리 작업 순서는 그림 23.8과 같이 머리글 고치기, 영상 합성하기, 목적천체 보정하기 등으로 이루어져 있다. 이러한 전처리 방법 및 과정에 대하여 알아보자.

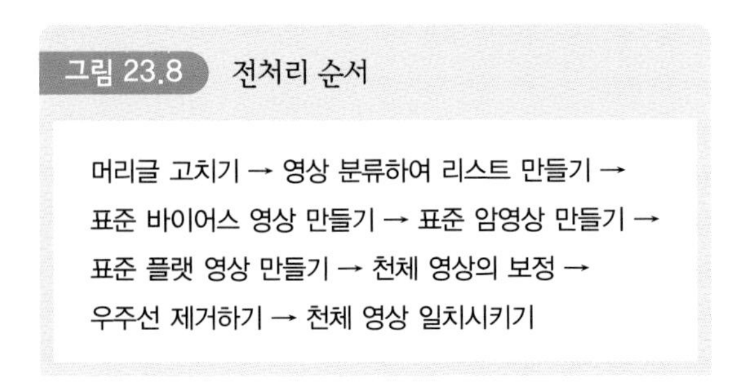

그림 23.8 전처리 순서

CCD 영상의 머리글 정리

전처리를 하기 위해서는 우선 목적천체 영상, 플랫 영상, 암영상 그리고 바이어스 영상을 준비한다. 목적천체 영상은 imexam을 통해 비교적 잘 관측된 것들을 골라둔다. 여기서는 /home/heesoo54/iraf/n7235에 있는 산개성단 NGC7235 관측결과 중 'B' 필터로 찍은 것 중심으로 설명하겠다.

자료 정리

① FITS 파일을 IRAF 영상으로 변환하기 : IRAF는 고유의 영상파일 형식을 사용하므로 CCD 카메라로 찍은 FITS(Flexible Image Transport System) 파일은 IRAF 형식으로 변환되어야 한다.

작업단위 : rfits ※ 관측된 FIT 파일을 IRAF fits로 변환하는 작업단위

개별 파일을 변환하는 경우

cl>rfits n7235b1.FIT * n7235b1.fits

임의의 디렉토리에 있는 파일들을 일괄적으로 변환하는 경우

cl>ls *.FIT >hee.list

cl>ls ※ hee.list 파일이 생성되어 있는 것을 확인할 수 있음

cl>copy hee.list soo.out

cl>ls ※ soo.out 파일이 생성되어 있는 것을 확인할 수 있음

cl>vi soo.out ※ 확장명이 FIT인 모든 파일을 fits로 바꾸고 저장하고 빠져나옴

cl>rfits @hee.list * @soo.out ↵ ※ @은 리스트를 의미함

② 바이어스 영상, 암영상, 플랫 영상 그리고 목적천체 영상 프레임의 자료의 질 조사 : 본격적인 자료처리를 하기 전에 관측자료의 질을 조사하는 것이 좋다. 만약 관측결과가 좋지 않은 자료들이 발견되면 그것은 제거한다.

작업단위 : imstat ※ 영상의 통계자료 알려 주는 작업단위

B 필터로 관측한 n7235b 자료들의 통계결과를 다음 명령을 통해 확인해 보자.

```
cc>imstat n7235b *.fits
```

그 결과 표 23.1과 같이 평균 및 표준편차 등을 보여 준다.

표 23.1 imstat 작업단위를 활용한 관측 영상들의 통계

IMAGE	NPIX	MEAN	STDDEV	MIN	MAX
n7235b1.fits	282624	515.6	379.34	478.	11511.
n7235b2.fits	262144	515.9	80.69	461.	13452.
n7235b3.fits	262144	517.4	110.1	458.	16369.
n7235b4.fits	262144	512.5	7.444	459.	1618.
n7235b5.fits	262144	517.4	128.	461.	22447.

표 23.1에 제시된 영상들 중, n7235b1.fits 자료의 표준편차가 비교적 크다. 이에 이것만 제외하고 나머지 것들은 모두 활용한다. 또 바이어스(bias) 영상과 플랫(flatfield) 영상의 통계자료의 조사결과도 표준편차의 변화가 거의 없었다. 이에 모두 활용한다. 여기서 활용할 관측자료들은 액체질소를 활용하여 −100℃ 이하로 낮추어 얻은 것들이다. 이에 암영상(dark image)은 얻지 않았다. 만약 암영상을 얻었다 하더라도 −100℃ 이하에서는 암전하가 거의 발생하지 않으므로 보정할 필요가 없다.

③ 영상 머리글 확인 및 정보 넣기 : CCD 관측자료 처리의 첫 번째 순서는 영상의 머리글을 확인하고 주요 내용을 입력하는 일이다.

- 작업꾸러미 : noao.imred.ccdred
- 작업단위 : imhead, ccdlist, ccdhedit

알아두기

- imhead : 영상 머리글 확인/조사

예제) cl>imhead 7235b2.fits

n7235b2.fits[512,512][short] : ngc7235b2

파일명 x, y축 크기 자료형식 : 설명

- ccdlist : CCD 영상의 종류(zero/dark/flat/object), 필터, 수행한 전처리 과정(BTOZT) 등 보이기

ccdred 작업꾸러미로 들어가기 위해 다음과 같은 명령을 실행시킨다.

```
cl>noao.imred.ccdred ↵
cc>

cc>ls n7235b*.* >B.lis        ※ B 필터로 관측한 영상자료 목록 만들기
cc>ccdlist @B.lis        ※ 목록인 경우 @가 포함됨

n7235b2.fits[512,512][short][none][ ]:ngc7235
n7235b3.fits[512,512][short][none][ ]:ngc7235
n7235b4.fits[512,512][short][none][ ]:ngc7235
n7235b5.fits[512,512][short][none][ ]:ngc7235
```

확인 결과 영상 종류, 필터, 수행한 전처리 등이 없다. 따라서 이들 정보를 넣어 주자.

```
cc>ccdhedit @B.lis imagetyp object
cc>ccdhedit @Bflat.lis imagetyp flat
cc>ccdhedit @bias.lis imagetyp zero
```

flat 또는 object 영상에는 subset이라는 task로 필터 정보를 넣는다.

```
cc>ccdhedit @B.lis subset B
cc>ccdhedit @Bflat.lis subset B
cl>ccdlist @B.lis
n7235b2.fits[512,512][short][object][B]:ngc7235
n7235b3.fits[512,512][short][object][B]:ngc7235
n7235b4.fits[512,512][short][object][B]:ngc7235
n7235b5.fits[512,512][short][object][B]:ngc7235
  파일명      x,y축크기      자료형식  영상종류  필터 (수행한 전처리) : 설명
```

여기서 '(수행한 전처리)' 영역에는 앞으로 전처리를 수행하면 그 내용이 들어간다.

표준 바이어스 영상(zero image, bias image) 만들기

바이어스 영상은 0 노출 영상이라고도 한다. 이 영상은 관측 도중 시간에 따른 영점의 변화가 커서 보정이 불가피하다고 판단될 때는 보정을 해 주어야 하지만, 거의 변화가 없어 무시할 만한 경우에는 보정하지 않아도 된다. 바이어스 보정을 해야 할 때, 바이어스 영상의 개수가 몇 개냐에 따라 zerocombine 작업단위와 combine 작업단위를 적절히 선택하여 보정한다. 즉 바이어스 영상 합성 시, 바이어스 영상이 3장 이하일 때는 combine 작업단위를 활용하고, 3장 이상일 때는 zerocombine task를 활용한다. 이때 '중간값(median)' 에 'avsigclip' 필터링을 이용

한다.

① bias list 만들기

```
cc>ls bias*.fits>bias.lis        ※ bias 영상 목록을 만든다.
```

list를 만들고 나서 vi로 해당 리스트로 들어가보면 마지막 줄에 해당 리스트 파일명이 들어가 있다. 이것을 지우고 다시 저장하는 것이 좋다. 그렇지 않으면 나중 그 파일을 열 수 없다고 에러가 뜬다.

② 사용한 CCD 카메라의 읽기 잡음(rdnoise : read noise)과 이득(gain)을 확인해 둔다.

소백산 PM512의 경우 : rdnoise : 8e-, gain : 9e-

③ 명령어를 이용하여 바이어스 영상 합성하기 : IRAF안의 작업단위를 실행하는 방법은 명령어를 직접 가동시켜 합성하는 방법과 '> epar(작업단위이름)'을 쳐서 여러 파라미터를 바꿔 준 다음 실행시키는 방법이 있다. 다음은 명령어를 이용한 바이어스 영상의 합성 방법이다.

```
cc>zerocomb @bias.lis out = zero.fits combine = average reject = minmax\
ccdtype = "" scale=none rnoise = 8 gain = 9
```

④ epar를 이용하여 바이어스 영상 합성하기 : 다음과 같은 명령을 실행시키면 그림 23.9와 같은 화면이 뜬다. 이때 입력해야 할 파라미터들을 입력한 다음 저장하고 빠져나오자.

```
cc>epar zerocombine        ※ epar : 작업단위의 파라미터를 수정할 때 활용하는 명령어
```

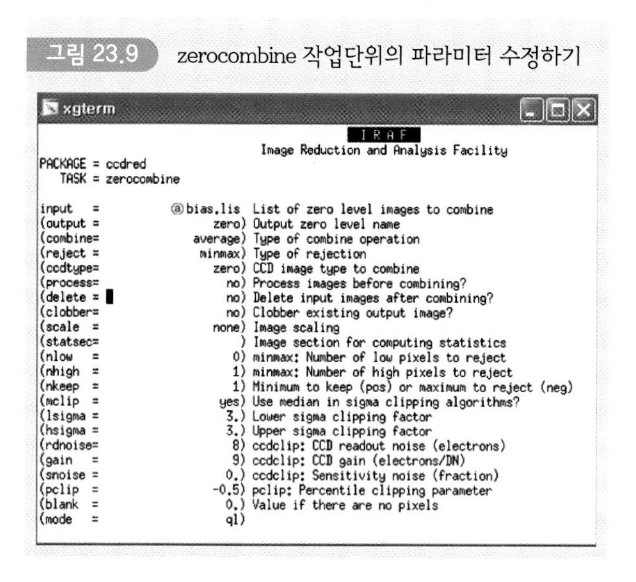

그림 23.9 zerocombine 작업단위의 파라미터 수정하기

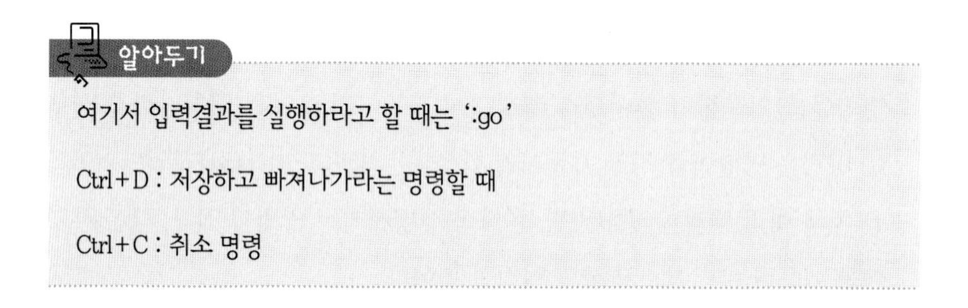

알아두기

여기서 입력결과를 실행하라고 할 때는 ':go'

Ctrl+D : 저장하고 빠져나가라는 명령할 때

Ctrl+C : 취소 명령

⑤ combine 작업단위를 이용하여 바이어스 영상 합성하기

combine 작업단위의 파라미터를 수정한 다음 실행시켜 보자.

```
cc>epar combine
    input = @bias.lis
    output = zero
    combine = average
```

을 입력한다. 다른 것은 그대로 두고 저장하고 빠져나온다.

```
cc>combine 하여 실행을 마친다.
```

알아두기

만약 작업 도중 실행결과로 생성된 파일을 지우고 다시 작업을 해야 하는 경우, 해당 파일을 지우고 작업을 다시 실시한다. 그런데 지워도 (.pl) 등의 파일이 남아있다고 메시지가 나오면서 재실행이 안 될 경우, 이미 수행된 작업의 정보가 uparm에 저장되어 있는바, 기 수행된 결과를 지우기 위해 다음과 같은 명령을 수행한다.

```
> unlearn combine
```

이 명령을 수행한 후, 작업을 다시 실시하면 연속적으로 작업이 가능하다.

여기서는 bias를 두 프레임 얻어 내었다. 이를 imstat로 확인해 본 결과 모두 질이 좋은 영상으로 판단되었다. 따라서 다음과 같이 간단히 합성한다.

```
cc>imarith bias1.fits+bias2.fits zero.fits    ※ 두 장의 bias 합성결과를 zero.fits로 함
```

그림 23.10은 2장의 바이어스 영상 합성 결과이다.

합성된 바이어스 영상(zero 합성 영상)은 나중 전체적으로 빼 주어 보정할 수도 있지만, 작업을 연속적으로 해 나가면서 미리 빼 줄 때는 다음과 같이 수행한다. 즉 B flat 영상과 B object 영상에 zero 영상을 빼 주고 그 결과를 같은 파일 이름 또는 다른 이름으로 저장한다.

그림 23.10 2장의 바이어스 영상을 합성한 결과

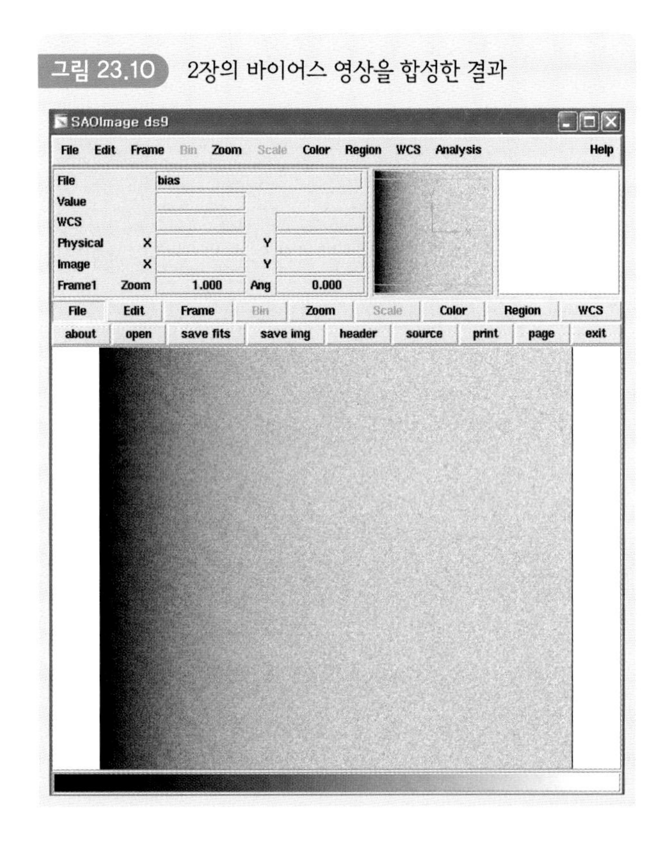


```
cc>imarith @dark.lis − bias.fits @dark.lis
cc>imarith @Bflat.lis − bias.fits @Bflat.lis
cc>imarith @B.lis − bias.fits @B.lis
```

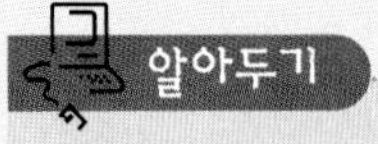

imarith : 파일 더하기, 빼기, 나누기, 곱하기 등의 산술을 할 수 있는 작업단위

이와 같이 합성하여 얻은 바이어스 영상을 '표준 바이어스 영상' 이라 하자.

암영상 합성

CCD 관측자는 액체질소 등을 활용하여 －100℃ 이하로 낮추어 관측했다면 암전류가 거의 나타나지 않으므로 암영상(dark image)은 얻지 않아도 된다. 하지만 －100℃ 이상의 비교적 높은 온도에서 관측했다면 암영상을 얻어 보정해 주어야 한다. 암영상의 합성과정은 다음과 같다.

① 먼저 암영상 리스트를 만든다.

```
cc>ls dark*.fits>dark.lis        ※ dark 영상 목록을 만든다.
```

② 암영상을 합성할 때는 바이어스 합성 영상인 zero.fits를 빼 주기 위해 다음과 같이 ccdproc 작업단위를 열어 설정해 준다.

```
cc>epar ccdproc
images = @dark.lis
zerocol = yes
flatcor = no
zero = zero        ※ bias로 zero를 입력한 경우에는 bias로 입력
flat   빈칸
```

:Ctrl+D를 눌러 정하고 빠져나온다. 그리고 다음과 같이 darkcombine을 실행한다.

```
cc>darkcom @dark.lis out = dark.fits combine = median reject = minmax
\ccdtype = "" process = yes scale = exposure rdnoise = 8 gain = 9
```

flat이나 dark는 중간값(median)을 써야 한다. 왜냐하면 평균값을 쓰게 되면 노출량에 따라 그 값의 차이가 많다. 하지만 중앙값은 거의 변화가 없기 때문이다.

이와 같이 합성하여 얻은 암영상을 '표준 암영상'이라 하자.

플랫 영상의 합성

B 필터로 얻은 플랫 영상을 imstat 작업단위로 확인해 본 결과 모두 질이 좋았다. 이에 모두 활용한다.

① 플랫 영상이 3장 이하인 경우

작업단위 : combine

B 필터로 얻은 flat 영상을 리스트로 작성한다. 그리고 cc>epar combine으로 들어가서 그림 23.11처럼 설정하고 실행시킨다.

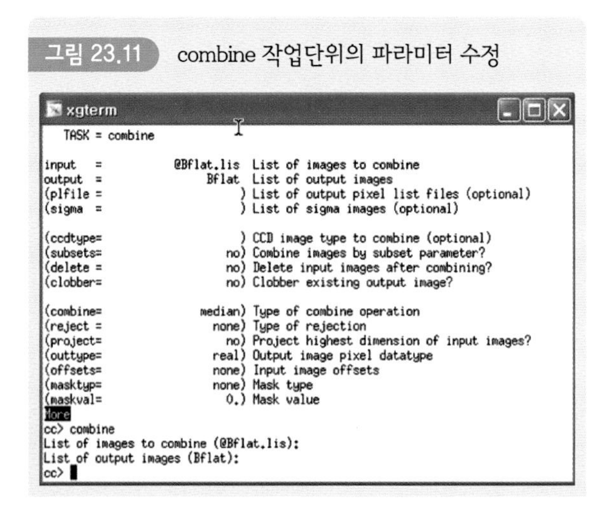

그림 23.11 combine 작업단위의 파라미터 수정

cc>combine ※ combine 작업단위의 실행

그림 23.12는 B 필터로 얻은 2장의 플랫 영상을 합성한 결과이다.

그림 23.12 combine 작업단위의 파라미터 수정

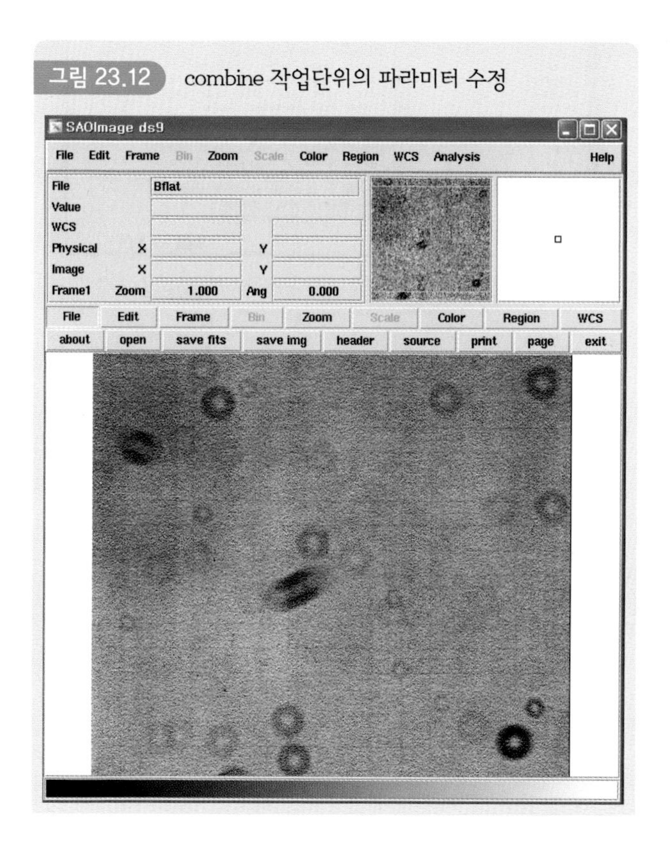

다른 필터에도 마찬가지의 과정으로 적용시킨다.

② flat이 3장 이상인 경우

작업단위 : flatcombine

cc> epar flatcombine을 실행시키면 그림 23.13과 같은 화면이 뜬다. 이때 각 항

그림 23.13 flatcombine 작업단위의 파라미터 수정

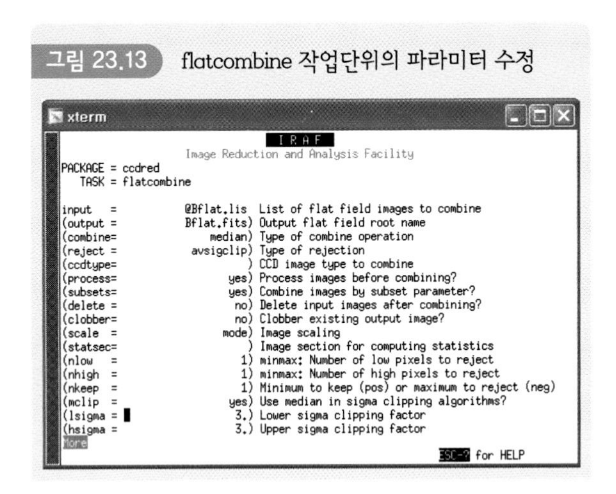

목을 적절히 설정해 주고 나서 저장하고 빠져나온다. 그러고 나서 flatcombine을 실행시킨다. 또는 다음과 같이 명령어 방식으로 flatcombine 작업을 직접 실행시킬 수도 있다.

```
cc>flatcomb @Bflat.lis out = Bflat combine = median \
reject = avsigclip ccdtype = "" process+subsets+scale = mean \
statsec = [ ] rdnoise = 8 gain = 9
```

이와 같이 합성하여 얻은 플랫 영상을 '표준 플랫 영상'이라 하자.

천체 영상의 보정

앞서 얻은 표준 바이어스 영상과 표준 플랫 영상을 목적전체 영상에 반영시켜 보정한다. ccdproc 작업단위를 쓰면 간단하게 한꺼번에 보정이 가능하다. 참고로 여기서는 암영상 보정은 하지 않는다. 하지만 관측 시의 CCD 카메라의 온도가 높은 경우, 표준 암영상을 얻고 이를 ccdproc 작업단위에 반영시켜 보정한다.

```
cc>epar ccdproc
image @B.lis
output      빈칸을 두는 것이 좋다.
ccdtyp      빈칸을 두는 것이 좋다.
flatcor yes
flat   Bflat.fits      : 앞서 과정에서 구한 flatcombine 결과 파일이다.
```

이들을 입력한 후 저장하고 빠져나온다.

```
cc>ccdproc
```

바이어스 영상과 플랫 영상이 보정되었는지 확인해 보자.

```
cl>ccdlist @B.lis

n7235b2.fits[512,512][real][object][B][ZF]:ngc7235
n7235b3.fits[512,512][real][object][B][ZF]:ngc7235
n7235b4.fits[512,512][real][object][B][ZF]:ngc7235
n7235b5.fits[512,512][real][object][B][ZF]:ngc7235
```

[ZF]가 포함되어 있는 것을 확인할 수 있다. 즉 Zero 영상과 Flat 영상이 보정되었다는 의미이다. 이곳에는 (BTOZF)라는 내용이 들어갈 수 있는바, 그 내용은 다음과 같다.

B : badpix correction

T : trim, 유효한 자료 부분만 절단

O : overscan correction, 초과 읽기 부분의 영점으로 영상의 영점보정

Z : zero correction, 잔차 영점보정

F : flat, 바닥 고르기, 화소 간 양자효율의 차이 보정

이제 B 필터로 얻은 목적성 영상의 보정 전과 보정 후의 결과를 그림 23.14를 통해 살펴보자. 보정 전의 왼쪽편 그림에 비하여 보정 후의 오른쪽 결과가 전체적으로 보다 더 뚜렷하다.

다른 필터에도 반복적으로 적용한다.

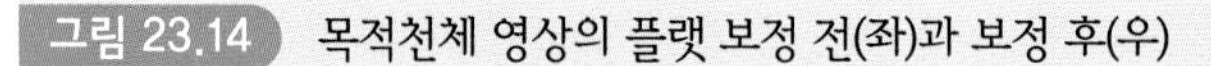

그림 23.14 목적천체 영상의 플랫 보정 전(좌)과 보정 후(우)

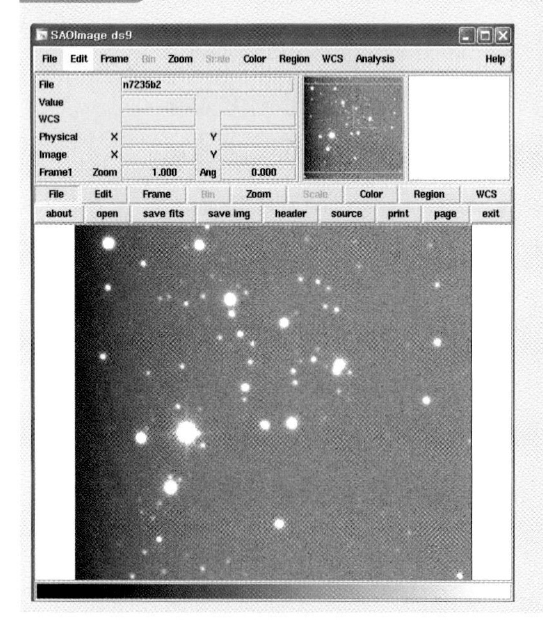

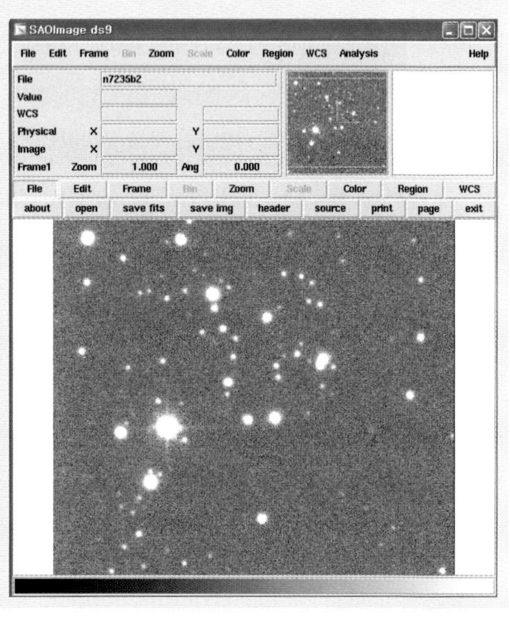

우주선의 제거

목적천체(Object)의 경우 다음과 같은 작업꾸러미와 작업단위를 활용하여 우주선(cosmic ray)을 제거한다.

- 작업꾸러미 : noao.imred.crutil
- 작업단위 : cosmic

cr>cosmic @B.lis

영상 대체? : ↵ 만 치면 되고

interactive? NO(대문자) ↵ 한다.

그러면 자동으로 우주선을 제거한다.

목적천체 영상의 합성

전처리 보정과정을 거친 영상자료가 희미한 경우, 측광 전에 영상들을 합성하는 것이 좋다. 또 망원경의 추적의 정밀도가 낮아 120~180초 정도의 비교적 짧은 노출로 얻은 영상의 경우, 시간적으로 인접한 3장 정도의 영상을 중간값 필터법(median filtering)으로 합성하여 활용하는 것이 좋다. 이와 같이 합성했을 때의 장점은 배경하늘의 잡음이 줄어듦에 따라 신호대 잡음비(signal to noise ratio : S/N ratio)를 줄일 수 있고, 우주선의 영향과 나쁜 픽셀에 의한 효과를 효과적으로 제거 할 수 있기 때문에 측광에 유리하다.

영상의 일치

동일한 천체를 여러 장 찍게 되는 경우, 카메라의 이동이나 망원경의 추적 등의 문제로 인하여 영상들이 일치되지 않은 경우가 있다. 그런 경우 imalign이라는 작업단위를 이용하여 관측영상들을 일치시킬 수 있다. 영상을 일치(align of image)시키는 과정은 다음과 같다.

먼저 필터별로 일치시킬 영상 리스트 만들자.

```
cc>ls n7235b2.fits n7235b3.fits n7235b5.fits>n7235b.lis
```

다음으로 기준 영상에서 기준별의 좌표를 얻자. 이를 위해 기준 영상 하나를 정한다. 여기서는 n7235b2.fits로 정하였다. 그리고 imexam 작업단위의 인자를 다음과 같이 수정하자.

```
cc>epar imexam
(logfile =       n7235.co) logfile       ※ 좌표가 입력될 파일
(keeplog =            yes) log output results
```

그림 23.15는 imexam 인자를 수정한 결과이다.

그림 21.15 imexamine 인자의 수정

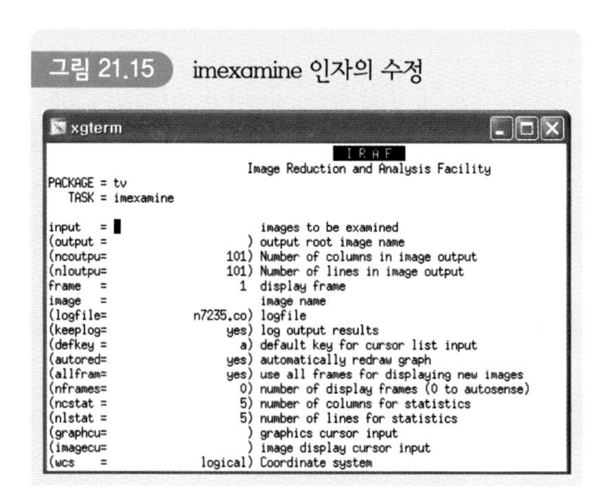

기준 영상 n7235b2.fits를 ds9 창에 띄운 다음 imexam을 실행시키자.

```
cc>disp n7235b2 1
cc>imexam
```

커서는 ds9 창에 옮겨져 깜박거리고 xgterm 터미널에는 n7235.co 파일이 open 되어 있다는 메시지가 나온다. 이때 ds9 창에 보이는 기준 영상(여기서는 n7235b2.fits)을 보면서 영상 전체적으로 골고루 5~10개 정도의 별로 옮겨다니면서 'a' 를 누르면 xgterm 터미널에 좌표와 여러 정보들이 보인다. 어느 정도 지정했으면 'q' 를 누르고 빠져나온다. 그러면 터미널에 보였던 내용들이 n7235.co 파일로 저장된다. 이것은 그림 23.16과 같이 'vi n7235.co' 를 실행시켜 보면 확인할 수 있다.

그림 23.16 기준 영상에서 읽어낸 밝은 별들의 좌표와 관련 자료들

```
xgterm
#   COL    LINE  COORDINATES     R     MAG    FLUX     SKY    PEAK    E    PA BETA ENCLOSED  MOFFAT DIRECT
  44.70  454.14  44.70 454.14  11.68  13.74  31870.   2.412  1377.  0.04  -38 2.86    3.94    3.92   3.89
 162.62  451.73 162.62 451.73  11.57  14.68  13464.   2.011  581.3  0.07  -43 2.62    3.89    3.89   3.86
 202.67  384.43 202.67 384.43  11.68  13.85  28788.    2.51  1238.  0.04  -52 2.79    3.92    3.93   3.89
 468.77  331.31 468.77 331.31  11.36  16.25   3150.   1.487  138.1  0.03  -61 2.52    3.84    3.85   3.79
 454.82  259.08 454.82 259.08  12.29  16.22   3250.   1.496  130.4  0.14  -29 12.0    4.03    4.20   4.10
 281.23  230.75 281.23 230.75  11.22  14.20  20955.   1.953  924.2  0.04  -40 4.14    3.82    3.94   3.74
 247.42  228.20 247.42 228.20  12.08  15.50   6293.    1.97  253.2  0.06  -31 4.15    3.99    4.08   4.01
 264.94  106.07 264.94 106.07  11.73  15.23   8055.   1.505  339.6  0.04  -32 2.95    3.94    3.99   3.91
                                                                                         1,1            All
```

이제 imexam으로 다시 들어가 다음과 같이 설정해 주고 빠져나온다.

```
cc>epar imexam
(logfile =              ) logfile
(keeplog =            no) log output results
```

기준 영상 외의 다른 영상들을 ds9 창의 2번 및 3번 프레임에 나타내자. ds9 창 메뉴의 'frame' 을 눌러 'tile' 을 선택한다. 그리고 imexam을 실행하자.

```
cc>disp n7235b3 2
cc>disp n7235b5 3
cc>imexam
```

그림 23.17 일치시킬 영상들

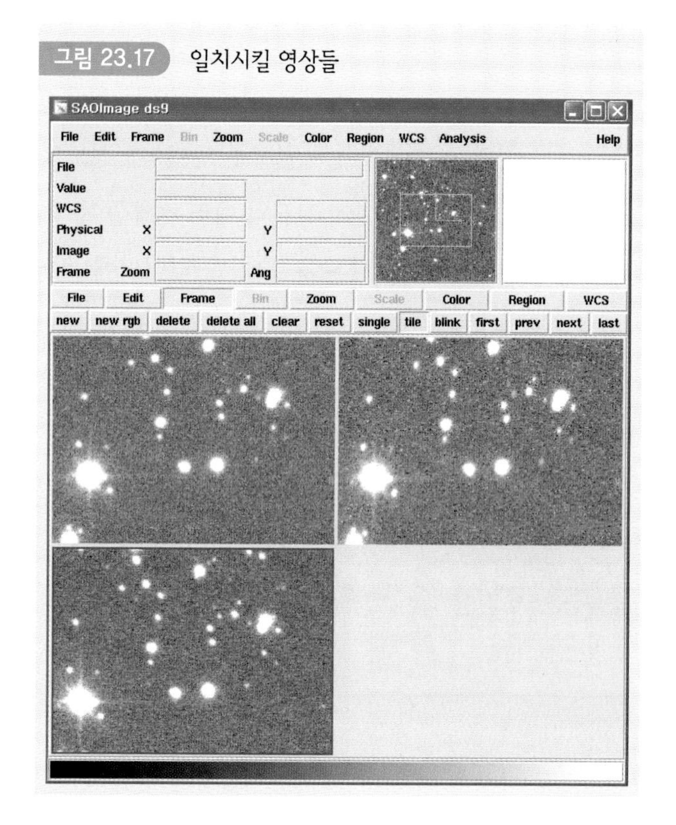

이때 기준 영상에서 아무 별이나 골라 'a'를 눌러 좌표를 얻는다. 그리고 다른 프레임의 같은 별에 대하여 순서대로 'a'를 눌러 좌표를 얻고 q를 눌러 빠져나온다. 그림 23.17의 세 프레임에서 얻은 결과 값은 표 23.2와 같다.

표 23.2 세 프레임에서 얻은 좌표와 다른 값들

281.23	230.75									
11.22	14.20	20955.	1.953	924.2	0.04	−40	4.14	3.82	3.94	3.74
279.84	229.62	279.84	229.62							
13.19	13.82	29685.	2.497	1127.	0.15	84	3.54	4.40	4.33	4.40
272.62	215.30	272.62	215.30							
10.24	13.85	28909.	2.932	1672.	0.09	−38	2.50	3.51	3.40	3.41

이 중에서 각 프레임의 두 칼럼의 내용들을 정리하면 다음과 같다.

```
281.23 230.75
279.84 229.62
272.62 215.30
```

위 내용의 맨 처음 두 칼럼에 표시된 결과를 가지고 x, y 좌표의 차이를 계산한다. 계산 방법은 x(ref)−x(img), y(ref)−y(img)처럼 되어야 한다. 이 값은 나중에 최종 이동값을 계산할 때 활용할 초기값이다. 이 값을 토대로 다음과 같은 파일을 만든다.

```
cc>vi n7235.sht

0.   0.
1.39 1.13
8.61 15.45
```

이와 같이 세 줄만 적어 주면 되는데 첫 번째 줄은 기준 영상에 대한 기준 영상의 것으므로 당연히 0이다. 그리고 아래 두 줄은 각각 기준 영상에 대해 이동된 값이다. 이제 일치시켜 보자.

```
cc>epar imalign
```

그림 23.18처럼 설정해 주고 나서 ':go'를 실행하면 영상일치 작업이 실시된다.

그림 23.18 imalign 작업단위의 인자 수정

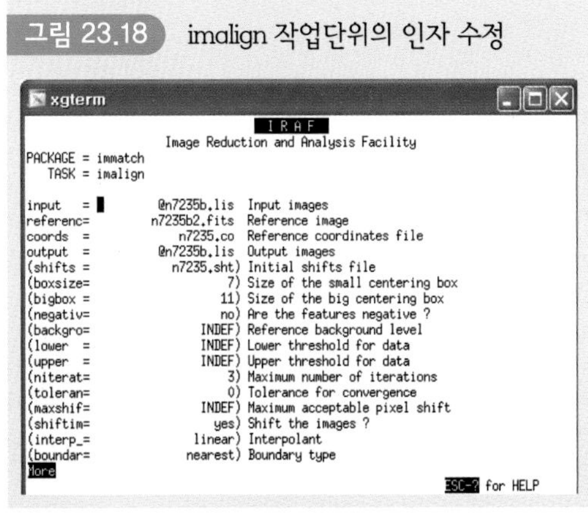

영상의 합성

앞서 얻은 일치된 3장의 영상을 합성해 보자. 이를 위해 다음과 같이 imcombine 인자를 수정한 다음 실행시킨다.

```
cc>epar imcombine
```

그림 23.19는 imcombine 작업단위를 수정한 결과이다.

여기서 합성된 최종적인 영상은 n7235b.fits로 저장되었다. 이 영상을 ds9 창 4번째 프레임에 띄워 보자.

```
cc>disp n7235b 4
```

그림 23.19 imcombine 작업단위의 인자 수정

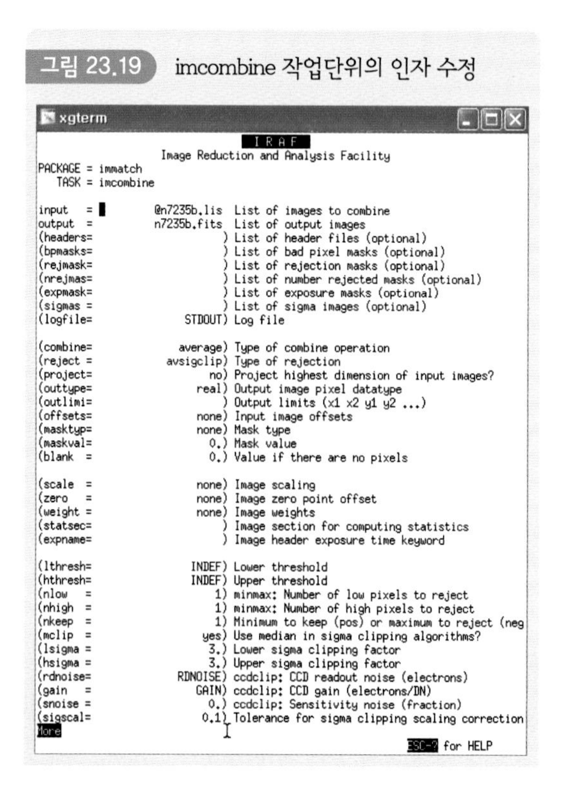

그림 23.20는 합성된 영상의 모습이다.

전처리가 끝났다. 지금부터 본격적인 측광에 들어간다.

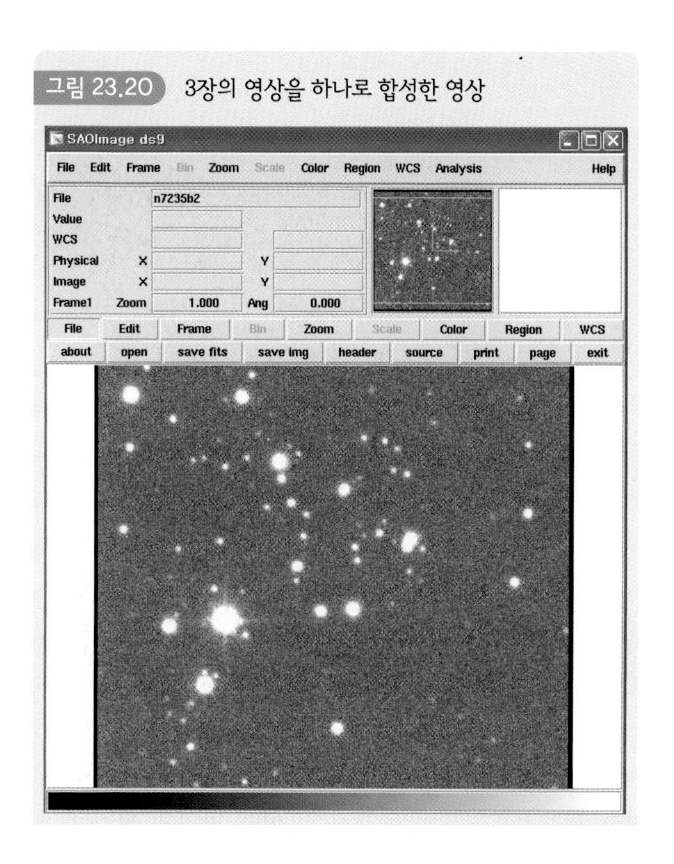

그림 23.20 3장의 영상을 하나로 합성한 영상

측광

측광은 단일 프레임 측광과 여러 프레임 측광 방법이 있다. 여러 프레임에 대하여 측광할 때는 먼저 좌표변환을 통하여 프레임 간의 좌표를 보정한다. 즉 가장 좋은 프레임을 기준으로 하여 다른 프레임들을 기준 프레임의 위치로 고친다. 측광 방법은 처음부터 여러 프레임을 합성하여 측광하는 방법과 각각의 프레임별로 측광하여 나중에 평균하는 방법이 있다. 여기서는 단일 프레임의 측광 방법에 대하여 알아보고자 한다. 단일 프레임의 측광도 크게 세 가지 방법으로 나눌 수 있다. 첫

그림 23.21 측광 순서

별 찾기(DAOFIND) → 구경측광(APPHOT) → PSF 결정 → ALLSTAR 모든 별에 대한 PSF 측광 → 동일 별의 동정 → 측광 완료

째는 imexam 작업단위를 활용한 신속측광, apphot 작업꾸러미를 활용한 구경측광, daophot 작업꾸러미를 활용한 윤곽선 맞추기 측광이 있다. 그림 23.21은 일반적인 측광 순서이다. 이들에 대하여 알아보자.

신속측광

신속측광(quick look photometry)은 imexam을 이용하여 간단히 별의 등급을 얻는 방법이다.

작업단위 : imexam

```
cl>imexam
```

을 실행시키면 커서가 ds9 창으로 옮겨진다. 이때 임의의 별 위에 커서를 올려두고 'a' 누르면 xgterm 터미널에 등급과 관련 정보들이 그림 23.22처럼 제시된다. 여기서 MAG에 해당하는 부분이 해당별의 등급이다.

그림 23.22 신속측광 결과

```
cl> imexam
#   COL    LINE  COORDINATES
#     R    MAG    FLUX      SKY     PEAK     E   PA BETA ENCLOSED   MOFFAT DIRECT
  35.68  438.18 35.68 438.18
  13.61  13.54  38427.    2.588   1492. 0.04  -50 4.41     4.25     4.58   4.54
cl> █
```

구경측광

구경측광은 CCD 영상에서 별의 밝기를 측정하는 방법 중 하나로 광전측광과 같이 구경의 크기를 주고 그 반경 내에 들어오는 모든 빛을 합한 다음, 해당 별 주위에서 배경하늘의 밝기를 얻어 제거한 후, 등급을 얻는 방법이다. 구경측광 방법은 밝은 별에 적용하면 매우 효과적이다. 하지만 어두운 별이나 근접한 별이 존재하는 경우에는 읽기 잡음 등의 영향을 크게 받기 때문에 정확한 측광이 어렵다. 여기서는 앞서 전처리가 끝난 n7235b.fit를 토대로 구경측광을 실시해 보자.

측광인자 결정

측광을 본격적으로 실시하기 전에 관측자료의 질을 구체적으로 조사해 두어야 한다. 조사해야 할 내용은 FWHM, sigma, datamax, datamin이다.

① FWHM(Full Width at Half Maximum) : 각 영상마다 결정해야 하며 영상 전체에서 조사하여 값의 변화를 본다.

```
cl>imexam
```

이때 커서가 영상화면으로 이동하면 주변에 별이 없는 비교적 밝은 어떤 별 위에 놓고 r 또는 a를 누른다(r을 누르면 그래프와 그래프 하단에 값자료가 제시되고, a를 누르면 값자료만 제시된다. 값의 순서와 내용은 같다.). r을 눌렀을 때, 그래프와 함께 제시된 오른쪽에서 세 번째 값이 FWHM이다. 소백산 관측한 예인 ngc7235b2인 경우는 FWHM은 4.3 정도였다. FWHM은 daofind에서 별을 찾을 때 별의 크기로 사용되고, psf 작업단위에서 점퍼짐함수(psf)의 추정에 사용된다.

② variance of sky(σ_{sky}) 또는 sigma : 각 영상마다의 sky의 표준편차로 신호인지 잡음인지를 판단하는 별의 검출한계 기준이 된다. 즉 자동 별 찾기(daofind)를

할 때 3～4σ_{sky} 이상인 신호를 별로 인식하여 찾아 준다. sigma를 결정하는 방법은 다음과 같다.

```
cl>disp n7235b 1 : 분석할 파일 영상을 ds9 창에 띄운다.
cl>imexam
```

커서가 영상 쪽으로 이동한다. 이때 커서를 별이 없는 여러 곳에 두고 'm'을 누르면 xgterm에 통계자료가 계속 제시된다. 이 제시된 값들 중, STDDEV가 σ_{sky}에 해당한다. 여러 값들 중, 가장 작은 값에서 3번째 정도로 큰 것을 σ_{sky}로 정한다. 표 23.3은 소백산에서 관측한 ngc7235b2.fits 영상에서 얻은 결과로 약 0.8 정도였다.

③ datamax : 활용한 CCD의 포화된 한계값으로 CCD의 특성이다. 다른 영상에도 같은 값을 유지한다. 이 값을 얻는 방법은 전처리 결과 파일을 ds9 창에 띄운 후 '포화된 별상(가장 밝은 별)' 의 radial plot(imexam－>r) 하면 그래프가 나타난다. 이때 그래프의 최댓값에서 약간 낮은 값을 읽는다. 그림 23.23은 그 예이다. 이 그림의 하단에 보인 여러 숫자들 중 좌측에서 5번째 값(14680)이 datamax에 해당한다. 소백산 PM512 카메라로 관측한 n7235b2.fits 의 경우 147000ADU 정도이다.

표 23.3 하늘의 분산(σ_{sky})값

SECTION	NPIX	MEAN	MEDIAN	STDDEV	MIN	MAX
[421:425,166:170]	25	2.127	2.029	0.7479	0.4348	3.712
[402:406,258:262]	25	1.775	1.731	0.8305	－0.776	3.599
[414:418,421:425]	25	1.882	1.902	0.8807	－0.5147	3.695
[209:213,138:142]	25	1.604	1.245	0.7661	0.2915	3.31
[442:446,127:131]	25	1.943	1.931	0.754	0.3496	3.448
평균				0.8		

그림 23.23 포화된 별의 radial plot

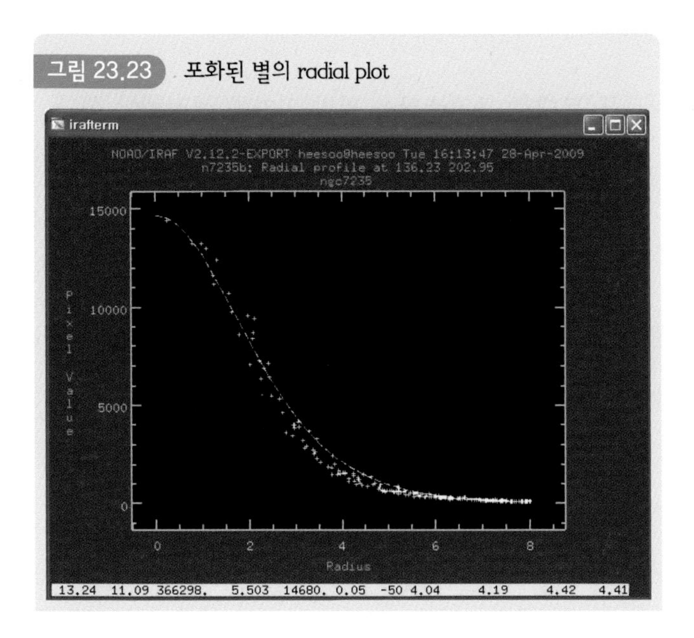

④ datamin : CCD의 특성으로 측광에 사용 가능한 최솟값을 의미한다. 즉 각 영상의 결함 화소가 아닌 화소의 최솟값이다. datamin을 얻는 방법은 밝은 별이 거의 없는 영역에 커서를 두고 히스토그램('imexam-h')을 그려 보거나 통계('imexam-m')를 보면 확인할 수 있다. 그래프에서 픽셀들이 갖는 최저값의 ADU를 읽는다. 그래프 그려서 가장 좌측의 작은 요동은 피하고 그래프의 전체적인 경향에서 가장 작은 값이다.

```
cl>imhist n7235b Z1 = −50  Z2 = 500
                      하한      상한
```

여기서 구한 값 : datamin = 0.6

datamin이 활용되는 작업단위는 daofind, phot, psf, peak, group, nstar, allstar 등이 있다.

인자의 설정

앞서 구한 자료를 토대로 구경측광을 위한 인자를 설정해야 한다. 측광에 활용되는 인자에는 고정시켜 두고 활용되는 것과 영상마다 바꾸어 주어야 하는 것이 있다.

- 기본적으로 고정시켜 두고 활용하는 인자파일 : centerpars, findpars, fitskypars, photpars
- 영상마다 수정하는 인자파일 : daopars, datapars

기본적으로 수정 및 설정해야 하는 인자파일들을 살펴보자.

① centerpars : 별의 중심을 맞추는 과정에 관련된 인자파일로 주요 수정사항은 'calgoli' 이다. 단순 구경측광 시에는 centroid로 설정하고 psf 측광 시에는 none으로 설정한다. 그리고 'cbox' 는 5 또는 2×fwhmpsf 중 큰 값을 쓴다.

```
da>epar centerpars
```

그림 23.24는 작업단위 centerpars로 들어가 인자들을 설정해 둔 장면이다.

그림 23.24 centerpars 인자의 설정

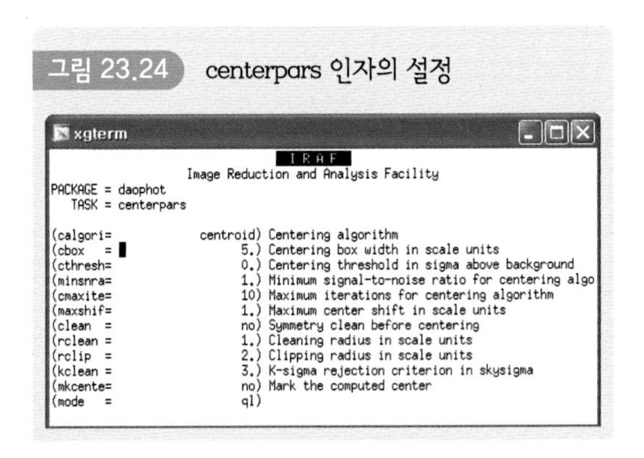

② findpars : 자동 별 찾기(daofind)에서 별로 인식할 문턱값 등을 설정하는 인자

파일이다. 보통 sky 값 표준편차의 3~5배를 사용한다.

```
da>epar findpars
```

그림 23.25 findpars 인자의 설정

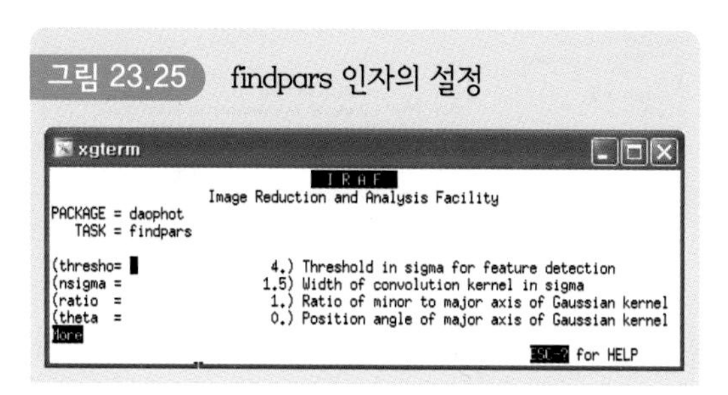

여기서는 그림 23.25에서와 같이 'thresho' = 4로 설정하였다.

③ fitskypars : sky 값을 결정할 때 사용되는 인자파일이다. phot 작업단위에서 sky 값 맞추기에 사용된다. 이때 결정된 sky 값이 차후 psf, peak, nstar, allstar 등에서 초기값으로 쓰일 수도 있고, 그대로 이용될 수도 있다.

da>epar fitskypars

- skyvalu : 'imexam -r' 로 얻은 sky 값(여기서는 2) 또는 'daoedit' task로 얻은 sky 값
- salgorithm : 일반적으로 'mode' 를 사용. 성운 등에 의하여 배경이 결정될 때는 'median', 'centroid', 극단적으로 sky 값이 낮을 경우 'mean' 이 낫다.
- annulus : 권장값은 약 4×fwhmpsf 이지만 밀집지역에서는 더 줄여야 할 것이다.
- dannulus : sky 값을 정할 픽셀 수가 최소 5개는 넘어야 하고 많을수록 좋지만 밀집한 곳에서는 너무 크게 할 수도 없다. 5~10 정도 (dannlus=3×fwhmpsf)
- 나머지 파라미터 입력은 수정 없이 사용

그림 23.26은 fitskypars 인자파일을 설정해 둔 장면이다.

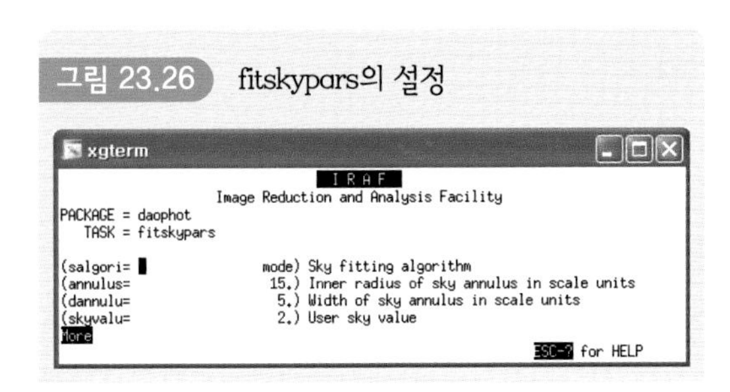

그림 23.26 fitskypars의 설정

④ photpars : 구경측광 시 사용할 구경 반경을 설정하는 인자파일이다. 여기서 aperture = S/N비가 충분히 좋은 1×FWHM가 좋다. weight-const, zmag = 25, zmag 는 모든 영상에 동일하게 적용한다. 나머지는 그대로 둔다.

```
da>epar photpars
```

그림 23.27은 photpars 인자들을 설정해 둔 장면이다.

그림 23.27 photpars의 인자 설정

```
xgterm
                         I R A F
          Image Reduction and Analysis Facility
PACKAGE = daophot
   TASK = photpars

(weighti=           constant) Photometric weighting scheme
(apertur=                  4) List of aperture radii in scale units
(zmag   =                25.) Zero point of magnitude scale
(mkapert=                 no) Draw apertures on the display
(mode   =                 ql)
```

⑤ daopars : psf 측광에 관련된 인자파일로 각 영상마다 수정하여 활용한다.

```
da>epar daopars
```

그림 23.28은 daopars 인자들을 설정해 둔 장면이다.

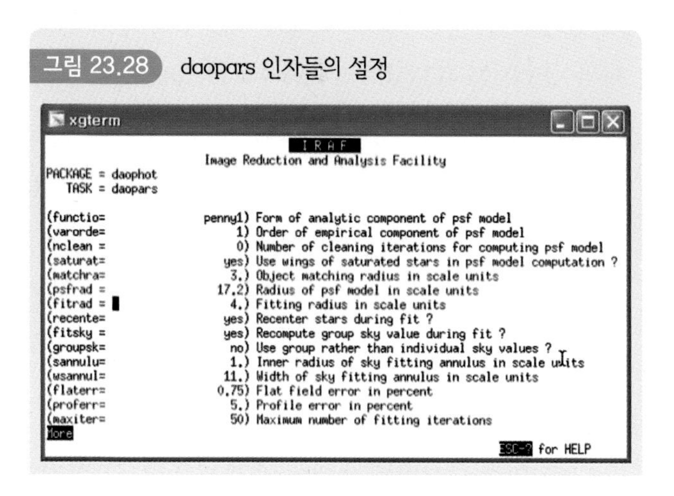

그림 23.28 daopars 인자들의 설정

daopars 작업단위와 관련하여 보충설명을 하면 다음과 같다.

function penny1 => (중심부는 gaussian, 외곽은 Lorenzian)

varorde 1

CCD의 면이 초점면에 대하여 평행한 정도에 따라서 varorder를 0, 1, 2로 조정을 한다. 0이면 점퍼짐함수를 구하기 위하여 최소 3개 이상의 별을 선택해야 하고, 1이면 최소 9개 이상, 2이면 18개 이상의 별을 선택해야 한다.

$$PSF = psf(0) + ax + by + cx^2 + dxy + ey^2 <- \text{order } 2$$

$$PSF = psf(0) + ax + by <- \text{order } 1$$

소백산 PM512 CCD 카메라로 NGC7235를 측광할 때, 밝은 별의 수가 많지 않아 1을 준다.

satura yes (포화된 별의 날개 부분으로 psf 측광할 것인가?)

matchrad : 별의 좌표가 주어졌을 때 별을 찾을 반경 범위 예) 3

psfrad : 3∼4×FWHM 4FWHM = 4.3×4 = 17.2pix : psf를 적용할 범위

fitrad : 1×FWHM (psf를 맞출 범위로 S/N가 좋은 1×FWHM에서만 사용한다. 영상마다 달라진다.) psf를 적용할 때 계산할 범위

recent : psf fitting을 통해서 중심을 다시 결정할 것인가? yes

fitsky : yes(주변의 평균 sky level을 사용할 것인가?)

groupsky : no(바로 별 옆의 sky를 활용하라는 뜻, 평균을 쓰지 말고)

sannulus 1∼2pix(아주 중심에는 잘 맞지 않기 때문에 1 또는 2를 준다.)

wannulus 예) 11pix

※ wannulus와 dannulus의 두 영역의 sky 값을 비교하여 거의 동일하게 맞춘다. 별을 제거한 영상은 밝은 별의 경우 분화구꼴로 남게 된다. 분화구의 반경이 psfrad 정도이다.

별 배경밑 sky 값을 결정할 화소수 $\pi(wann^2 - sann^2) > 100$

별 밑의 sky 값 : 별의 psf를 적용하면서 얻어지는 별 밑의 sky 값

예) $11^2(121) - 2^2 = 117 \times \pi >> 100$

위와 같은 근거로 wann을 결정한다.

⑥ datapars : CCD 영상의 자료 특성에 관련된 인자파일로 각 영상마다 수정이 필요하다.

```
da> epar datapars
```

그림 23.29는 datapars를 설정해 둔 장면이다.

그림 23.29 datapars의 설정

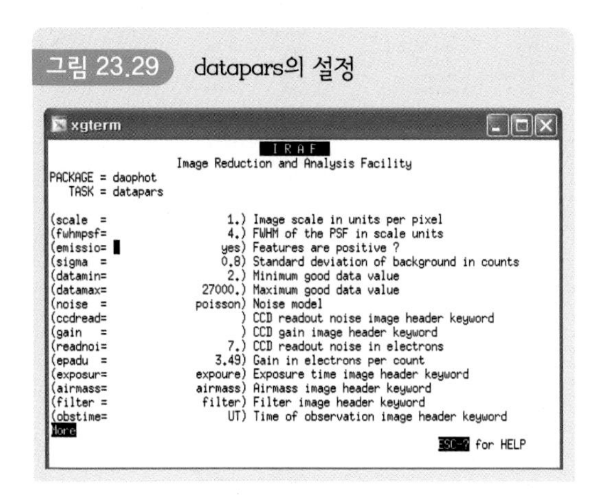

별 찾기

측광을 하려면 먼저 측광할 별의 목록을 정해야 한다. 이를 위해 daofind 작업단위를 이용하여 측광 목록을 정한다.

- 작업꾸러미와 작업단위 : appphot/daofind

da>daofind n7235b n7235b.coo ※ 찾은 별을 n7235b.coo 파일에 입력함

이 명령을 수행시키면 그림 23.30과 같은 n7235b.coo 파일의 내용을 확인할 수 있다. 이 파일의 앞부분에는 여러 인자들의 값과 조건 등이 나와 있고, 뒷부분에는 위치와 등급 등의 자료가 있다.

그림 23.30 n7235b.coo의 내용

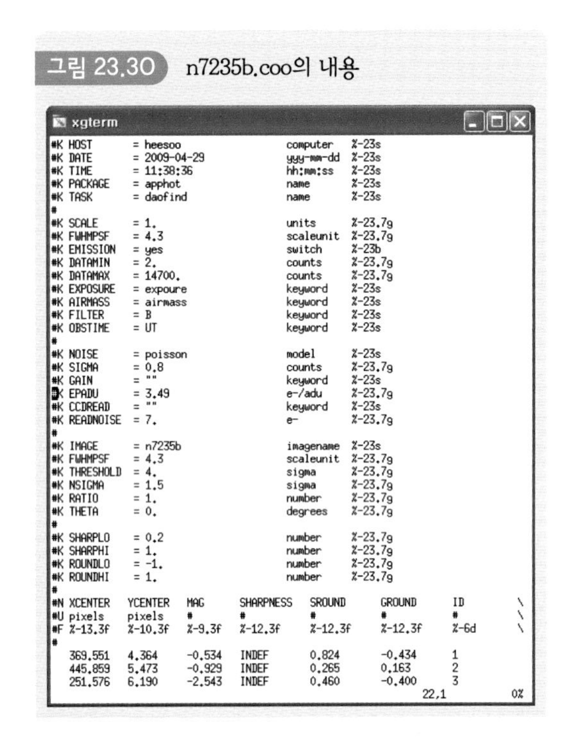

```
#K HOST       = heesoo                   computer  %-23s
#K DATE       = 2009-04-29               yyyy-mm-dd %-23s
#K TIME       = 11:38:36                 hh:mm:ss  %-23s
#K PACKAGE    = apphot                   name      %-23s
#K TASK       = daofind                  name      %-23s
#
#K SCALE      = 1.                       units     %-23.7g
#K FWHMPSF    = 4.3                      scaleunit %-23.7g
#K EMISSION   = yes                      switch    %-23b
#K DATAMIN    = 2.                       counts    %-23.7g
#K DATAMAX    = 14700.                   counts    %-23.7g
#K EXPOSURE   = expoure                  keyword   %-23s
#K AIRMASS    = airmass                  keyword   %-23s
#K FILTER     = B                        keyword   %-23s
#K OBSTIME    = UT                       keyword   %-23s
#
#K NOISE      = poisson                  model     %-23s
#K SIGMA      = 0.8                      counts    %-23.7g
#K GAIN       = ""                       keyword   %-23s
#K EPADU      = 3.49                     e-/adu    %-23.7g
#K CCDREAD    = ""                       keyword   %-23s
#K READNOISE  = 7.                       e-        %-23.7g
#
#K IMAGE      = n7235b                   imagename %-23s
#K FWHMPSF    = 4.3                      scaleunit %-23.7g
#K THRESHOLD  = 4.                       sigma     %-23.7g
#K NSIGMA     = 1.5                      sigma     %-23.7g
#K RATIO      = 1.                       number    %-23.7g
#K THETA      = 0.                       degrees   %-23.7g
#
#K SHARPLO    = 0.2                      number    %-23.7g
#K SHARPHI    = 1.                       number    %-23.7g
#K ROUNDLO    = -1.                      number    %-23.7g
#K ROUNDHI    = 1.                       number    %-23.7g
#
#N XCENTER   YCENTER   MAG      SHARPNESS   SROUND      GROUND      ID      \
#U pixels    pixels    #        #           #           #           #       \
#F %-13.3f   %-10.3f   %-9.3f   %-12.3f     %-12.3f     %-12.3f     %-6d    \
#
   369.551   4.364     -0.534   INDEF       0.824       -0.434      1
   445.859   5.473     -0.929   INDEF       0.265       0.163       2
   251.576   6.190     -2.543   INDEF       0.460       -0.400      3
                                                              22,1          0%
```

이제 찾은 별들을 ds9 창에서 원으로 표시해 보자.

작업단위 : images/tv/tvmark

먼저 작업단위 tvmark의 인자를 적절하게 설정해 보자.

tv>epar tvmark

mark type : circle (cirlce, point 등이 있다.)

radii : 1 pix (원의 반지름. 수동으로 변화시켜 큰 원을 그릴 수 있다.)

color : 204, 255 : gray, 203 : 검정, 204 : red, 205 : yellow(green), 206 : blue

number = yes) Number the marked coordinates

그리고 찾은 별들을 화면상에서 확인해 보자.

da>tvmark 1 n7235b.coo	※ 얼마나 별을 잘 찾았는지 saoimage 영상에서 확인한다.

확인 결과, 그림 23.31처럼 많은 수의 별들이 작은 동그라미로 별 영상 위에 표시되어 있다. 이 결과는 작업단위 datapars에서 sigma 값을 0.8로 설정해 두고 실행한 결과이다.

그림 23.31 측광을 위해 찾은 별들의 표시 : 별들이 너무 많음

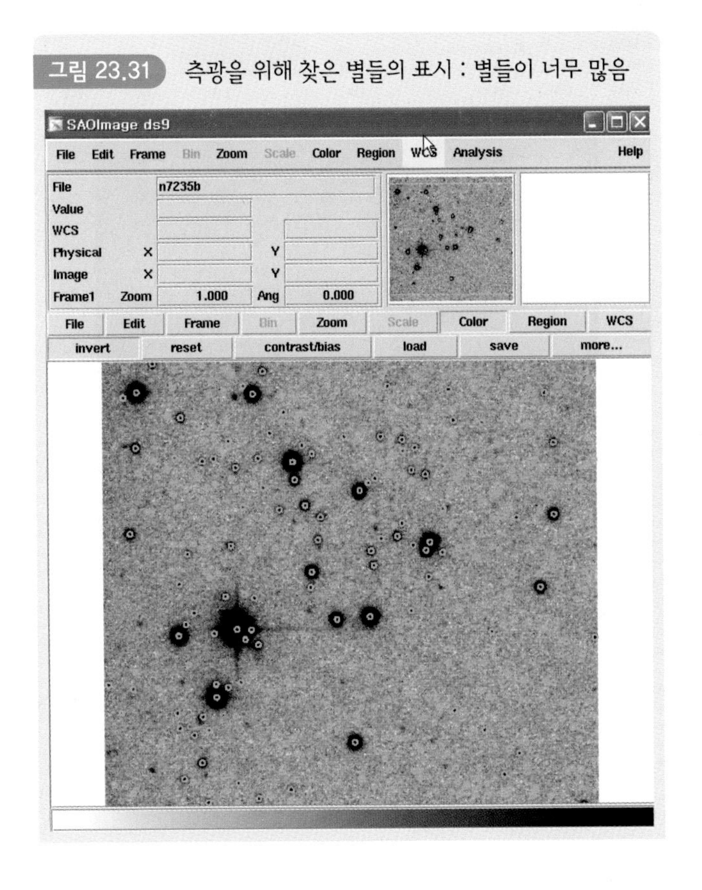

여기서 확인할 수 있듯이 별들이 너무 많이 나타나 지금보다 큰 별 중심으로 좌표를 다시 설정할 필요가 있음을 확인할 수 있다. 이런 경우 datapars로 들어가

sigma 값을 다소 높여 보다 밝은 별만을 지정해 줄 필요가 있다. 이에 이번에는 sigma 값을 2로 설정하고 나서 다시 daofind를 실행시켰다. 물론 n7235b.coo 좌표 파일도 다시 만들었다. 그림 23.32는 그 결과를 나타낸 모습이다.

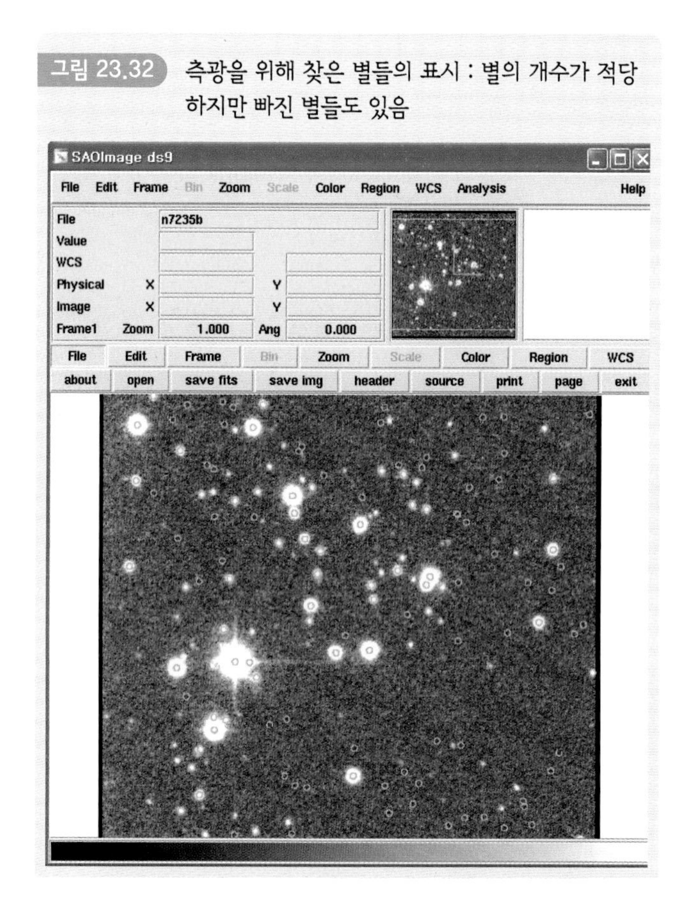

그림 23.32 측광을 위해 찾은 별들의 표시 : 별의 개수가 적당하지만 빠진 별들도 있음

원으로 표시된 영상을 보면 다소 밝은 별임에도 불구하고 마킹이 되어 있지 않은 별들이 있다. 그런 경우 다음과 같은 명령을 통해 수동으로 별을 추가하여 별의 좌표를 입력한다.

```
da>tvmark 1 n7235b.coo int+col=204
```

이때 커서를 daofind가 찾지 못한 별에 위치시키고 'a' (append)를 쳐서 추가시킨다. 또 제거할 별이 있으면 그 별에 위치시키고 'd' (delete)를 친다. 종료할 때는 'q' (quit)를 친다. 그림 23.33은 이미 선택된 별(녹색)들과 추가한 별들(빨간 원)의 모습이다.

그림 23.33 daofind로 찾은 별(녹색)과 새롭게 추가하여 나타낸 별들(빨간색)

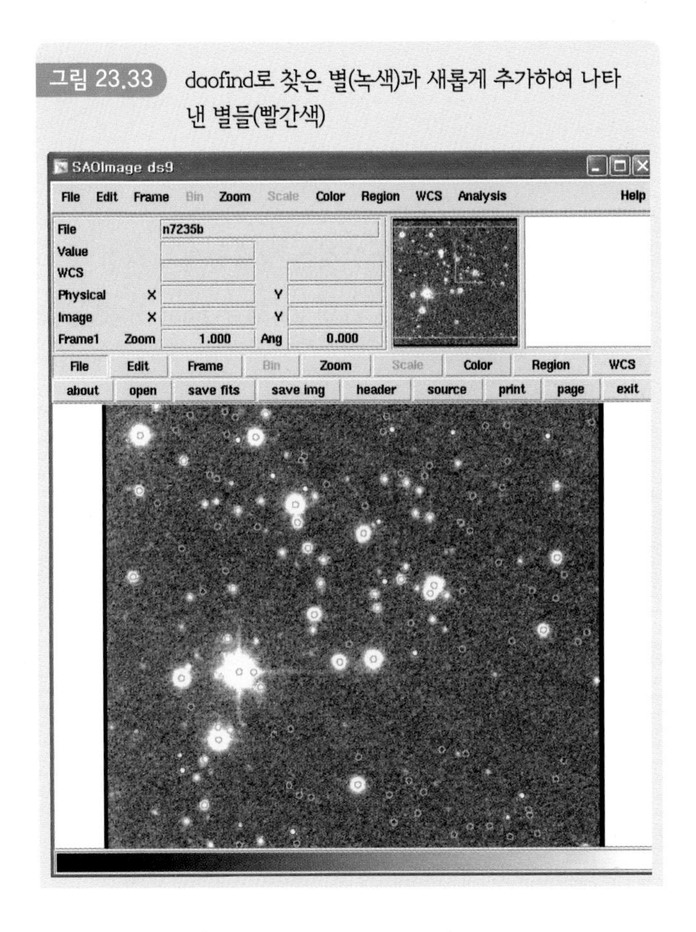

구경측광

별 찾기(daofind)로 찾은 별들에 대하여 구경측광을 실시한다. 이 구경측광 파일은 psf를 구하는 별들의 밝기 기준이 된다. 이때 측광 반경은 1×FWHM으로 설정하고, centerpars 및 calgorithm은 반드시 'none' 으로 설정한다.

작업단위 : noao/digiphot/apphot/phot

① 인자 수정 : 먼저 phot 작업단위의 인자를 수정하자.

```
da>epar phot
verify = no
update = no
```

다른 인자들도 수정할 수 있지만 그것은 명령창에서 직접 넣어가면서 하는 것이 편리하므로 수정하지 않는다. 그림 23.34는 phot 작업단위의 수정 결과이다.

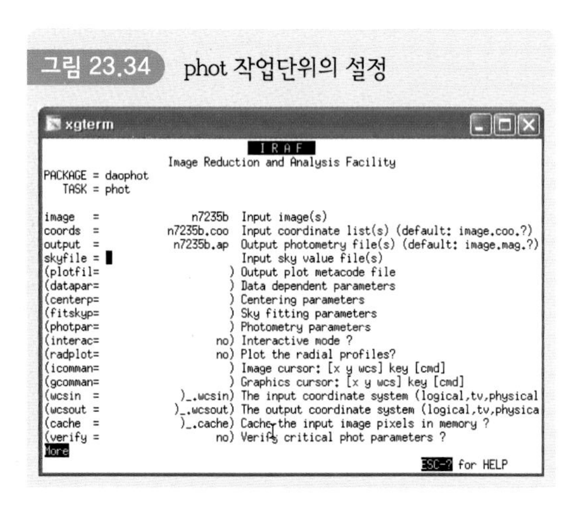

그림 23.34 phot 작업단위의 설정

② 구경측광 실시 : 이제 다음과 같은 명령을 통해 구경측광을 실시해 보자.

```
da>phot n7235b n7235b.coo n7235b.ap apert = 4
        image     coo file  output  구경은 1×FWHM
```

그리고

```
da>vi n7235b.ap
```

를 수행하면 구경측광 결과를 확인할 수 있다.

점퍼짐함수 측광

왜 점퍼짐함수(point spread function : PSF) 측광이 필요할까? 그 까닭은 지구 밖에서 별을 관측하면 별이 하나의 점으로 찍히지만, 지구 안에서 별을 관측하면 대기요동, 망원경의 추적오차 그리고 망원경 광학적 성능 등이 결합되어 별이 퍼져 찍힌다. 이에 지표면에서 퍼지게 찍힌 별상을 보다 정밀도 높게 측광하기 위함이다. 여기서는 관측한 여러 영상들 중에서 좋은 시상을 갖는 기준화면을 골라 psf 측광을 실시해 보자.

점퍼짐함수 구하기

점퍼짐함수 측광은 점퍼짐함수를 구하는 데 필요한 별들의 선정, 점퍼짐함수 그룹별에 대한 측광 그리고 전체 별들에 대한 점퍼짐함수 측광의 순서로 이루어진다.

측광 방법은 다음과 같이 세 가지가 있다. 이들 중 allstar를 가장 많이 활용한다.

- nstar : 일정하게 주어진 group에 대하여 측광을 한다.
- allstar : group을 역동적으로 구성하여 영상 전체의 별에 대하여 측광한다.
- peak : group을 만들지 않고 개개의 별에 독립적으로 점퍼짐함수 측광을 한다.

작업단위 : noao/digiphot/daophot/nstar

noao/digiphot/daophot/allstar

noao/digiphot/daophot/peak

noao/digiphot/daophot/psf

① PSF 인자 수정 : 먼저 psf 작업단위의 인자를 수정해 보자.

da>epar psf ※여기에는 datapars와 daopars가 관계된다.

그림 23.35는 psf 작업단위를 수정해 둔 모습이다.

그림 23.35 psf 작업단위를 수정해 둔 모습

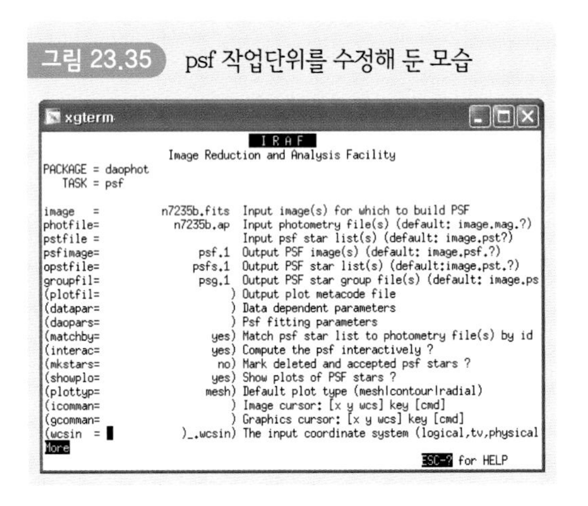

② PSF 구하기 : 다음과 같은 명령을 통해 psf를 구해 보자.

da>psf n7235b.fits n7235b.ap " " psf.1 psfs.1 psg.1

위의 " "은 입력할 psf 별의 목록이 없음을 뜻한다. 지금은 처음 psf를 수행하므로 " "이다. 하지만 나중에는 psf 목록을 넣어 주게 된다. 즉 현재는 수동으로 넣겠다는 뜻이다. psg를 사용하는 까닭은 psf 별 주위의 잡별을 떼어버림으로써 보다 이상적인 psf 별 모습을 얻기 위함이다. 위의 명령을 실행시키면 인자의 내용을 계속 물어본다. 그러면 확인하면서 계속 ↵를 쳐 준다. 모두 ↵해 주고 나면 커서가 ds9 창으로 이동되어 깜박거리면서 psf 별을 선정하라고 한다.

da > psf(영상명) (구경측광 파일) (입력 psf 별 목록) (출력 psf 영상명) (출력 psf 별 목록) (출력 psf 별과 주변 별의 목록)

input

output

③ PSF 별들의 선정 : psf 별들을 선정할 때 ds9 창에 측광할 영상이 띄워져 있으면 있는 대로 없으면 다시 띄워서 psf 별들을 선정해 나간다. 선정 방법은 CCD 영상의 전 영역에 걸쳐 포화되지 않고 비교적 밝은 가능한 한 많은 수의 고립된 별들을 선택한다. 화면을 보면서 일일이 수작업으로 선택한다. 즉 밝고 고립된 psf 별 후보를 선택하여 'a'를 누르면 별의 프로파일이 그림 23.36처럼 그려진다. 이 별을 psf 별로 정하고 싶으면 프로파일 화면에서 'a'를 한 번 더 누르면 그 별이 지정되고, 'd'를 누르면 지정되지 않는다. 다시 ds9 창으로 커서를 넘겨서 다른 별들을 지정해 나간다. 너무 밝은 별은 psf를 왜곡시킬 수 있으므로 선택하지 않는다. psf 별은 전역에 걸쳐서 골고루 선택한다. 그림 23.36의 왼쪽 그림은 psf 별로 선정해도 좋은 별이며 우측 그림은 좋지 않으므로 선택하지 않는 것이 좋다.

psf에서 사용 가능한 별의 수는 189개이므로 그 이상 고르는 것은 의미가 없다. psf 별의 선정이 끝나면 ds9 창에서 w를 친다. 이때 xgterm 화면에서 psf 별들의 평균적인 psf와 공간적 변화를 계산하고 psf.1.fits, psg.1, psfs.1을 저장했다는 메시지가 나오면서 커서가 다시 ds9 창으로 되돌아간다. 이때 q를 친다.

그림 23.36 psf 별의 프로파일(왼쪽 별 : 선정함, 오른쪽 별 : 선정하지 않음)

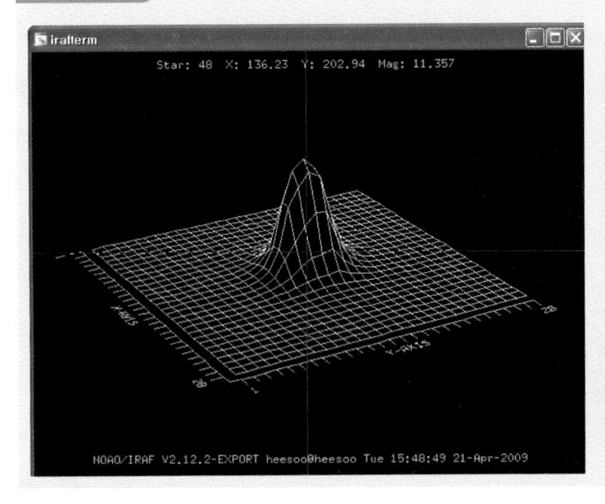

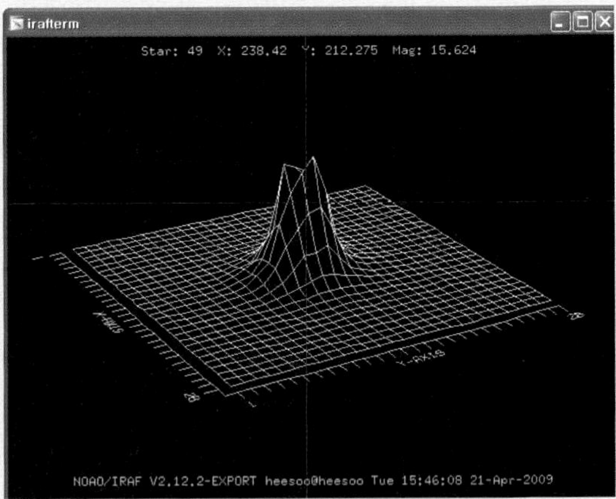

그리고 커서가 xgterm으로 가면 다시 q를 누른다. 이제 출력 파일들이 만들어졌는지 확인해 보자.

```
da> ls
```

새로운 psf.1.fits, psg.1, psfs.1 파일들이 만들어졌음을 확인할 수 있을 것이다.

알아두기

pstselect task를 다음과 같이 이용하여 psf 별을 선정할 수도 있으나 다소 불안하므로 가능하면 활용하지 않는 것이 좋다.

```
da> pstselect (영상명) (구경측광 파일명) (출력 psf 별 후보 목록 파일명)
```

④ PSF 영상의 확인 : 1차로 얻은 psf는 penny1 함수를 제거한 잔차만으로 이루어진 영상이다. 따라서 실제 psf 형태를 보려면 다음과 같이 seepsf 작업단위를 사용한다.

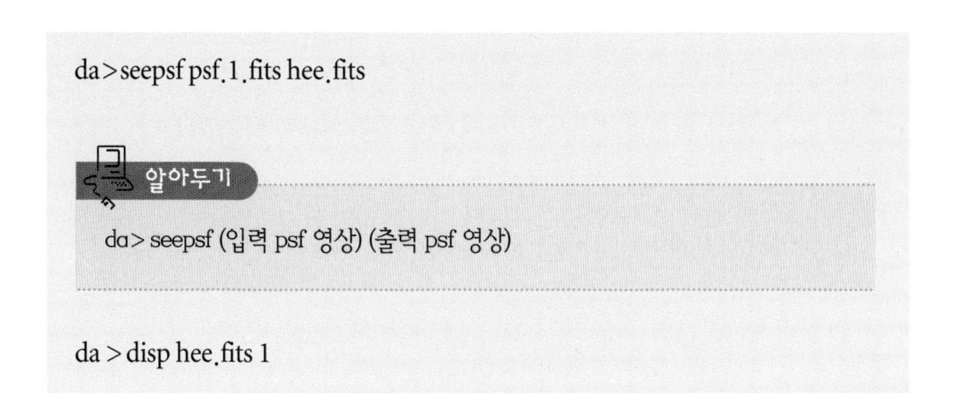

```
da>seepsf psf.1.fits hee.fits
```

알아두기

da> seepsf (입력 psf 영상) (출력 psf 영상)

```
da > disp hee.fits 1
```

이 명령으로 얻은 psf 영상은 그림 23.37과 같다.

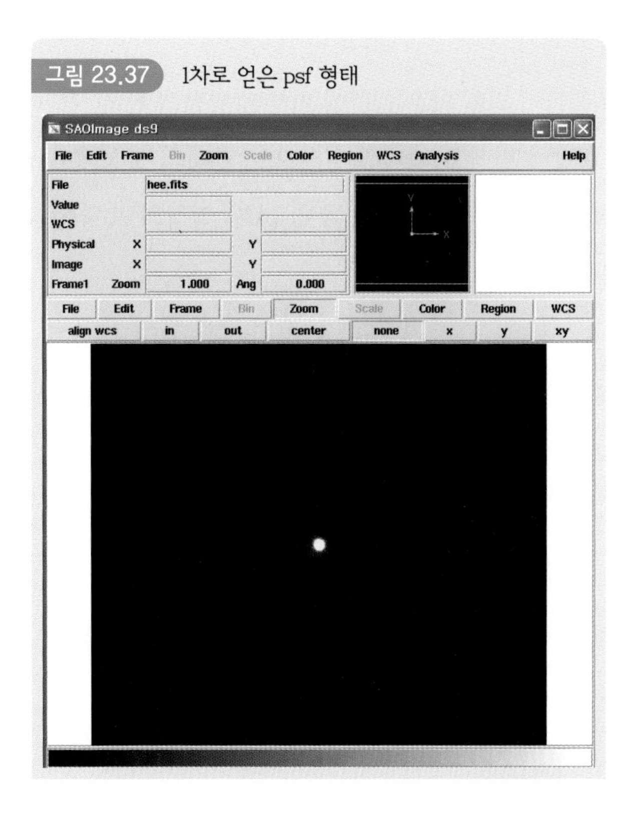

그림 23.37 1차로 얻은 psf 형태

⑤PSF 측광 : 별이 아주 흐리거나 밀집되어 있는 경우에는 별의 윤곽선을 맞추어 측광하는 psf 측광(점퍼짐함수 측광)을 하는 것이 좋다. 여기서는 DAOPHOT II의 psf 측광을 해 보자.

1차 psf 함수를 얻었으면 이 psf를 이용하여 psg.1에 있는 모든 별에 대하여 psf 측광을 실시한다. allstar 작업단위는 psf 측광을 수행하면서 별의 상을 제거하므로, 그룹이 필요없고 동일한 별에 대해 2회 측광을 하지 않는다.

작업단위 : allstar ※측광 파일에 있는 모든 별의 psf 측광을 하는 작업단위

```
da>allstar n7235b psg.1 psf.1 als.1 rjt.1 sub.11
            input                output
```

psg.1 : 측광할 별의 목록(출력 psf 별과 주변 별의 목록)

psf.1 : psf 영상명

als.1 : psf 측광한 별의 등급, 좌표 등이 있다.

rjt.1 : psf 측광이 되지 않은 측광이 거부된 별들의 목록

sub.11 : 측광한 별상을 제거한 영상으로 본래의 영상에서 psf 그룹별들이 제거된 영상이다. 즉 앞에서 구한 psf.1 영상의 모양에 맞추어서 psf 별들이 제거되었다.

da> allstar (영상명) (측광할 별의 목록) (psf 영상명) (psf 측광결과 파일) (측광하지 못한 별의 목록) (측광한 별을 제거한 영상명 : 본래 영상에서 psf 별과 psf 그룹 내의 별들이 제거된 영상명)

⑥ PSF 별 주변의 잔해조사 : 먼저 앞서 구한 sub.11 영상을 살펴보자.

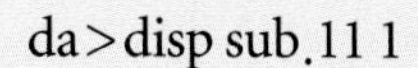

```
da>disp sub.11 1
```

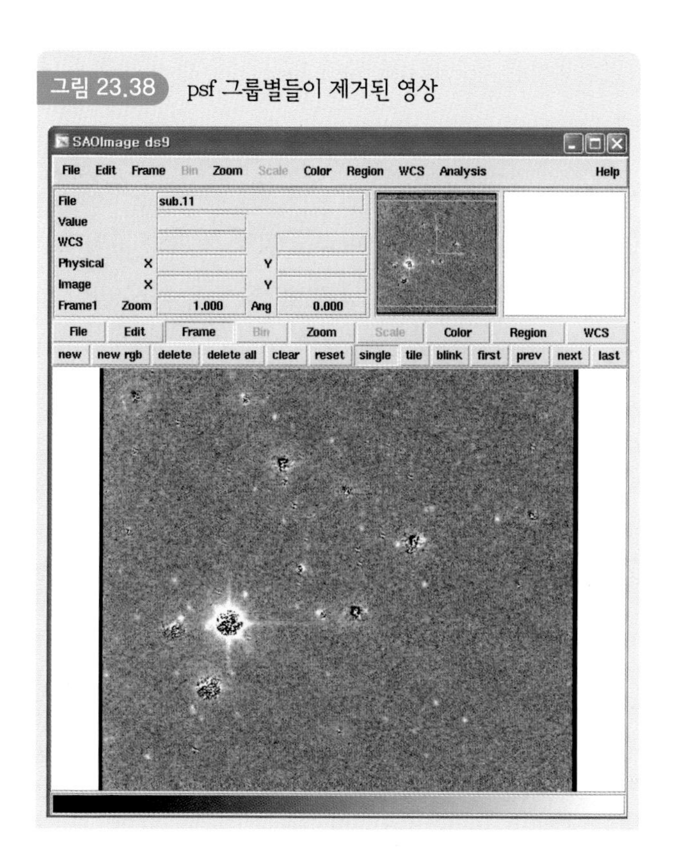

그림 23.38 psf 그룹별들이 제거된 영상

그림 23.38에서 볼 수 있듯이 psf에 활용된 별들이 제거되어 마치 폭격을 당해 함몰된 것 같은 모습을 볼 수 있다. 지금부터 psf 별의 잔해를 조사하기 위해 다음과 같은 명령을 실행하자.

```
da>txdump psfs.1 xc,yc yes>psf.coo
```

설명) yes는 아무런 조건 없이 psfs.1에 있는 psf 별들의 좌표 (xc, yc)를 psf.coo라는 파일에 기록

```
da>tvmark 1 psf.coo rad = 20 col = 205
```

설명) 위에서 생성된 좌표를 ds9 창에 표시한다. 반경 20화소, 녹색으로 표시한다.

이제 얼마나 잘 측광되었는지 그리고 주변에 또 다른 별이 있는지를 확인한다. psf 별 중에서 잔해가 특이하게 남은 별, 쌍성 등 다른 별이 섞인 별이 있으면 psfs.1 파일을 편집하여 제거한다. 즉

```
da>vi psfs.1
```

을 실행하여 xgterm에 목록을 그림 23.39처럼 띄워 두고, ds9 창에서 잔차를 보면서 특이한 잔차를 보이는 위치에 마우스 포인터를 두고 xc,yc를 확인한 다음, yc 등을 기준으로 하여, xgterm에 띄워진 목록을 보면서 적당치 않은 psf 별을 확인하여 지운다. 지울 때는 해당 줄 위치에 커서를 두고 "dd"(한 줄 지우기)하면 지워진다.

정리된 psfs 별목록의 별들을 다음과 같은 명령을 통해 y축을 기준으로 정렬해 두자.

```
da>psort psfs.1 yc          ※ yc : sorting할 인자
```

sorting할 인자 (예 : mag, merr, xc, yc, chi, sharpness 등)

그림 23.39 vi를 이용하여 확인한 psfs.1 목록

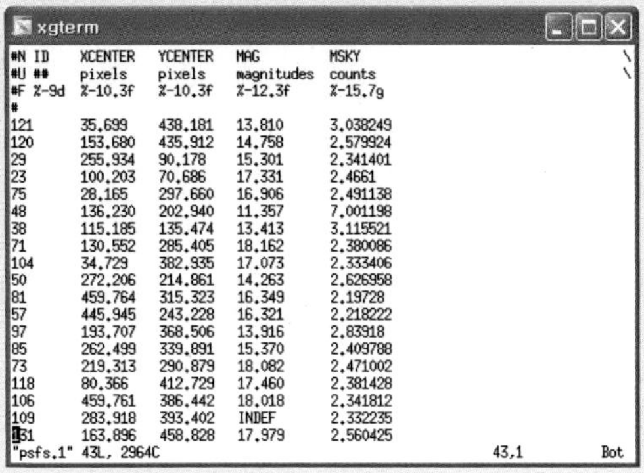

```
xgterm
#N ID      XCENTER   YCENTER   MAG          MSKY                        \
#U ##      pixels    pixels    magnitudes   counts                      \
#F %-9d    %-10.3f   %-10.3f   %-12.3f      %-15.7g
#
121        35.699    438.181   13.810       3.038249
120        153.680   435.912   14.758       2.579924
29         255.934   90.178    15.301       2.341401
23         100.203   70.686    17.331       2.4661
75         28.165    297.660   16.906       2.491138
48         136.230   202.940   11.357       7.001198
38         115.185   135.474   13.413       3.115521
71         130.552   285.405   18.162       2.380086
104        34.729    382.935   17.073       2.333406
50         272.206   214.861   14.263       2.626958
81         459.764   315.323   16.349       2.19728
57         445.945   243.228   16.321       2.218222
97         193.707   368.506   13.916       2.83918
85         262.499   339.891   15.370       2.409788
73         219.313   290.879   18.082       2.471002
118        80.366    412.729   17.460       2.381428
106        459.761   386.442   18.018       2.341812
109        283.918   393.402   INDEF        2.332235
131        163.896   458.828   17.979       2.560425
"psfs.1" 43L, 2964C                                    43,1        Bot
```

⑦ PSF 별들 주변의 별들의 좌표를 추가하여 구경측광하기 : 기존의 구경측광 파일에 없는 별은 좌표를 수작업으로 추가하여 구경측광을 하고 이를 구경측광 파일에 붙여 준다. psf 별 주변에 있는 별들의 좌표를 아래 과정으로 추가한다.

```
da>tvm 1 rem.coo int+
```

a를 치면 추가, d를 치면 제거이다. 이와 같이 희미한 별들을 추가하는 이유는 나중 구경보정 등보다 정확한 자료보정을 위해 필요하다.

※rem 이라는 문자를 쓴 것은 remnant 의 약자의 의미로 활용했다.

```
da>phot n7235b rem.coo rem.ap apert = 1fwhm
```

이 rem.ap를 n7235b.ap 에 추가하자. 즉

```
da>ed n7235b.ap
```

:$ ↵ 하여 파일의 끝으로 간다.

:r rem.ap ↵ 하여 rem.ap 파일을 불러들인다.

75dd를 쳐서 rem.ap 의 head 부분을 삭제한다.

:wq 하여 빠져나온다.

da>prenumber n7235b.ap ↵ 하여

rem.ap에서 추가한 별들이 기존의 n7235b.ap 의 번호와 겹치지 않도록 한다.

da>del rem. * ※ rem.coo나 rem.ap는 더 이상 필요하지 않다.

⑧ substar를 이용하여 psf 별만 남기고 psf 별 주변의 잡별을 제거하기 : 먼저 substar task 인자를 수정하자.

da>epar substar

그림 23.40은 substar 작업단위를 수정해 둔 모습이다.

그림 23.40 substar 작업단위를 수정해 둔 모습

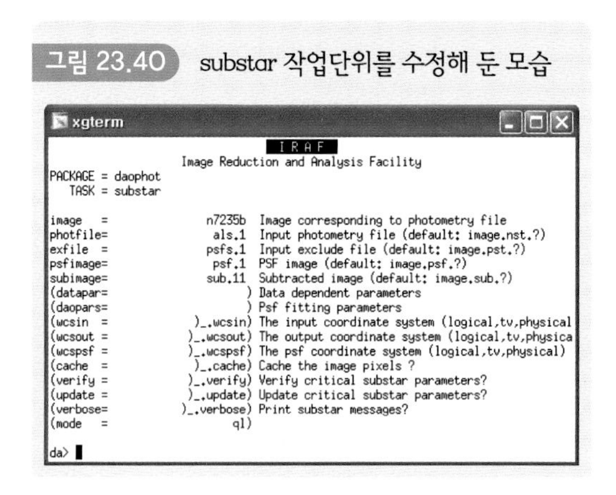

그리고 psf 별은 남기고 주변에 있는 잡별을 제거한 영상을 얻기 위해 substar 작업단위를 실행시키자.

• 작업단위 : substar

da>substar n7235b als.1 psfs.1 psf.1 sub.1

da>disp sub.1 1으로 sub.1을 화면에 표시하고

da>tvm 1 psf.coo rad = 15 로 psf 별이 잘 남아 있는지를 확인한다.

알아두기

da>substar (영상명) (psf/단순측광파일명) (남길 별의 목록) (psf 영상) (주변 별이 제거된 영상)

그림 21.41에서 확인할 수 있듯이 sub.11은 psf 별들이 모두 제거된 영상으로 psf 별들의 주변을 확인하여 잡별을 포함하고 있는 psf 별들 중 애매한 것은 빼내는 데에 활용되지만, sub.1은 psf 별 주변의 잡별만이 제거된 정리된 영상이다. 이 sub.1 영상으로 보다 정확한 psf를 구해 나가게 된다.

그림 23.41 sub.11 영상과 sub.1 영상의 비교

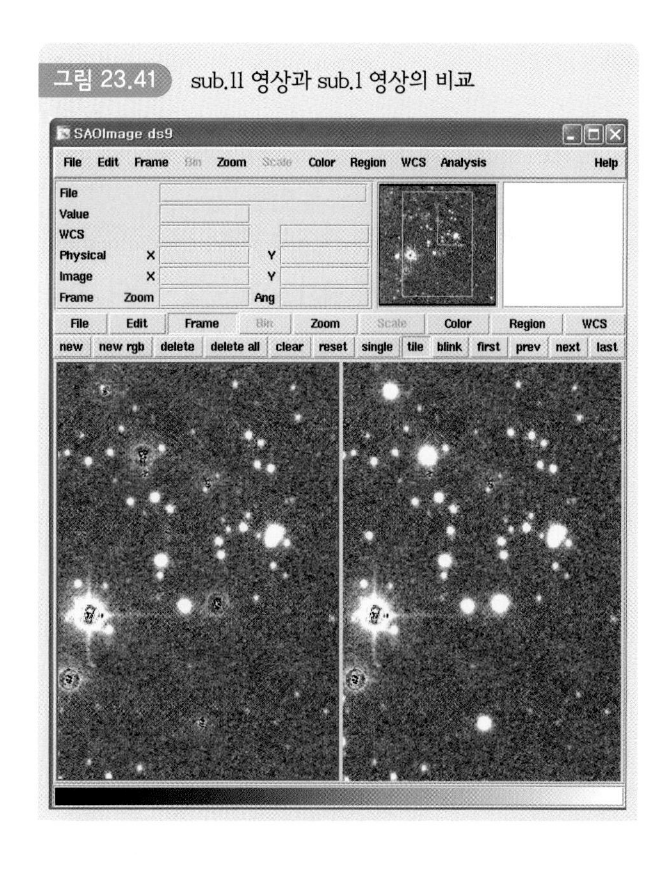

⑨ 정확한 PSF 구하기 : 1차 psf는 잡별들이 포함된 상태에서 구했지만 보다 정확한 psf를 구하기 위해 psf 별 주변에 있었던 잡별들이 제거한 상태에서의 psf를 구한다. 즉 다시 sub.1를 토대로 psf.2를 구한다. 그 과정은 위에서 실시한 과정과 동일하다. 그러나 입력 영상은 잡별만이 제거된 sub.1을 사용한다. 즉

```
da>psf sub.1 n7235b.ap psfs.1 psf.2 psfs.2 psg.2 int- icomm=""
```

psfs.1(잔해가 이상한 별들은 vi 에디터를 이용하여 xgtetm에 띄워 놓고 제거한 psf 별 목록)에 있는 별들만으로 새로 구할 psf 영상의 자료로 사용한다.

interactive+ : 하나씩 psf 별의 영상을 보면서 확인한다.

interactive- : 확인 절차를 무시한다.

위의 과정을 반복하여 수행함으로써 psf 별 주변에 있는 잡별들이 흔적 없이 제거될 때까지 계속 실시한다. 보통 3회 정도면 충분하다.

⑩ psf.2 함수를 이용하여 psg.2에 있는 별들의 psf 측광 : 보다 정확하게 얻은 psf.2을 이용하여 psg.2 목록에 대한 psf 측광을 실시하고 이들을 ds9 창에 나타내 보자.

```
da>allstar n7235b psg.2 psf.2 als.2 rjt.2 sub.12
da>disp sub.12 1
da>del psf.coo
da>txdump psfs.2 xc,yc yes > psf.coo
da>tvm 1 psf.coo rad=15
```

그림 23.42은 psf 별이 빠진 다시 구한 sub.12 영상이다. 그리고 psf 별로 이

그림 23.42 psf 별이 제거된 sub.12 영상

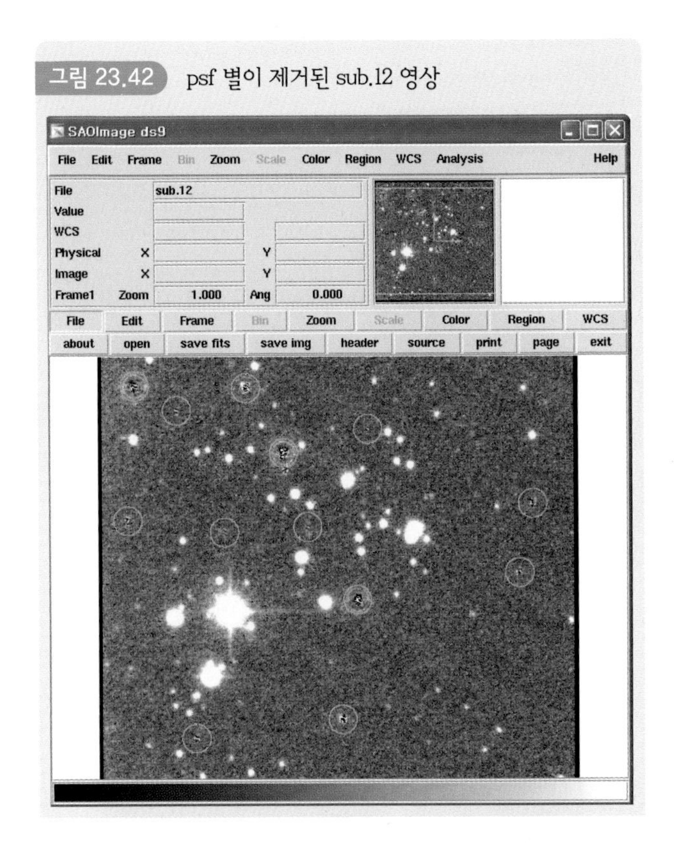

용한 별은 녹색 원으로 표시하였다.

이때 그림 23.42의 psf 별 주변을 살피면서 쌍성이나 겹친별 그리고 어두운 별이 있는지 확인한다. 만약 있다면 psfs.2 목록에서 지운다. 지우는 방법은 앞서 잔해조사 방법에서 설명하였다.

⑪ psfs.2를 이용하여 psf 별이 보다 잘 정리된 영상 sub.2 구하기 : 잔해조사가 마무리된 psfs.2 목록을 이용하여 psf 별이 잘 정리된 영상인 sub.2를 얻고 이를 ds9 창에 나타내 보자.

```
da>sub n7235b als.2 psfs.2 psf.2 sub.2
da>disp sub.2 1
da>tvm 1 psf.coo rad = 15
```

그림 23.43은 보다 잘 정리된 psf 별들을 녹색 원으로 나타낸 것이다.

그림 23.43 잘 정리된 psf 별들

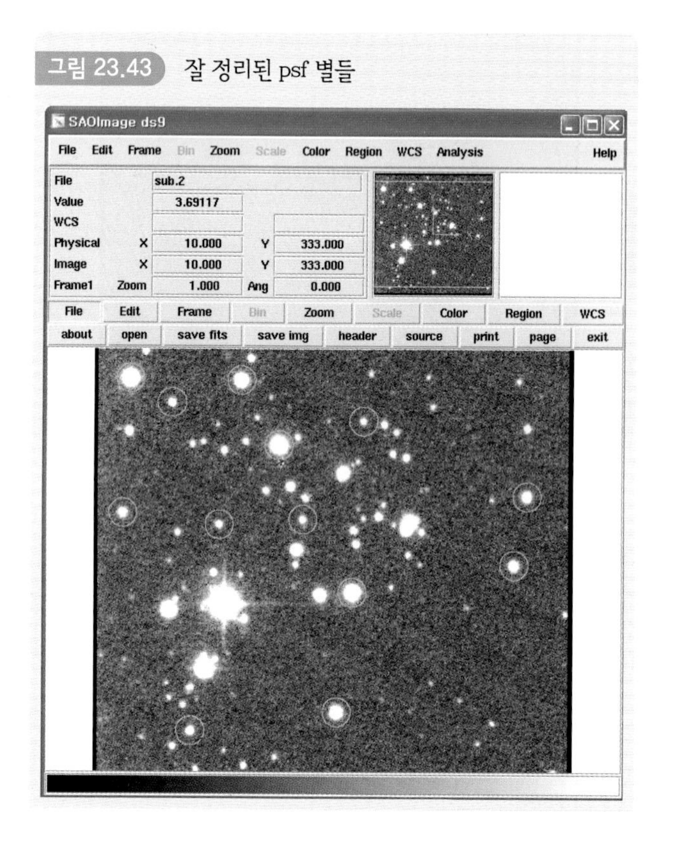

⑫ 잘 정리된 sub.2 영상을 이용하여 psf.3 영상 만들기 : psf 측광의 주요 과정은 psf 별 주변의 잡별들을 제거해 나가면서 최종적인 psf를 얻는 것이다. 여기서는 psf.3을 최종적인 영상이라 가정하고 이를 구해 보자. 이를 위해 먼저 psf 인자를 수정한다.

```
da>epar psf      ※ psf 파라미터의 수정
```

그림 23.44는 psf 작업단위를 수정해 둔 모습이다.

그림 23.44 psf 인자의 수정

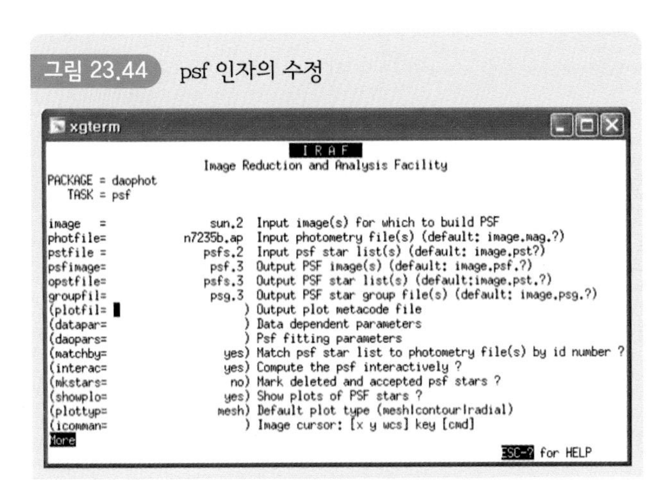

이제 psf 작업단위를 다음과 같이 실행시켜 보자.

```
da>psf sub.2 n7235b.ap psfs.2 psf.3 psfs.3 psg.3 int-icomm=""
```

psf.3, psfs.3 그리고 psg.3 파일이 생성되었을 것이다.

⑬ 전체 별에 대하여 측광 : 이제 전체별에 대한 최종적인 psf 측광을 실시해 보자. 이를 위해 앞서 최종적으로 얻었던 psf.3의 이름을 n7235b.psf로 바꾸자.

```
da>allstar n7235b n7235b.ap n7235b.psf n7235b.all n7235b.rjt n7235b.sub
```

n7235b는 측광에 활용하고자 하는 초기 영상이고, n7235b.ap는 처음에 daofind 작업단위로 찾았고 중간에 추가했던 모든 별의 목록이다. 그리고 n7235b.psf는 최종적으로 얻은 psf 영상이다. 최종적으로 얻은 측광 결과는

n7235b.all이다.

이와 같이 측광을 실시한 후, 별이 아닌 측광 자료를 다음과 같이 조사한다.

da>pexamine (자료를 조사할 측광 파일) (출력 파일) (관련 영상명)

da>pexamine n7235b.all chi.out n7235b

사용할 수 있는 키들(':' 없이 직접 누른다.)

s : surface plot

c : contour plot

x : 본래 영상으로 되돌아가기

d : 제거 표시하기

u : 제거 표시를 한 별을 되살리기

) : 커서 오른쪽 모두 제거하기

(: 커서 왼쪽 모두 제거하기

^ : 커서 윗쪽 모두 제거하기

v : 커서 아래쪽 모두 제거하기

f : 제거 표시한 별을 창에서 지우기

q : 저장하지 않고 종료하기

e : 결과를 저장하며 종료하기, 즉 chi.out 라는 파일을 생성한다.

그림 23.45와 같이 여러 자료들 중 구성원이 아니거나 비정상적인 자료라고 판단되는 곳에 x-y축을 맞춘다.

그리고 그곳에서 'd' 를 누른다. 그러면 점이 x자 모양으로 변한다. 이때 f를 누르면 그 별이 없어진다. 이와 같은 작업을 반복적으로 한 다음, 그림 위에서

e를 눌러 저장하고 빠져나온다. 최종적으로 결과 파일을 다음과 같은 명령에 따라 정렬해 보자.

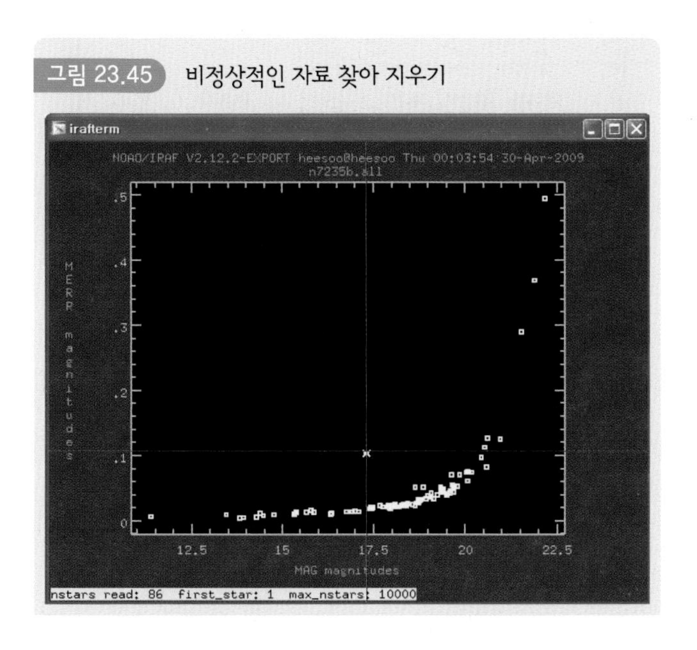

그림 23.45 비정상적인 자료 찾아 지우기

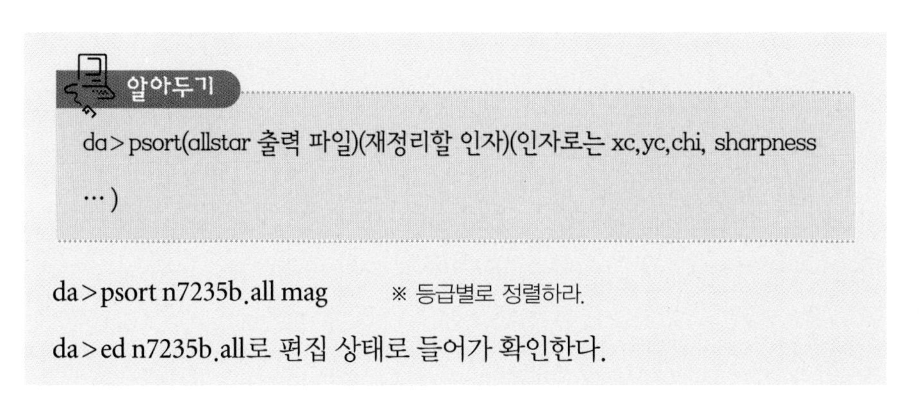

알아두기

da>psort(allstar 출력 파일)(재정리할 인자)(인자로는 xc,yc,chi, sharpness …)

da>psort n7235b.all mag ※ 등급별로 정렬하라.

da>ed n7235b.all로 편집 상태로 들어가 확인한다.

그림 23.46은 최종적으로 정리된 psf 측광 결과이다.

그림 23.46 등급 순서로 정리된 최종적인 psf 측광 결과

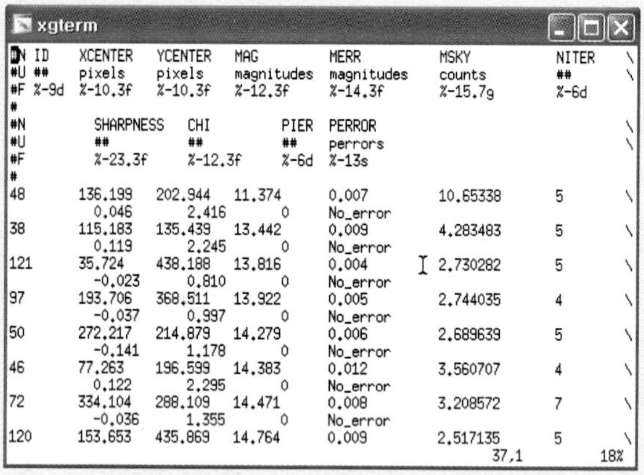

```
xgterm
#N ID     XCENTER   YCENTER   MAG         MERR          MSKY            NITER    \
#U ##     pixels    pixels    magnitudes  magnitudes    counts          ##       \
#F %-9d   %-10.3f   %-10.3f   %-12.3f     %-14.3f       %-15.7g         %-6d
#
#N            SHARPNESS    CHI          PIER  PERROR                             \
#U            ##           ##           ##    perrors                            \
#F            %-23.3f      %-12.3f      %-6d  %-13s
#
48        136.199   202.944   11.374      0.007         10.65338        5        \
            0.046      2.416        0     No_error
38        115.183   135.439   13.442      0.009         4.283483        5        \
            0.119      2.245        0     No_error
121       35.724    438.188   13.816      0.004         2.730282        5        \
           -0.023      0.810        0     No_error
97        193.706   368.511   13.922      0.005         2.744035        4        \
           -0.037      0.997        0     No_error
50        272.217   214.879   14.279      0.006         2.689639        5        \
           -0.141      1.178        0     No_error
46        77.263    196.599   14.383      0.012         3.560707        4        \
            0.122      2.295        0     No_error
72        334.104   288.109   14.471      0.008         3.208572        7        \
           -0.036      1.355        0     No_error
120       153.653   435.869   14.764      0.009         2.517135        5        \
                                                               37,1          18%
```

찾아보기

ㄱ

ㅁ

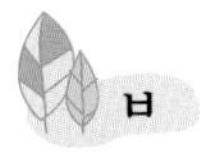
ㅂ

ㅅ

ㅈ

기타

저자 소개

김희수

공주대학교 사범대학 지구과학교육과 졸업
서울대학교 대학원 천문학과 석사
한국교원대학교 대학원 지구과학교육과 박사

현재 공주대학교 사범대학 지구과학교육과 교수

저서 : 관측천문학, 관측천문학 실습, 지구과학 교재 연구 및 지도, 과학교육론, 과학교사교육의 재조명, 고등학교 지구과학 I · II, 원격교육과 평가, 고등학교 과학, 고등학교 지구과학 지도서, 가상현실과 과학교육, 지구환경과학 I · II, 지구과학 실험